개정판

미니탭을 활용한 SQC

최신 컴퓨터 통계분석

고복수 · 김근성 지음

KyoWooSa 敎友社

머리말

최근 들어 대학과 기업에서 통계분석 소프트웨어로 미니탭을 많이 사용하고 있다. 특히 6시그마 경영을 추진하고 있는 외국 기업 및 국내 대부분의 기업에서 미니탭을 사용하고 있다. 따라서 통계 및 통계적 품질관리에 관한 기초이론에 대하여 미니탭을 활용한 통계분석 교재의 필요성이 제기되었다.

이 교재는 학생, 기업체에 종사하는 연구자, 기술자 등을 위하여 최근 출시된 미니탭 15 한글 버전을 이용하여 실무에 적용하기 쉽도록 저술하게 되었다.

이 교재의 내용은 데이터의 정보화와 기초통계 및 확률과 분포, 추정과 검정, 상관과 회귀, 시계열 분석, 관리도, 공정능력 분석, 측정시스템 분석, 실험계획법, 요인분석법, 다구찌 실험계획법 등 통계자료분석의 내용을 포함하였는데 개정된 KS 규격을 반영하여 먼저 이론적인 내용을 고찰하고, 미니탭을 이용하여 이론적인 내용을 분석할 수 있도록 기술하였다.

본서는 대학 및 기업에서 통계자료분석, 품질관리와 관련된 분야에서 종사하는 기술자와 연구자들에게 도움이 될 수 있도록 만들어진 책이지만, 특히 학교를 졸업하고 사회에 진출하는 학생들에게 현장에서의 실제적인 문제를 해결할 수 있도록 하고, 학교를 졸업 후 별도의 현장교육 없이 실무를 담당할 수 있도록 하는데 목적을 두고 저술하였다.

끝으로 부족한 부분에 대하여는 점차 보충하여 좋은 교재가 되도록 노력하겠으며, 독자 여러분들의 아낌없는 질타와 성원을 보내주시기 바랍니다.

2009. 2

저자 씀

차례

CHAPTER

1

Data의 정보화와 기초통계

1.1 모집단과 표본

1.1.1 모집단(Population)

관심이 되는 모든 집단에 대한 모든 개체의 관측값이나 측정값의 집합이다.

(1) 무한모집단(Infinite Population) : 모집단의 크기가 무한인 경우로 공정에서 계속적으로 생산되고 있는 제품이 무한모집단이 된다.

(2) 유한모집단(Finite Population) : 모집단의 크기가 유한한 경우로 담배 1,000갑이 한 로트에 포장되거나, 운동화 1,000켤레가 한 로트에 포장될 때 이 로트를 모집단으로 한다면 유한개가 대상이 되는 유한모집단이 된다.

1.1.2 표본(Sample)

통계적 처리를 위하여 모집단에서 실제로 추출한 관측값이나 측정값의 집합이다.

1.1.3 임의추출법(Random Sampling)

모집단의 구성요소 하나하나가 뽑힐 확률이 같은 상황에서 표본을 뽑는 방법이다.

예제 1.1

올해 수능시험에 응시한 전체 학생수는 약 80만 명이다. 지난해와 대비하여 시험문제의 난이도를 조사하기 위하여 각 지역에서 2,000명을 임의로 추출하여 성적을 조사하였다. 이때의 모집단과 표본은 무엇인가?

풀이

- 모집단 : 수능시험에 응시한 전체 학생수인 약 80만 명
- 표본 : 각 지역에서 임의로 추출 된 2,000명

1.2 모수와 통계량의 관계

1.2.1 모수(Parameter)

모집단을 나타내는 특성값 (모평균, 모분산 등)

1.2.2 통계량(Statistic)

표본으로부터 계산되는 표본의 특성값 (표본평균, 표본분산 등)

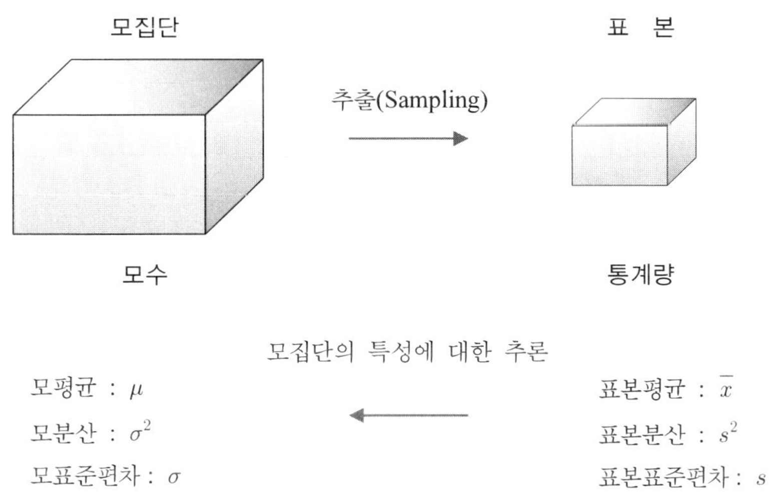

그림 1.1 ▶▶ 모수와 통계량

1.2.3 통계분석의 수행과정

어떤 품질문제 즉, 품질개선사항이나 품질관리사항 등이 있을 경우, 이 문제를 해결하기 위한 통계적 품질관리활동은 그 대상이 되는 모집단을 구성하고, 여기에서 표본을 취한 후, 이 표본에 대한 관측을 통하여 데이터를 얻는다. 이 데이터를 정리·분석하여 모집단에 대한 정보를 얻고, 이것을 검토하여 의사를 결정한 후 제기된 품질문제에 대한 적절한 조처 행동을 취하게 되는데 이것을 정리해 보면 다음과 같다.

(1) 문제의 제기 : 우선 무엇을 밝히고자 하는지의 문제제기가 명확해야 한다.
(2) 모집단의 정의 : 문제제기에 의해 관심대상인 모집단을 정의하게 된다.
(3) 표본추출 : 모집단을 가장 잘 대표하는 표본을 임의추출법으로 뽑아 표본을 구한다.
(4) 자료 : 표본으로부터 실제 관측을 통해 자료(데이터)를 얻는다.
(5) 정보산출 : 자료를 각종 통계분석을 실시하여 정보화 한다.
(6) 의사결정 : 분석된 정보를 근거로 의사결정의 행동 및 조치를 취한다.

1.3 자료의 분류

Data를 취할 때는 그 데이터의 사용 목적을 명백히 해 둘 필요가 있다.

1.3.1 사용목적에 의한 분류

- 현상파악을 목적으로 하는 데이터
- 통계해석을 목적으로 하는 데이터
- 검사를 목적으로 하는 데이터
- 관리를 목적으로 하는 데이터
- 기록을 목적으로 하는 데이터

1.3.2 자료의 종류

(1) 질적자료

조사대상을 특성에 따라 범주로 구분한 자료. 범주는 자연적인 순서가 없다. 질적자료를 범주형이라고 정의한다. 덧셈, 뺄셈의 연산이 의미가 없다.

(2) 양적자료

길이, 무게와 같이 양적인 수치로 측정되거나 몇 개인지를 세어 측정하는 경우 덧셈, 뺄

셈의 연산이 의미를 갖는다.

① 이산형 데이터(Discrete Data) : 개수로 셀 수 있는 품질특성의 값
　예) 부적합수, 부적합품의 수 등 계수형 데이터

② 연속형 데이터(Continuous Data) : 측정될 수 있는 품질특성의 값
　예) 강도(kg/cm^2), 무게(kg), 길이(cm), 온도(℃) 등 계량형 데이터

1.4 자료의 수치에 의한 정리

1.4.1 중심위치의 척도

(1) 평균(Mean; $\bar{x}$)

n개의 관측치에 대한 평균은 관측치의 총합을 관측치의 개수로 나눔. 극단값(outlier)에 대해 민감하다.

$$\bar{x} = \frac{x_1 + x_2 + \cdots + x_n}{n} \tag{1.1}$$

(2) 중앙값(Median; Me)

데이터를 크기순으로 배열했을 때 중앙에 위치하는 값으로 극단값에 의한 영향을 적게 받는다.

n이 홀수인 경우 : 1　2　2　(2)　3　9　30

2와 3의 평균 = (2.5)

n이 짝수인 경우 : 1　2　2　2 ↑ 3　9　10　30

(3) 최빈값(Mode; Mo)

데이터의 빈도수(Frequency)가 가장 큰 것 값으로 극단값에 의한 영향을 적게 받는다.

(4) 범위의 중앙값(mid-range; M)

데이터 중에서 최대값 x_{max}과 최소값 x_{min}의 평균값을 범위의 중앙값이라고 한다.

$$M = \frac{x_{max} + x_{min}}{2} \tag{1.2}$$

중앙값보다 계산이 간단하다

양끝의 두 개의 값만 사용하므로 효율이 낮고, 또한 극단적으로 동떨어진 데이터에 영향을 받는다.

예제 1.2

제품이 완성되기까지는 A~F의 7개 공정이 필요하다. 다음은 각 공정 당 소요되는 시간을 측정하였다.

(단위: 분)

A	B	C	D	E	F	G
2	2	1	3	2	9	30

① 각 공정 당 소요되는 평균시간을 구해 보자.

② 최빈값(Mo)은 얼마인가?

③ 범위의 중앙값(M)은 얼마인가?

풀이

① $\bar{x} = \frac{\text{관측치의 총합}}{\text{관측치의 수}} = \frac{2+2+1+3+2+9+30}{7} = 7$

② 2, 2, 1, 3, 2, 9, 30에서 빈도수는 2 값이 3개로 가장 많은 빈도를 가지므로 최빈값은 2가 된다.

③ $M = \frac{30+1}{2} = 15.5$

(5) 조화평균(Haimonic mean; H)

조화평균은 변수의 역수를 산술평균하여 그 역수를 구하고자 할 때에 이용한다.

$$H = \frac{1}{\frac{1}{n}\Sigma\frac{1}{x_i}} \tag{1.3}$$

예제 1.3

여의도 선착장에서 잠실 선착장까지는 12 km이다. 이를 왕복하는 유람선은 여의도에서 출발하여 잠실까지는 2시간이 소요되고, 잠실에서 여의도로 돌아오는 데는 1시간이 소요된다고 할 때 왕복 평균 시속을 구하라.

풀이

$$H = \frac{1}{\frac{1}{2}\left(\frac{1}{6} + \frac{1}{12}\right)} = 8.0\ \text{km}$$

(6) 기하평균(Geometric mean; G)

평균을 구하고자 하는 변수 중에 아주 큰 수치와 작은 수치가 혼합되어 있을 때 이용한다.

$$G = (x_1 \cdot x_2 \cdots\cdots\cdots x_n)^{\frac{1}{n}} \tag{1.4}$$

예제 1.4

최근 3년 동안 우리나라의 경제성장률이 6 %, 10 %, 8 % 였다. 3년 간의 경제성장률에 대한 기하평균을 구하라.

풀이

$$G = (6 \times 10 \times 8)^{\frac{1}{3}} = 7.83\ \%$$

(7) 가중평균(Weighted arithmetic mean; W)

각 변수의 중요도(weight)를 고려해서 구한 평균치이다.

$$W = \frac{n_1 \overline{x}_1 + n_2 \overline{x}_2 + \cdots + n_k \overline{x}_k}{n_1 + n_2 + \cdots + n_k} = \frac{\sum_{i=1}^{k} n_i \overline{x}_i}{\sum_{i=1}^{k} n_i} \tag{1.5}$$

예제 1.5

통계적 품질관리 기말고사 결과 평균 성적이 3학년 A반이 90점이고 B반은 85점, C반은 80점이다. 이 세반의 학생들을 대상으로 전체 평균은 얼마인가? 단, A반의 학생 수는 35명, B반은 27명, C반은 32명이다.

풀이

$$W = \frac{90 \times 35 + 85 \times 27 + 80 \times 32}{35 + 27 + 32} = 85.16$$

1.4.2 산포의 척도

자료가 중심위치에서 얼마나 흩어져 있느냐를 나타는 측도이며 대표적으로 분산, 표준편차, 사분위수 등이 있다.

(1) 제곱의 합(Sum of squares)과 분산(Variance), 표준편차(Standard deviation)

분산과 표준편차는 평균값으로부터 자료들이 떨어진 거리로서 자료의 흩어진 정도를 나타낸다.

각 자료 값과 평균과의 차이, 즉 편차들을 모두 합하는 방법을 생각할 수 있으나 아래와 같이 항상 0이 되기 때문에 거리의 제곱, 즉 편차의 제곱을 사용한다.

자 료 : 4 8 7 5 2 6 3 → 평균 5
편차들의 합 : (−1) + 3 + 2 + 0 + (−3) +1 + (−2) = 0

$$\text{제곱의 합 : } S = \sum_{i=1}^{n} (x_i - \overline{x})^2 = \sum_{i=1}^{n} x_i^2 - (\sum_{i=1}^{n} x_i)^2/n \quad (1.6)$$

만약 점 x_i에서 $\overline{x}$까지의 제곱거리가 $(x_i - \overline{x})^2$이라면, 분산은 평균제곱거리(통계적인 이유로 분모에 n이 아니라 $n-1$을 사용)로 정의되며 표준편차는 분산에 제곱근을 취한 형태를 갖는다.

$$\text{표본분산 : } s^2 = \sum_{i=1}^{n} (x_i - \overline{x})^2/(n-1) \quad (1.7)$$

표준편차 : $$s = \sqrt{\sum_{i=1}^{n}(x_i - \overline{x})^2/(n-1)} \tag{1.8}$$

(2) 범위(Range) : 자료의 최대값과 최소값의 차이로 나타낸다.

$$R = x_{max} - x_{min} \tag{1.9}$$

(3) 상대분산

$$(CV)^2 = \left(\frac{s}{\overline{x}}\right)^2 \times 100\ \% \tag{1.10}$$

예제 1.6

아래의 데이터는 우리나라 제주도 각 지역에서 생산된 감귤의 당도를 측정한 결과이다. 제곱의 합, 분산, 표준편차, 상대분산, 범위를 구하라.

12.37 12.56 12.48 12.43 12.62 12.66 12.57 (단위: %)

풀이

① 제곱의 합 : $S = \sum_{i=1}^{n} x_i^2 - \frac{(\sum x_i)^2}{n} = 1098.5707 - \frac{(87.69)^2}{7} = 0.065543$

② 분산 : $s^2 = \frac{\sum_{i=1}^{n} x_i^2 - \frac{(\sum x_i)^2}{n}}{n-1} = \frac{1098.5707 - \frac{(87.69)^2}{7}}{7-1} = 0.0109$

③ 표준편차 : $s = \sqrt{\frac{1098.5707 - \frac{(87.69)^2}{7}}{7-1}} = 0.1050$

④ 상대분산 : $(CV)^2 = \left(\frac{s}{\overline{x}}\right)^2 = \left(\frac{0.105}{12.527}\right)^2 \times 100 = 0.007\ \%$

⑤ 범위 : $R = X_{max} - X_{min} = 12.66 - 12.37 = 0.29$

(4) 사분위수(Quartile) : 자료를 순서에 따라 배열했을 때 4등분 하는 수이다.

- Q1 : 제1사분위수(First Quartile) = 25 %에 해당하는 값
- Q2 : 제2사분위수(Second Quartile : 중앙값) = 50 %에 해당하는 값
- Q3 : 제3사분위수(Third Quartile) = 75 %에 해당하는 값
- 사분위 범위(IQR: Interquartile Range) : Q3-Q1

예제 1.7

다음과 같은 데이터가 있을 때 사분위수와 IQR을 구해보자.

2, 8, 20, 4, 9, 5, 3, 4

풀이

Q2(중앙값) = 4.5

순서에 의해 배열 : 2 3 ↓ 4 4 ↑ 5 8 ↓ 9 20

Q1 = 3.5

Q3 = 8.5

IQR : 8.5 − 3.5 = 5

1.5 Minitab에 의한 실습

1.5.1 미니탭의 실행과 종료

(1) 미니탭 실행

① 윈도우 화면에서 단축아이콘을 클릭

② 시작 → 프로그램 → Minitab Solutions → Minitab 15 통계소프트웨어 한국어

(2) 미니탭 종료

① 미니탭 프로그램 우측상단의 ☒를 클릭

② 파일 → 종료를 클릭

(3) 미니탭 기능

① 기초 통계 : 통계량 구하기, 검·추정, 상관분석, 공분산분석, 정규성 검정 등

② 그래프 분석 : 히스토그램, 파이차트, 산점도, 상자그림 등

③ 다변량 분석 : 주 성분분석, 요인분석, 군집분석 등

④ 신뢰성 및 생존분석 : 분포분석, 생존 데이터의 회귀분석, 수익분석 등

⑤ 시계열 분석 : 추세분석, ARIMA 등

⑥ 실험계획법 : 분산분석, 회귀분석, 요인실험, 혼합물실험, 반응표면, 다구찌법 등

⑦ 품질도구 : 공정능력분석, 각종 관리도, 특성요인도, Gage R&R 등

1.5.2 미니탭의 구성

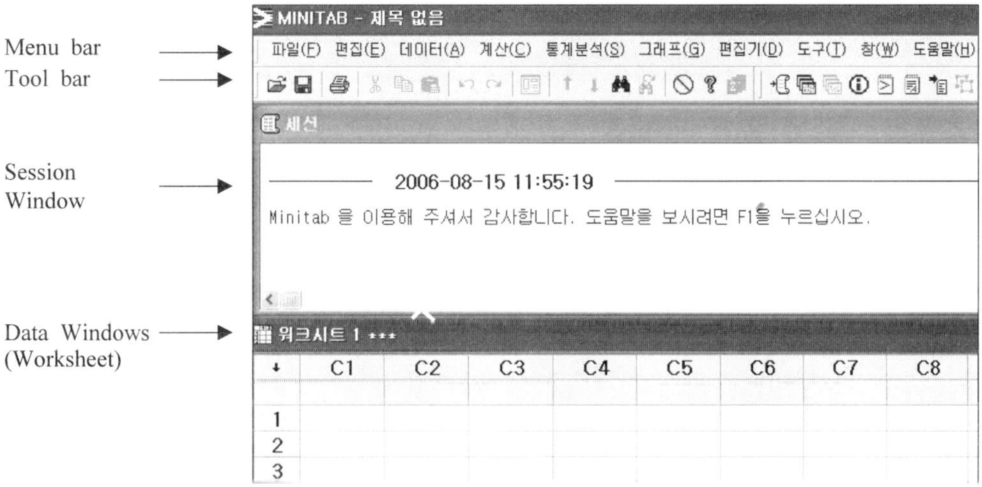

그림 1.2 ▶▶ 미니탭의 기본창

예제 1.8

다음은 A부품에 대해서 랜덤하게 20개를 골라 그 치수를 측정한 데이터이다. 미니탭을 이용하여 기초통계량과 그래프를 나타내어 보고 미니탭의 기본창에 대해 살펴보자.

15.4	14.8	15.5	15.2	14.9	15.4	15.0	14.7	15.3	15.3
15.2	15.0	15.3	15.1	14.9	15.2	15.1	14.9	15.0	14.8

풀이

① 워크시트에 데이터 입력

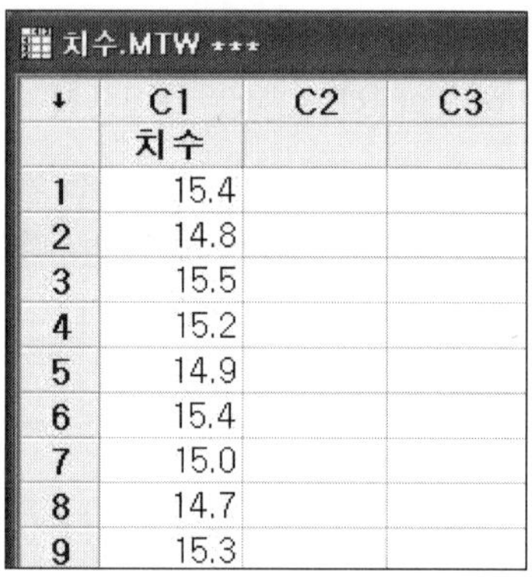

Data Windows(Worksheets)

데이터의 창으로 데이터의 입력, 수정, 편집 등이 행해진다.
워크시트에는 4,000개의 컬럼과 많은 행을 구성할 수 있다.

② 통계분석 > 기초 통계학 > 기술 통계량 표시

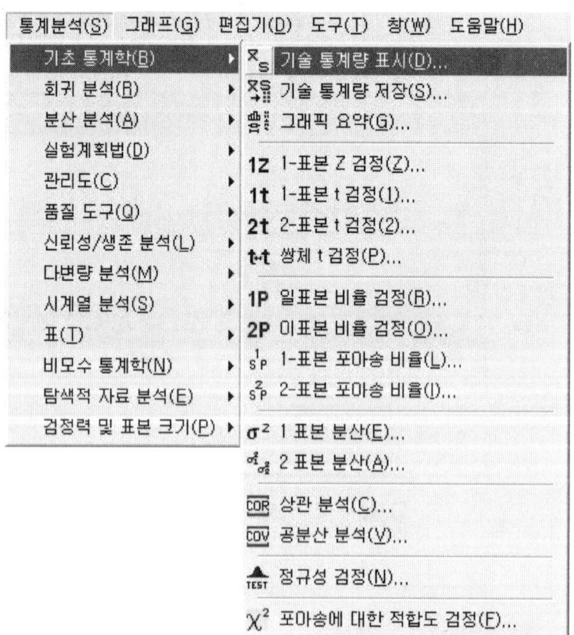

③ 대화상자에서 변수란에 변수명을 더블클릭하여 데이터 열을 지정한다.

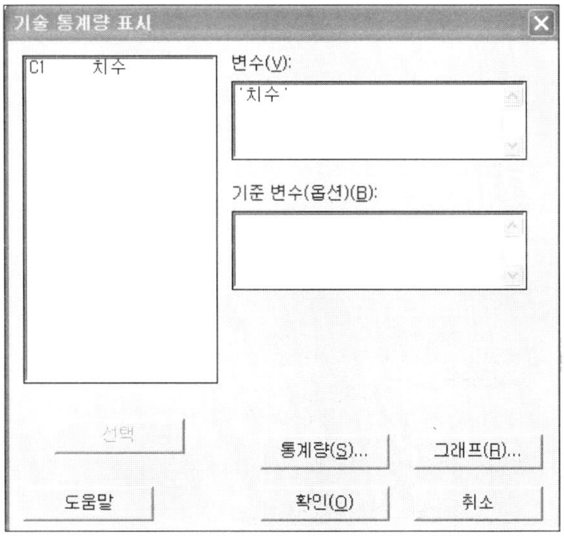

④ [통계량 …]을 클릭하여 구하고자 하는 통계량을 선택한다.

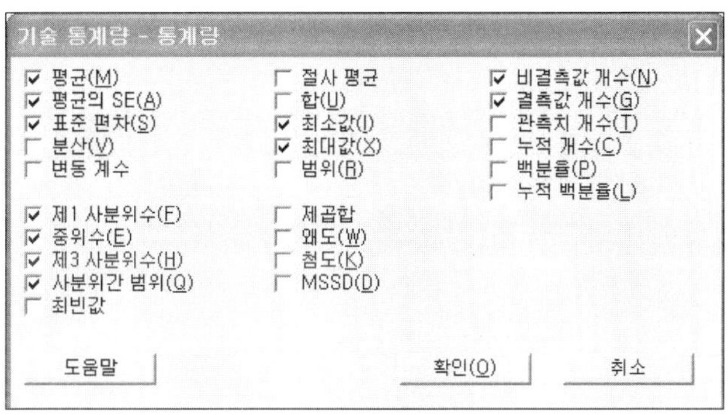

- MSSD(Succesive Sqared Differences; 평균제곱연속차이) : 분산의 추정치로서 사용한다. 연속된 관측치의 차이를 제곱하여 합한 다음, 그 합의 평균을 2로 나눈 값이다.

$$MSSD = \frac{\Sigma(x_{i+1} - x_i)^2}{2(n-1)} \tag{1.11}$$

- 왜도(Skewness) : 자료의 분포가 대칭인지 아닌지를 측정해 주는 값

$$S_k = \frac{n}{(n-1)(n-2)} \Sigma \left(\frac{(x_i - \bar{x})}{s} \right)^3 \tag{1.12}$$

- 좌우대칭 : 0
- 오른쪽으로 치우침 : +의 값
- 왼쪽으로 치우침 : −의 값

− 첨도(Kurtosis) : 자료의 분포가 어느 정도 뾰족한지를 나타내는 측도

$$K=\left\{n\frac{(n+1)}{(n-1)(n-2)(n-3)}\,\Sigma\left(\frac{x_i-\overline{x}}{s}\right)^4\right\}-\frac{3(n-1)^2}{(n-2)(n-3)} \quad (1.13)$$

- 정규분포보다 뾰족할 경우 : +의 값
- 그렇지 않은 경우 : −의 값

⑤ [그래프…]를 클릭하여 구하고자 하는 그래프를 선택한다.

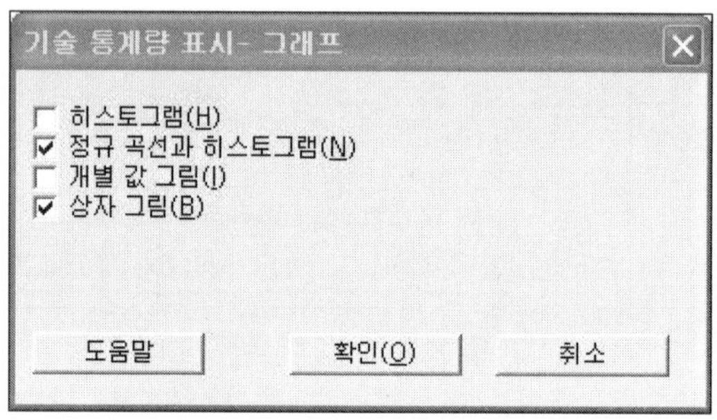

⑥ 출력결과(세션 창)

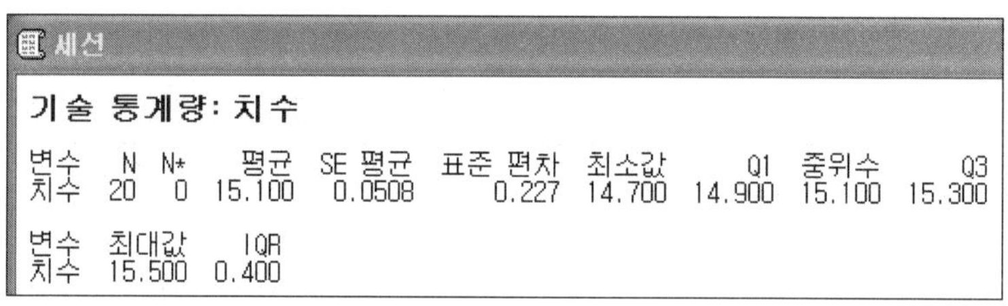
세션

기술 통계량: 치수

변수	N	N*	평균	SE 평균	표준 편차	최소값	Q1	중위수	Q3
치수	20	0	15.100	0.0508	0.227	14.700	14.900	15.100	15.300

변수	최대값	IQR
치수	15.500	0.400

⑦ 그래프 출력

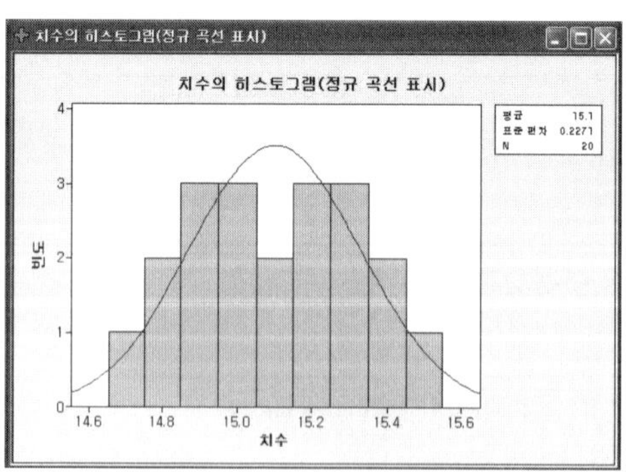

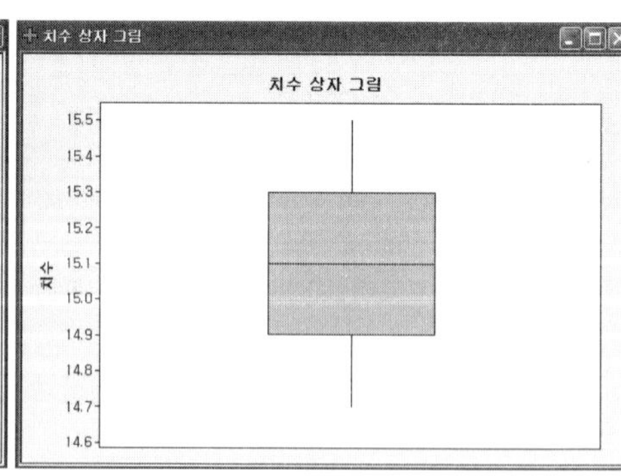

⑧ 통계분석 > 기초 통계학 > 그래픽 요약

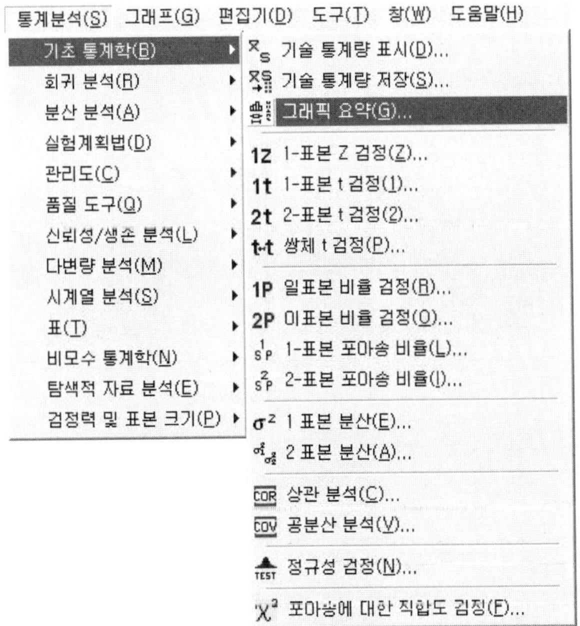

⑨ 변수명을 더블클릭하여 변수에 이동시키고 신뢰수준을 기입한 후 [확인]을 클릭한다.

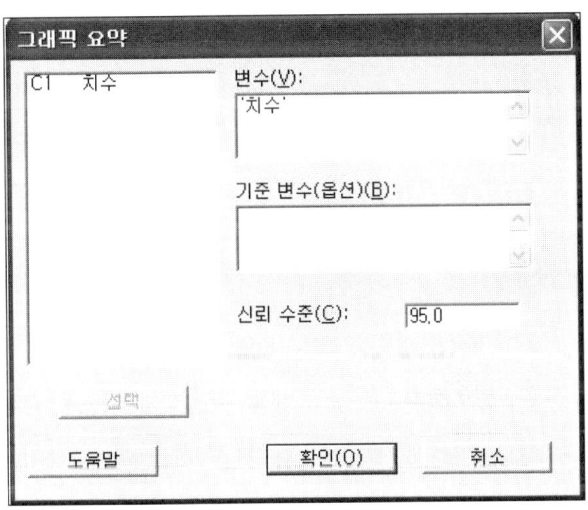

⑩ 출력결과

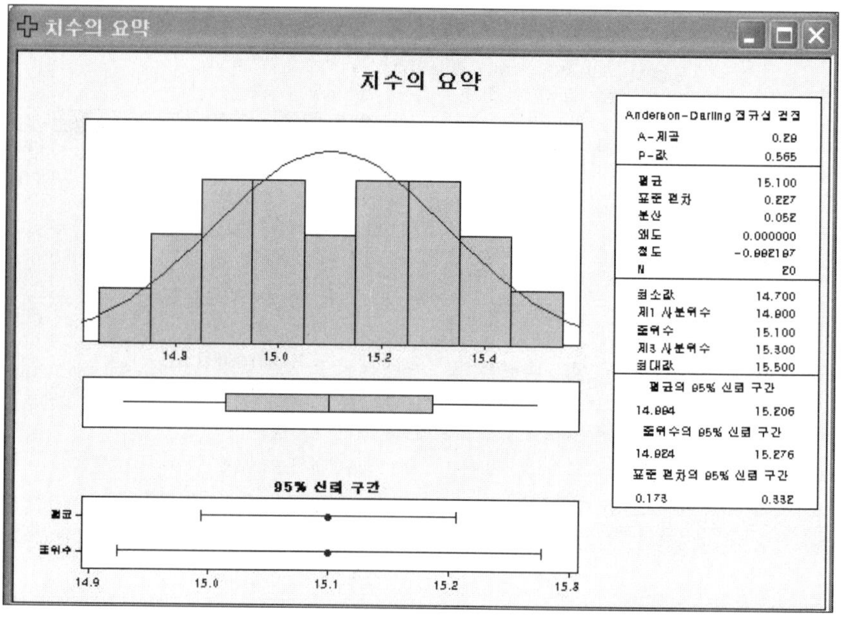

1.6 QC 7가지 도구

1.6.1 히스토그램(Histogram)

히스토그램이란 길이, 무게, 시간, 경도 등을 측정하는 데이터(계량치 데이터)가 어떠한 분포를 하고 있는가를 알아보기 쉽게 나타낸 그림이다.

연속형 변수로 된 데이터는 몇 개의 계급으로 분류하여 각 계급에 속하는 빈도 수, 백분율 등을 작성함으로써 데이터가 가지고 있는 정보를 정리 요약할 수 있다. 이와 같이 히스토그램은 도수분포표로 정리된 변수의 활동수준을 막대의 길이로 표시하여 수평이나 수직으로 늘어놓아 만든 그림이다.

히스토그램을 작성하면 데이터만으론 알아보기 어려웠던 전체의 모습을 간단하게 알 수 있고 대체적인 평균이나 산포의 모습 및 크기를 간단히 알 수 있다.

(1) 작성방법

[순서 1] Data를 수집하고 기록한다.

보통 자료의 수집은 50~200개 정도가 적당하다.

[순서 2] 데이터의 범위(R)를 구한다.

$$R = X_{\max} - X_{\min}.$$

[순서 3] 계급의 수(k)를 결정한다.

이 단계에서는 Data를 간격(Intervals) 또는 셀(Cells)이라고 불리는 몇 개의 그룹으로 분리하는데. 이것은 히스토그램의 막대 너비로 나타낸다.

일반적으로 다음과 같은 방법에 따른다.

① H.A.Sturges법 : $1 + 3.32\log n$

② $\sqrt{\text{데이터 수}} = \sqrt{n}$에 가까운 정수값

[순서 4] 계급의 폭(h)을 계산한다.

$$h = \frac{\text{범위}(x_{\max} - x_{\min})}{\text{계급의 수}}$$ (단, 측정치의 최소단위의 정수배가 되도록 함)

[순서 5] 계급의 경계치를 결정한다.

① 제 1계급의 아래쪽 경계치 $= x_{\min} - \dfrac{\text{측정치의 최소단위}}{2}$

② 제 1계급의 위쪽 경계치 = 제 1계급의 아래쪽 경계치 + h

[순서 6] 도수분포용지에 기입한다.

[순서 7] 도수분포표로 히스토그램을 완성한다.

각 구간의 폭을 밑변으로 하여 각 도수에 따른 기둥을 그린 다음 Data수, 평균값, Data의 이력 같은 사항을 적어 넣는다.

예제 1.9

다음은 어떤 제품의 무게를 측정한 데이터이다. 히스토그램을 작성하여 보자.

51, 55, 34, 43, 44	71, 46, 35, 46, 42	53, 22, 43, 66, 41	27, 57, 35, 42, 55
44, 53, 65, 49, 15	39, 43, 44, 62, 51	48, 63, 59, 61, 33	49, 67, 35, 49, 48
57, 45, 62, 59, 57	53, 46, 48, 65, 49	41, 39, 73, 78, 34	47, 53, 75, 33, 67

풀이

① 데이터의 수 $n=60$

② 범위 $R=78-15=63$

③ 계급의 수 $k=1+3.32\log 60=6.9 \fallingdotseq 7$

(계급의 수는 단지 범위를 세분화하기 위한 방편에 지나지 않는다.)

④ 계급의 폭 $h=\dfrac{78-15}{7}=9.0$

⑤ 계급의 경계치를 결정한다.

가. 제 1계급의 아래쪽 경계치 $=15-\dfrac{1}{2}=14.5$

나. 제 1계급의 위쪽 경계치 $=14.5+9.0=23.5$

⑥ 도수분포표 작성

번호	급의 구간	중앙값 (Me_i)	도수체크	도수 (f_i)	u_i	$f_i u_i$	$f_i u_i^2$
1	14.5~23.5	19	//	2	−3	−6	18
2	23.5~32.5	28	/	1	−2	−2	4
3	32.5~41.5	37	卌 卌 /	11	−1	−11	11
4	41.5~50.5	46	卌 卌 卌 ////	19	0	0	0
5	50.5~59.5	55	卌 卌 ////	14	1	14	14
6	59.5~68.5	64	卌 ////	9	2	18	36
7	68.5~77.5	73	///	3	3	9	27
8	77.5~86.5	82	/	1	4	4	16
합계				60		26	126

(단, 계급의 수를 7개로 하면 1개의 데이터가 급의 구간에 포함되지 않기 때문에 도수분포표에서는 계급의 수를 8개로 한다.)

[참고] 도수분포로부터 $\bar{x}$, s의 계산

가. $\bar{x} = x_0 + h\dfrac{\Sigma f_i u_i}{\Sigma f i} = 46 + 9 \times \dfrac{26}{60} = 49.9$

여기서 x_0 : 최빈치의 중앙값, h : 계급의 폭

나. $s = \sqrt{V} = h\sqrt{\dfrac{1}{\Sigma f_i - 1}\left(\Sigma f_i u_i^2 - \dfrac{(\Sigma f_i u_i)^2}{\Sigma f_i}\right)}$

$= 9 \times \sqrt{\dfrac{1}{60-1}\left(126 - \dfrac{26^2}{60}\right)} = 12.55$

⑦ 히스토그램 작성

그림이 완성되었으면 Data수, 평균값, 표준편차, 규격선 등 히스토그램과 관련된 이력 사항을 적어 넣는다.

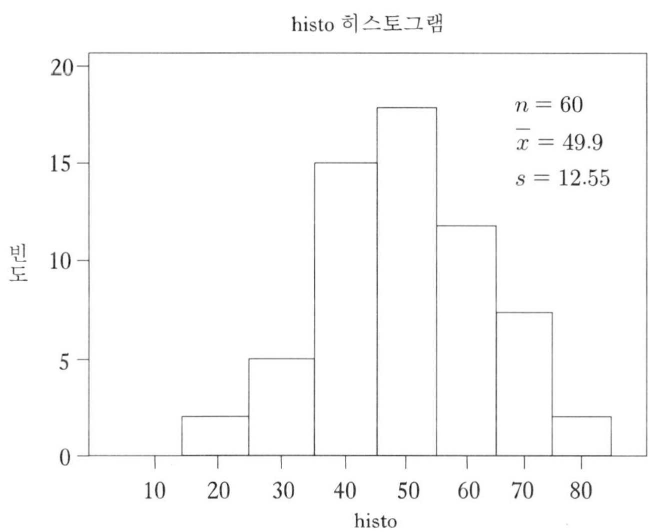

(2) 미니탭을 이용한 작성

① 데이터 입력

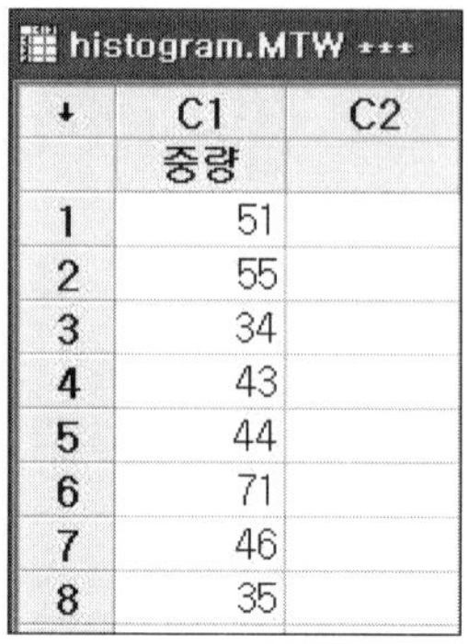

② 그래프 > 히스토그램

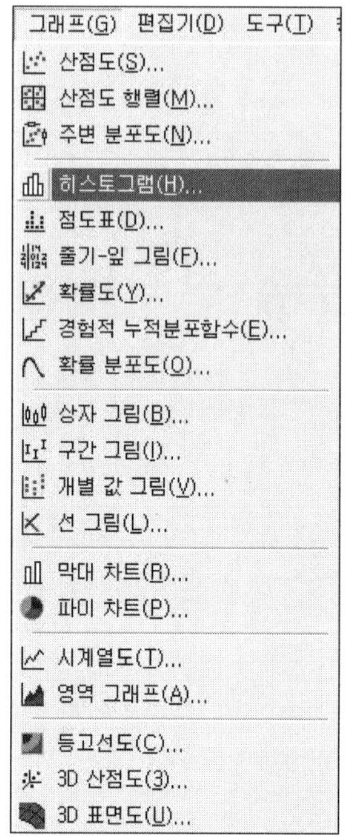

③ 히스토그램 4가지 종류중 하나를 선택한다. 이 예제에서는 적합선 표시를 선택한 후 [확인]을 클릭한다.

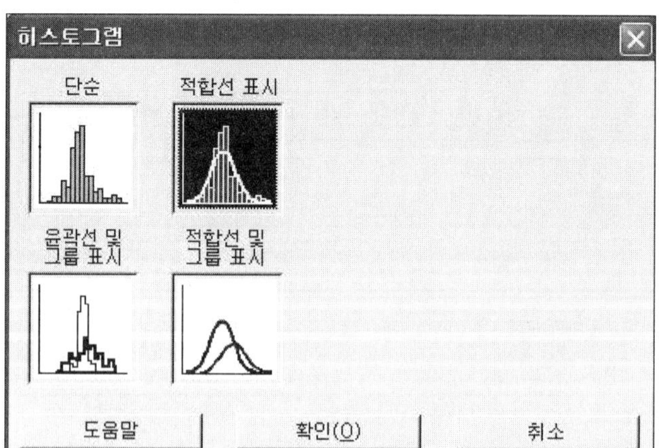

④ 변수란에 변수명을 더블클릭한 후 [확인]을 클릭한다.

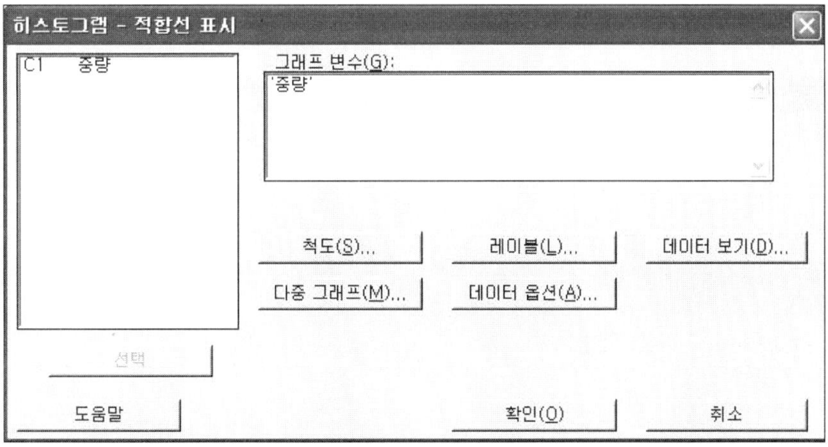

- 그래프 변수 : 데이터 열을 하나 이상 입력합니다. 각 열마다 별도의 그래프가 표시된다. 모든 그래프를 같은 페이지의 여러 패널에 표시하려면 다중 변수를 사용하면 된다.

⑤ 출력결과(그래프)

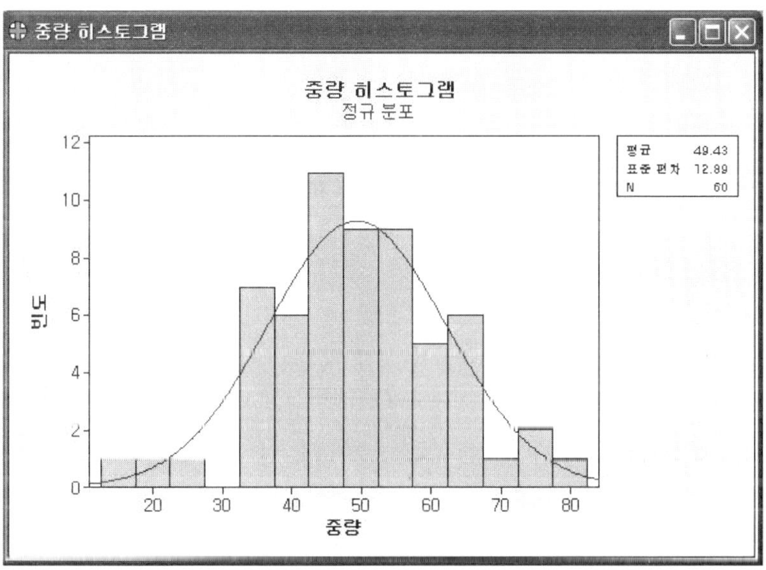

출력결과 위와 같이 계급의 수가 많아 그래프 모양이 이상할 경우, 눈금이나 Y척도 유형을 변경하고자 할 경우 등에는 대화상자를 통해서 그래프를 다양하게 편집할 수가 있다.

[참고] 그래프 대화상자 설명

① 척도

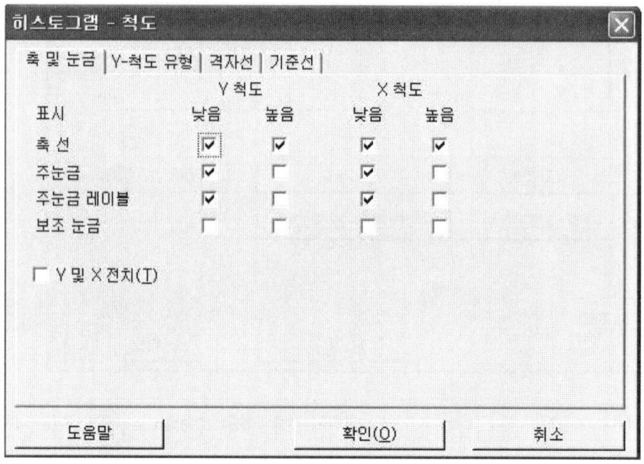

- 주 눈금 : 각 축의 눈금
- 주 눈금 레이블 : 눈금을 표현할 위치
- 보조 눈금 : 보조 눈금
- 낮음 : 그래프의 아래쪽 X축과 왼쪽 Y축
- 높음 : 그래프의 위쪽 X축과 오른쪽 Y축
- Y 및 X 전치 : 그래프를 가로로 표시

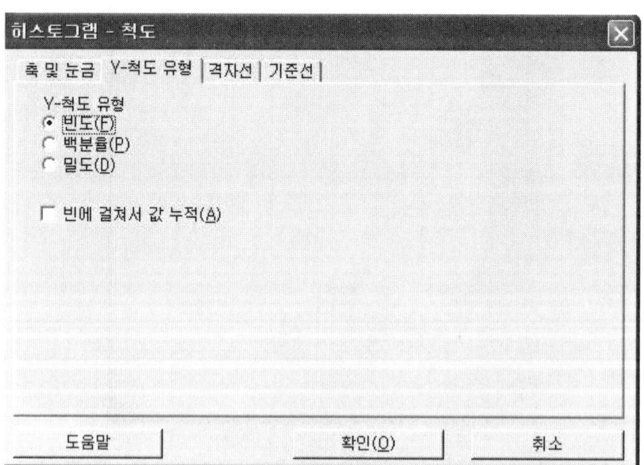

- Y-척도 유형 : 빈도, 백분율, 밀도의 Y축의 형태 선택
- 빈에 걸쳐서 값 누적 : X축의 값을 누적값으로 표현

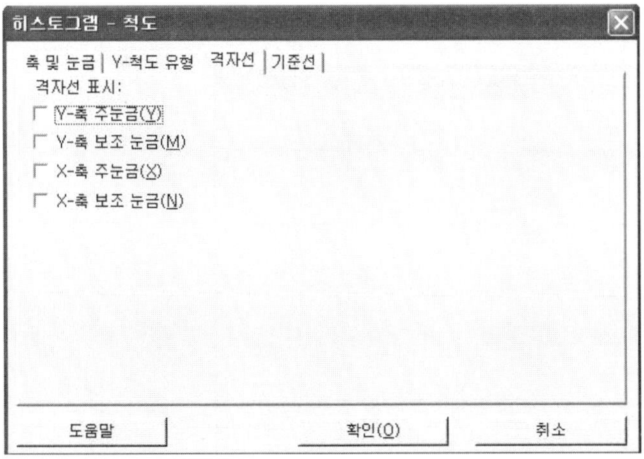

– X와 Y축의 (보조)눈금에 해당하는 안내선을 그래프에 생성

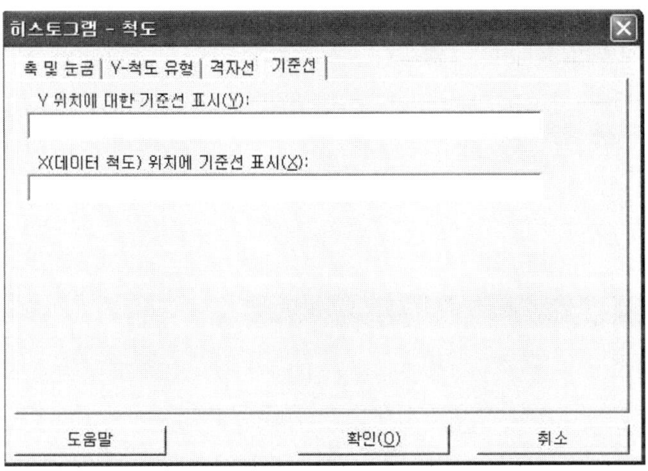

– X와 Y의 위치(position)를 찾을 좌표점 입력난

② 레이블

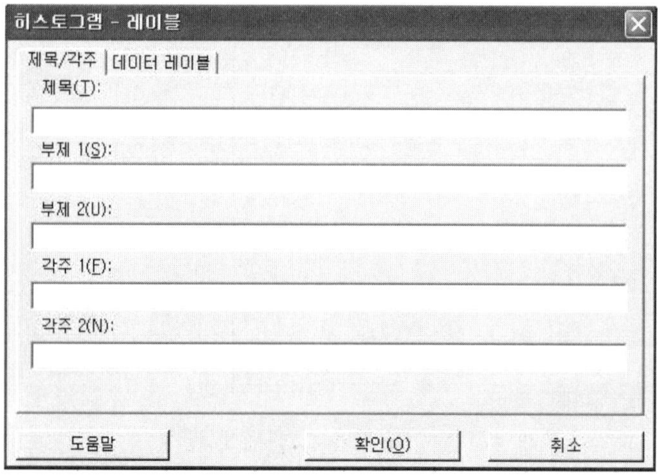

- 제목, 부제목, 보충설명(각주) 입력
- Y축의 레이블 표시방법(default = 없음)
- y값 레이블 사용 : y축의 값(도수, 퍼센트, 밀도)을 출력
- 열의 레이블 사용 : 지정 열을 참조

③ 데이터 보기

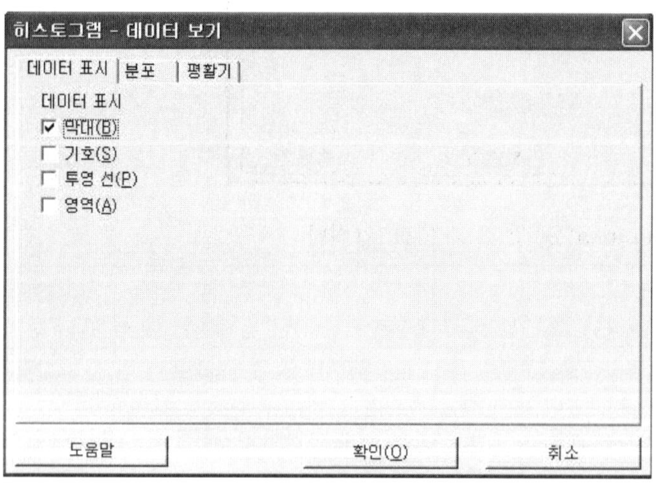

- 막대 : 막대로 표현
- 기호 : 기호(symbol)로 값을 표현
- 투영 선 : 데이터 점부터 해당 기저값까지 연결시키는 선
- 영역 : 막대 대신 윤곽선으로 히스토그램을 다각형 모양으로 표현

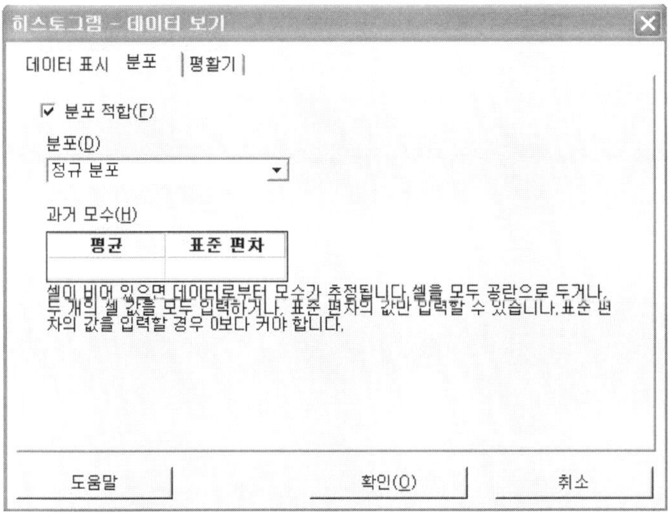

- 분포적합 : 지정된 분포로 적합시킨다.
- 기존의 모수 : 지정된 분포의 형태에 따른 분포의 모수를 입력한다.

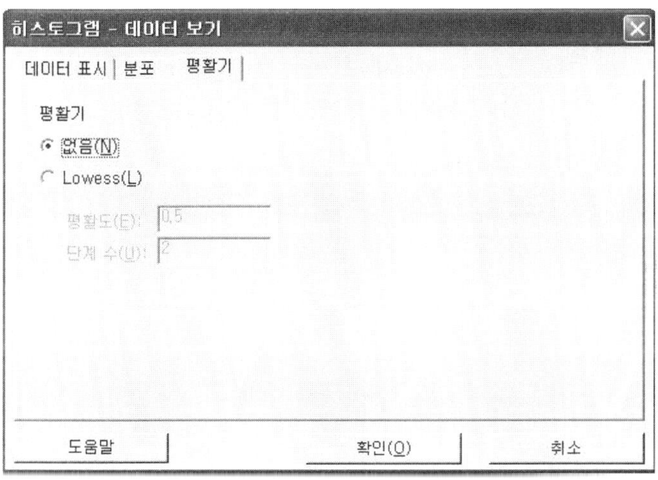

- 없음 : Lowess 평활기를 표시하지 않음
- Lowess : Lowess 평활기를 표시(회귀식이나 이론적인 분포와 같은 추정한 모형에 적합되지 않는 두 변수 사이의 관계를 탐색할 때 사용)
- 평활도 : 각 x 값에서 적합치를 계산할 때 사용(0~1 사이, 기본값은 0.5)
- 단계수 : 특이치의 영향력을 제한하기 위해 사용(0~10 사이, 기본값은 2)

④ 다중 그래프(두 개 이상의 변수 선택 시)

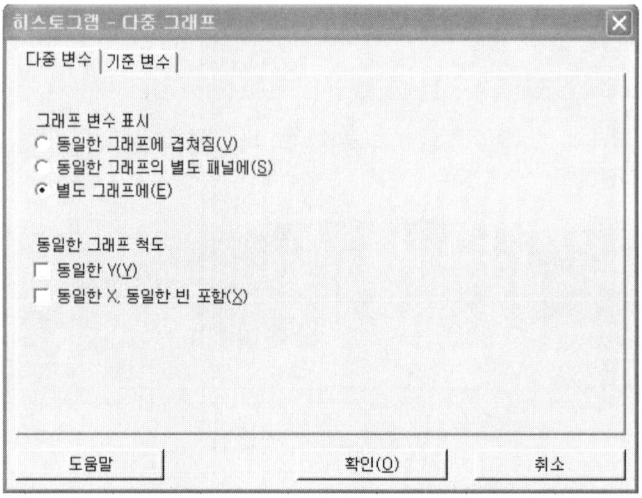

– 별도 그래프에 체크하면 각 그래프를 개별 그래프 창에 표시한다.

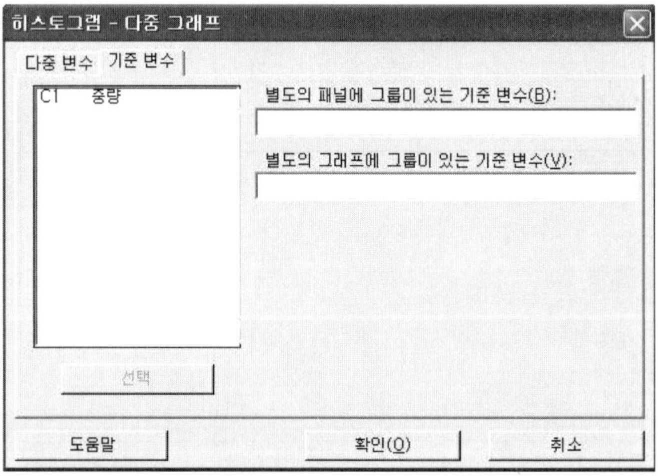

– 동일한 그래프 대화 상자에서 만들어진 여러 그래프의 배치 및 척도를 설정

⑤ 데이터 옵션

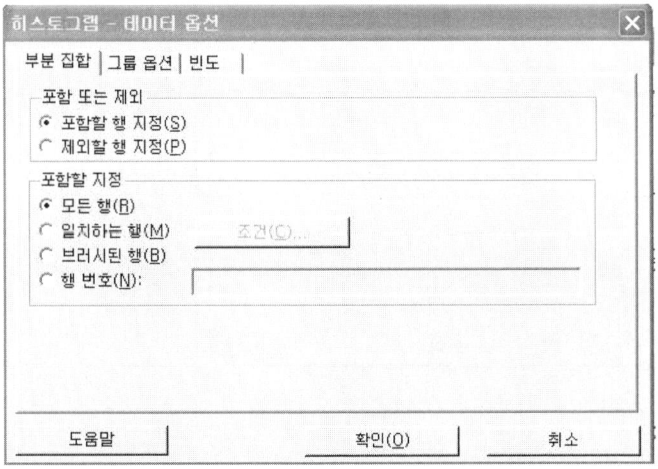

그래프를 만들 때 행을 포함하거나 제외

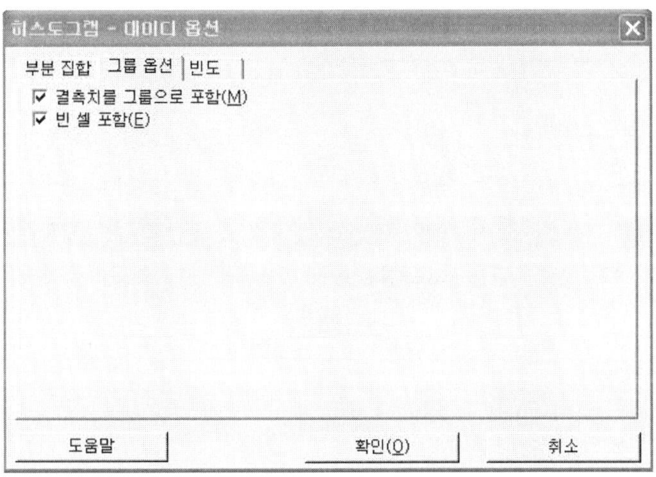

- 결측치를 그룹으로 포함 : 그룹 값이 결측된 관측치를 제외하려면 선택 취소
- 빈 셀 포함 : 두 개 이상의 그룹화 변수를 조합하여 표시되지 않은 그룹 수준을 제외시키려면 이 항목을 선택 취소

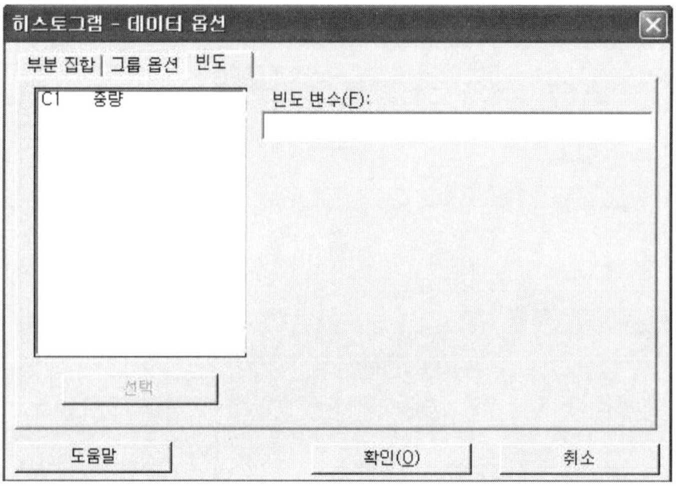

- 빈도 변수: 빈도 데이터가 들어 있는 열을 입력. 빈도 변수는 입력한 순서대로 사용됨. 빈도 변수의 순서는 그래프 대화 상자의 해당 그래프 입력 순서와 일치해야 함.

1.6.2 산점도(Scatter Diagram)

두 변수 X, Y의 관측치를 좌표평면상에 점으로 나타낸 그림인데, 산점도로부터 두 변수간의 상관관계를 알 수 있다. 두 변수간의 상관성이 있는가를 결정하는 첫 번째 단계에서 해야 할 일은 그래프에서 알고 있는 관찰자료(Observed data)를 그려보는 것이다.

(1) 산점도의 작성

[순서 1] 대응하는 두 종류의 데이터를 모은다.
두 종류의 특성치가 서로 인과관계에 있을 때에는 원인을 x, 결과를 y로 한다. 그리고 이때 데이터 수는 최소한 30개 이상으로 한다(보통 50개 이상).

[순서 2] 데이터 x와 y 각각의 최대치와 최소치를 구한다.

[순서 3] 가로축과 세로축을 잡아 눈금을 매긴다.

[순서 4] 데이터를 타점해 나간다.
이때 x, y 각각의 최대치와 최소치가 가로축과 세로축에 포함되도록 하며 또한 두 축의 거리를 거의 같게 잡는다.

[순서 5] 필요한 사항을 기입한다.

데이터의 수, 목적, 제품명, 공정명, 작성자명, 작성일자 등을 기입한다.

(2) 산점도 작성 후 검토하여야 할 사항

① 점들이 산재해 있는 모양으로부터 x와 y 사이에 관계가 있는지를 검토한다.
② x와 y가 직선관계인가 곡선관계인가를 살펴본다.
③ 이상점이 있는지를 확인한다. 산점도상에서 이상점의 발생은 그 원인을 규명하여 수정해 주어야 한다.
④ 점들이 뚜렷하게 두 개 또는 그 이상으로 층별되는 경우가 있는지 검토한다.

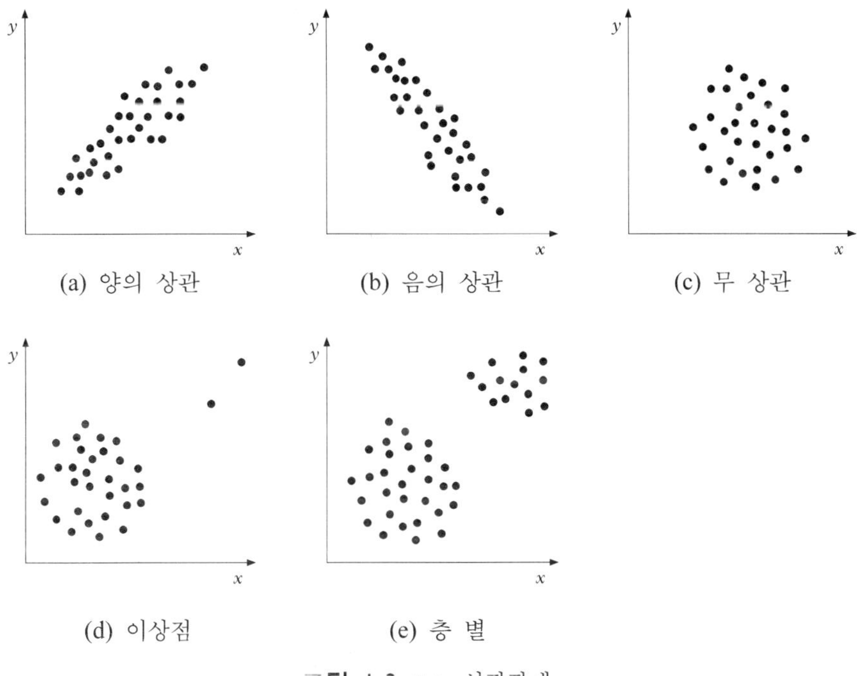

그림 1.3 ▶▶ 상관판세

예제 1.10

상품광고가 제품의 판매량증가에 어느 정도 효과가 있는지 알아보기 위해 10개의 상점에 대하여 조사하였다. 미니탭을 이용하여 산점도를 그려라.

광고료(X)	4	8	9	8	12	6	10	6	9	8
판매액(Y)	9	20	22	17	30	18	25	10	20	15

풀이

① 데이터 입력

워크시트 1 ***

↓	C1 광고료	C2 판매액
1	4	9
2	8	20
3	9	22
4	8	17
5	12	30
6	6	18
7	10	25
8	6	10
9	9	20
10	8	15

② 그래프 > 산점도

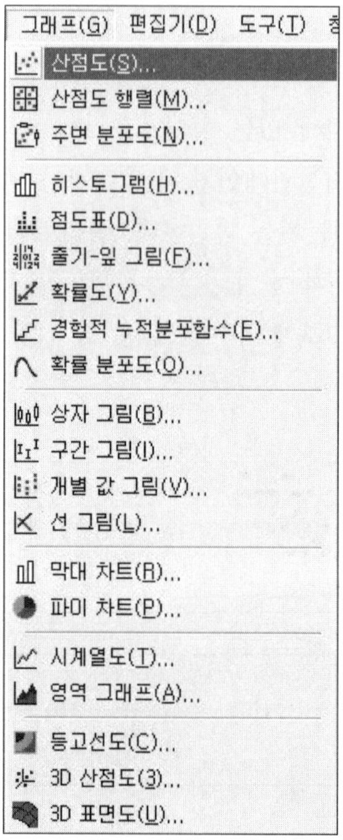

③ 적당한 산점도를 선택한 후 [확인]을 클릭한다.

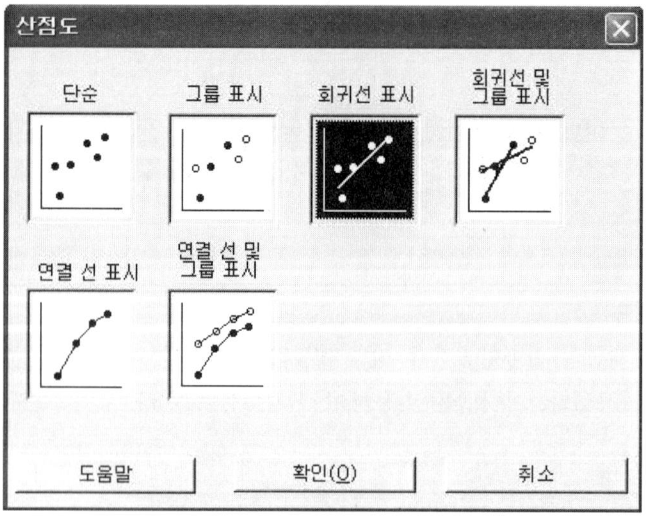

④ 대화창에서 Y 변수와 X 변수를 아래와 같이 이동시킨 후 [확인]을 클릭한다.

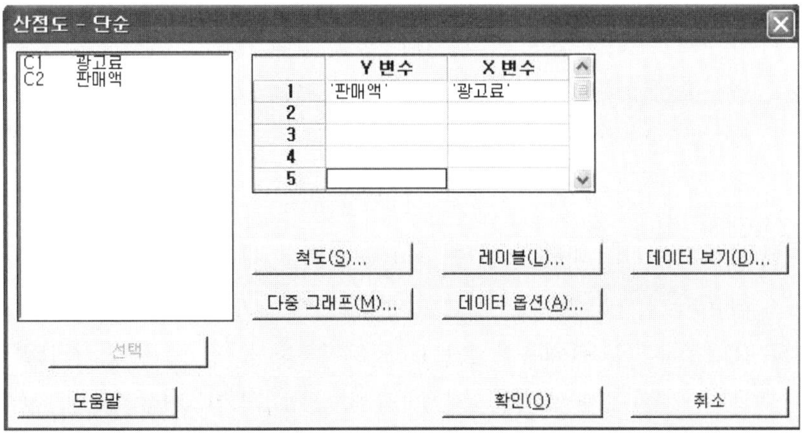

⑤ 출력결과(그래프)

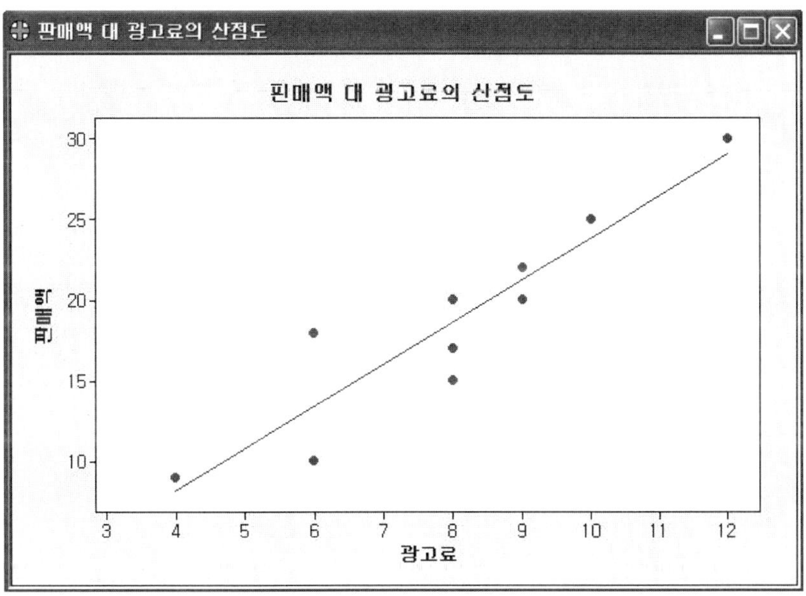

1.6.3 파레토 그림(Pareto Diagram)

부적합품, 고장 등의 발생건수를 분류항목별로 나누어 부적합 개수나 손실금액 등을 그 크기순서대로 나열 후 막대그래프로 나타낸 그림을 말한다.

(1) 작성방법

[순서 1] 조사할 사항을 결정 후 데이터 수집

조사할 사항을 결정 후 데이터를 수집한다. 이때 데이터를 취하는 방법과 기간을 정한다. 기간은 1주일 혹은 1개월 등 구하기 쉬운 기간으로 한다. 체크시트를 활용하여 결과수치 뿐만 아니라 비용이나 원인도 조사한다.

[순서 2] 데이터를 내용이나 원인에 따라 분류하고 집계

데이터는 다음과 같이 가능한 한 조처하기 쉽도록 분류한다.

① 결과의 분류(내용의 분류) → 부적합항목, 장소, 공정, 시간별 등

② 원인별 분류 → 재료, 기계, 작업자, 작업방법, 현상, 로트, 시간별 등

[순서 3] 데이터를 정리하고 누적수 계산

① 데이터 수가 많은 순으로 항목을 정리하며 각 항목의 데이터 수를 기입하며, 기타는 맨 나중으로 한다.

② 데이터 수가 많은 항목부터 차례로 더하여 누적수 계산을 한다.

[순서 4] 그래프용지에 세로축, 가로축을 기입 후 막대그래프 작성

① 가로축에 데이터 수가 많은 항목부터 순서대로 왼쪽에서 오른쪽으로 항목의 명칭을 기입한다.

② 세로축은 특성을 잡고 데이터수의 합계가 들어갈 때까지 눈금을 넣는다.

③ 막대그래프를 작성하되 폭을 균등히 하고 간격을 두지 않고 작성한다.

[순서 5] 누적곡선 기입

[순서 6] 우단에 세로축을 넣어 눈금을 기입

데이터 총 개수(이 경우)가 100 %가 되도록 우측의 눈금을 20 % 간격으로 기입한다(혹은 10등분 후 50%만 기재할 수도 있다).

[순서 7] 필요사항 기입

표제, 기간, 데이터 수, 공정명, 작업자명 등을 기입하여 이력을 명확히 한다.

– 기간 : '06. 10. 24~11. 23
– 작성자 : 홍길동

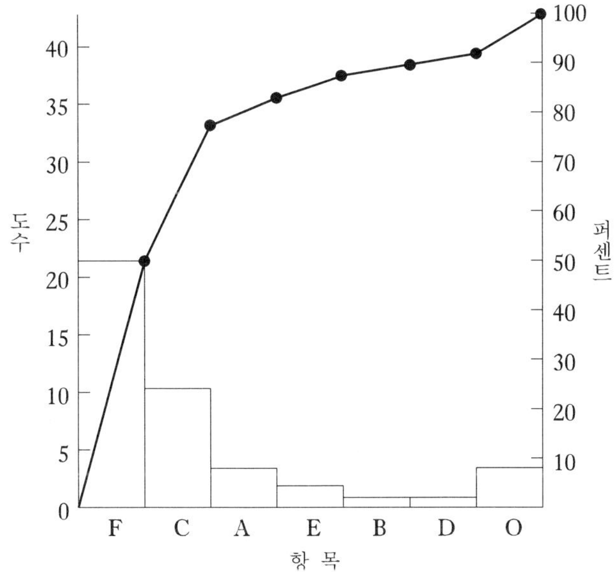

그림 1.4 ▶▶ 파레토 그림

(2) 미니탭을 이용한 작성

예제 1.11

다음은 어떤 제화 공장에서 발생한 부적합품 데이터이다. 파레토그림을 그려라.

부적합품 항목	부적합 수	누적부적합 수	백분율(%)	누적백분율(%)
뒤 틀 림	98	98	60.1	60.1
벌 어 짐	33	131	20.2	80.3
접힘선이탈	20	151	12.3	92.6
긁 힘	5	156	3.1	95.7
기 타	7	163	4.3	100.0
계	163		100.0	

✎ 풀이

① 데이터 입력

워크시트 5 ***

↓	C1-T	C2
	부적합항목	부적합수
1	뒤틀림	98
2	벌어짐	33
3	접힘선이탈	20
4	긁 힘	5
5	기 타	7

② 통계분석 > 품질도구 > Pareto 차트

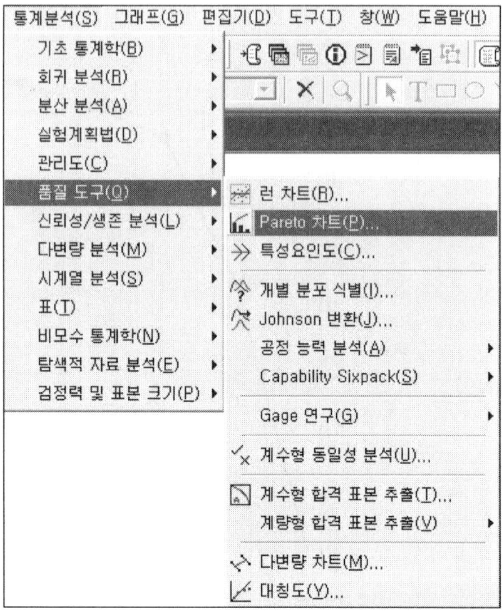

– 워크시트에 항목을 넣을 때 도수가 적은 항목을 기타항목으로 묶어서 넣지 말고 되도록 항목을 전부 넣는 것이 바람직하다.

③ 표형식의 결점 자료를 체크하고 레이블과 빈도란에 변수명을 더블 클릭하여 아래와 같이 이동시킨 후 [확인]를 클릭한다.

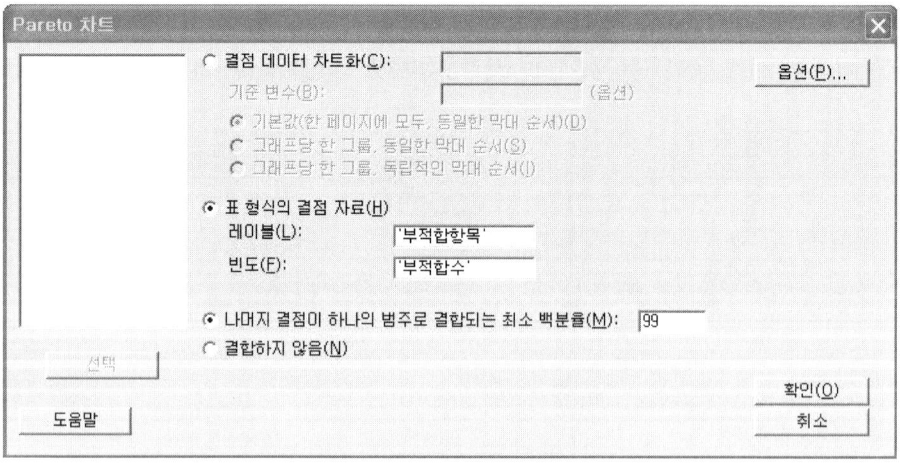

- Pareto 차트에서 막대를 생성할 결점에 대한 누적 백분율을 입력한다. Minitab에서는 누적 백분율이 지정된 %를 초과할 때까지 결점을 나타내는 막대를 생성하고 나머지는 묶어서 "기타"라는 레이블이 붙은 막대에 나타낸다. 기본 누적 백분율은 95 %에서 설정된다.

④ 출력결과

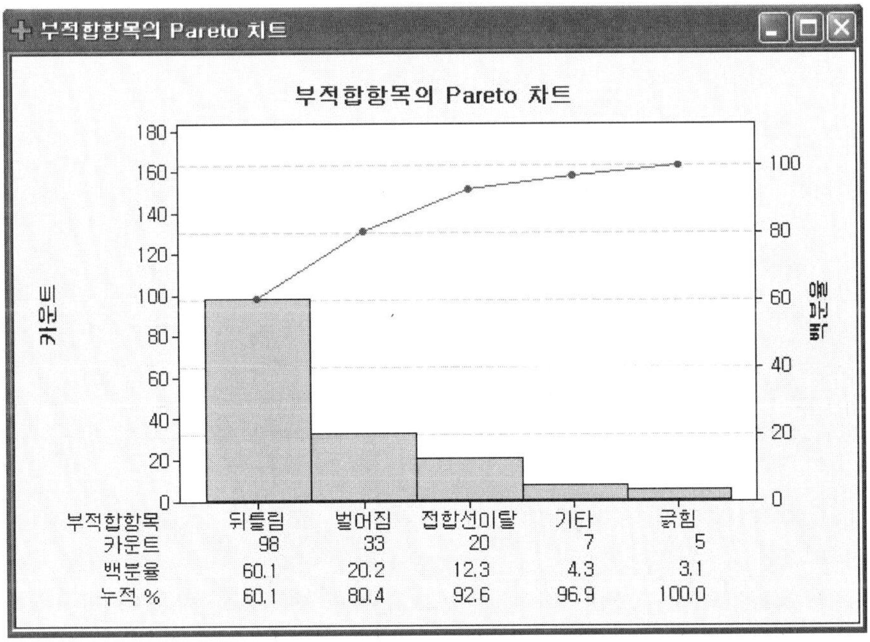

1.6.4 특성요인도(Cause and Effect Diagram)

특성(일의 결과나 문제점)과 요인(원인)이 어떻게 관계하고 있는가를 한 눈으로 알아보기 쉽게 작성한 그림이다. 그 모양이 생선뼈의 모양을 닮았다는 점에서 생선뼈그림이라고도 한다.

(1) 작성방법

[순서 1] 문제로 하는 특성을 명확히 함

[순서 2] 우단에 ㅁ으로 둘러싸서 특성을 적어 넣고, 왼쪽으로부터 굵은 횡선을 그어 화살 표시를 한다.

[순서 3] 요인을 4~8개 정도로 분류시킨다. 이어 굵은 화살표(큰 가지)에 대하여 왼쪽에서 비스듬히 중간 가지를 만들어 각각의 요인을 기입하여 □로 둘러싸서 표시한다.

요인을 크게 분류하는 데에는 일반적으로 4M(작업자, 기계·설비, 재료, 작업방법) 또는 7요소(4M 외에 환경, 측정) 등을 포함시켜 생각한다.

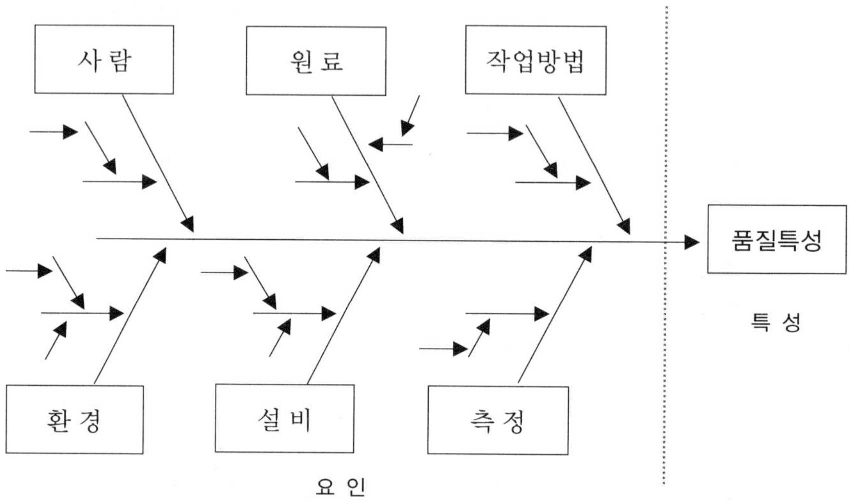

[순서 4] 큰 가지의 원인을 추구하여 중간 가지로 분류하고, 다시 작은 가지로 세밀하게 분류하여 기입해 나간다.

가장 말단에 가서는 조처를 취할 수 있는 요인까지 기입하는 일이 중요하다.

[순서 5] 요인에 누락되는 것이 없는지 체크한다.

[순서 6] 각 요인의 영향도에 대해서는 비중을 생각하여 표시한다.
비중부여시에는 잘 토론하고 데이터해석, 파레토그림, 자유토론 등에 의한 거수방법 등으로 결정하여 중요한 것에 대해서는 ○으로 두르거나 붉은 표시 혹은 기호(◎)를 표시하여 식별이 되도록 한다.

[순서 7] 관련 사항을 기입한다.
표제, 제품명, 공정명, 작성자, 참가자, 작성 년월일 등 작성시의 정보를 기입해 둔다.

(2) 특성요인도의 사용법

특성요인도의 사용법으로는 원인추구형과 대책추구형의 2가지가 있다.

① 원인 추구형(원인 ← 결과) : 특성요인도에서 특성에는 결과를 요인에는 원인을 위치시켜서 결과에 대한 원인을 밝히는 것이다(그림 1.5 참조).

② 대책추구형(대책 ← 결과) : 특성요인도에서 특성에는 결과를 요인에는 대책을 위치시켜시 결과에 대한 대책을 취하는 방법이다.

(3) 특성요인도의 사용시 유의사항

특성요인도의 사용시에는 다음 사항에 유의하여 사용하면 효과적이다.

① 협의의 토의기구로 활용한다.
② 공부(새로운 지식습득의 장)로 활용한다.
③ 브레인 스토밍(Brain Storming)에 의한 의견도출 결과를 기재하는 수단으로 활용한다.
④ 데이터를 바탕으로 작성한다.
⑤ 원인추구를 철저히 한다.
⑥ 표현에 주의한다(되도록 원인추구형을 사용).

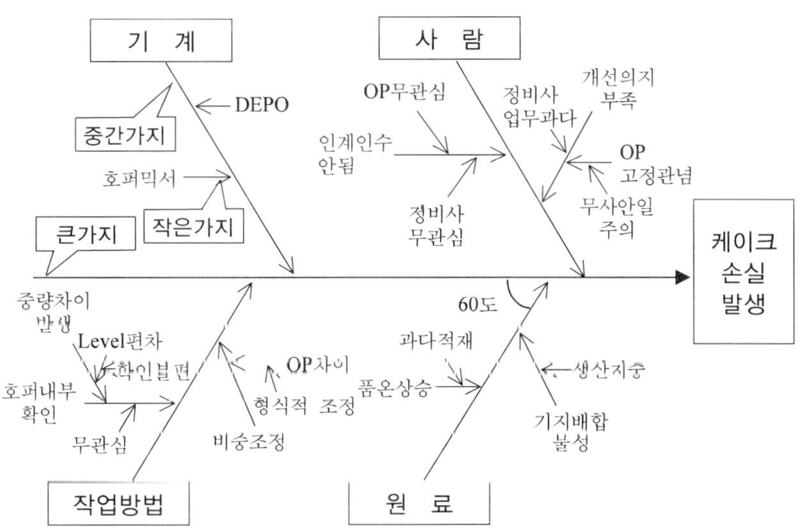

그림 1.5 ▶▶ 특성요인도

(4) 미니탭을 이용한 작성

① 데이터 입력 : 1단계 항목(큰 가지) 열, 2단계 항목(중간가지) 열로 입력한다.

특성요인도.MTW ***

↓	C1-T	C2-T	C3-T	C4-T
	사람	**기계**	**원료**	**작업방법**
1	개선의지 부족	호퍼믹서	기지배합 물성	비중조정
2	인계인수 안됨	DEPO	품온상승	호퍼내부 확인

C5-T	C6-T	C7-T	C8-T
개선의지 부족	**인계인수 안됨**	**호퍼믹서**	**DEPO**
OP고정관념	OP무관심	확인불가	앞뒷열 중량차이
정비사 업무과다	정비사 무관심		

C9-T	C10-T	C11-T	C12-T
기지배합 물성	**품온상승**	**비중조정**	**호퍼내부 확인**
생산치중	과다적재	OP간 차이	중량차이 발생
			무관심

C13-T	C14-T	C15-T
OP고정관념	**OP간차이**	**중량차이 발생**
무사안일주의	형식적 조정	Level편차

② 통계분석 > 품질도구 > 특성요인도

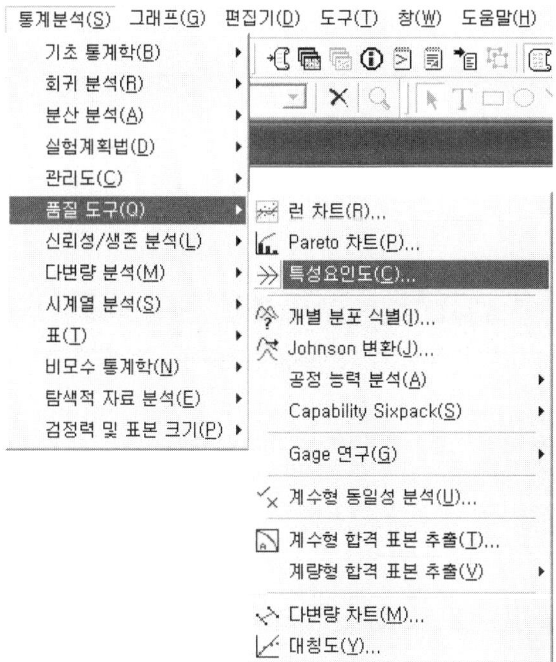

③ 대화창에 다음과 같이 입력한다.

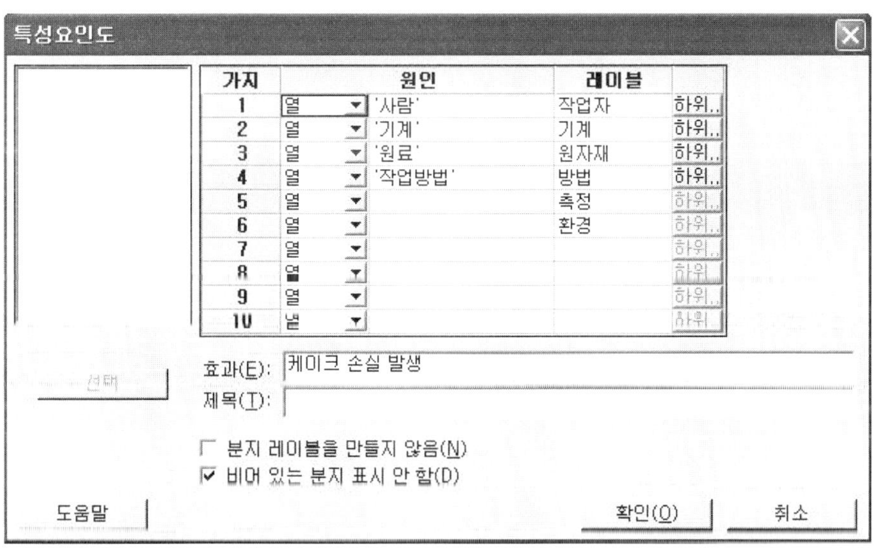

– 원인 : 각 원인의 데이터가 입력되어 있는 열을 지정한다.

– 레이블 : 큰 가지의 명칭을 입력한다.

- 효과 : 머리 부분에 해당하는 특성을 기입한다.
- 제목 : 특성요인도의 제목을 입력한다. 입력하지 않으면 '특성요인도'로 출력된다.
- 분지 레이블을 만들지 않음 : 가지들의 레이블을 감추기 위해 선택한다.
- 비어 있는 분지 표시 안함 : 체크하면 필요하지 않은 큰 가지를 감춘다.

④ 세부 원인을 입력하기 위해서 대화창에 [하위...]를 클릭하여 세부 원인의 데이터가 입력되어 있는 열을 지정한다.

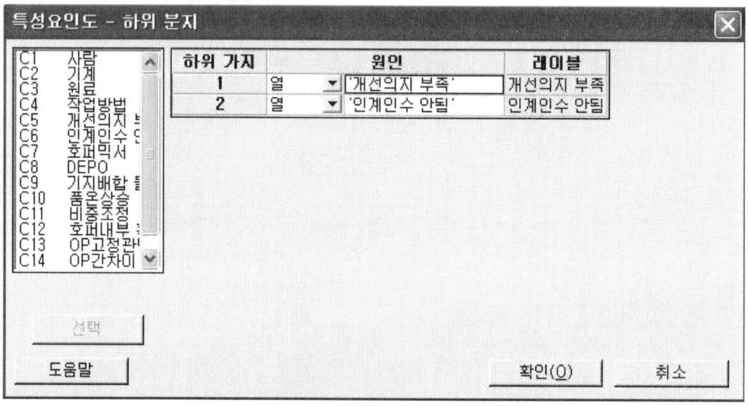

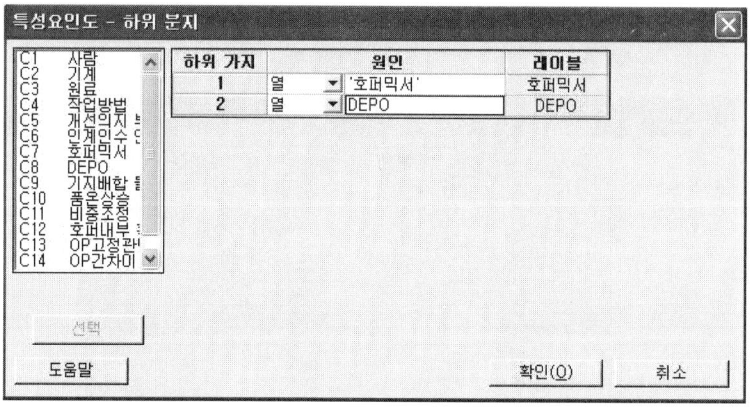

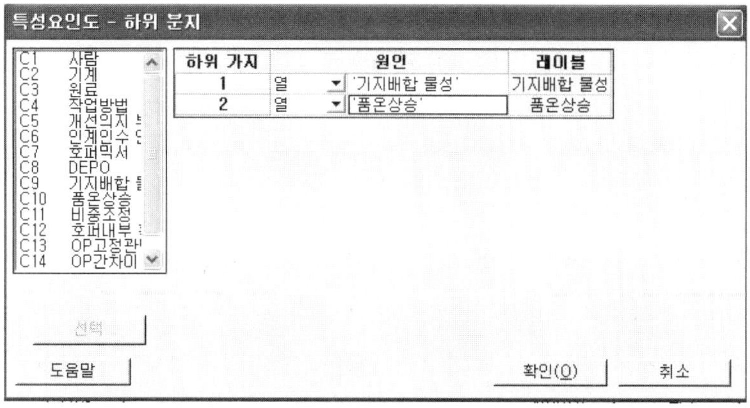
특성요인도 - 하위 분지
C1 사람
C2 기계
C3 원료
C4 작업방법
C5 개선의지
C6 인계인수
C7 호퍼믹서
C8 DEPO
C9 기지배합
C10 품온상승
C11 비중조정
C12 호퍼내부
C13 OP고정관
C14 OP간차이
하위 가지
원인
레이블
1 열 '기지배합 물성' 기지배합 물성
2 열 '품온상승' 품온상승
선택
도움말
확인(O)
취소

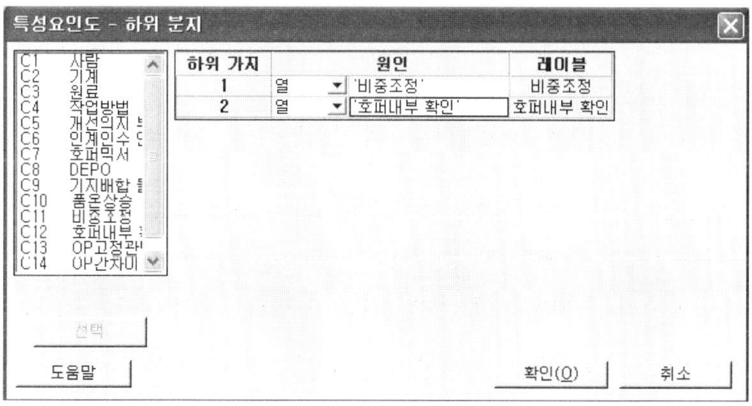
특성요인도 - 하위 분지
C1 사람
C2 기계
C3 원료
C4 작업방법
C5 개선의지
C6 인계인수
C7 호퍼믹서
C8 DEPO
C9 기지배합
C10 품온상승
C11 비중조정
C12 호퍼내부
C13 OP고정관
C14 OP간차이
하위 가지
원인
레이블
1 열 '비중조정' 비중조정
2 열 '호퍼내부 확인' 호퍼내부 확인
선택
도움말
확인(O)
취소

⑤ 출력결과(그래프)

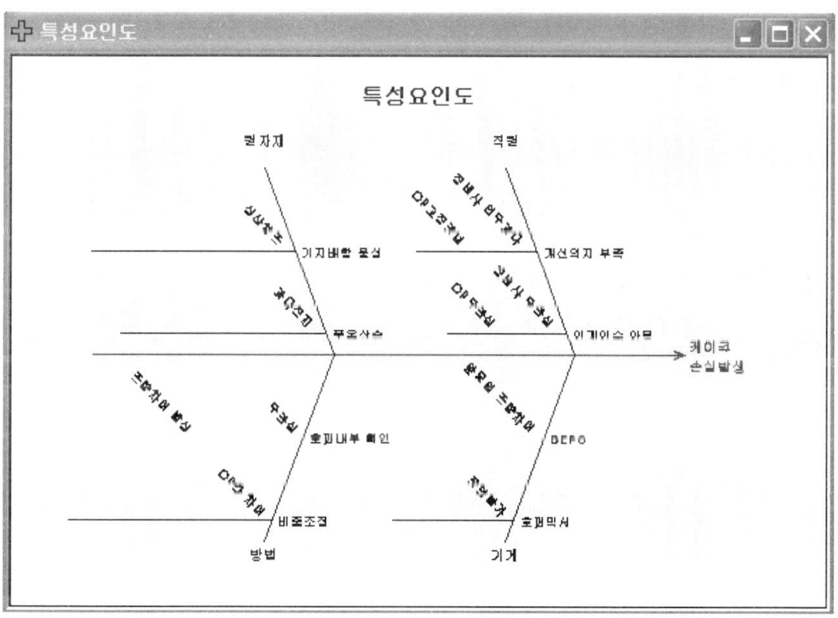
특성요인도
특성요인도
기지배합 물성
품온상승
개선의지 부족
케이크
손실발생
호퍼내부 확인
DEPO
비중조정
호퍼믹서
방법
기계

- 특성요인도는 작은가지에서 중간가지로 중간가지에서 큰가지 방향으로 화살표가 표시되어야 하나 미니탭에서는 화살표가 표시되지 않는다.

1.6.5 체크시트(Check Sheet)

체크시트는 체크를 틀림없이 효과적으로 하기 쉽도록 기록 항목을 사전에 기입해 두고, 체크한 결과를 곧 기입하여 데이터의 집계 및 계산이 용이하도록 만든 기록용지로서, 분류 항목별로 어디에 집중되어 있는가를 알 수가 있다. 주로 부적합품이나 부적합의 발생원인을 기록하거나 그 원인조사를 위해 쓰여진다.

(1) 용도에 의한 분류

체크시트를 용도에 따라 분류하면 기록용과 점검용으로 구분할 수 있다.

① 기록용 체크시트 : 분포의 상태를 파악하거나 또는 어떤 부적합이 부적합항목이 어느 정도로, 어느 곳에서 발생하고 있는가를 알아보기 위해 데이터를 취하는 것으로서 미리 기록 대상항목을 정해 두고 이에 따라 기록(체크 : 𝍸)해 나간다.

② 점검용 체크시트 : 점검항목을 사전에 정해 두고 이에 따라 점검 확인(체크 : V)해 나간다.

(2) 작성방법

[순서 1] 분류항목을 결정한다.

[순서 2] 기록지 형식을 선정한다.
기록지 형식은 그림, 표의 2가지 형식이 있다. 이 2가지의 병용도 가능하다.

[순서 3] 데이터를 수집한다.

[순서 4] 체크된 도수를 마킹한다.

표 1.1 ▶▶ 라인별 피치교환 횟수

· 기간 : '06.10.11 ~ 21 · 대상 : 각 라인별 · 작성자 : 홍길동

일자 / 호기	10/11	12	13	14	15	16	17	18	19	20	21	계
1호 Line	////	/	//	/		///	/	//	/		///	18
2호 Line	////	///	//	/	/	//		/	//	/	//	19
3호 Line	//		/	/	///	/		/	/	//	/	13
4호 Line	////	/		//	/		//	///		/	//	16
5호 Line	//	/	/		/	//	/	//	/	///	/	15
계	16	6	6	5	6	8	4	9	5	7	9	81

1.6.6 층별(stratification)

층별은 같은 공통점, 경향, 특징 등을 갖는 층으로 구분한 것을 말한다. 이는 문제에 대한 원인추구를 쉽게 한다. 그리고 층별은 QC기초수법들의 기초가 되고 있다.

층별 방법은 다음 구분으로 실시하면 효과적이다.

① 작업자 : 연령, 경험, 성별
② 기계(설비) : 기종, 형식
③ 재료(원재료, 부재료, 부품) : 구입처, 구입시기, 성분 등
④ 방법 : 작업방법, 작업조건 등
⑤ 시간 : 오전·오후, 주야, 일·주·월별 등
⑥ 환경 : 온도, 습도, 먼지, 조명 등
⑦ 측정, 검사별 : 계측기, 측정자, 검사방법, 검사원 등
⑧ 기타 : 부적합항목별

1.6.7 각종 그래프

(1) 줄기-잎 그림(Stem-and-Leaf Display)

연속형 자료를 정리할 때 많이 쓰이는 그림으로 관측값의 범위, 분포의 모양, 집중도 등을 쉽게 알 수 있다.

① 히스토그램에 비해 데이터 수가 적은 경우에 유용

② 원 데이터가 그대로 보존

③ 데이터가 크기순으로 나열되므로 중앙값, 백분위수 등을 쉽게 구함

예제 1.12

아래 표는 조선시대 역대 왕의 수명 데이터이다. 미니탭을 이용하여 줄기-잎 그림을 작성하라.

태조 73	정종 62	태종 45	세종 53	문종 38	단종 16
세조 51	예종 28	성종 37	연산군 30	중종 56	인종 30
명종 33	선조 56	광해군 66	인조 54	효종 40	현종 33
숙종 59	경종 36	영조 82	정조 48	순조 44	헌종 22
철종 32	고종 67	순종 52			

풀이

① 데이터 입력

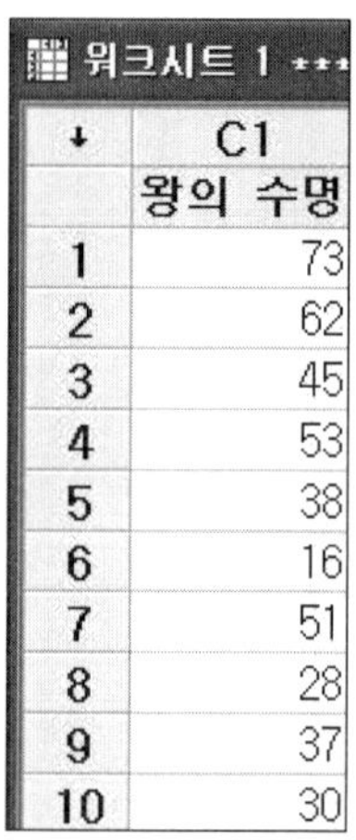

② 그래프 > 줄기-잎 그림

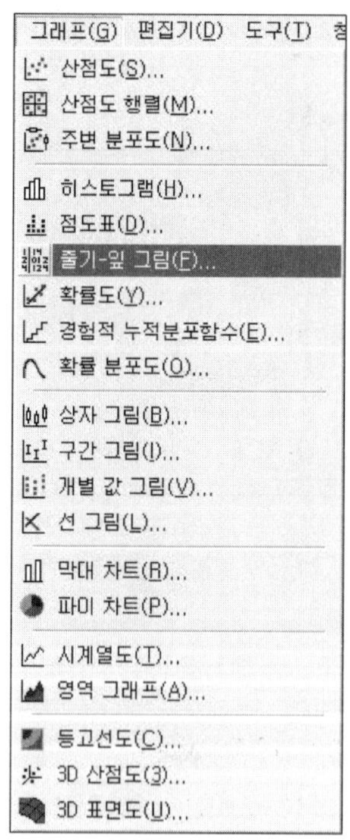

③ 대화창에 변수명을 이동시키고 특이치 절사에 체크한 후 증분을 기입한다.

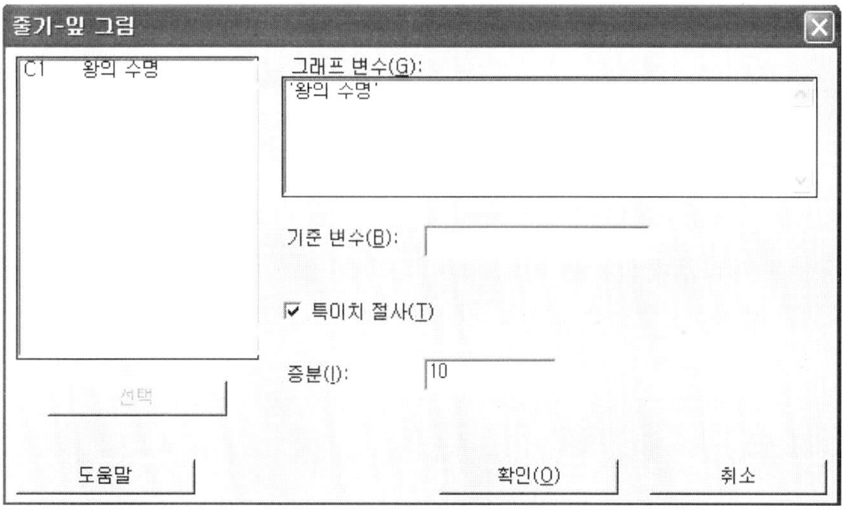

- 그래프 변수 : 데이터가 입력되어 있는 열의 변수
- 기준변수 : 기준 변수의 값에 따라서 각각 따로 줄기잎 그림을 작성할 경우에 기준변수가 입력되어 있는 열을 지정한다.
- 특이치 절사 : 모든 이상치를 절삭하고 그들을 LO와 HI로 레이블된 특별한 선들 위에 보여준다. 이 옵션은 기준변수와 함께 사용할 수 없다.
- 증분 : 줄기의 계급구간값

④ 출력결과(세션창)

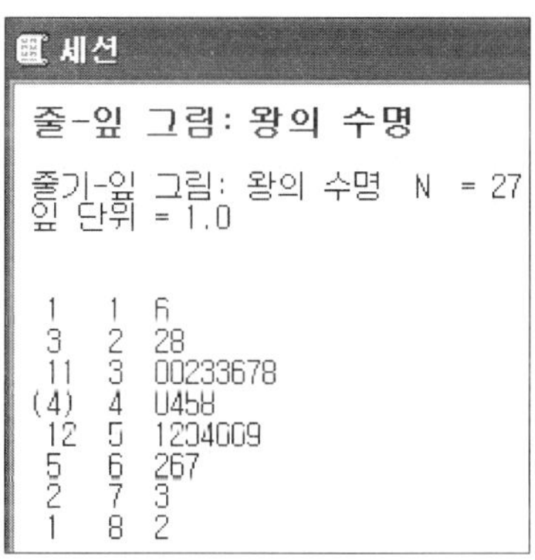

〈결과해석〉

- 위의 결과에서는 줄기의 증가 크기가 10이다.
- 줄기-잎 그림에서 제일 오른쪽이 잎이고 중간이 줄기이다. 왼쪽은 데이터의 누적카운터를 나타내어 주고 있다.
- '( )'은 중앙값이 있는 곳을 표시해 준다.

(2) 상자 그림(Box Plot)

데이터를 몇 개의 측도값을 사용하여 상자형태로 표현하며, 분포의 모양 뿐 아니라 중앙값, 최소값, 사분위수, 최대값, 특이점을 파악할 수 있다.

단순한 상자그림의 작성방법은 다음과 같다.

① 다섯수치요약(min, HL, M, HU, max)을 구한다.

② 위·아래 사분위수(H)에 해당하는 수직선상의 위치에 네모형 상자의 양끝이 오도록 한다. 그리고 상자내의 중위수(M)에 해당하는 위치에 칸막이 막대 표시를 한다.

③ 최소값(min)과 최대값(max)의 위치에 점을 찍고 이 점을 상자의 수직축에 나란하게 내부 수직선을 긋는다.

④ 상·하한 한계치를 넘는 데이터가 있으면 이상치를 표시한다.

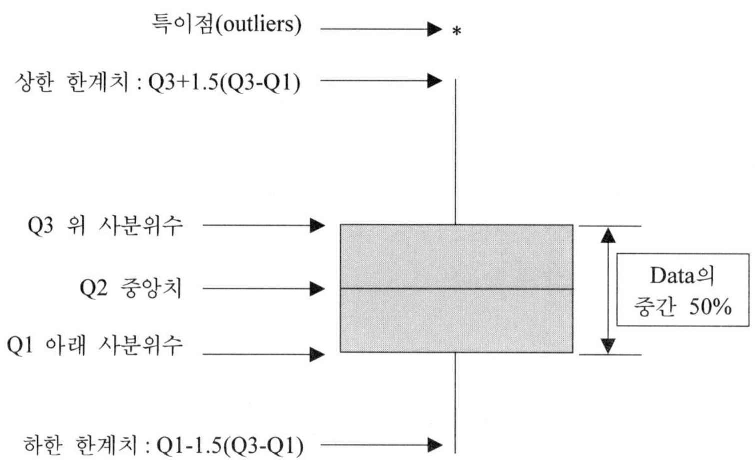

그림 1.6 ▶▶ 상자그림

예제 1.13

[예제 1.12]의 데이터를 미니탭으로 상자그림을 그려 보아라.

풀이

① 데이터 입력

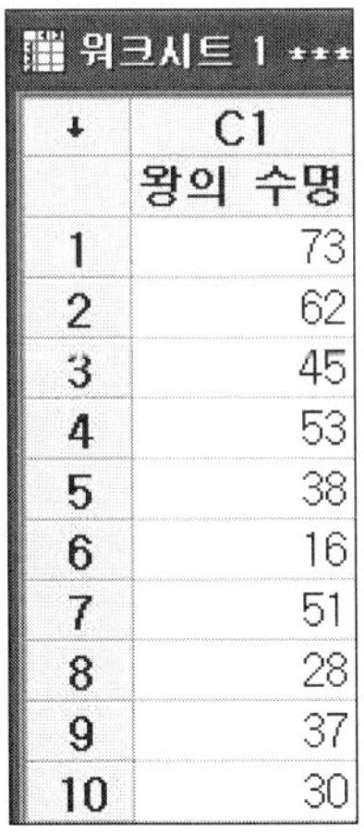

↓	C1
	왕의 수명
1	73
2	62
3	45
4	53
5	38
6	16
7	51
8	28
9	37
10	30

② 그래프 > 상자그림

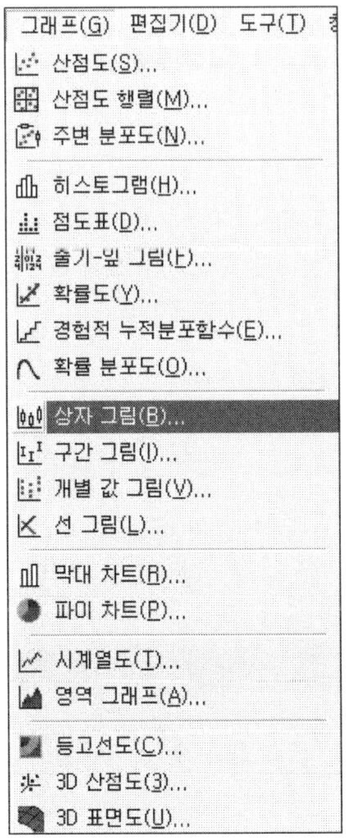

③ 적당한 상자그림을 선택

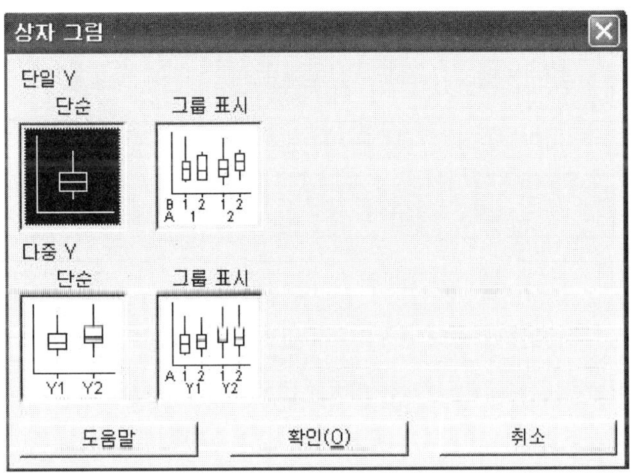

④ 그래프 변수에 왕의 수명을 이동시킨다.

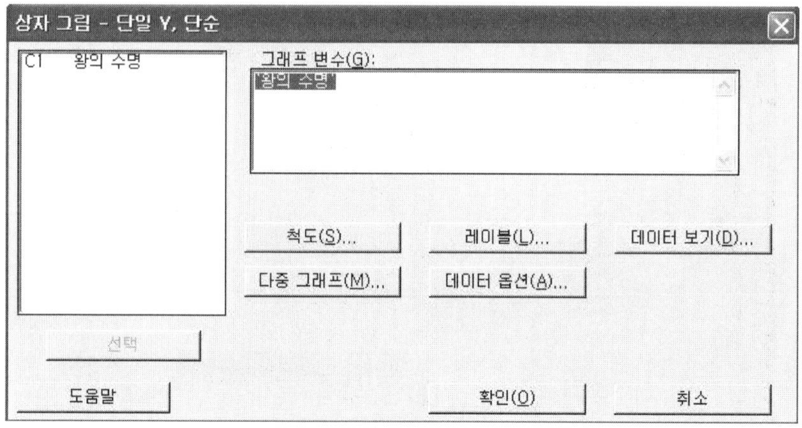

⑤ 출력결과(그래프)

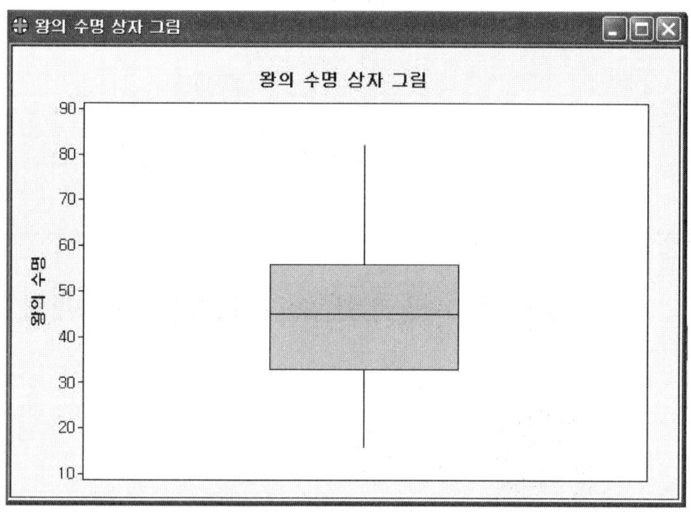

〈결과해석〉

- 중앙값 = 45

  데이터를 순서대로 정렬하여 가운데 오는 값. 즉 14번째의 데이터이다.

- 제 1사분위 수(Q1) = 33

  $\frac{(n+1)}{4} = \frac{(27+1)}{4} = 7$번째 위치한 데이터이다

- 제 3사분위 수(Q3) = 56

  $\frac{3(n+1)}{4} = \frac{3(27+1)}{4} = 21$번째 위치한 데이터이다

– 상한 한계치 = Q3 + 1.5(Q3−Q1) = 56+1.5(56−33) = 90.5
– 하한 한계치 = Q1−1.5(Q3−Q1) = 33−1.5(56−33) = −1.5

이고, 특이점은 나타나지 않았다.

(3) 막대그래프(Bar Graphs)

막대그래프는 각 범주의 수량을 표현할 때 적합하다. 즉, 막대의 길이가 각 범주에 속하는 수량을 상대적으로 나타내므로 각 군의 특성을 시각적으로 비교하는데 유용하나. 여기서 막대의 넓이는 아무런 의미를 갖지 않는다.

예제 1.14

[예제 1.11]의 데이터를 미니탭으로 막대그래프를 그려 보아라.

풀이

① 데이터 입력

워크시트 2 ***

↓	C1-T 부적합항목	C2 부적합수
1	뒤틀림	98
2	벌어짐	33
3	접힘선이탈	20
4	긁힘	5
5	기타	7

② 그래프 > 막대 차트

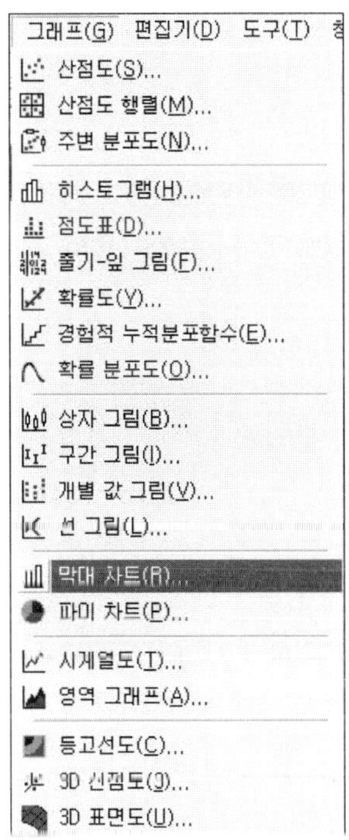

③ 막대가 표시하는 내용에 '표의 값'을, 한 열의 값에 '단순'을 선택한다.

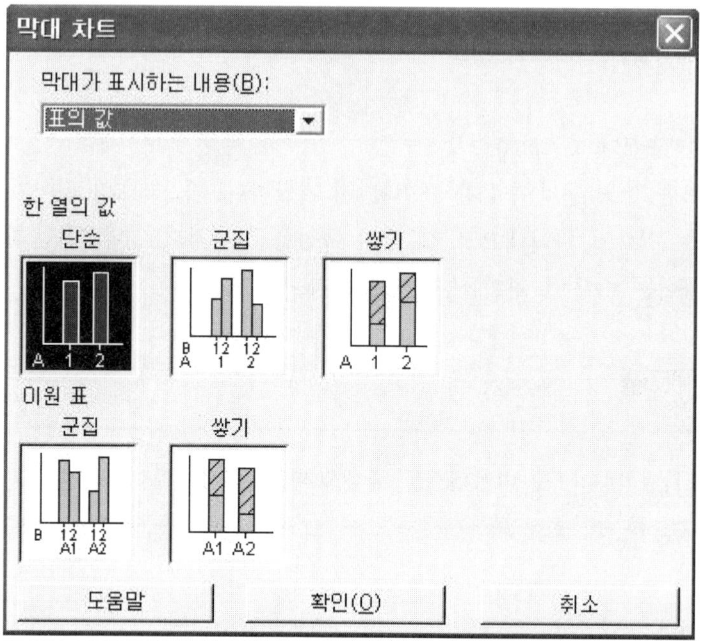

④ 대화창에서 변수란의 변수를 더블클릭하여 그래프 변수와 범주형 변수로 이동시킨 후 '막대 차트 옵션'을 클릭한다.

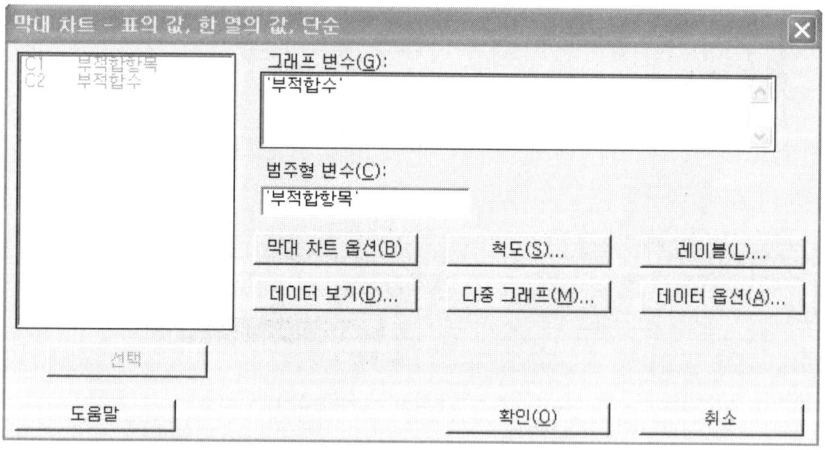

⑤ [막대 차트 옵션...]

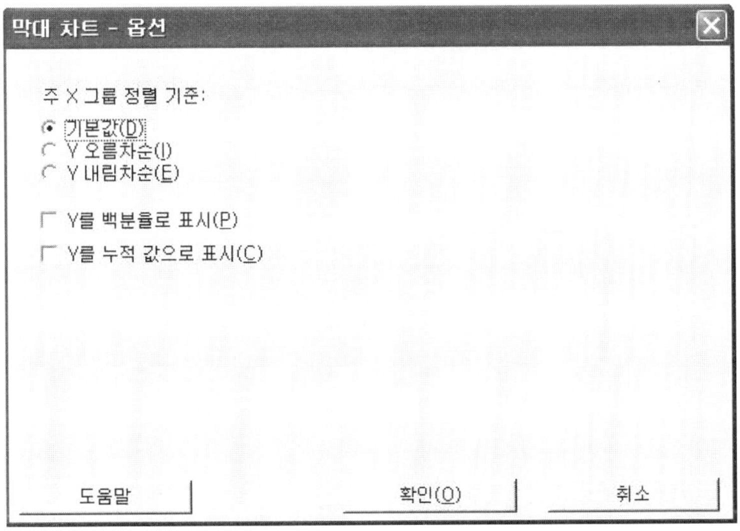

- Y 오름차순 : 데이터의 값이 작은 범주부터 시작한다.
- Y 내림차순 : 데이터의 값이 큰 범주로부터 시작한다.
- Y를 백분율로 표시 : y축의 레이블을 퍼센트로 나타낸다.
- Y를 누적값으로 표시 : 한 그룹에 속하는 범주의 도수를 누적시켜 y를 표현한다.

⑤ 출력 결과(그래프)

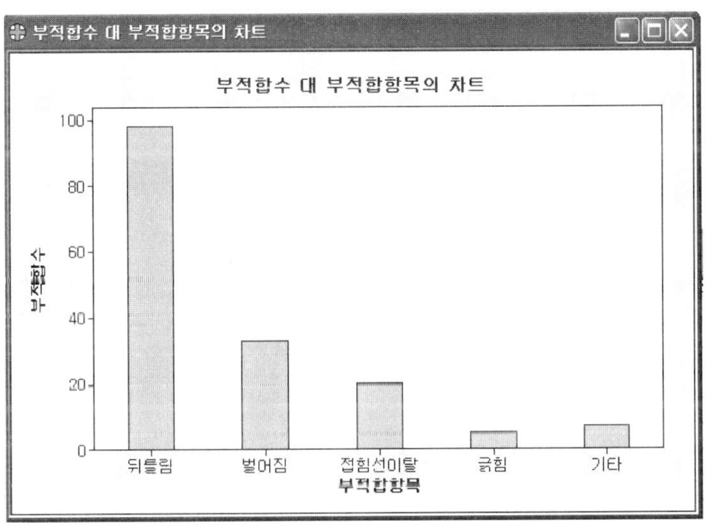

(4) 원 그래프(Pie Chart)

원 그래프는 전체의 구성비를 나타내는 그래프로 하나의 원이 전체 자료를 나타내고 그 구성비율이 큰 항목부터 시계방향으로 부채꼴의 조각으로 나누어 나간다. 단, 항목이 순서의 성격을 띌 경우에는 그 순서에 따르고 기타 항목은 마지막에 오게 한다.

예제 1.15

[예제 1.11]의 데이터를 미니탭으로 원그래프를 그려 보아라.

풀이

① 데이터 입력

워크시트 2 ***

↓	C1-T	C2
	부적합항목	부적합수
1	뒤틀림	98
2	벌어짐	33
3	접힘선이탈	20
4	긁힘	5
5	기타	7

② 그래프 > 파이 차트

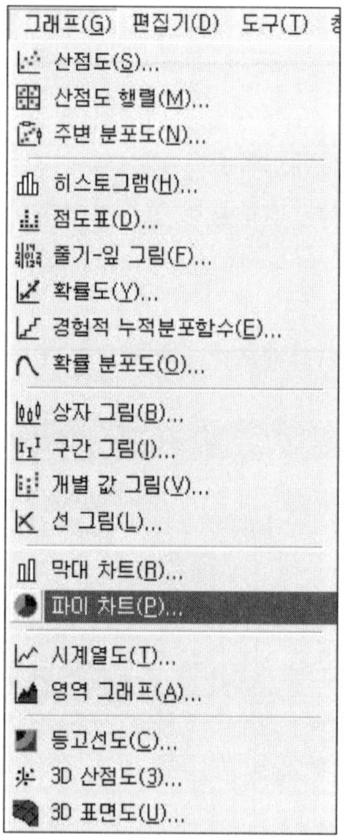

③ 대화창에 아래와 같이 체크하고 선택한다.

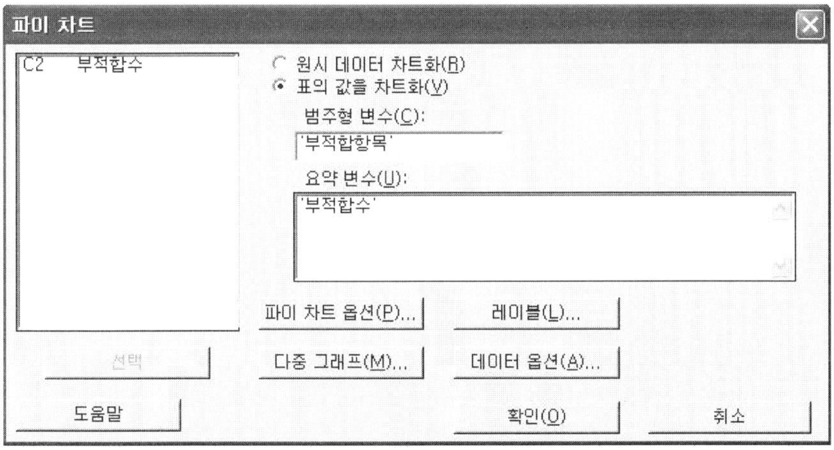

– 원시 데이터 차트화 : 한 열에 데이터가 나열되어 있는 경우
– 표의 값을 차트화 : 데이트가 범주별로 구별되어진 경우

④ [파이 차드 옵션...]

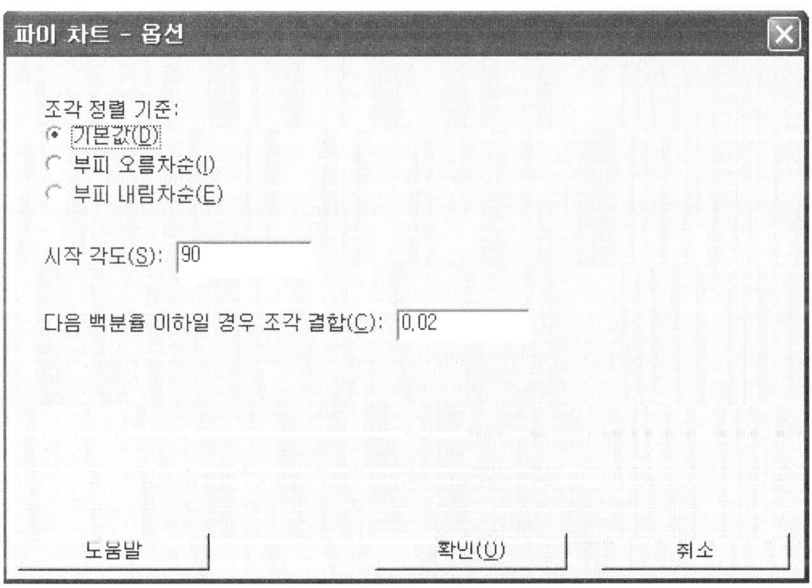

– 부피 오름차순 : 조각의 크기에 의한 오름차순으로 정렬된다.
– 부피 내림차순 : 조각의 크기에 의한 내림차순으로 정렬된다.
– 시작각도 : 조각의 시작 각도를 지정한다.
– 다음 백분율 이하일 경우 조각 결합 : 입력된 것 보다 작은 값은 하나의 그룹으로 묶는다.

⑤ [레이블...]에서 부분 레이블

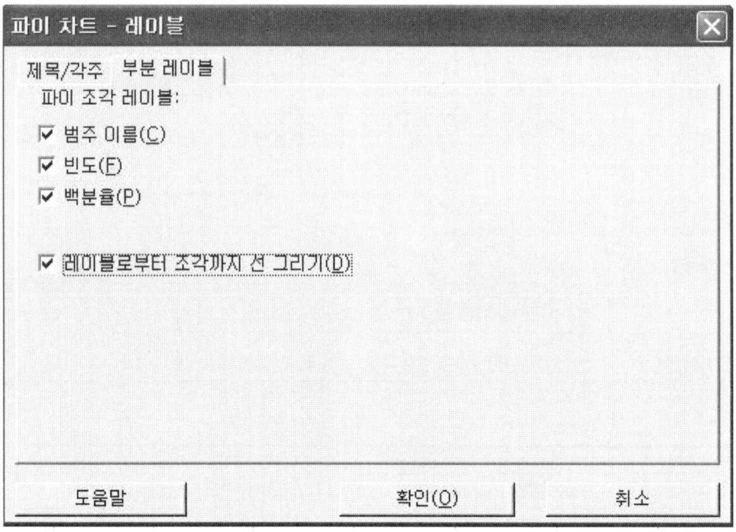

- 범주 이름 : 범주의 이름 표시
- 빈도 : 도수 표시
- 백분율 : 퍼센트 표시
- 레이블로부터 조각까지 선 그리기 : 조각에서 레이블로 잇는 선을 표시

⑥ 출력 결과(그래프)

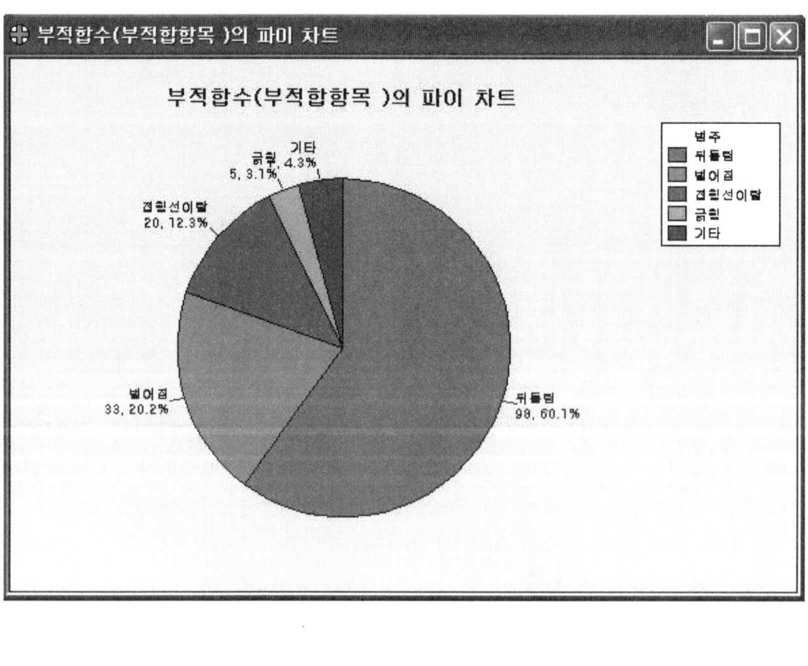

※ **요 약**

- 데이터의 형태는 개수로 셀 수 있는 이산형 데이터와 측정될 수 있는 품질특성의 값인 연속형 데이터가 있다.
- 자료의 중심에 대한 측도를 중심위치 또는 대표값이라 하며 평균, 중앙값, 최빈값 등이 있다.
- 산포도는 자료가 평균과 같은 중심위치에서 얼마나 흩어져 있느냐를 나타내는 측도이며 대표적으로 분산, 표준편차, 사분위수 등이 있다.
- 강력한 통계적인 분석능력을 제공하는 미니탭은 사용법과 분석결과가 용이하며, MS Window, MS Office 등의 소프트웨어와 호환성이 있다.
- 현장에서 발생하는 품질이나 원가, 생산량 등의 문제를 해결하는데 도움이 되는 기초적인 수법인 QC 7가지 도구는 히스토그램, 산점도, 파레토그림, 특성요인도, 체크시이트, 층별, 그래프가 있다.

연/습/문/제

1.1 분산과 표준편차는 평균값으로부터 자료들이 떨어진 거리로서 자료의 흩어진 정도를 나타낸다. 아래의 데이터로부터 기초통계량 (평균, SE 평균, 표준편차, 분산, CoefVar, 합, 제곱합, 최소값, 최대값, 중위수, 왜도, 첨도)을 구하고 히스토그램을 그려보자.

51, 55, 34, 43, 44	71, 46, 35, 46, 42	53, 22, 43, 66, 41	27, 57, 35, 42, 55
44, 53, 65, 49, 15	39, 43, 44, 62, 51	48, 63, 59, 61, 33	49, 67, 35, 49, 48
57, 45, 62, 59, 57	53, 46, 48, 65, 49	41, 39, 73, 78, 34	47, 53, 75, 33, 67

1.2 자동차부품의 도금공정에서 최근 2개월간 도금부적합을 조사하였더니 아래 표와 같은 결과를 얻었다. 이러한 부적합품을 재가공하여 사용하였지만 손실금액은 다음 표와 같다. 아래의 데이터를 이용하여 손실금액 파레토그림과 원그래프, 막대그래프를 그려보자.

항 목	부적합품 수	1개당 재가공비
크롬 불량	421	50원
흠	262	750원
바닥 불량	150	480원
얼룩	93	480원
벗겨짐	51	480원
수세 불량	40	30원
기타	65	(평균)85원

1.3 다음 데이터는 A사의 2006년도와 2007년도의 분기별 매출액 데이터이다. 미니탭 메뉴에서 데이터 > 부분집합 워크시트를 선택하여 매출액이 1억 원 이상의 데이터만을 포함한 워크시트를 작성해 보자.

년도	분기	매출액
2006	1	97
2006	2	100
2006	3	104
2006	4	106
2007	1	101
2007	2	95
2007	3	98
2007	4	99

1.4 다음은 B사에서 6시그마 교육 후에 3차로 나누어 치른 부서별 시험결과이다. 미니탭 메뉴에서 데이터 > 정렬을 선택하여 부서별 평균을 계산하고 내림차순으로 정렬해 보자.

부서 ╲ 차수	1차	2차	3차
가	65	67	79
나	85	84	74
다	76	72	68
라	74	65	82
마	75	89	74
바	69	72	85
사	66	69	75
아	82	81	80
자	90	85	74
차	85	74	72
카	65	75	68

CHAPTER

2

확률변수와 확률분포

2.1 확률(Probability)

발생 가능성이 있는 모든 경우에 대해 특정 사상(사건) A가 발생될 가능성, 즉 똑같은 실험을 무수히 반복 할 때 어떤 일이 일어나는 비율이다.

$$P(A) = \frac{\text{사상}}{\text{표본 공간}} \tag{2.1}$$

(1) 표본공간(Sample space) : 실험이나 관찰에서 생길 수 있는 모든 가능한 실험 결과들의 집합이다.

(2) 사상 혹은 사건(Event) : 표본공간의 부분집합으로 어떤 특정한 관심 있는 실험결과의 집합이다.

예) 두개의 주사위 던지기를 생각해 보자

- 표본공간 $S = \{(1,1), (1,2), \cdots, (6,6)\}$: 36가지의 모든 실험 결과의 집합
- 사건(Event) : 표본공간의 부분집합

  E_1 = 첫 번째 주사위가 1의 눈이 나온 경우

  = {(1,1),(1,2),(1,3),(1,4),(1,5),(1,6)}

  E_2 = 두 주사위 눈의 합이 7인 경우

  = {(1,6),(2,5),(3,4),(4,3),(5,2),(6,1)}
- 두 개의 주사위를 던질 때 첫 번째 주사위의 눈이 1인 경우의 확률 $P(E_1)$

  $P(E_1) = P\{(1,1),(1,2),(1,3),(1,4),(1,5),(1,6)\} = 6/36 = 1/6$
- 두 개의 주사위를 던질 때 눈의 합이 7인 경우의 확률 $P(E_2)$

  $P(E_2) = P\{(1,6),(2,5),(3,4),(4,3),(5,2),(6,1)\} = 6/36 = 1/6$

(3) 확률의 기본성질

① $P(A)$가 가질 수 있는 값의 범위는 0부터 1 사이의 값이다.

$0 \leq P(A) \leq 1$

② 여러 사건을 A_i라고 표현할 때 각 사건이 일어날 확률을 모두 더한 $\Sigma p(A_i) = 1$ 이다.

2.2 집합과 확률의 법칙

두 사건 A, B가 있을 때, A 또는 B 적어도 한쪽이 일어나는 경우인 합집합(A∪B)가 있고, 이 A와 B가 동시에 일어나는 공통집합(A∩B)가 있으며, 여집합은 전사건 중 A가 아닌 사건의 집합으로 A^c로 나타낸다.

이와 같은 집합의 개념에 확률을 적용하여 확률의 합의 법칙과 곱의 법칙을 구할 수 있는데 그전에 우선 배반사건과 독립사건을 정의해 보도록 한다.

(1) 배반사건(Exclusive) : A, B 두 사건이 동시에 일어날 수 없을 때

(2) 독립사건 : A, B 두 사건이 서로의 발생에 영향을 주지 않을 경우

(3) 확률의 합의 법칙

$$P(A \cup B) = P(A) + P(B) - P(A \cap B) \tag{2.2}$$

이 식에서 배반인 경우 $P(A \cap B) = 0$이므로, 즉 A, B가 동시에 발생할 확률이 0이므로 식을 정리하면 $P(A \cup B) = P(A) + P(B)$가 되고 [그림 2.1]의 벤 그림(Venn Diagram)으로 나타내었다.

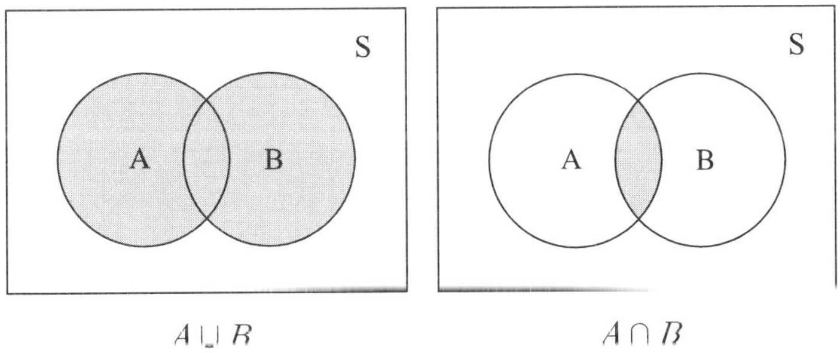

그림 2.1 ▶▶ 벤 그림

(4) 조건부확률(Conditional Probability)

조건부확률은 사건 A가 일어났다는 정보가 주어졌을 때 사건 B가 일어날 확률로

$$P(B \mid A) = \frac{P(A \cap B)}{P(A)} \tag{2.3}$$

로 나타낸다.

여기서 A, B 사이의 '|'로 주어진 조건을 나타내는 기호로 '|' 오른쪽이 주어진 사건을 나타낸다.

만일 A, B를 바꾸어 주면 조건부확률 P(B | A)와는 같지 않으므로 꼭 '|' 오른쪽에 주어진 조건을 써야한다.

(5) 확률의 곱의 법칙

P(A | B) = P(A∩B) / P(B)에서 A, B가 독립이므로 B가 주어지든 주어지지 않든 영향을 받지 않아 P(A | B) = P(A)가 되어 조건부 확률식은 P(A) = P(A∩B) / P(B)가 되고 이를 정리, 즉 분모 P(B)를 양변에 곱해주면 확률의 곱의 공식 P(A∩B) = P(A)·P(B)를 얻게 된다.

그리고 조건부확률에서 P(A | B) = P(A), P(B | A) = P(B)가 성립된다.

2.3 확률변수(Random Variable)

표본공간에 각각의 값에 실수를 부여하는 함수이다.

예) 2개의 동전을 던지는 경우를 생각해 보자.

표본공간은 { HH,HT,TH,TT }이다. (H: 앞면 T: 뒷면)

확률변수 X를 앞면(H)이 나오는 개수라고 하면

X(HH)=2, X(HT)=1, X(TH)=1, X(TT)=0

P(X=0)=1/4, P(X=2)=1/4, P(X=1)=1/2

여기서 X를 확률변수라고 부르고 확률변수의 값에 확률을 대응시키는 관계를 확률분포라고 한다.

X=x	0	1	2	계
사건	{(T, T)}	{(H,T),(T,H)}	{(H, H)}	
P(X=x)	1/4	2/4	1/4	1

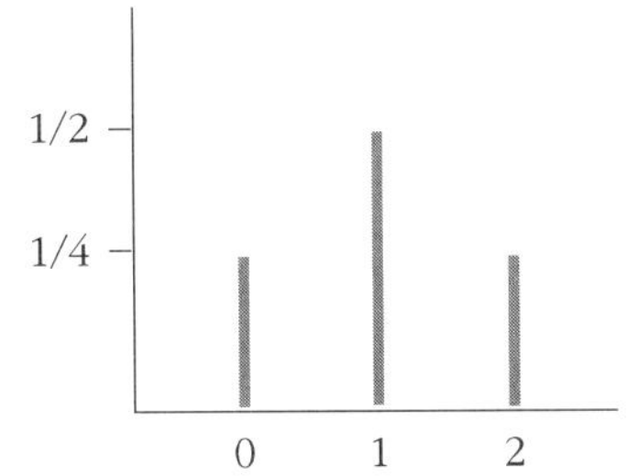

그림 2.2 ▶▶ 확률변수 X의 확률분포

2.3.1 이산확률변수(Discrete Random Variable)

확률변수가 취할 수 있는 값이 유한하며 셀 수 있는 이산점에서 정의된 확률변수 이거나 무한히 커질 수 있으며 셀 수 있는 값을 가지는 확률변수이다.

2.3.2 연속확률변수(Continuous Random Variable)

가능한 값이 어떤 구간이나 전체 실직선 위에서 정의된 확률변수로 연속적인 값을 취하는 확률변수이다.

2.4 확률분포(Probability Distribution)

확률변수가 취할 수 있는 각 값에 확률을 대응시켜주는 관계를 말하며, 이산확률분포와 연속확률분포가 있다.

(1) 이산확률분포 : 확률변수 X가 이산확률변수일 때

① 확률밀도함수(Probability Density Function) $p(x)$: x가 이산확률변수이며 x의 값이 $x_1, x_2, \cdots$일 때 대응되는 확률의 관계를 나타내는 것으로 일반적으로 $P(X=x)=p(x)$으로 표시한다.

② 확률밀도함수의 성질

- 모든 x값에 대하여 $p(x) \geq 0$
- $\sum_{x} p(x) = 1$
- $P(a \leq X \leq b) = \sum_{a \leq x \leq b} \leq p(x)$
- 종류 : 베르누이, 이항분포, 포아송분포, 초기하분포 등

(2) 연속확률분포 : 확률변수 X가 연속확률변수 일 때

① 확률밀도함수(Probability Density Function) $f(x)$: 연속확률변수 X에 확률을 대응시키는 것으로 확률밀도함수를 $f(x)$로 나타내 주며 이는 $P(X=x)$를 의미하지는 않는다.

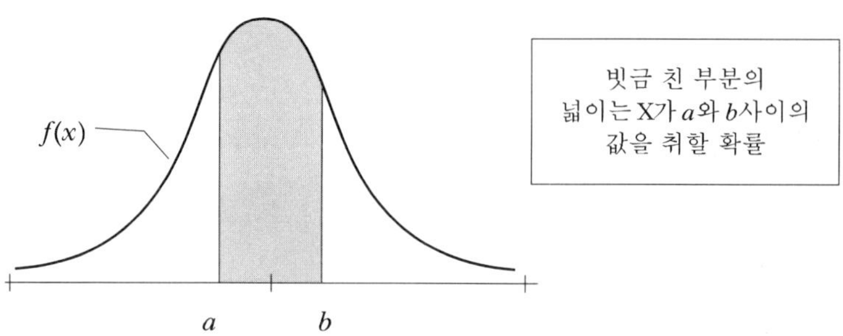

$$P(a \leq X \leq b) = \int_a^b f(x)dx$$

그림 2.3 ▶▶ 연속확률밀도함수

위 그림과 같이 주어진 구간의 확률은 곡선의 아래 면적으로 계산된다. 이때의 곡선을 확률밀도함수 $f(x)$라 한다.

② 확률밀도함수의 성질

- 모든 x에 대하여 $f(x) \geq 0$
- $\int_{-\infty}^{\infty} f(x)dx = 1$
- $P(a \leq X \leq b) = \int_a^b f(x)\,dx$
- 종류 : 정규분포, 카이제곱 분포, t-분포, F-분포 등

③ 누적분포함수(Cumulative Distribution Function) $F(x)$: 확률변수 X가 주어진 실수 x보다 작거나 같은 확률을 나타내는 확률변수의 분포함수는 $F(x)$로 표시하고 다음과 같이 정의한다.

$$F(x) = P(X \le x) = \sum_{xi \le x} p(xi) \quad : \text{이산확률분포} \tag{2.4}$$

$$= \int_{-\infty}^{x} f(t)dt \quad : \text{연속확률분포} \tag{2.5}$$

④ 기댓값(Expectation) $E(X)$: 확률변수의 평균

$$E(X) = \sum_{x} xp(x) \ : \text{이산형} \tag{2.6}$$

$$E(X) = \int_{-\infty}^{\infty} xf(x)dx \ : \text{연속형} \tag{2.7}$$

⑤ 분산(Variance) $V(X)$: 확률변수 X의 값이 분포의 중심에서 얼마나 퍼져있는가를 나타내는 측도이다.

$$\sigma^2 = Var(X) = E[(X-\mu)^2] = \sum_{x}(x-\mu)^2 p(x) \quad : \text{이산형} \tag{2.8}$$

$$= \int_{-\infty}^{\infty} (x-\mu)^2 f(x)dx \ : \text{연속형} \tag{2.9}$$

분산의 공식에서 이산형과 연속형을 구별하지 않고 동시에 표현하면

$$\sigma^2 = Var(X) = E[(X-\mu)^2] \tag{2.10}$$

이며, 다음과 같이 간단히 계산할 수 있다.

$$\begin{aligned} V(X) &= E[(X-\mu)^2] \\ &= E[X^2 - 2\mu X + \mu^2] \\ &= E(X^2) - 2\mu E(X) + \mu^2 \\ &= E(X^2) - \mu^2 \end{aligned} \tag{2.11}$$

여기서 X^2의 기댓값은 X^2이 X의 함수이므로

$$E(X^2) = \sum_x x^2 p(x) \qquad : \text{이산형} \tag{2.12}$$

$$= \int_{-\infty}^{\infty} x^2 f(x)\,dx \ : \text{연속형} \tag{2.13}$$

예제 2.1

어느 복권의 상금의 종류는 100만원, 50만원, 10만원, 5만원 등이며 각각에 대한 확률은 다음과 같다. 한 장의 복권에 대한 상금을 X라 할 때 확률변수 X의 기대값과 분산을 구하라.

[단위: 만원]

상금	100	50	10	5	0
확률	1/1000	1/500	1/100	1/10	887/1000

풀이

$$E(X) = \sum_x xp(x)$$

$$= 100 \times \frac{1}{1000} + 50 \times \frac{1}{500} + 10 \times \frac{1}{100} + 5 \times \frac{1}{10} = 0.8(\text{만원})$$

$$V(X) = \sum_x x^2 p(x) - \mu^2$$

$$= 100^2 \times \frac{1}{1000} + 50^2 \times \frac{1}{500} + 10^2 \times \frac{1}{100} + 5^2 \times \frac{1}{10} - 0.8^2 = 17.86$$

2.5 이산확률분포

2.5.1 이항분포(Binomial Distribution)

(1) 베르누이 시행

실험 또는 관찰에 있어서 두 가지 결과만 있는 시행으로 성공이 나올 확률 $P(S) = p$, 그 반대 상황으로 실패의 확률 $P(F) = 1 - p$로 정의한다.

예) 성공과 실패, 양품과 부적합품, 합격과 불합격, 앞면과 뒷면 등

(2) 이항분포

동일한 성공의 확률을 가진 베르누이 시행을 독립적으로 반복하여 시행할 때 성공의 횟수를 이항확률변수라고 하며, 성공 횟수의 분포를 이항분포라고 한다.

① n회의 베르누이 시행 중, 어떤 현상이 x회 일어나는 확률밀도함수

$$f(x) = p(X=x) = \binom{n}{x} p^x (1-p)^{n-x}, \ x = 0, 1, \cdots, n \tag{2.14}$$

p : 특정 현상이 일어날 확률, $(1-p)$: 일어나지 않을 확률

② 이항분포는 또한 다음과 같은 특징을 가지고 있다.

- $P=0.5$일 때는 기댓값 nP에 대하여 대칭이 됨
- $nP \geq 5$이고, $n(1-P) \geq 5$일 때는 정규분포에 근사됨
- $P \leq 0.1$이고,$n \geq 50$일 때는 포아송분포에 근사됨

③ 이항분포의 평균, 분산, 표준편차

$$E(X) = np \tag{2.15}$$

$$V(X) = np(1-p) \tag{2.16}$$

$$D(X) = \sqrt{np(1-p)} \tag{2.17}$$

예제 2.2

부적합품률이 15 %의 로트로부터 크기 20의 시료를 랜덤하게 샘플링하여 검사할 때 부적합품이 1개도 없을 확률을 구하여라. 또 부적합품이 1개 이상 있을 확률을 구하여라

풀이

① $P(X=0) = \binom{20}{0} \times 0.15^0 \times 0.85^{20}$

$= 0.039$

② $P(X \geq 1) = 1 - P(X=0)$

$= 1 - 0.039$

$= 0.961$

| 미니탭을 이용한 분석

① 계산 > 확률분포 > 이항분포

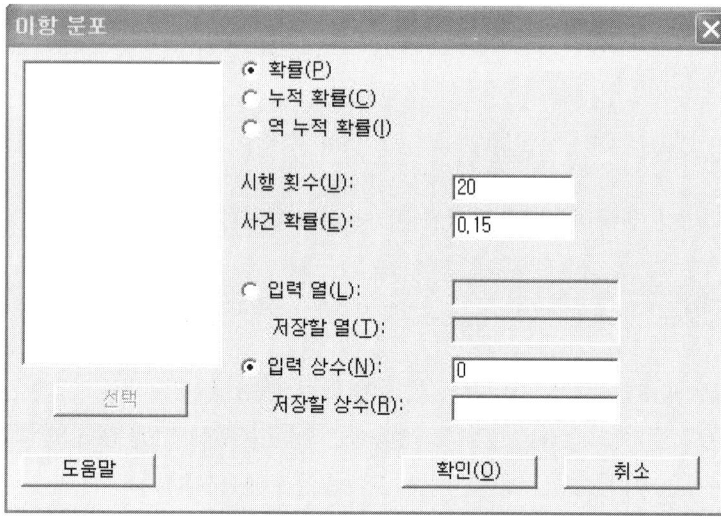

② 결과출력(세션창)

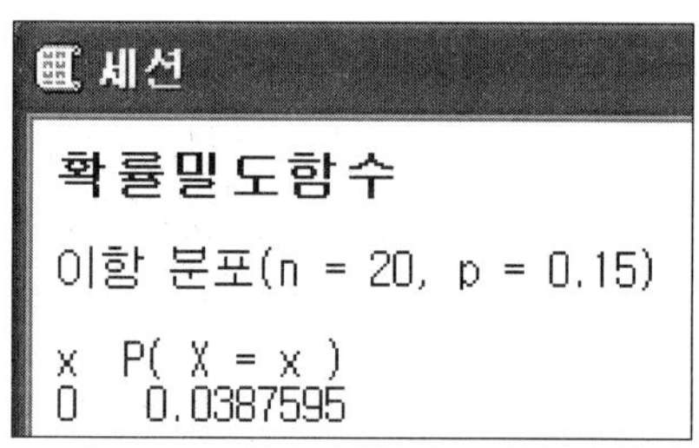

〈결과해석〉

① 부적합품이 1개도 없을 확률은 0.039이다.

② 부적합품이 1개 이상 있을 확률은 $P(X \geq 1) = 1 - P(0) = 1 - 0.039 = 0.961$이다.

2.5.2 초기하 분포(Hypergeometric distribution)

(1) 초기하 분포는 로트의 크기가 작을 때 사용 가능한 분포로서, 부적합품이 M개 들어 있고 나머지 $N-M$개는 양품이고 크기가 N인 로트에서 n개의 표본을 랜덤하게 뽑았을 때, 표본에 포함된 부적합품의 개수를 X개라고 하면 X는 초기하분포를 따른다.

$$P(x) = P(X=x) = \frac{\binom{M}{x}\binom{N-M}{n-x}}{\binom{N}{n}} \tag{2.18}$$

(2) 만약 로트에 부적합품의 개수가 알려져 있지 않고, 부적합품률 P를 알고 있는 경우,

$$P(x) = \frac{\binom{NP}{x}\binom{N-NP}{n-x}}{\binom{N}{n}} \tag{2.19}$$

(3) 초기하분포의 평균, 분산, 표준편차

$$E(X) = np \tag{2.20}$$

$$V(X) = \frac{N-n}{N-1}\, np(1-p) \tag{2.21}$$

또한 표본의 부적합률 $\hat{p} = \dfrac{X}{n}$는 다음과 같은 기대값과 분산을 가진다.

$$E(\hat{p}) = p \tag{2.22}$$

$$V(\hat{p}) = \frac{N-n}{N-1} \cdot \frac{p(1-p)}{n} \tag{2.23}$$

예제 2.3

1개의 상자 안에 9개의 자동온도조절장치가 들어있는 로트가 3개의 부적합품을 갖고 있다. 무작위로 4개의 표본을 뽑을 때 1개의 부적합품이 뽑힐 확률은 얼마인가?

풀이

$$P(x) = P(X=x) = \frac{\binom{M}{x}\binom{N-M}{n-x}}{\binom{N}{n}}$$

$$P(X=1) = \frac{\binom{3}{1}\binom{9-3}{4-1}}{\binom{9}{4}} = 0.476$$

미니탭을 이용한 분석

① 계산 > 확률분포 > 초기하분포

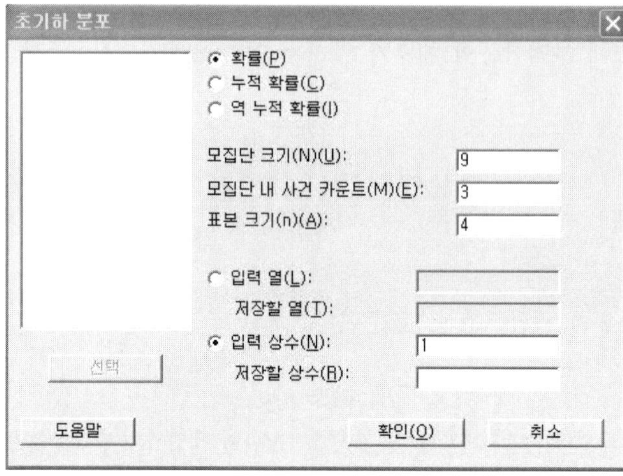

② 결과출력(세션창)

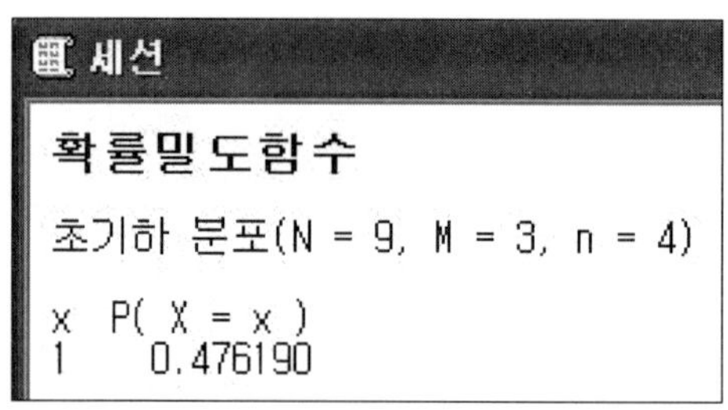

2.5.3 포아송 분포(Poisson Distribution)

시간적으로나 공간적으로 발생빈도가 낮은 희귀한 사건의 단위 당 발생 수 등에 적용되는 분포이다.

예) 1일 기계의 고장건수, 단위 시간 걸려오는 전화횟수, 제품의 단위 면적 당 부적합수, 교차로에서 하루에 발생하는 교통사고 수 등

(1) 확률밀도함수

$$f(x) = P(X = x) = \frac{e^{-m}(m)^x}{x!}, \; x = 0, 1, 2, \cdots \quad \text{평균 발생 횟수 : m} \qquad (2.24)$$

(2) 평균과 분산

$$E(X) = m \tag{2.25}$$

$$V(X) = m \tag{2.26}$$

$$D(X) = \sqrt{m}$$

(3) 포아송분포는 또한 다음과 같은 특징을 가지고 있다.

- 기대값과 분산이 같다.
- $m \geq 5$일 때 정규분포에 근사한다.
- m이 작을 때는 오른쪽으로 꼬리가 긴(skewed to the right) 분포가 되나 m이 커짐에 따라서 대칭에 가까워진다.

예제 2.4

반도체 공정에서 생산되는 웨이퍼의 단위 면적 당 평균 부적합수는 2.5 cm^2 당 1개이다. 이 공정에서 면적 10 cm^2의 웨이퍼를 생산할 경우, 웨이퍼에 부적합수가 두 개가 있을 확률은?

풀이

10 cm^2짜리 웨이퍼의 평균 부적합수 : $m = 10/2.5 = 4$

웨이퍼에 부적합수가 두 개가 있을 확률 :

$$p(X=2) = \frac{e^{-4}4^2}{2!} = 0.1465$$

따라서 확률은 0.1465임을 알 수 있다.

미니탭을 이용한 분석

① 계산 > 확률분포 > 포아송

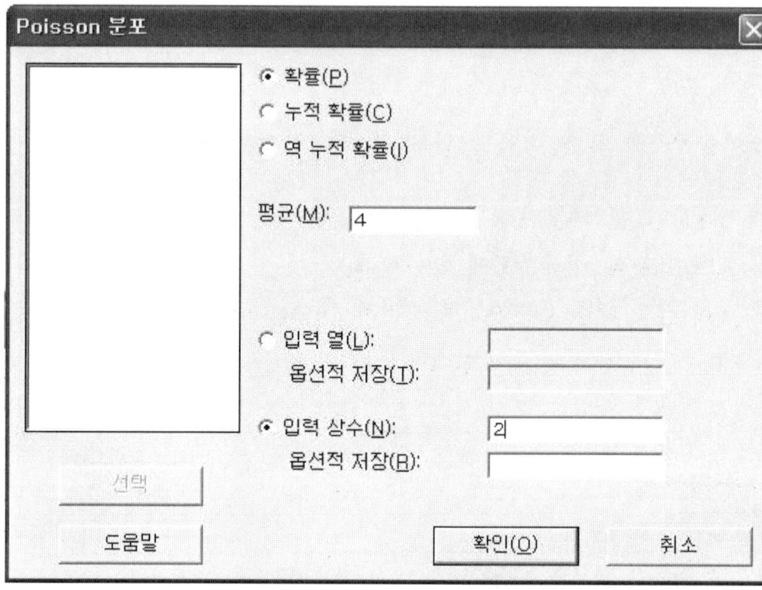

② 결과출력(세션창)

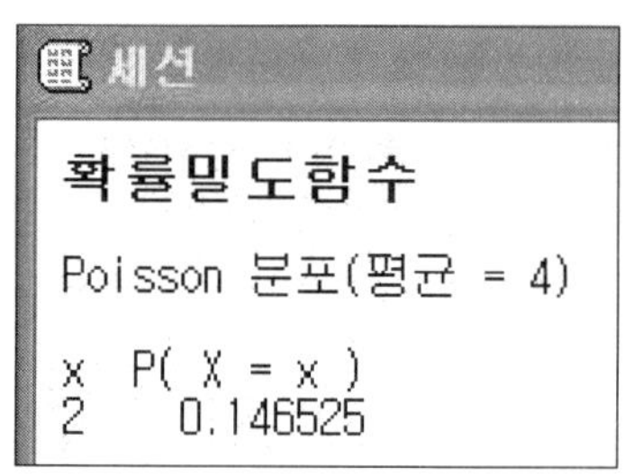

2.6 연속확률분포

2.6.1 정규분포(Normal distribution)

정규분포는 가장 자연스러운 분포로서 어떤 일정한 범위에 있는 모든 실수 값을 취할 수 있는 확률분포이며, 연속확률분포 중에서 가장 대표적인 분포이다

(1) 정규분포의 특징

① 확률밀도함수는 평균 μ를 중심으로 대칭인 종 모양이다.

② 분포의 모양과 위치는 분포의 평균과 분산으로 결정된다.

③ 사회적, 자연적 현상에서 나오는 분포는 거의 정규분포와 유사하다.

④ 평균 μ, 분산 σ^2을 갖는 정규분포를 다음과 같이 표현하고

$$X \sim N(\mu, \sigma^2)$$

정규분포의 확률밀도함수는

$$f(x) = \frac{1}{\sqrt{2\pi} \cdot \sigma} e^{-\frac{(x-\mu)^2}{2\sigma^2}}, \quad -\infty < x < \infty, \ \sigma > 0$$

이다.

(2) 정규분포의 모양

이 분포의 확률밀도함수를 그래프로 그려보면 [그림 2.4]와 같이 평균(기대치) μ에 대해 좌우대칭이고 산포의 정도는 σ에 의하여 결정되며, 대표적인 범위의 면적은 다음과 같다.

$$P[u-\sigma < X < u+\sigma] = 0.6826$$
$$P[u-2\sigma < X < u+2\sigma] = 0.9546$$
$$P[u-3\sigma < X < u+3\sigma] = 0.9973$$

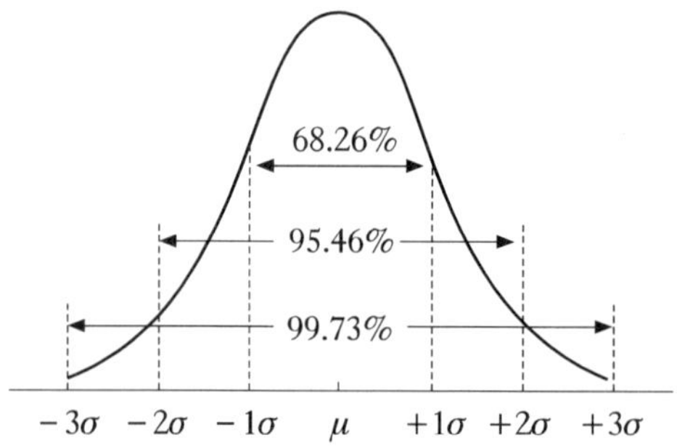

그림 2.4 ▶▶ 정규분포의 확률밀도함수의 그래프

(3) 모수의 변화에 따른 정규분포의 변화

평균과 표준편차를 알면 정규분포의 수학적 함수식을 결정할 수 있고, 분포의 모양도 그려 볼 수 있다. 또한 모수에 따라 정규분포의 변화도 비교해 볼 수 있다.

[그림 2.5]에서 (a)그림은 평균은 같고 분산이 다른 경우 즉 봉우리의 퍼짐정도가 다른 경우이고 (b)그림은 분산은 같고 즉 봉우리의 크기가 같으면서 평균이 변화할 때 분포의 중심위치만 변화함을 알 수가 있다.

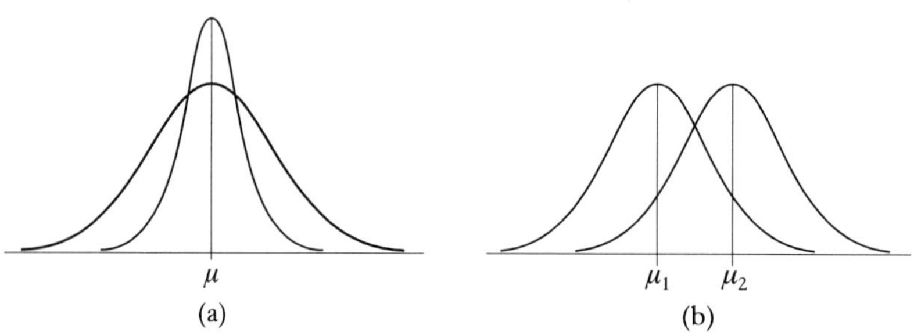

그림 2.5 ▶▶ 평균과 분산의 변화에 따른 정규분포 모형

(4) 표준정규분포(Standard Normal Distribution)

정규분포를 확률계산을 쉽게 하기 위하여 평균 $\mu=0$, 표준편차 $\sigma=1$이 되도록 표준화한 것이다.

$$Z=\frac{X-\mu}{\sigma}\sim N(0,\,1)\qquad f(z)=\frac{1}{\sqrt{2\pi}}e^{-\frac{z^2}{2}}\tag{2.27}$$

Z 변환 : 정규분포의 표준화
다음과 같이 표준화된 확률변수 Z로 표현

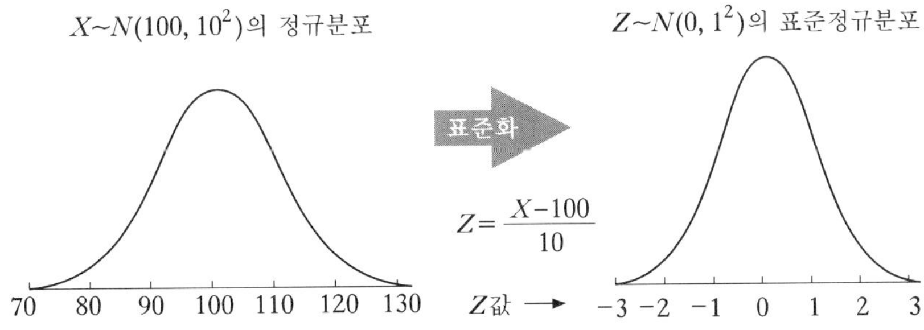

그림 2.6 ▶▶ 정규분포와 표준정규분포

정규분포의 확률을 계산하기 위해서는 Z값을 구해서 [부표 1]의 정규 분포표에서 대응값을 찾으면 된다.

미니탭의 확률분포에서 확률값 구하는 방법은 [그림 2.7]과 같다.

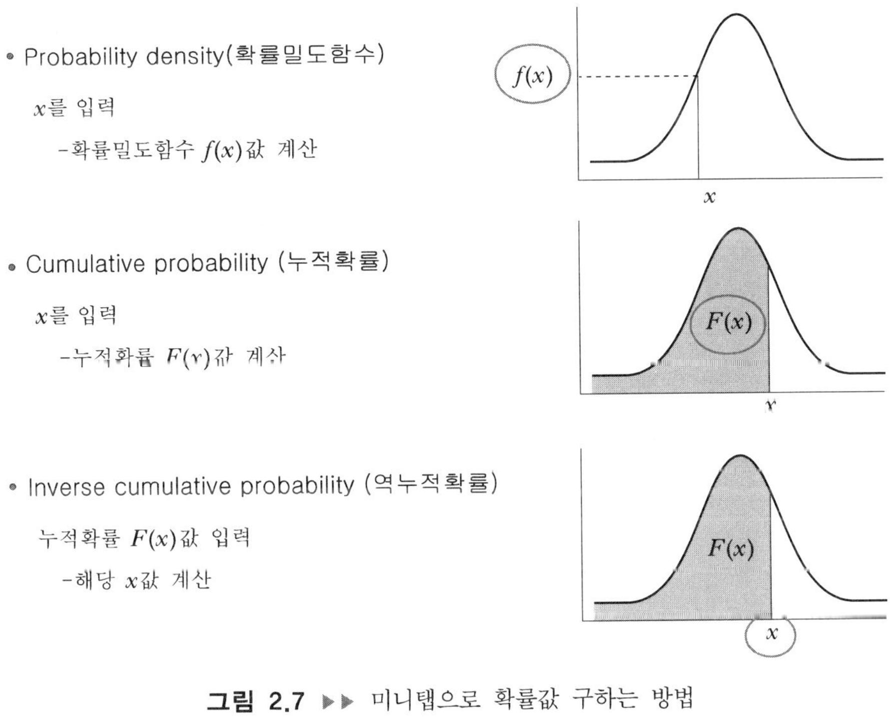

그림 2.7 ▶▶ 미니탭으로 확률값 구하는 방법

예제 2.5

평균이 20이고 표준편차가 5인 정규분포에서 미니탭을 이용하여 다음 각 확률을 구하라.

(1) $P(X \le 15)$, 즉 $X \le 15$일 확률은?

(2) $P(X \ge 30)$, 즉 $X \ge 30$일 확률은?

(3) $P(X < x) = 0.90$인 x값은?

풀이

(1) $P(X \le 15)$, 즉 $X \le 15$일 확률은?

① 계산 > 확률분포 > 정규분포

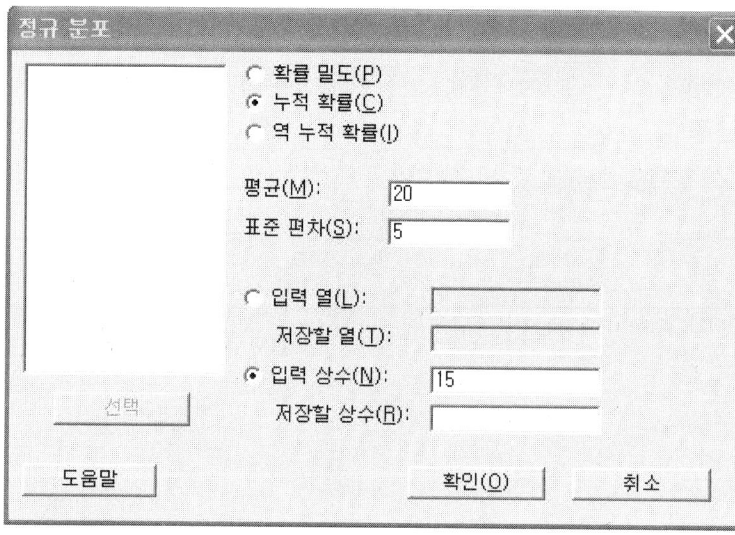

② 출력결과(세션창)

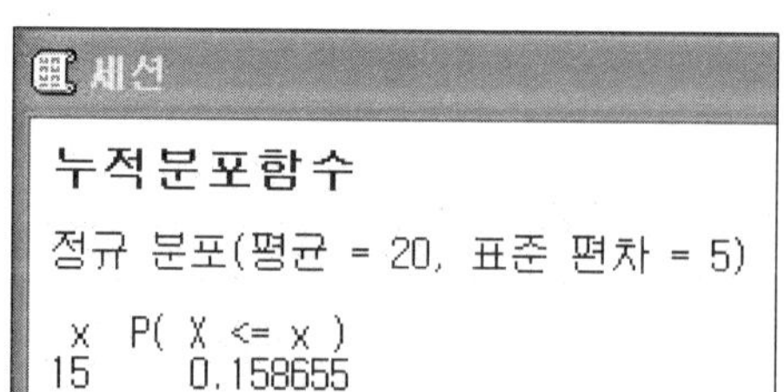

(2) $P(X \geq 30)$, 즉 $X \geq 30$일 확률은?

① 계산 > 확률분포 > 정규분포

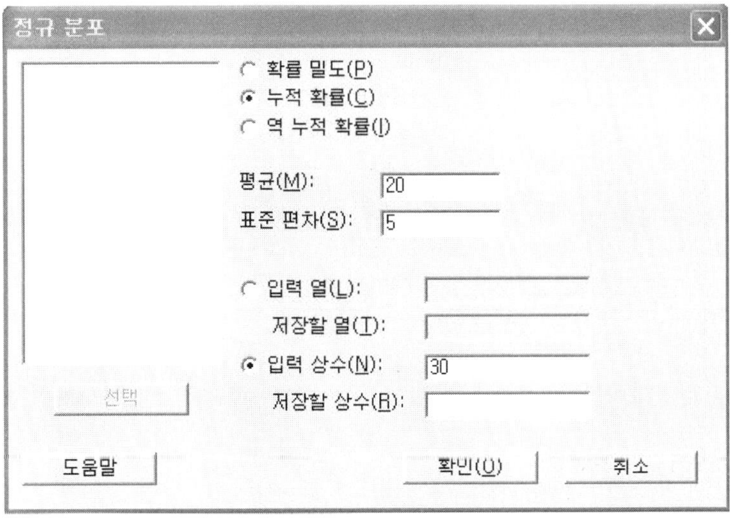

② 출력결과(세션창)

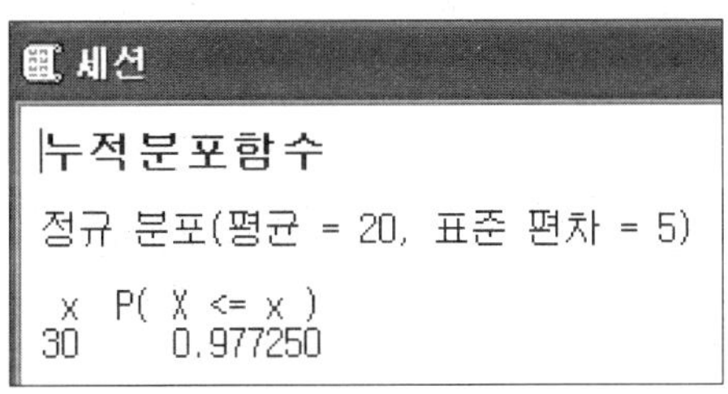

③ 결과해석

$$1 - P(X \leq 30) = 1 - 0.9772$$
$$= 0.0228$$이 됨을 알 수 있다.

(3) $P(X < x) = 0.90$인 x값은?

① 계산 > 확률분포 > 정규분포

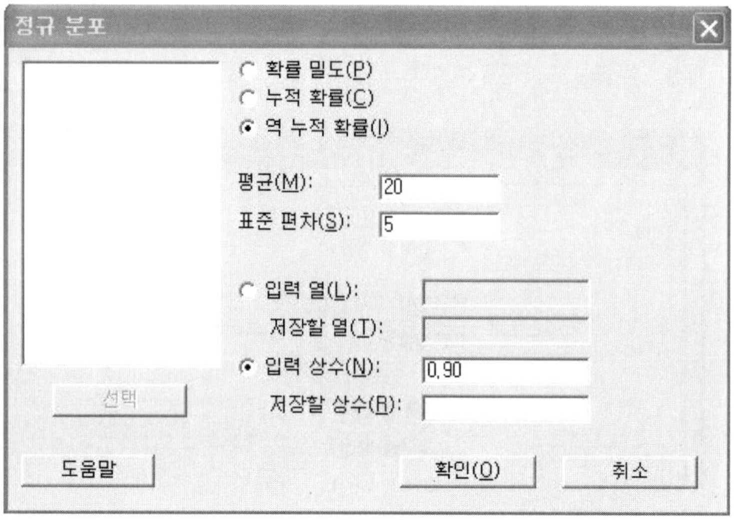

② 출력결과(세션창)

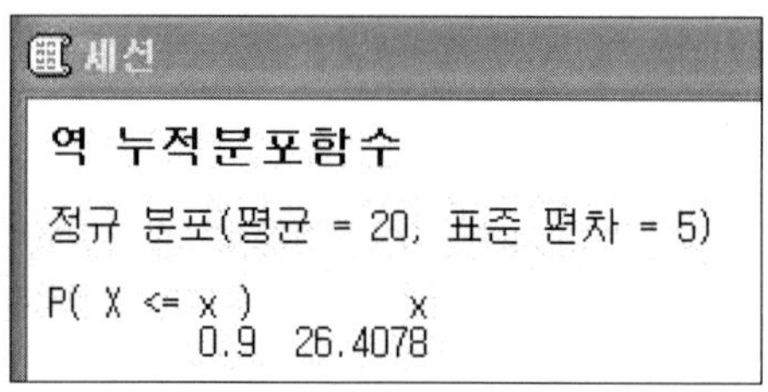

(4) 중심극한 정리(Central Limit Theorem)

평균이 μ이고 분산이 σ^2인 임의의 모집단에서 크기 n의 확률표본을 반복적으로 추출할 때 n이 크면 반복적으로 추출된 표본들로부터 계산된 표본평균 $\overline{X} = \dfrac{\sum_{i=1}^{n} X_i}{n}$는 근사적으로 $N(\mu, \dfrac{\sigma^2}{n})$을 따른다.

이 정리는 모수추정을 위한 가장 중요한 이론으로써, 모집단의 분포형과 평균의 표본분포형간의 관계를 설명하는 통계적 수단으로 이용되고 있다. 그 까닭은 모집단의 분포형태와 관계없이 표본의 크기가 크면 표본분포는 정규분포가 되기 때문이다.

2.6.2 일양분포(Uniform Distribution)

평평한 사각형 모양의 밀도함수의 개형으로 $U(a, b)$로 표기하며 밀도 함수는 다음 그림으로 나타낸다.

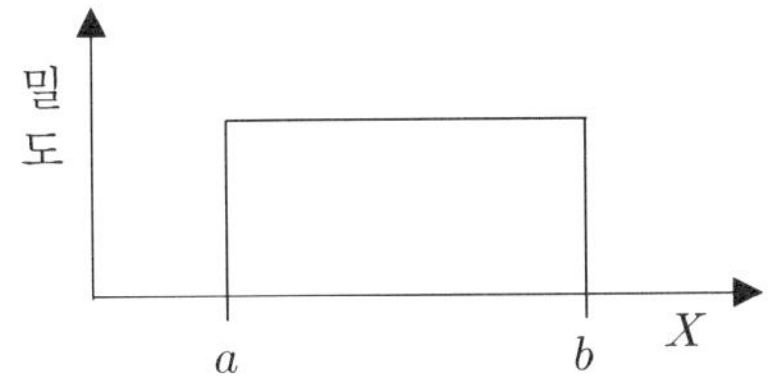

그림 2.8 ▶▶ 일양분포

여기서 a는 최소값, b는 최대값을 각각 나타낸다.

예제 2.6

변수 $X \sim U(-1, 3)$ 그래프로 나타내고 $P(X > 1.3)$을 구하라.

$$f(x) = \begin{cases} \frac{1}{4}(-1 < X < 3) \\ 0(\text{그 외의 경우}) \end{cases}$$

풀이

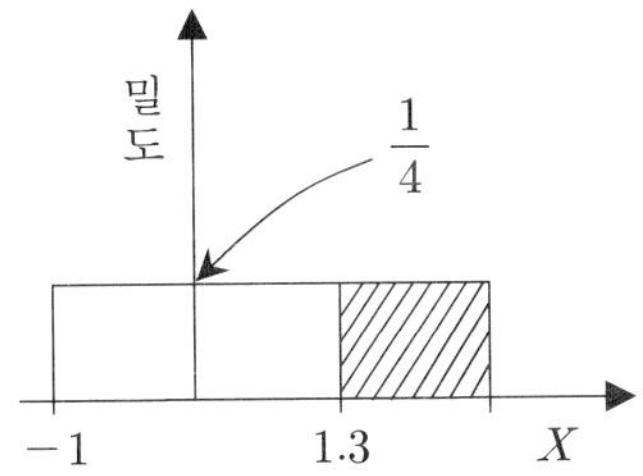

빗금 그은 면적이 해가 된다.

$P(X > 1.3) = x$축 거리 × 높이 $= (3 - 1.3) \times \frac{1}{4} = 1.7 \times 0.25 = 0.425$

즉, 1.3 보다 큰 값이 42.5 %가 된다

미니탭을 이용한 분석

① 계산 > 확률분포 > 균등분포

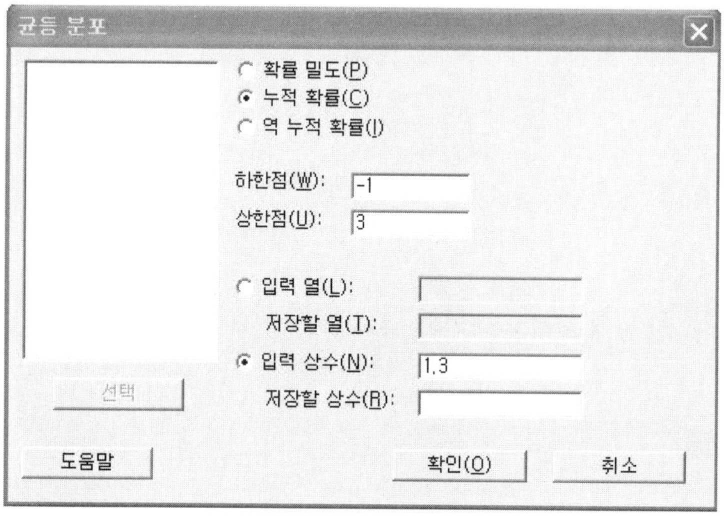

② 출력결과(세션창)

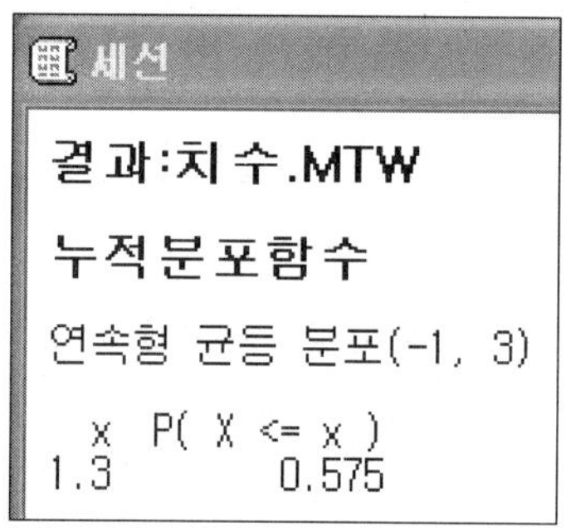

〈결과해석〉

$1 - P(X \geq 1.3) = 1 - 0.575$

$= 0.425$이 됨을 알 수 있다.

2.6.3 카이제곱(x^2) 분포(Chi-Square Distribution)

정규분포 $N(\mu, \sigma^2)$의 모집단에서 크기 n의 샘플을 취하여 계산한 편차제곱합 S를 모분산 σ^2으로 나누어 x^2(카이제곱)라는 통계량을 구하면, x^2은 자유도 $\nu = n-1$의 카이제곱(x^2) 분포를 한다.

$$x^2 = \frac{S}{\sigma^2} \tag{2.28}$$

$$\nu = n - 1$$
$$E(X) = \nu$$
$$Var(X) = 2\nu$$

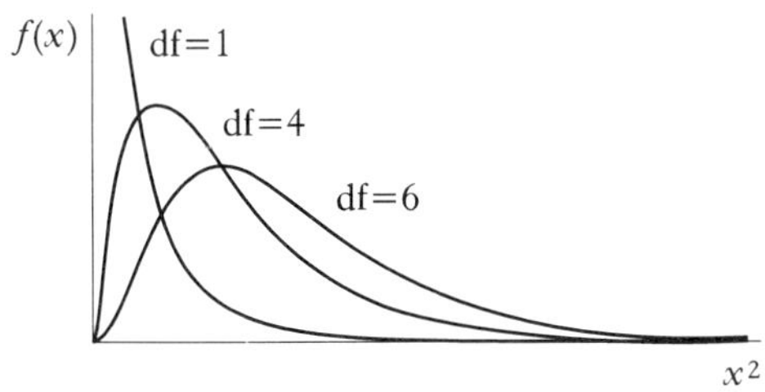

그림 2.9 ▶▶ x^2 분포

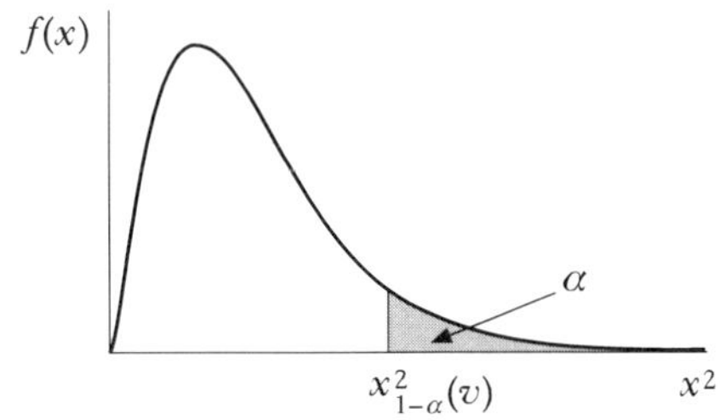

그림 2.10 ▶▶ x^2 분포표의 확률

예제 2.7

확률변수 x는 자유도가 5인 x^2 분포를 따른다. $P(X \leq x) = 0.8$인 x값을 구하라.

풀이

미니탭을 이용한 분석

① 계산 > 확률분포 > 카이제곱

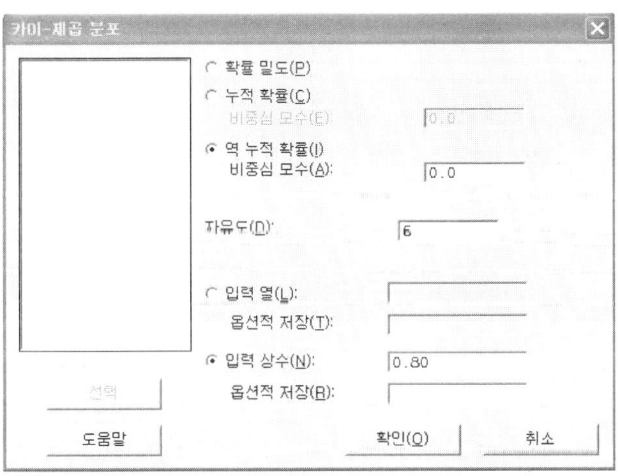

② 출력결과(세션창)

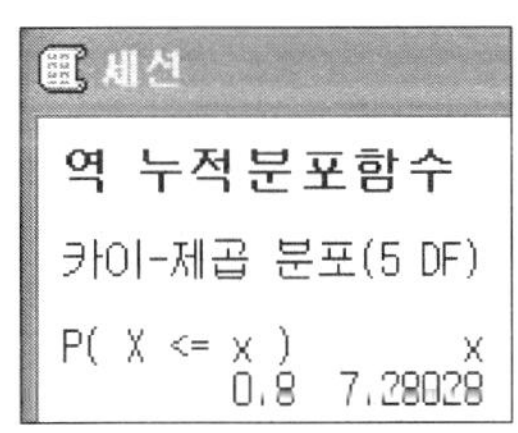

2.6.4 t 분포

정규분포로부터 확률표본이 크지 않고 모집단의 표준편차(σ)를 모를 때 적용하는 분포이다.

서로 독립이고 $Z \sim N(0, 1)$, $s^2 \sim x^2(\nu)$인 두 확률변수에 대하여 $T = \dfrac{Z}{\sqrt{s^2/n}}$로 정의되는 자유도 ν인 t-분포라 한다.

$N(\mu, \sigma^2)$인 정규분포를 따르는 모집단에서 랜덤하게 샘플링한 크기 n개인 시료 집단들의 평균($\overline{x}$)는 $N(\mu, \dfrac{\sigma^2}{n})$ 정규분포를 따른다.

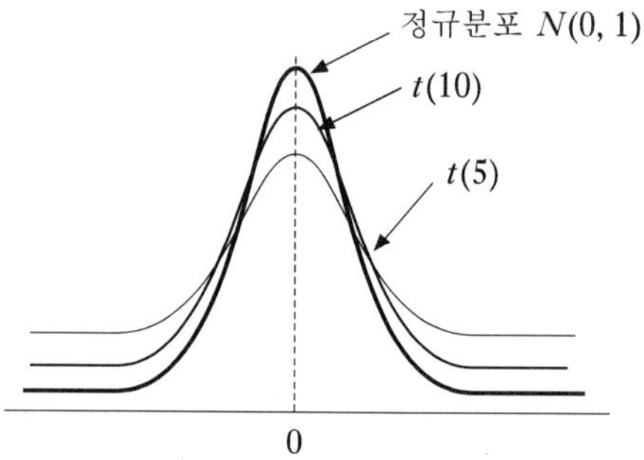

그림 2.11 ▶▶ t분포

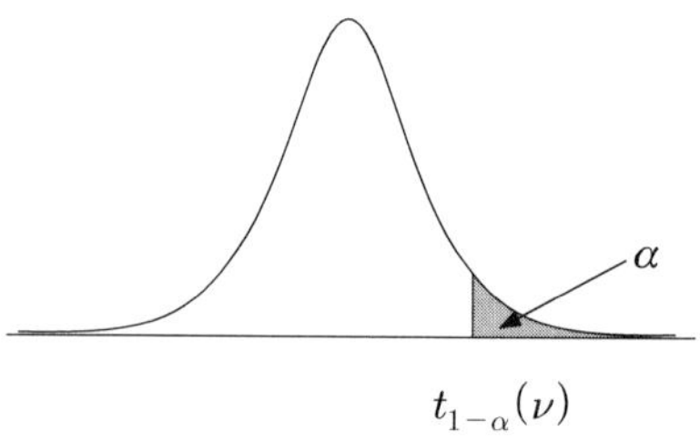

그림 2.12 ▶▶ t분포표의 확률

예제 2.8

확률변수 x는 자유도가 5인 t분포를 따른다. $\alpha = 0.05$일 때 $t_{1-\alpha/2}(\nu)$의 상측 확률값을 미니탭으로 구하라.

풀이

① 계산 > 확률분포 > t분포

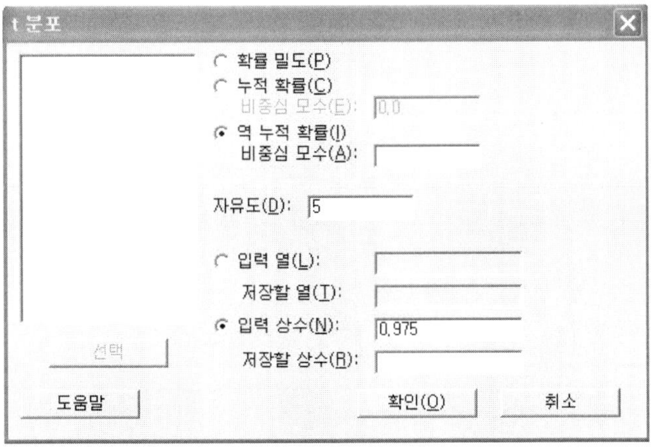

② 출력결과(세션창)

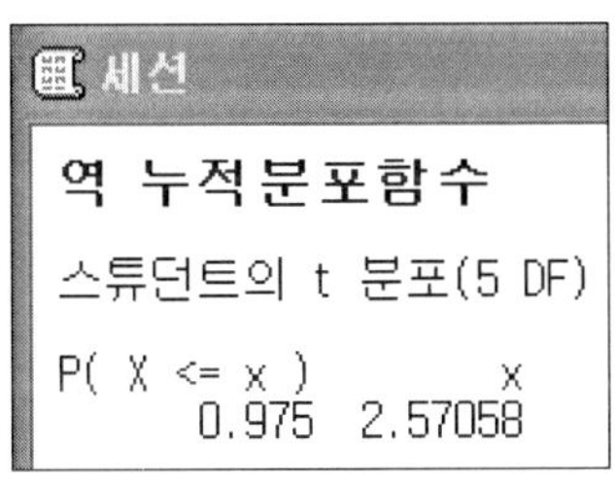

2.6.5 F분포

분산이 동일하고 정규분포를 따르는 모집단에서 랜덤하게 샘플링한 크기 n_1과 n_2개의 샘플에 대한 분산을 각각 $s_1^2 = \dfrac{S_1}{n_1 - 1}$, $s_2^2 = \dfrac{S_2}{n_2 - 1}$일 때, 두 개의 분산 s_1^2과 s_2^2의 비 $F_0 = \dfrac{s_1^2}{s_2^2}$(단, $s_1^2 > s_2^2$)는 자유도 $\nu_1 = n_1 - 1$, $\nu_2 = n_2 - 1$를 가지는 F분포를 따른다.

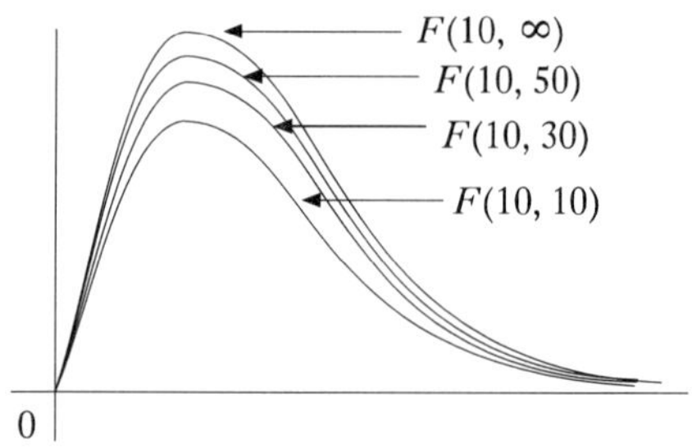

그림 2.13 ▶▶ F 분포

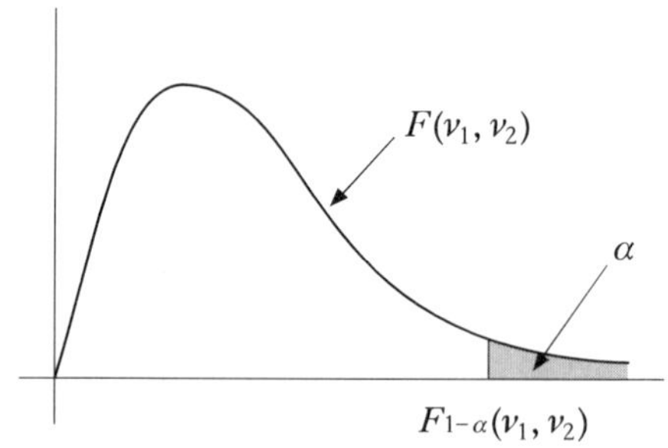

그림 2.14 ▶▶ F 분포표의 확률

예제 2.9

두 개의 분산 $s_1^2 = \dfrac{S_1}{n_1 - 1}$, $s_2^2 = \dfrac{S_2}{n_2 - 1}$일 때 분산의 비 $F_0 = \dfrac{s_1^2}{s_2^2}$는 자유도가 $\nu_1 = 9$, $\nu_2 = 14$를 가지는 F분포를 따른다. $\alpha = 0.05$일 때 $F_{1-\alpha/2}(\nu_1, \nu_2)$의 F값을 미니탭으로 구하라.

풀이

① 계산 > 확률분포 > F분포

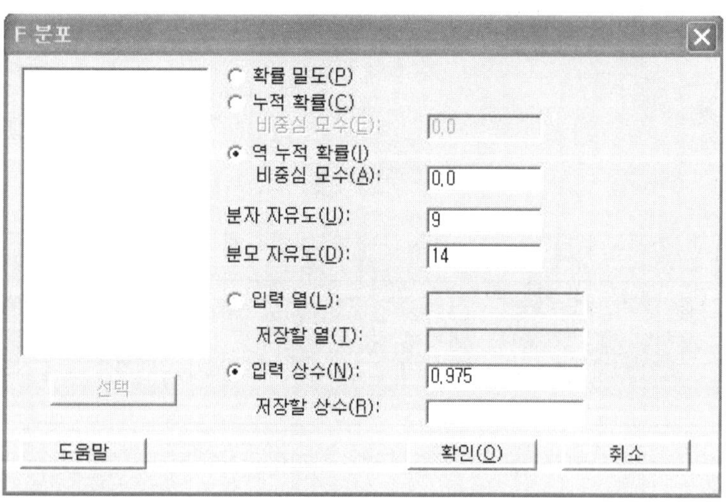

② 출력결과(세션창)

```
세션
역 누적분포함수
F 분포(9 분자 DF, 14 분모 DF)
P( X <= x )         x
      0.975   3.20930
```

2.6.6 지수분포(Exponential distribution)

지수분포는 신뢰도에서 많이 취급되는 특색 있는 분포이다. $\lambda(t)$를 고장률이라 할 경우, 고장률이란 시간 t를 지정하여 그 시점에서 다음 시점까지의 얼마나 고장이 나는가 하는 시간당의 고장률을 말한다.

지수분포의 확률밀도함수와 확률변수 T의 기대값과 분산은

$$f(t) = \lambda e^{-\lambda t}, \quad t \geq 0 \tag{2.29}$$

$$E(T) = \frac{1}{\lambda} \qquad V(T) = \frac{1}{\lambda^2}$$

이다. 여기서 λ는 지수분포를 결정하는 모수(parameter)인 고장률이다. 따라서 고장이 나면 그것으로 수명이 없어지는 제품에서는 $E(T) = \frac{1}{\lambda}$이 고장까지의 평균시간(mean time to failure; MTTF)이며, 이를 평균수명이라고 한다. 고장이 나도 수리를 해서 쓸 수 있는 제품에서는 $\frac{1}{\lambda}$은 평균고장간격(mean time between failure; MTBF)이 된다.

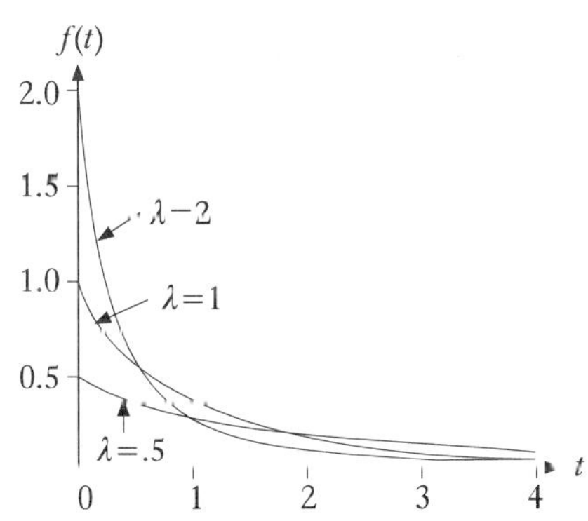

그림 2.15 ▶▶ 지수분포

어떤 부품의 고장발생시간이 이와 같은 분포를 따를 때, 어떤 시간 t 내에 고장이 나 있을 확률에 대한 누적분포함수는

$$F(t) = \int_0^t f(x)\,dx$$
$$= \int_0^t \lambda e^{-\lambda x}\,dx$$
$$= 1 - e^{-\lambda t} \tag{2.30}$$

이 되며, 임의의 t후에 아직 고장이 나지 않고 남아 있는 확률에 대한 신뢰도 함수는

$$R(t) = 1 - F(t) = e^{-\lambda t} \tag{2.31}$$

이다.

예제 2.10

A회사 세탁기의 수명(년) X는 $\lambda = 3$인 지수확률분포를 이룬다. 이 세탁기의 보증기간이 1년이라고 한다면 보증기간 내에 고장날 확률은 얼마인가?

풀이

$$P(X \le 1) = 1 - P(X > 1) = 1 - e^{-\lambda(1)}$$
$$= 1 - e^{-(0.33)(1)} = 1 - e^{-0.33}$$
$$= 1 - 0.7165$$
$$= 0.2834$$ 이 된다.

따라서 보증기간 내 고장날 확률은 28.3 % 이다.

미니탭을 이용한 분석

① 계산 > 확률분포 > 지수분포

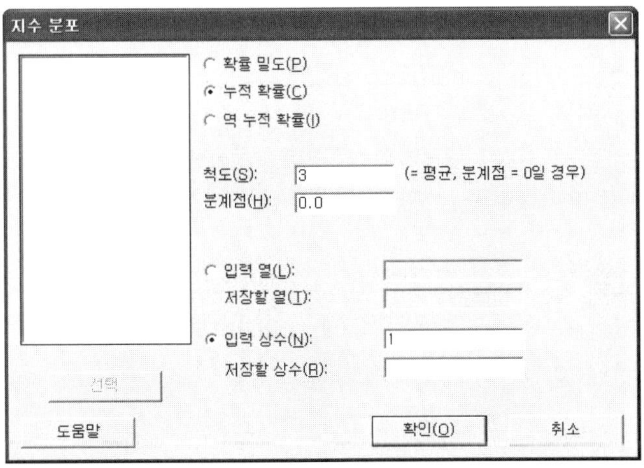

② 결과출력(세션창)

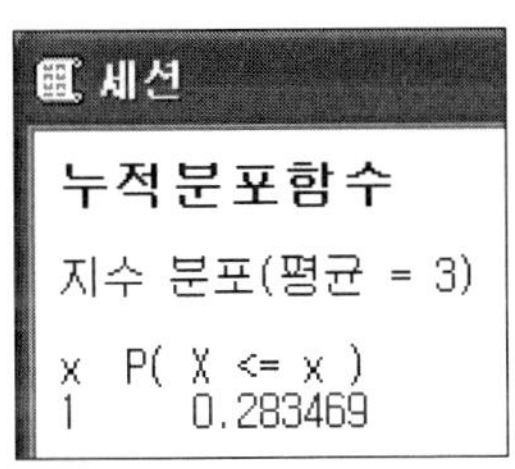

※ 요 약

- 확률변수란 표본공간의 각각의 값에 실수를 부여하는 함수를 말하며 이산확률변수와 연속확률변수가 있다.

- 이산확률분포에는 이항분포, 초기하분포, 포아송분포 등이 있으며, 연속확률분포에는 정규분포, 카이제곱분포, t-분포, F분포 등이 있다.

- 결과가 양품/부적합품 또는 성공/실패의 두 가지로만 구분되는 실험을 n회 반복시행했을 때, 성공횟수는 이항분포를 따르며 시간적으로나 공간적으로 발생빈도가 낮은 희귀한 사건의 단위 당 발생 수 등에 적용되는 분포는 포아송분포를 따른다고 한다.

- 사회적, 자연적 현상에서 나오는 통계치들의 분포는 거의 정규분포와 유사하고 평균을 중심으로 좌우 대칭인 종 모양을 한다.

- 카이제곱분포는 자유도에 따라 움직이는 비대칭분포이고 모분산의 추론에 이용된다.

- t-분포는 자유도가 커짐에 따라 정규분포에 가까워지고 모평균 추정에 이용된다.

- F-분포의 모수는 분자의 자유도와 분모의 자유도가 되며 두 개의 모분산의 비교에 이용된다.

- 단위시간에 평균 λ개의 사건이 포아송 확률로 일어난다면, 한 사건이 일어난 뒤 다음 사건이 일어날 때까지의 시간 간격 t에 대한 확률분포가 지수분포이다.

연/습/문/제

2.1 상자속에 진공관이 10개 들어 있다. 이 중 4개가 부적합품이다. 지금이 상자 속에서 4개의 진공관을 샘플링하였을 때 부적합품이 1개 이상 있을 확률을 초기하분포로 계산하여라.

2.2 부적합품률이 20%인 크기 10의 로트에서 3개의 시료를 랜덤하게 샘플링 했을 때 그 시료 중에 부적합품이 하나도 없을 확률을 초기하분포로 구하여라.

2.3 부적합품률이 5%인 크기 1000개의 로트에서 20개의 시료를 샘플링하여 부적합품수가 1개 포함되어 있을 확률을 이항분포로 구하여라.

2.4 공정 부적합품률이 $P = 0.02$의 생산공정에서 시료 100개를 샘플링하는 경우 부적합품수가 1개 들어 있을 확률을 이항분포로 구하여라.

2.5 인쇄기에서 종이가 잘려서 정지하는 사고가 하루에 평균 2회일 때 사고가 1회 일어나는 확률과 사고가 2회 이상 일어나는 확률을 포아송분포로 구하라.

2.6 부품의 외경치수의 분포는 $\mu = 10.07$(mm), $\sigma = 0.08$(mm)이며 정규분포하는 것으로 알려졌다. 이 공정에서 규격상한 10.23(mm), 규격하한 9.91(mm)을 벗어날 확률은 얼마인가?

2.7 전구를 생산하고 있는 공장에서 전구의 수명에 대해 조사하여 본 결과 수명은 대략 정규분포하며 그 평균치 $\mu = 900$시간, 표준편차 $\sigma = 50$시간임을 알고 있다. 이 공장에서 전구의 수명이 850 ~ 950시간이 되는 것은 전체의 몇 %나 되겠는가?

2.8 $\mu = 28$이고 $\sigma = 1$인 정규분포로부터 값 27에 대한 누적 확률을 계산 > 확률분포 > 정규분포를 선택하여 계산하라.
다음에 표시된 것과 같이 27까지의 곡선 아래의 면적을 찾는다.

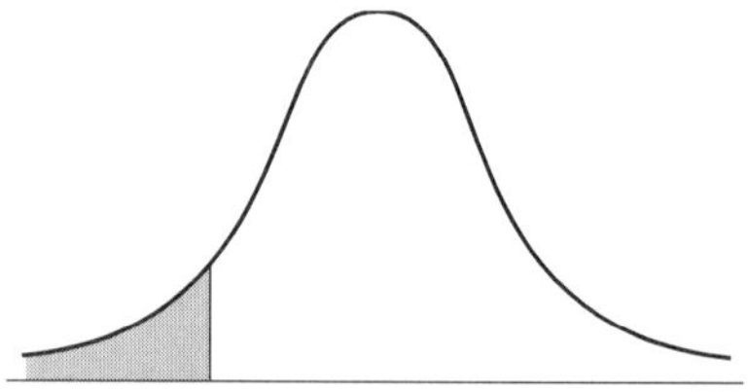

2.9 다음 문제는 정규분포의 내용이지만 다른 분포에서도 비슷하다. 문제 2.8에서 보면 27에 대한 누적 확률은 27까지의 정규 곡선 아래의 왼쪽 면적을 구하면 된다. 같은 분포로부터 27의 역 누적 확률을 계산하여 오른쪽 면적을 구하면 된다. 확률은 얼마인가?

2.10 다음 문제는 카이-제곱 분포의 내용이지만 다른 분포에서도 비슷하다.
$\alpha = 0.02$이고 자유도가 12인 x^2 검정을 수행한다고 할 때, 해당임계값은 얼마인가?
$\alpha = 0.02$는 누적확률 값 $1-0.02=0.98$에 해당한다.

CHAPTER

3

추정과 검정

3.1 통계적 추론(Statistical Inference)

모집단에서 표본을 추출하여 이 데이터를 기초로 모집단의 특성(모평균, 모분산, 모비율 등)을 찾아내는 분석과정으로 크게 추정(Estimation)과 가설검정(Hypothesis Testing) 두 가지로 분류된다.

3.1.1 추정(Estimation)

측정치의 평균 $\overline{x}$를 가지고 모평균 μ를 점추정(point estimation)하는 경우 여기서 얻은 $\overline{x}$는 모평균 μ, 모표준편차 σ인 모집단으로부터 샘플링된 시료평균으로서, 샘플링을 되풀이 할 때마다 μ의 주위에 산포하는 확률변수의 현실치라고 할 수 있다. 따라서 이 $\overline{x}$는 많은 $\overline{x}$라고 하는 변수 가운데서 우연적으로 나온 하나의 실현치에 불과한 것으로 추정의 신뢰성이 무시되고 정도(精度)를 고려하지 않은 값이다.

통계적 추정에서는 이러한 점을 명확히 하고 추정의 신뢰율$(1-\alpha)$을 미리 정한 후에 시료로부터 모수를 알아내려고 하는 것이 모수의 구간추정(interval estimation)이다.

(1) 점추정(Point Estimation) : 모수를 하나의 값으로 추정하는 것이다.

① 모평균 μ의 추정량

가장 많이 사용되는 모수인 μ를 추정하기 위한 방법은 표본평균

$$\text{표본평균} = \overline{X} = \frac{X_1 + X_2 + \cdots + X_n}{n} = \frac{\sum_{i=1}^{n} X_i}{n} \tag{3.1}$$

② 모분산 σ^2의 추정량

$$\text{표본분산} = s^2 = \frac{1}{n-1}\sum_{i=1}^{n}(X_i - \overline{X})^2 \tag{3.2}$$

③ 모비율 p의 추정량

$$\text{표본비율} = \hat{p} = \frac{X}{n} \tag{3.3}$$

(n: 표본크기, X: 특성을 갖는 관측치의 개수, p: 특성을 갖는 개체들의 비율)

(2) 구간추정(Interval Estimation) : 모수가 포함되리라고 기대되는 범위를 추정하는 것으로 점추정에 오차의 개념을 포함한 것이다.

① 신뢰구간(Confidence Interval)

오차를 α로 주었을 때 모수를 포함할 가능성이 $100(1-\alpha)\%$인 구간을 의미하며 이때 $1-\alpha$를 신뢰수준(Confidence Level)이라고 한다.

예) 모평균 μ에 대한 95 % 신뢰구간의 의미

모집단에서 크기 n의 샘플을 추출하여 신뢰구간을 구할 경우 샘플마다 표본평균의 값이 다르므로 신뢰구간도 다음과 같이 변하게 된다.

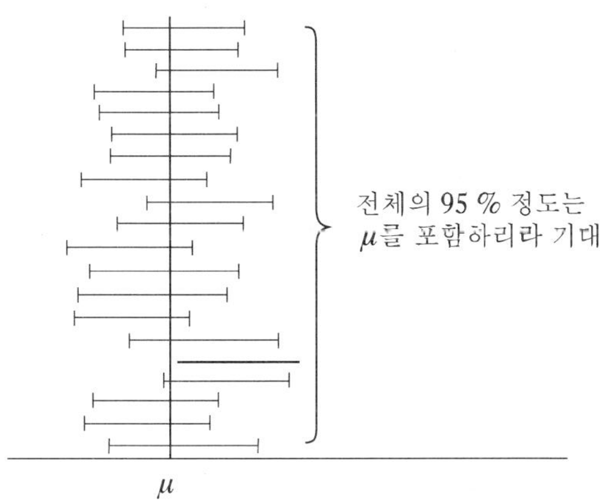

그림 3.1 ▶▶ μ에 대한 95 % 신뢰구간의 의미

3.1.2 가설 검정(Hypothesis Testing)

어떤 모집단의 가설을 설정하고 가설의 성립여부를 표본데이터를 판단하여 통계적인 결정을 내리는 것을 통계적 가설검정, 또는 간단히 가설검정이라고 부른다. 가설에는 현재까지 주장되어 온 것이나 변하나 차이가 없음을 설명하는 귀무가설(Null Hypothesis: H_0)과 새로이 주장하는 것, 즉 표본으로부터 확실한 근거에 의해 입증하고자 하는 가설을 대립가설(Alternative Hypothesis: H_1)이라고 한다.

표 3.1 ▶▶ 가설의 예

	귀무가설	대립가설	
		양측검정	단측검정
1-sample의 경우	$H_0 : \mu = \mu_0$	$H_1 : \mu \neq \mu_0$	
	$H_0 : \mu \leq \mu_0$		$H_1 : \mu > \mu_0$
	$H_0 : \mu \geq \mu_0$		$H_1 : \mu < \mu_0$
2-sample의 경우	$H_0 : \mu_1 = \mu_2$	$H_1 : \mu_1 \neq \mu_2$	
	$H_0 : \mu_1 \leq \mu_2$		$H_1 : \mu_1 > \mu_2$
	$H_0 : \mu_1 \geq \mu_2$		$H_1 : \mu_1 < \mu_2$

- 단측검정(one-sided test) : 대립가설에서 모수의 영역이 한쪽으로만 주어지는 검정
- 양측검정(two-sided test) : 대립가설에서 모수의 영역이 양쪽에 주어지는 검정

(1) 통계량(Test Statistic)

귀무가설과 대립가설 중에서 하나를 선택하는데 기준이 되는 것이 통계량이며, 경우에 따라서 z, t, x^2, F 분포 등의 적절한 검정통계량을 설정해야 한다.

(2) 가설검정의 두 가지 과오

① 제 1종 과오(Type I Error) α : 귀무가설이 참일 때 귀무가설을 기각하는 과오

② 제 2종 과오(Type II Error) β : 귀무가설이 거짓일 때 귀무가설을 채택하는 과오

표 3.2 ▶▶ 가설검정의 결과

실제현상 / 검정결과	H_0 참일 때	H_1 참일 때
H_0 채택	옳은 결정	제 2종 과오
H_1 채택	제 1종 과오	옳은 결정

(3) 유의수준(Significance Level)

귀무가설 H_0가 참일 때 귀무가설 H_0를 기각할 오류를 범할 확률의 최대 허용한계이다. 즉, 제 1종 과오 α의 최대치이다.

일반적으로 α값은 0.05(5 %), 0.01(1 %), 0.10(10 %)를 사용한다.

(4) 검정력(Power)

귀무가설이 그릇된 경우 가설을 기각할 확률, 즉 틀린 가설을 틀렸다고 올바르게 판정할 확률을 의미하며 $1-\beta$로 표현한다.

(5) p-값(p-value)

p-값은 귀무가설이 참일 때 귀무가설을 기각시키는 최소의 확률, 즉 귀무가설이 거짓이라는 결론을 내릴 때 우리의 판단이 잘못되었을 위험을 의미한다. 만일 이 값이 작다면 귀무가설은 거짓이라는 결론을 내린다.

p-value $<\alpha$: 유의수준 α에서 귀무가설 H_0 기각

p-value $>\alpha$: 유의수준 α에서 귀무가설 H_0 채택

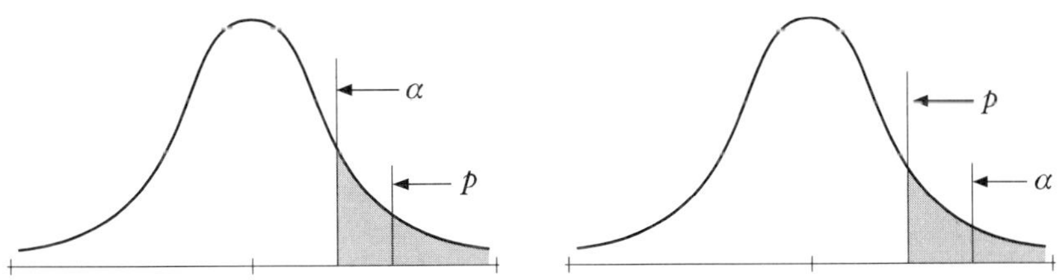

$(p<\alpha : H_o$ 기각$)$ $(p>\alpha : H_o$ 채택$)$

그림 3.2 ▶▶ p값과 유의수준 α와의 관계

(6) 검정순서

① 모집단에 관한 기본가정을 파악

예) σ기지, σ미지 등

② 귀무가설 H_0과 대립가설 H_1을 세운다.

③ 검정에 이용되는 분포의 형을 선택한다.

④ 유의수준(α)을 정한다.

⑤ 통계량을 계산한다.

⑥ 기각역을 정한다.

⑦ 판정한다.

3.2 계량치의 추정과 검정

3.2.1 한 개의 모평균에 대한 추정과 검정

어떤 로트(정규모집단)로부터 크기 n의 시료를 랜덤하게 샘플링하여 특성치$(\bar{x})$를 측정하였을 때 로트의 모평균 μ에 대한 신뢰구간과 검정은 <표 3.3>과 같다.

표 3.3 ▶▶ 한 개의 모평균에 대한 추정과 검정

기본 가정	신뢰구간	통계량	기각역
σ^2 기지	$\bar{x} \pm u_{1-a/2}\dfrac{\sigma}{\sqrt{n}}$	$u_0 = \dfrac{\bar{x}-\mu}{\sigma / \sqrt{n}}$	$u_0 > u_{1-a/2}$, $u_0 < -u_{1-a/2} = u_{a/2}$
σ^2 미지	$\bar{x} \pm t_{1-a/2}(\nu)\sqrt{\dfrac{s^2}{n}}$	$t_0 = \dfrac{\bar{x}-\mu}{\sqrt{s^2} / \sqrt{n}}$	$t_0 > t_{1-a/2}(\nu)$, $t_0 < -t_{1-\alpha/2}(\nu) = t_{\alpha/2}(\nu)$

표 3.4 ▶▶ 한 개의 모평균에 대한 한쪽 신뢰한계

기본가정	대립가설	한쪽 신뢰한계
σ^2기지	$H_1 : \mu < \mu_0$	신뢰상한 $\mu_U = \bar{x} + u_{1-\alpha} \cdot \dfrac{\sigma}{\sqrt{n}}$
	$H_1 : \mu > \mu_0$	신뢰하한 $\mu_L = \bar{x} - u_{1-\alpha} \cdot \dfrac{\sigma}{\sqrt{n}}$
σ^2미지	$H_1 : \mu < \mu_0$	신뢰상한 $\mu_U = \bar{x} + t_{1-\alpha}(\nu) \cdot \dfrac{s}{\sqrt{n}}$
	$H_1 : \mu > \mu_0$	신뢰하한 $\mu_L = \bar{x} - t_{1-\alpha}(\nu) \cdot \dfrac{s}{\sqrt{n}}$

예제 3.1

어떤 공장에서 프레스(press)된 부품의 지름은 7.95 mm이고 $\sigma = 0.03$ mm인 정규분포를 따른다고 한다. 제조공정의 일부를 변경하여 10개의 시료를 랜덤하게 샘플링하여 측정한 결과 다음과 같다.

측정치 : 7.92 7.94 7.90 7.93 7.92 7.92 7.94 7.91 7.93 7.95

(1) 신뢰율 95 %로 신뢰구간을 구하라.

(2) 제품의 지름이 달라졌다고 할 수 있는지를 유의수준 5 %로 검정하라.

풀이

(1) σ^2를 알고 있을 때 95 % 신뢰구간

① 평균치 계산 $\bar{x} = \dfrac{79.26}{10} = 7.926$

② 신뢰구간 계산

$$\bar{x} \pm u_{1-\alpha/2}\frac{\sigma}{\sqrt{n}} = 7.926 \pm u_{0.975}\frac{0.03}{\sqrt{10}} = 7.926 \pm 1.96\frac{0.03}{\sqrt{10}}$$

$\therefore$ 7.907 ~ 7.945 사이에 있다고 할 수 있다(신뢰율 95%).

(2) 유의수준 $\alpha = 0.05$로 검정

① 가설설정

$H_0 : \mu = \mu_0, \quad H_1 : \mu \neq \mu_0$

② 유의수준

$\alpha = 0.05$

③ 통계량 계산

$$u_0 = \frac{\bar{x} - \mu}{\sigma / \sqrt{n}} = \frac{7.926 - 7.950}{\dfrac{0.03}{\sqrt{10}}} = -2.53$$

④ 기각역

$u_0 < -u_{1-\alpha/2}$

⑤ 판정

검정통계량 $u_0 = -2.53 < u_{0.975} = -1.96$이므로 귀무가설이 기각됨. 따라서 유의수준 5%에서 부품의 지름은 달라졌다고 할 수 있다.

미니탭을 이용한 분석

① 데이터 입력

② 통계분석 > 기초 통계학 > 1-표본 Z검정

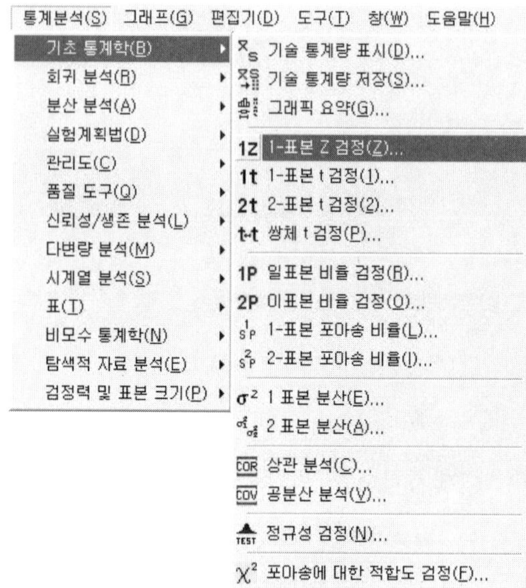

③ 표본이 있는 열을 선택하고 표준편차와 모평균값 입력

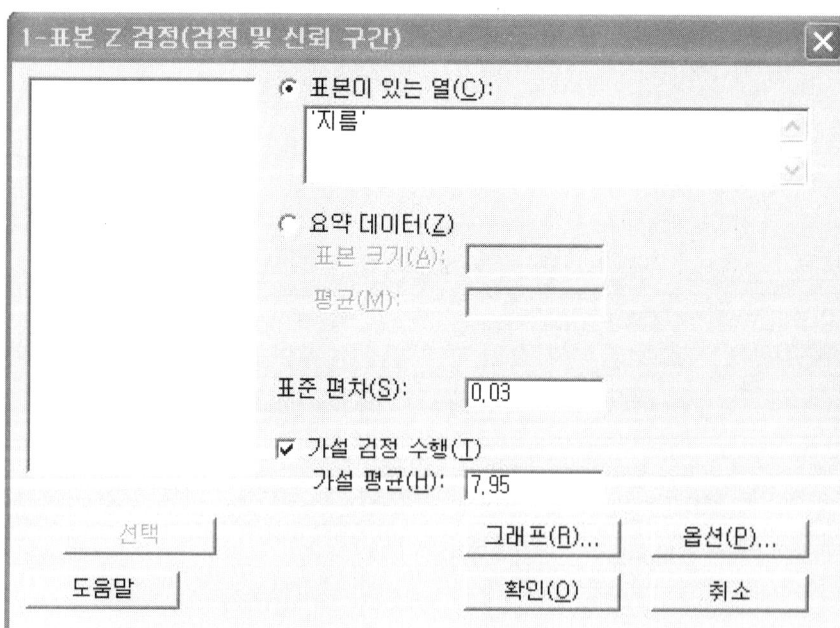

④ [옵션]에서 신뢰수준과 대립가설을 선택한다.

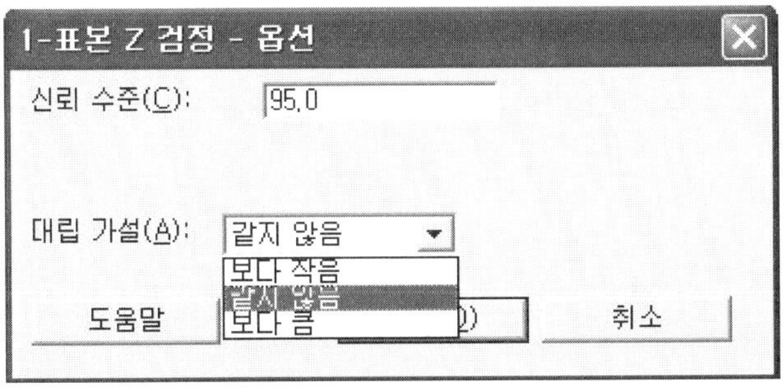

표 3.5 ▶▶ 대립가설의 형태

대립가설의 형태	기각역	가설판정
보다 작음	$H_1 : \mu < \mu_0$	귀무가설의 모수값이 신뢰구간내에 포함되면 H_0가 채택되고 그렇지 않으면 H_0가 기각
같지 않음	$H_1 : \mu \neq \mu_0$	
보다 큼	$H_1 : \mu > \mu_0$	

⑤ 출력결과(세션창)

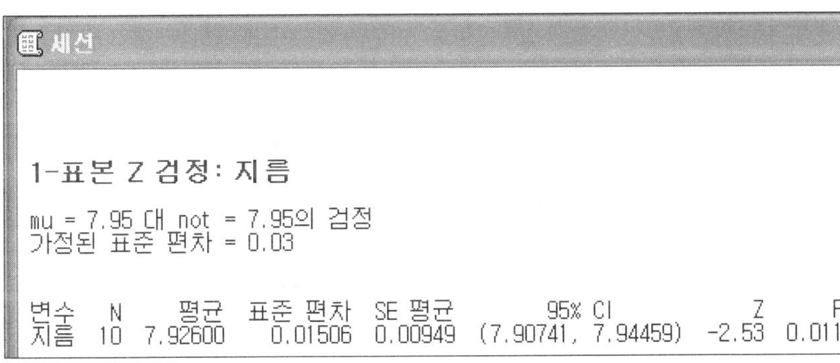

〈결과해석〉

- 표본평균 : 7.926
- 표본표준편차 : 0.01506
- 표준오차(SE평균) : $\dfrac{\sigma}{\sqrt{n}} = \dfrac{0.01506}{\sqrt{10}} = 0.00949$
- 검정통계량(Z) : -2.53

  p 값 : 0.011

p-값이 0.011로 유의수준 $\alpha = 0.05$보다 작으므로 귀무가설이 기각됨. 따라서 유의수준 5 % 에서 부품의 지름은 달라졌다고 할 수 있다.

예제 3.2

새로운 작업방법으로 생산한 화학약품의 로트로부터 10개의 시료를 랜덤하게 샘플링하여 측정한 결과 다음과 같다. 성분의 모평균은 1.00%이다.

측정치 : 1.69 1.83 1.87 1.53 1.41 1.48 1.17 1.23 0.88 1.21

(1) 신뢰율 95 %로 신뢰구간을 구하라.
(2) 평균이 달라졌다고 할 수 있는지를 유의수준 5 %로 검정하라.

풀이

(1) σ^2를 모르고 있을 때 95 % 신뢰구간

① 평균치 계산 $\bar{x} = \dfrac{14.30}{10} = 1.430$

② s^2와 s를 계산 $s^2 = \dfrac{S}{n-1} = \dfrac{0.8926}{10-1} = 0.0992$,

$$S = \Sigma x_i^2 - \frac{(\Sigma x_i)^2}{n} = 21.3416 - \frac{(14.3)^2}{10} = 0.8926$$

③ 신뢰구간 계산

$$\bar{x} \pm t_{1-a/2}(\nu)\sqrt{\frac{s^2}{n}} = t_{0.975}(9)\sqrt{\frac{0.0992}{10}} = 1.430 \pm 2.262 \times 0.0996$$

$\therefore$ 1.205 ~ 1.655 사이에 있다고 할 수 있다(신뢰율 95 %).

(2) σ^2를 모르고 있을 때 평균이 달라졌는지 유의수준 5 %로 검정

① 가설설정

$H_0 : \mu = \mu_0, \quad H_1 : \mu \neq \mu_0$

② 유의수준

$\alpha = 0.05$

③ 통계량 계산

$$t_0 = \frac{\bar{x} - \mu}{\sqrt{s^2} / \sqrt{n}} = \frac{1.430 - 1.00}{\sqrt{0.0992} / \sqrt{10}} = 4.32$$

④ 기각역

$t_0 > t_{1-a/2}(\nu),\ t_0 < -t_{1-\alpha/2}(\nu) = t_{\alpha/2}(\nu)$

⑤ 판정

검정통계량 $t_0 = 4.32 > t_{0.975}(9) = 2.262$이므로 귀무가설이 기각됨. 따라서 유의수준 5 %에서 성분의 평균은 달라졌다고 할 수 있다.

미니탭을 이용한 분석

① 데이터 입력

② 통계분석 > 기초 통계학 > 1-표본 t검정

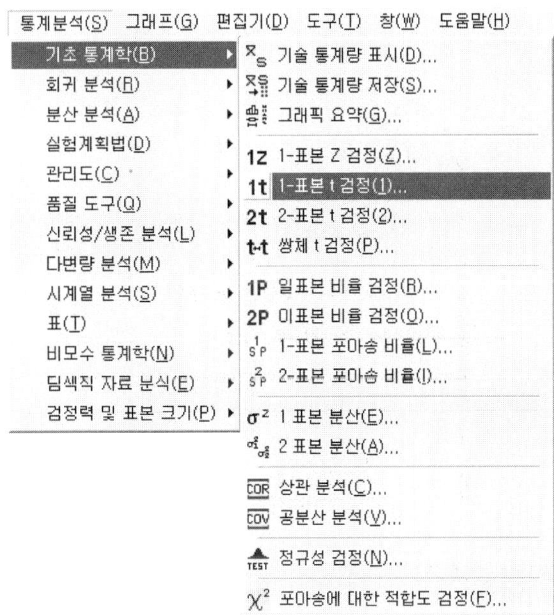

③ 표본이 있는 열을 선택하고 모평균값 입력

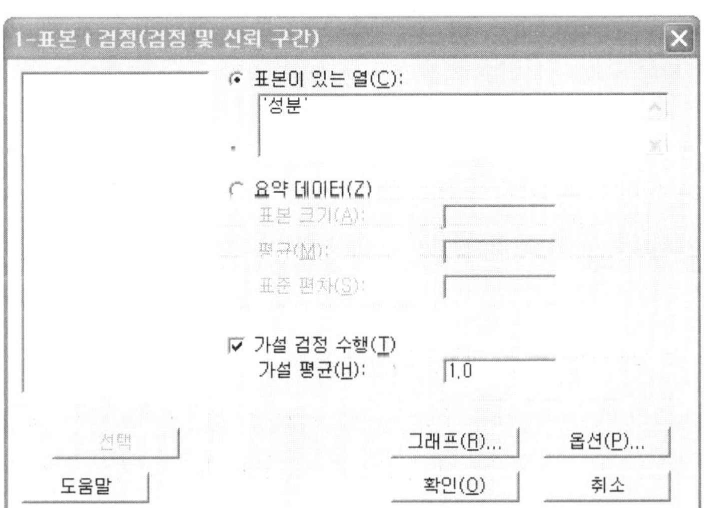

④ [옵션]에서 신뢰수준과 대립가설을 선택한다.

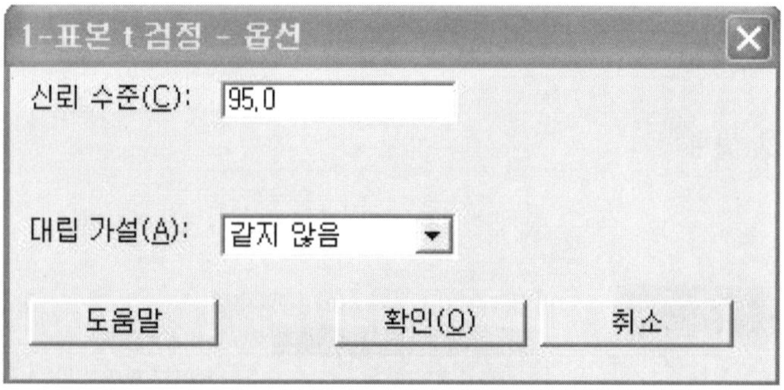

⑤ 출력결과(세션창)

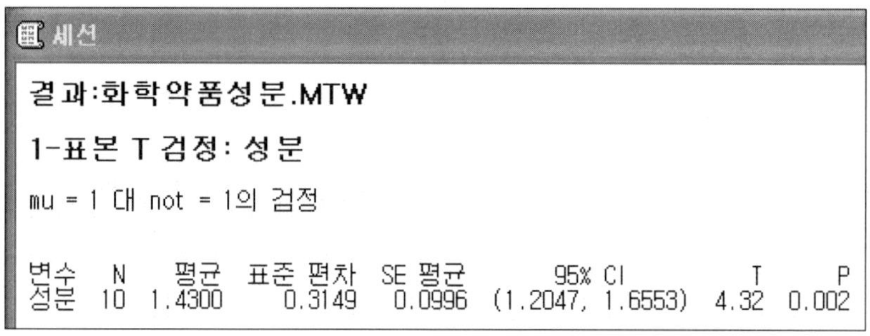

〈결과해석〉

- 표본평균 : 1.430
- 표본표준편차 : 0.31493
- 표준오차(SE평균) : $\dfrac{\sigma}{\sqrt{n}} = \dfrac{0.31493}{\sqrt{10}} = 0.09959$
- 검정통계량(T) : 4.32
- p : 0.002

p-값이 0.002로 유의수준 $\alpha = 0.05$보다 작으므로 귀무가설이 기각됨. 따라서 유의수준 5 % 에서 성분의 평균은 달라졌다고 할 수 있다.

3.2.2 두 개의 모평균에 대한 추정과 검정

2조의 로트(정규모집단)로부터 각각 크기 n의 시료를 랜덤하게 샘플링하여 특성치 $(\overline{x}_1,\ \overline{x}_2)$를 측정하였을 때 로트의 모평균 μ_1와 μ_2의 차에 대한 신뢰구간과 검정은 <표 3.5>와 같다.

표 3.6 ▶▶ 두 개의 모평균 차에 대한 추정과 검정

기본 가정	신뢰구간	통계량	기각역
$\sigma_1^2,\ \sigma_2^2$ 기지	$(\overline{x}_1-\overline{x}_2)\pm u_{1-\alpha/2}\sqrt{\dfrac{\sigma_1^2}{n_1}+\dfrac{\sigma_2^2}{n_2}}$	$u_0=\dfrac{\overline{x}_1-\overline{x}_2}{\sqrt{\dfrac{\sigma_1^2}{n_1}+\dfrac{\sigma_2^2}{n_2}}}$	$u_0>u_{1-\alpha/2}$, $u_0<-u_{1-\alpha/2}$
$\sigma_1^2,\ \sigma_2^2$ 미지 $\sigma_1^2=\sigma_2^2$	$(\overline{x}_1-\overline{x}_2)\pm t_{1-\alpha/2}(\nu)\sqrt{s^2}\sqrt{\dfrac{1}{n_1}+\dfrac{1}{n_2}}$	$t_0=\dfrac{\overline{x}_1-\overline{x}_2}{\sqrt{s^2}\sqrt{\dfrac{1}{n_1}+\dfrac{1}{n_2}}}$	$t_0>t_{1-\alpha/2}(\nu)$, $t_0<-t_{1-\alpha/2}(\nu)$
$\sigma_1^2,\ \sigma_2^2$ 미지 $\sigma_1^2\neq\sigma_2^2$	$(\overline{x}_1-\overline{x}_2)\pm t_{1-\alpha/2}(\nu^*)\sqrt{\dfrac{s_1^2}{n_1}+\dfrac{s_2^2}{n_2}}$	$t_0=\dfrac{\overline{x}_1-\overline{x}_2}{\sqrt{\dfrac{s_1^2}{n_1}+\dfrac{s_2^2}{n_2}}}$	$t_0>t_{1-\alpha/2}(\nu^*)$, $t_0<-t_{1-\alpha/2}(\nu^*)$

여기서 $\sqrt{s^2}$는 $\sqrt{\dfrac{S_1+S_2}{n_1+n_2-2}}$이고, 등가자유도 $\nu^*=\dfrac{\left(\dfrac{s_1^2}{n_1}+\dfrac{s_2^2}{n_2}\right)^2}{\dfrac{\left(\dfrac{s_1^2}{n_1}\right)^2}{\nu_1}+\dfrac{\left(\dfrac{s_2^2}{n_2}\right)^2}{\nu_2}}$이다. (3.4)

표 3.7 ▶▶ 두 개의 모평균에 대한 한쪽 신뢰한계

기본가정	대립가설	한쪽 신뢰한계
$\sigma_1^2,\ \sigma_2^2$ 기지	$H_1:\mu_1<\mu_2$	신뢰상한 $\Delta_U=(\overline{x}_1-\overline{x}_2)+u_{1-\alpha}\cdot\sqrt{\sigma_1^2/n_1+\sigma_2^2/n_2}$
	$H_1:\mu_1>\mu_2$	신뢰하한 $\Delta_L=(\overline{x}_1-\overline{x}_2)-u_{1-\alpha}\cdot\sqrt{\sigma_1^2/n_1+\sigma_2^2/n_2}$
$\sigma_1^2,\ \sigma_2^2$ 미지 $\sigma_1^2=\sigma_2^2$	$H_1:\mu_1<\mu_2$	신뢰상한 $\Delta_U=(\overline{x}_1-\overline{x}_2)+t_{1-\alpha}(\nu)\cdot\sqrt{s^2}\sqrt{(1/n_1+1/n_2)}$
	$H_1:\mu_1>\mu_2$	신뢰하한 $\Delta_L=(\overline{x}_1-\overline{x}_2)-t_{1-\alpha}(\nu)\cdot\sqrt{s^2}\sqrt{(1/n_1+1/n_2)}$
$\sigma_1^2,\ \sigma_2^2$ 미지 $\sigma_1^2\neq\sigma_2^2$	$H_1:\mu_1<\mu_2$	신뢰상한 $\Delta_U=(\overline{x}_1-\overline{x}_2)+t_{1-\alpha}(\nu^*)\cdot\sqrt{(s_1^2/n_1+s_2^2/n_2)}$
	$H_1:\mu_1>\mu_2$	신뢰하한 $\Delta_L=(\overline{x}_1-\overline{x}_2)-t_{1-\alpha}(\nu^*)\cdot\sqrt{(s_1^2/n_1+s_2^2/n_2)}$

예제 3.3

A사 제품과 B사 제품의 순도(%)의 모평균의 차에 대한 신뢰구간을 구하기 위하여 A사의 제품과 B사의 제품의 로트로부터 각각의 시료 12개씩을 랜덤하게 뽑아 측정한 결과 다음과 같이 얻어졌다. 표준편차는 각각 $\sigma_A = 0.3\,\%$, $\sigma_B = 0.2\,\%$ 임을 알고 있다.

A사	:	95.4	96.1	96.7	95.3	95.9	95.6	95.6	95.8	94.8	95.0	95.8	94.7 (%)
B사	:	94.9	94.7	95.2	95.0	95.4	95.4	95.1	94.8	94.2	94.5	94.7	94.6 (%)

(1) 차에 대한 신뢰율 95 %로 신뢰구간을 구하라.

(2) 평균에 차이가 난다고 할 수 있는지를 유의수준 5 %로 검정하라.

풀이

(1) σ_A^2, σ_B^2를 알고 있을 때 95 % 신뢰구간

① 평균치 계산 : $\bar{x}_A = \dfrac{1146.7}{12} = 95.56$, $\bar{x}_B = \dfrac{1138.5}{12} = 94.88$

② Δ를 계산 : $95.56 - 94.88 = 0.68$

③ 신뢰구간 계산

$$(\bar{x}_1 - \bar{x}_2) \pm u_{1-\alpha/2}\sqrt{\frac{\sigma_1^2}{n_1} + \frac{\sigma_2^2}{n_2}}$$

$$= 0.68 \pm 1.96\sqrt{\frac{0.3^2}{12} + \frac{0.2^2}{12}} = 0.68 \pm 0.20$$

$\therefore$ 0.48 ~ 0.88 사이에 있다고 할 수 있다(신뢰율 95 %).

(2) σ_A^2, σ_B^2를 알고 있을 때 두 개의 모평균 차이검정(유의수준 5 %)

① 가설설정

$H_0 : \mu_A = \mu_B$, $H_1 : \mu_A \neq \mu_B$

② 유의수준

$\alpha = 0.05$

③ 통계량 계산

$$u_0 = \frac{\bar{x}_1 - \bar{x}_2}{\sqrt{\dfrac{\sigma_1^2}{n_1} + \dfrac{\sigma_2^2}{n_2}}} = \frac{95.56 - 94.88}{\sqrt{\dfrac{0.3^2}{12} + \dfrac{0.2^2}{12}}} = 6.533$$

④ 기각역

$u_0 > u_{1-\alpha/2}$

⑤ 판정

검정통계량 $u_0 = 6.533 > u_{0.975} = 1.96$이므로 귀무가설이 기각됨. 따라서 유의수준 5 % 에서 A사와 B사의 모평균의 차이가 있다고 할 수 있다.

예제 3.4

어떤 전자기기 부분품의 가공에 관하여 방법 A와 방법 B로 가공된 로트로부터 각각 시료 14개씩을 랜덤하게 샘플링하여 측정한 결과 다음과 같은 데이터를 얻었다. 단 모분산은 모르나 $\sigma_A^2 = \sigma_B^2$ 이다.

방법 A : 18, 27, 22, 23, 15 19, 21, 18, 25, 23 25, 16, 17, 25
방법 B : 11, 14, 16, 20, 14 12, 18, 8, 11, 13 11, 15, 19, 14

(1) 차에 대한 신뢰율 95 %로 신뢰구간을 구하라.
(2) 평균에 차이가 난다고 할 수 있는지를 유의수준 5 %로 검정하라.

풀이

(1) σ_A^2, σ_B^2를 모르고 있을 때 95 % 신뢰구간

① 평균치 계산 $\bar{x}_A = \dfrac{294}{14} = 21.0$, $\bar{x}_B = \dfrac{196}{14} = 14.0$

② Δ를 계산 : $21.0 - 14.0 = 7.0$

③ 각 조의 제곱의 합 S_A와 S_B를 계산

$$S_A = 6366 - \frac{294^2}{14} = 192.0,\ S_B = 2894 - \frac{196^2}{14} = 150.0$$

④ $\sqrt{s^2}$를 계산 $\sqrt{s^2} - \sqrt{\dfrac{S_1 + S_2}{n_1 + n_2 - 2}} - \sqrt{\dfrac{192 + 150}{14 + 14 - 2}} - 3.627$

⑤ 신뢰구간 계산

$$(\bar{x}_1 \quad \bar{x}_2) \pm t_{1-\alpha/2}(\nu)\sqrt{s^2}\sqrt{\frac{1}{n_1} + \frac{1}{n_2}}$$

$$= 7.0 \pm t_{0.975}(26) \cdot 3.627 \cdot \sqrt{\frac{1}{14} + \frac{1}{14}} = 7.0 \pm 2.82$$

$\therefore$ 4.18 ~ 9.82 사이에 있다고 할 수 있다(신뢰율 95 %).

(2) σ_A^2, σ_B^2를 모르고 있을 때 두 개의 모평균 차이검정(유의수준 5 %)

① 가설설정

$H_0 : \mu_A = \mu_B, \qquad H_1 : \mu_A \neq \mu_B$

② 유의수준

$\alpha = 0.05$

③ 통계량 계산

$$t_0 = \frac{\bar{x}_1 - \bar{x}_2}{\sqrt{s^2}\sqrt{\frac{1}{n_1} + \frac{1}{n_2}}} = \frac{7.0}{3.627 \cdot \sqrt{\frac{1}{14} + \frac{1}{14}}} = 5.106$$

④ 기각역

$t_0 > t_{1-a/2}(\nu)$

⑤ 판정

검정통계량 $t_0 = 5.106 > t_{0.975}(26) = 2.056$이므로 귀무가설이 기각됨. 따라서 유의수준 5 %에서 A사와 B사의 모평균의 차이가 있다고 할 수 있다.

미니탭을 이용한 분석

① 데이터 입력

워크시트 1 ***

↓	C1 방법A	C2 방법B
1	18	11
2	27	14
3	22	16
4	23	20
5	15	14
6	19	12
7	21	18
8	18	8
9	25	11
10	23	13

② 통계분석 > 기초 통계학 > 2-표본 t검정

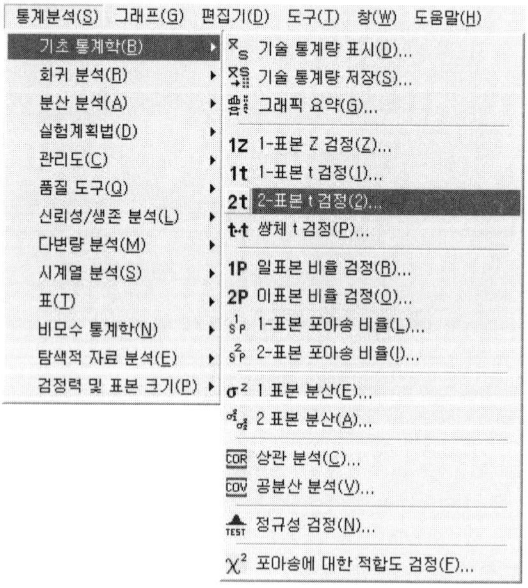

③ 서로 다른 열에 표본이 있는 경우을 선택하고 등분산 가정을 체크

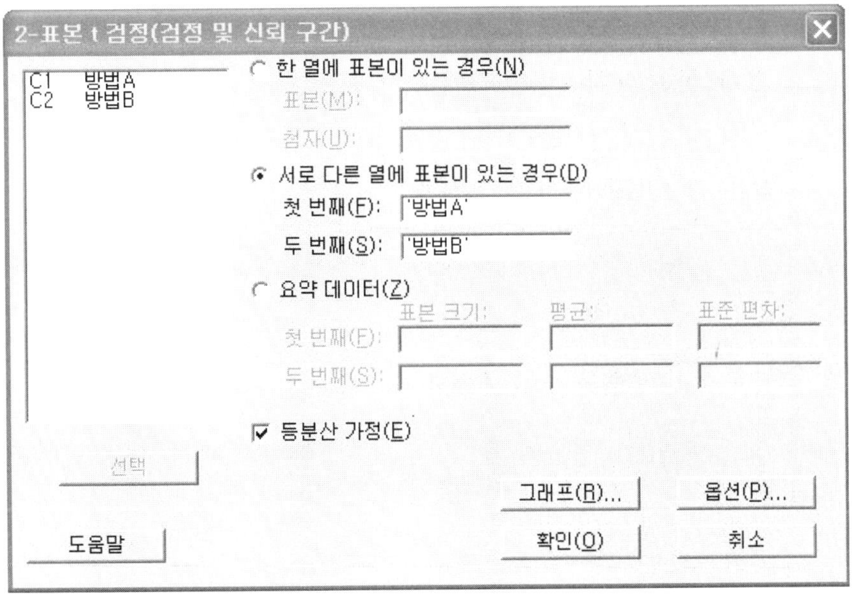

등분산 가정 : $\sigma_1^2 = \sigma_2^2 = \sigma^2$(등분산)일 때 체크한다.

④ [옵션]에서 신뢰수준과 대립가설을 선택한다.

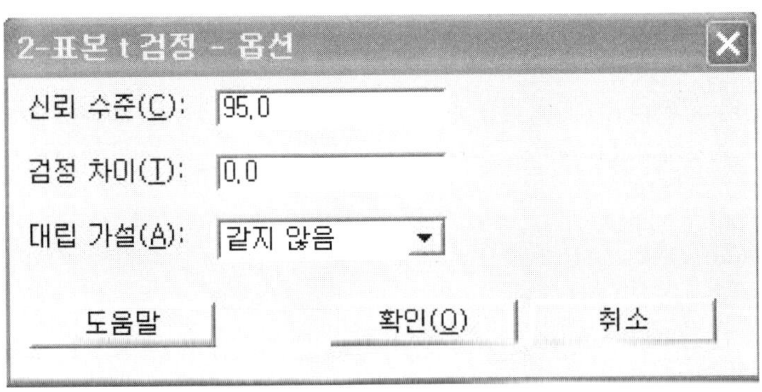

⑤ 출력결과(세션창)

```
세션

결과:전자기기부분품.MTW

2-표본 T 검정 및 CI: 방법A, 방법B

방법A 대 방법B의 2-표본 T 검정

                      표준
       N    평균     편차   SE 평균
방법A  14  21.00    3.84      1.0
방법B  14  14.00    3.40     0.91


차이 = mu (방법A) - mu (방법B)
차이 추정치:  7.00
차이의 95% CI:  (4.18, 9.82)
차이의 T-검정 = 0 (대 not =): T-값 = 5.11  P-값 = 0.000  DF = 26
둘 다 합동 표준 편차 3.6268을(를) 사용하십시오.
```

〈결과해석〉

- 차이의 95 % 신뢰구간 : (4.18, 9.82)
- 검정통계량 : T = 5.11
- p-값 = 0.000
- 자유도 : DF = 26
- 합동표준편차 : $\sqrt{s^2} = 3.627$

p-값이 0.000로 유의수준 $\alpha = 0.05$보다 작으므로 귀무가설이 기각됨. 따라서 유의수준 5 %에서 성분의 평균은 달라졌다고 할 수 있다.

예제 3.5

어떤 화학약품의 제조에 상표가 다른 2종류의 원료를 사용하고 있다. 각 원료에서 주성분 A의 함량은 다음과 같다. 그리고 함량들은 정규분포를 따르고 모분산은 모르나 $\sigma_A^2 \neq \sigma_B^2$이다.

상표 A : 80.4 78.2 80.1 80.1 77.1 79.6 80.4 81.6 79.9 84.4 80.9 83.1

상표 B : 80.0 81.2 79.5 78.0 76.1 77.0 80.1 79.9 78.8 80.8

(1) $\mu_A - \mu_B$의 95 % 신뢰구간을 구하라.

(2) 상표가 다른 두 종류에 따라 주성분 A의 함량 간에 차이가 있는지를 유의수준 5 %로 검정하라.

풀이

(1) σ_A^2, σ_B^2를 모르고 있을 때 95 % 신뢰구간

① 평균치 계산 $\bar{x}_A = 80.48$, $\bar{x}_B = 79.14$

② Δ를 계산 $80.48 - 79.14 = 1.34$

③ 각 조의 제곱의 합 S_A, S_B를 계산

$$S_A = 77772.5 - \frac{965.8^2}{12} = 41.70$$

$$S_B = 62656.0 - \frac{791.4^2}{10} = 24.60$$

④ s_1^2, s_2^2를 계산

$$s_1^2 = \frac{S_1}{n_1 - 1} = \frac{41.70}{11} = 3.79,\quad s_2^2 = \frac{S_2}{n_2 - 1} = \frac{24.60}{9} = 2.73$$

⑤ 등가자유도 계산

$$\nu^* = \frac{\left(\dfrac{s_1^2}{n_1} + \dfrac{s_2^2}{n_2}\right)^2}{\dfrac{\left(\dfrac{s_1^2}{n_1}\right)^2}{\nu_1} + \dfrac{\left(\dfrac{s_2^2}{n_2}\right)^2}{\nu_2}}$$

$$= \frac{\left(\dfrac{3.79}{12} + \dfrac{2.73}{10}\right)^2}{\dfrac{\left(\dfrac{3.79}{12}\right)^2}{11} + \dfrac{\left(\dfrac{2.73}{10}\right)^2}{9}} = \frac{0.3467}{0.0173} = 20.04$$

$$t_{0.975}(20.04) = t_{0.975}(20) - [t_{0.975}(20) - t_{0.975}(21)] \times \frac{20.04 - 20}{21 - 20} = 2.086$$

⑥ 신뢰구간 계산

$$(\bar{x}_1 - \bar{x}_2) \pm t_{1-\alpha/2}(\nu^*)\sqrt{\frac{s_1^2}{n_1} + \frac{s_2^2}{n_2}}$$

$$= 1.34 \pm 2.086\sqrt{\frac{3.79}{12} + \frac{2.73}{10}} = 1.34 \pm 1.60$$

$\therefore$ $-0.26 \sim 2.94$ 사이에 있다고 할 수 있다(신뢰율 95 %).

(2) σ_A^2, σ_B^2를 모르고 있을 때 두 개의 모평균 차이검정(유의수준 5 %)

① 가설설정

$H_0 : \mu_A = \mu_B, \qquad H_1 : \mu_A \neq \mu_B$

② 유의수준

$\alpha = 0.05$

③ 통계량 계산

$$t_0 = \frac{\bar{x}_1 - \bar{x}_2}{\sqrt{\dfrac{s_1^2}{n_1} + \dfrac{s_2^2}{n_2}}} = \frac{80.48 - 79.14}{\sqrt{\dfrac{3.79}{12} + \dfrac{2.73}{10}}} = 1.746$$

④ 기각역

$t_0 > t_{1-a/2}(\nu^*)$

⑤ 판정

검정통계량 $t_0 = 1.746 < t_{0.975}(20.04) = 2.086$이므로 귀무가설이 채택됨. 따라서 유의수준 5 %에서 상표가 다른 두 종류에 따라 주성분 A의 함량 간에는 차이가 있다고 할 수 없다.

미니탭을 이용한 분석

① 데이터 입력

상표.MTW ***

↓	C1 상표1	C2 상표2
1	80.4	80.0
2	78.2	81.2
3	80.1	79.5
4	80.1	78.0
5	77.1	76.1
6	79.6	77.0
7	80.4	80.1
8	81.6	79.9
9	79.9	78.8
10	84.4	80.8

② 통계분석 > 기초 통계학 > 2-표본 t검정(2)

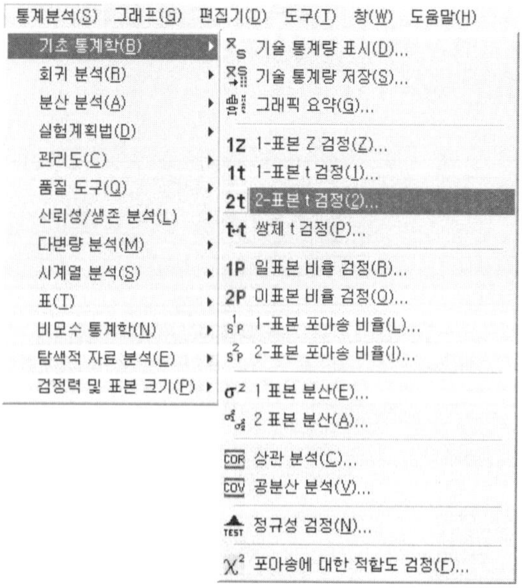

③ 서로 다른 열에 표본이 있는 경우를 선택

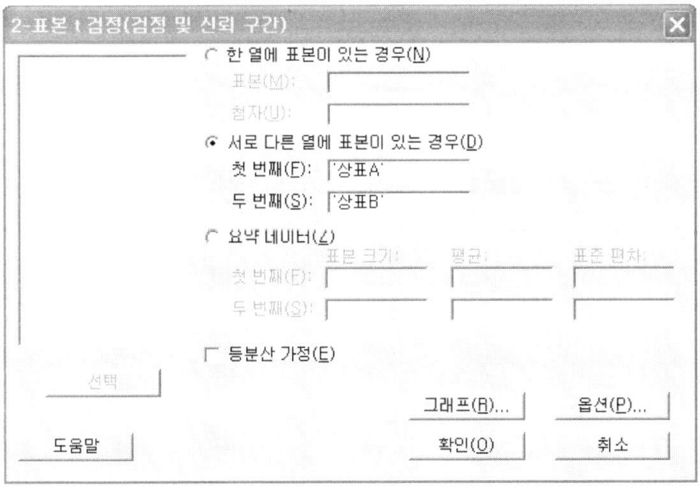

④ [그래프...]를 선택한 후 데이터 상자 그림을 체크

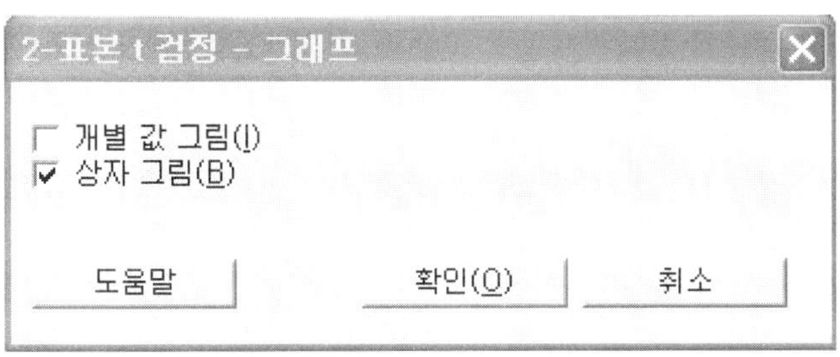

⑤ [옵션]에서 신뢰수준과 대립가설을 선택

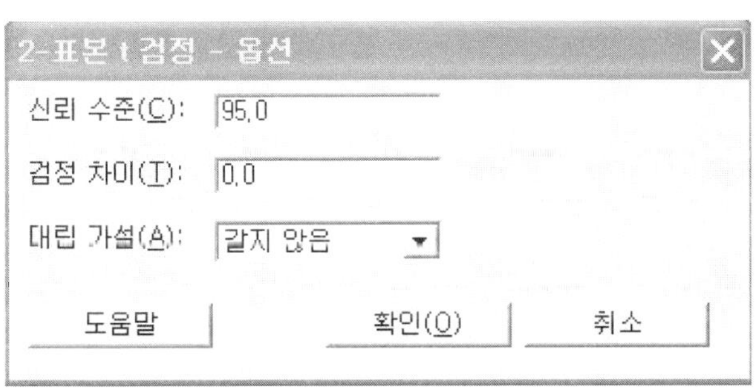

⑥ 출력결과(그래프)

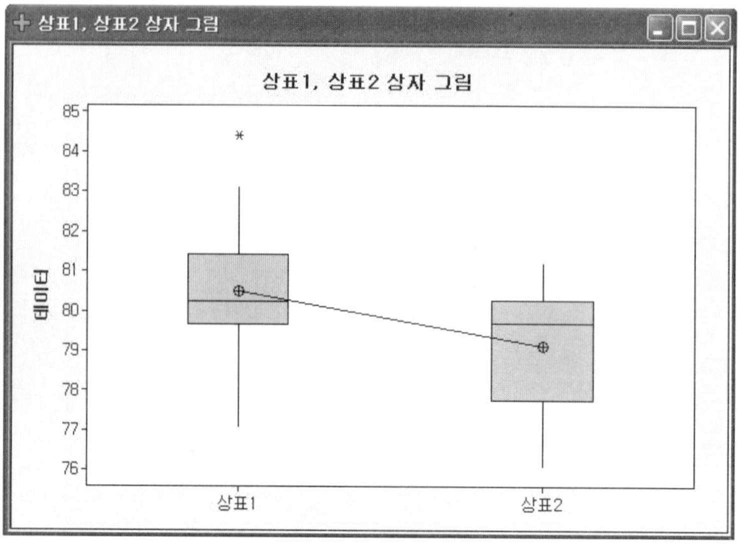

– 데이터 상자 그림에서 두 모집단의 평균과 분포를 대략적으로 파악할 수 있다.

⑦ 출력결과(세션창)

세션

2-표본 T 검정 및 CI: 상표A, 상표B

상표A 대 상표B의 2-표본 T 검정

	N	평균	표준 편차	SE 평균
상표A	12	80.48	1.95	0.56
상표B	10	79.14	1.65	0.52

차이 = mu (상표A) - mu (상표B)
차이 추정치: 1.343
차이의 95% CI: (-0.263, 2.950)
차이의 T-검정 = 0 (대 not =): T-값 = 1.75 P-값 = 0.096 DF = 19

〈결과해석〉

- 차이의 95 % 신뢰구간 : (−0.26, 2.95)
- 검정통계량 : T = 1.75
- p-값 = 0.096
- 자유도 : DF = 19

p-값이 0.096으로 유의수준 $\alpha = 0.05$보다 크므로 귀무가설이 채택됨. 따라서 유의수준 5 % 에서 상표가 다른 두 종류에 따라 주성분 A의 함량 간에는 차이가 있다고 할 수 없다.

3.2.3 대응 있는 데이터의 모평균 차의 추정과 검정(Paired Test)

데이터가 동질적인 쌍의 형태를 띨 때, 각 쌍에서 얻은 관측값의 차를 이용하여 두 집단의 평균을 비교하는 방법으로 다음과 같은 데이터의 구조를 생각할 수 있다.

5명을 임의로 선정해 오프라인 교육과 온라인 교육을 모두 받게 한 후 각각의 이해도를 측정하였다. 데이터의 형태는 다음과 같다.

표 3.8 ▶▶ 대응이 있는 데이터의 형태

사람	오프라인	온라인	차 이
1	X_1	Y_1	$D_1 = X_1 - Y_1$
2	X_2	Y_2	$D_2 = X_2 - Y_2$
3	X_3	Y_3	$D_3 = X_3 - Y_3$
4	X_4	Y_4	$D_4 = X_4 - Y_4$
5	X_5	Y_5	$D_5 = X_5 - Y_5$

위의 데이터 형태에서 X_i와 Y_i는 각각 정규분포를 따르고, 또한 X_i와 Y_i 들은 서로 독립이라고 가정하고, 오프라인의 모평균 μ_1과 온라인의 모평균 μ_2 간의 차에 대한 신뢰구간과 검정은 <표 3.9>와 같다.

표 3.9 ▶▶ 대응이 있는 데이터의 모평균 차의 추정과 검정

기본 가정	$\mu_1 - \mu_2 = \delta$에 대한 100(1−α)% 신뢰구간	통계량	기각역
σ^2 기지	$\bar{d} \pm u_{1-\alpha/2} \dfrac{\sigma_d}{\sqrt{n}}$	$u_0 = \dfrac{\bar{d} - \Delta}{\sigma_d / \sqrt{n}}$	$u_0 > u_{1-\alpha/2}$, $u_0 < -u_{1-\alpha/2} = u_{\alpha/2}$
σ^2 미지	$\bar{d} \pm t_{1-\alpha/2}(\nu) \dfrac{s_d}{\sqrt{n}}$	$t_0 = \dfrac{d - \Delta}{s_d / \sqrt{n}}$	$t_0 > t_{1-\alpha/2}(\nu)$, $t_0 < -t_{1-\alpha/2}(\nu) - t_{\alpha/2}(\nu)$

표 3.10 ▶▶ 한쪽 신뢰한계 추정

기본가정	대립가설	한쪽 신뢰한계
σ^2 기지	$H_1: \delta < \delta_0$	신뢰상한 $\delta_U = \bar{d} + u_{1-\alpha} \cdot \frac{\sigma_d}{\sqrt{n}}$
	$H_1: \delta > \delta_0$	신뢰하한 $\delta_L = \bar{d} - u_{1-\alpha} \cdot \frac{\sigma_d}{\sqrt{n}}$
σ^2 미지	$H_1: \delta < \delta_0$	신뢰상한 $\delta_U = \bar{d} + t_{1-\alpha}(\nu) \cdot \frac{s_d}{\sqrt{n}}$
	$H_1: \delta > \delta_0$	신뢰하한 $\delta_L = \bar{d} - t_{1-\alpha}(\nu) \cdot \frac{s_d}{\sqrt{n}}$

여기서 $S_d = \Sigma(d_i - \bar{d})^2 = \Sigma d_i^2 - \frac{(\Sigma d_i)^2}{n}$, $s_d^2 = \frac{S_d}{n-1}$이다. (3.5)

예제 3.6

A, B 두 사람의 작업자가 기계 부품의 길이를 측정한 결과 다음과 같은 데이터가 얻어졌다. 이 두 사람의 측정치에서 A작업자의 측정치가 B작업자의 측정치보다 크다고 할 수 있겠는가? 데이터는 각각 대응이 있다.

A 조 : 79 78 83 86 80 87 (단위: mm)
B 조 : 84 85 70 75 81 75 (단위: mm)

(1) 신뢰율 95 %로 신뢰하한을 구하라.
(2) A작업자의 측정치가 B작업자의 측정치보다 크다고 할 수 있는지를 $\alpha = 0.05$로 검정하라.

풀이

(1) 95 % 신뢰하한

① 대응하는 데이터의 차 d를 구한다.

$79 - 84 = -5,\ 78 - 85 = -7,\ \cdots,\ 87 - 75 = 12$

② d의 평균치 $\bar{d}$를 계산

$$\bar{d} = \frac{\Sigma d_i}{n} = \frac{23}{6} = 3.83$$

③ S_d와 s_d를 구한다.

$$S_d = \Sigma d_i^2 - \frac{(\Sigma d_i)^2}{n} = 509 - \frac{23^2}{6} = 420.83$$

$$s_d = \sqrt{\frac{S_d}{n-1}} = \sqrt{\frac{420.83}{5}} = 9.174$$

④ $\bar{d} - t_{1-\alpha}(\nu)\frac{s_d}{\sqrt{n}}$

$$= 3.83 - t_{0.95(5)}\frac{9.174}{\sqrt{6}} = 3.83 - 2.015 \times 3.745 = -3.716$$

∴ 평균 차이의 신뢰하한은 -3.716이다(신뢰율 95 %).

신뢰하한의 결과치가 미니탭의 출력결과와 일치하지 않는 것은 수치 맺음에 따른 오차이다.

(2) 한쪽검정(유의수준 5 %)

① 가설설정

$H_0 : \mu_A \leq \mu_B, \quad H_1 : \mu_A > \mu_B$

② 유의수준

$\alpha = 0.05$

③ 통계량 계산

$$t_0 = \frac{\bar{d} - \Delta}{s_d / \sqrt{n}} = \frac{3.83 - 0}{9.174 / \sqrt{6}} = 1.02$$

④ 기각역

$t_0 > t_{1-\alpha}(\nu)$

⑤ 판정

검정통계량 $t_0 = 1.02 < t_{0.95}(5) = 2.015$이므로 귀무가설이 채택됨. 따라서 유의수준 5 %에서 A작업자의 측정치가 B작업자의 측정치보다 크다고 할 수 없다.

미니탭을 이용한 분석

① 데이터 입력

워크시트 1 ***

↓	C1 A조	C2 B조
1	79	84
2	78	85
3	83	70
4	86	75
5	80	81
6	87	75

② 통계분석 > 기초 통계학 > 쌍체 t 검정

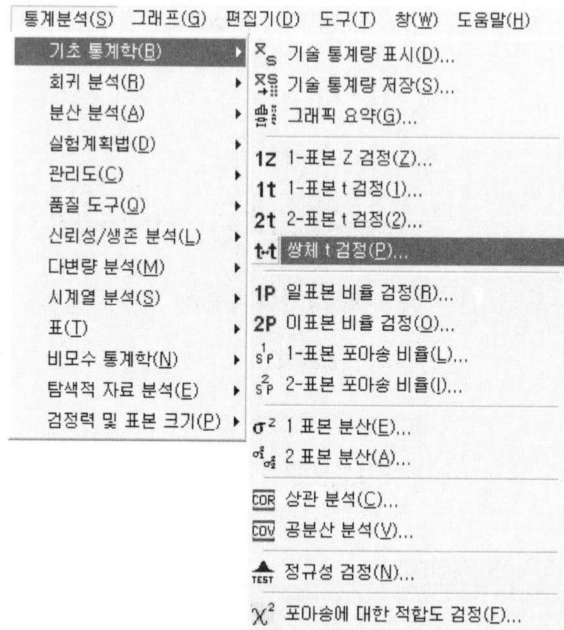

③ 표본이 있는 열을 선택

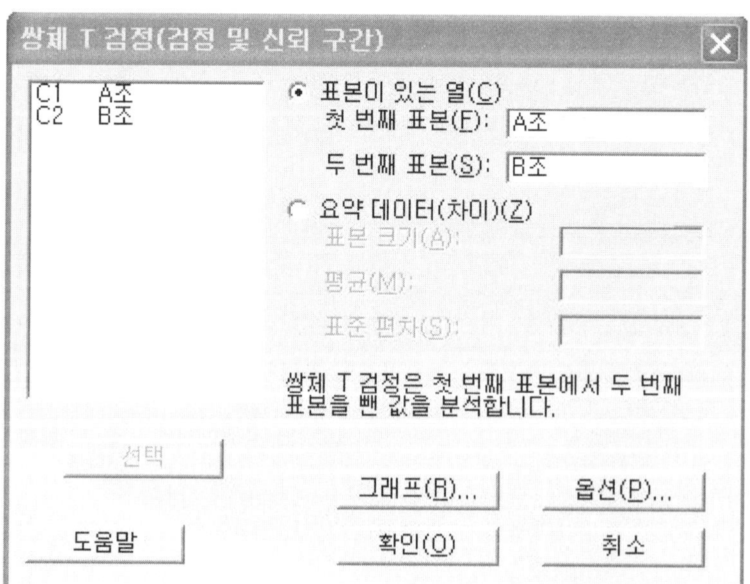

④ [옵션]에서 신뢰수준과 대립가설을 선택

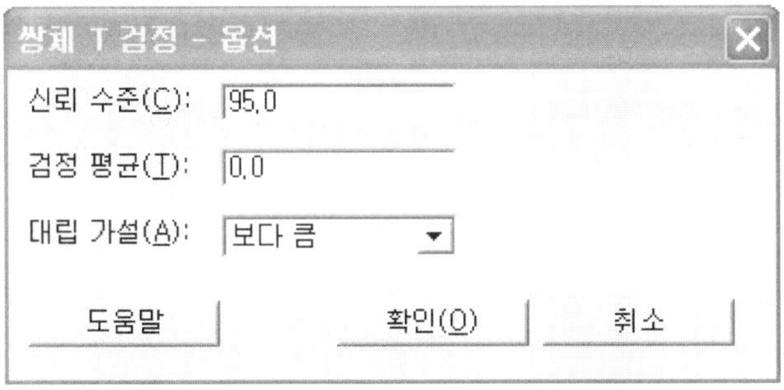

⑤ 출력결과(세션창)

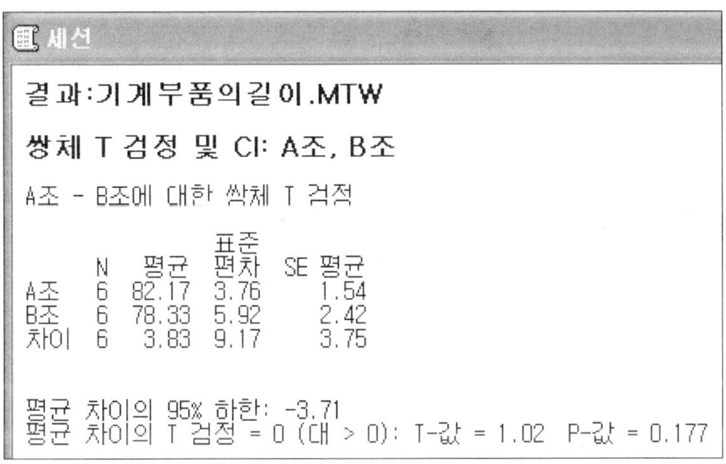

〈결과해석〉

- 평균 차이의 95 % 하한 : -3.714
- 검정통계량 : 1.02
- p-값 : 0.177

p-값이 0.177로 유의수준 $\alpha = 0.05$보다 크므로 귀무가설이 채택됨. 따라서 유의수준 5 %에서 A작업자의 측정치가 B작업자의 측정치 보다 크다고 할 수 없다.

3.2.4 한 개의 모분산에 대한 추정과 검정

모집단의 산포를 나타내는 모분산 σ^2의 추정과 가설검정의 경우에 정규모집단 $N(\mu, \sigma^2)$으로부터의 랜덤샘플 $X_1, X_2, \cdots, X_n$에 대해 제곱합 $S = \sum_{i=1}^{n}(X_i - \overline{X})^2$을 만들면 $\frac{S}{\sigma^2}$은

자유도$(n-1)$인 x^2 분포를 한다.

표 3.11 ▶▶ 한 개의 모분산에 대한 추정과 검정

기본 가정	신뢰구간	통계량	기각역
σ^2기지	$\dfrac{S}{\chi^2_{1-\alpha/2}(\nu)} \le \sigma^2 \le \dfrac{S}{\chi^2_{\alpha/2}(\nu)}$	$\chi_0^2 = \dfrac{S}{\sigma_0^2}$	$\chi_0^2 > \chi^2_{1-\alpha/2}(\nu)$, $\chi_0^2 < \chi^2_{\alpha/2}(\nu)$

한쪽 신뢰한계의 추정

① $H_1 : \sigma^2 < \sigma_0^2$일 때 신뢰상한 $\sigma_U^2 = (n-1)s^2 / \chi^2_\alpha(\nu)$

② $H_1 : \sigma^2 > \sigma_0^2$일 때 신뢰하한 $\sigma_L^2 = (n-1)s^2 / \chi^2_{1-\alpha}(\nu)$

예제 3.7

최근 한 제조공정에서 제조방법의 일부를 변경하여 생산된 제품의 로트로부터 랜덤하게 시료 10개를 샘플링하여 측정한 결과 다음과 같은 데이터를 얻었다. 기존의 제조방법에서의 모분산은 $\sigma^2 = 5$이었다.

데이터 : 82, 89, 81, 87, 84, 83, 88, 80, 85, 90 (Kg)

(1) 신뢰율 95 %로 신뢰구간을 구하라.

(2) 변경전의 분산이 변경후의 분산과 차이가 있는지를 $\alpha = 0.05$로 검정하라.

풀이

(1) 95% 신뢰구간

① 편차의 제곱합 S를 계산한다.

$$S = 72189 - \frac{849^2}{10} = 108.9$$

② 신뢰하한 : $\dfrac{S}{\chi^2_{1-\alpha/2}(\nu)} = \dfrac{108.9}{\chi^2_{0.975}(9)} = \dfrac{108.9}{19.02} = 5.73$

신뢰상한 : $\dfrac{S}{\chi^2_{\alpha/2}(\nu)} = \dfrac{108.9}{\chi^2_{0.025}(9)} = \dfrac{108.9}{2.70} = 40.33$

그러므로 모분산의 신뢰구간은 신뢰하한 5.73에서 신뢰상한 40.33 사이에 있다고 할 수 있다(신뢰율 95 %).

(2) 분산의 차이검정($\alpha = 0.05$)

① 가설설정

$H_0 : \sigma^2 = \sigma_0^2, \quad H_1 : \sigma^2 \neq \sigma_0^2$

② 유의수준

$\alpha = 0.05$

③ 통계량 계산

$$\chi_0^2 = \frac{S}{\sigma_0^2} = \frac{108.9}{5} = 21.78$$

④ 기각역

$\chi_0^2 > \chi_{1-\alpha/2}^2(\nu)$, $\chi_0^2 < \chi_{\alpha/2}^2(\nu)$

⑤ 판정

검정통계량 $\chi_0^2 = 21.78 > \chi_{0.975}^2(9) = 19.02$이므로 귀무가설이 기각됨. 따라서 유의수준 5 %에서 변경전의 분산과 변경후의 분산은 달라졌다고 할 수 있다.

미니탭을 이용한 분석

① 데이터 입력

워크시트 1 ***

↓	C1 무게	C2
1	82	
2	89	
3	81	
4	87	
5	84	
6	83	
7	88	
8	80	
9	85	
10	90	

② 통계분석 > 기초 통계학 > 1표본 분산

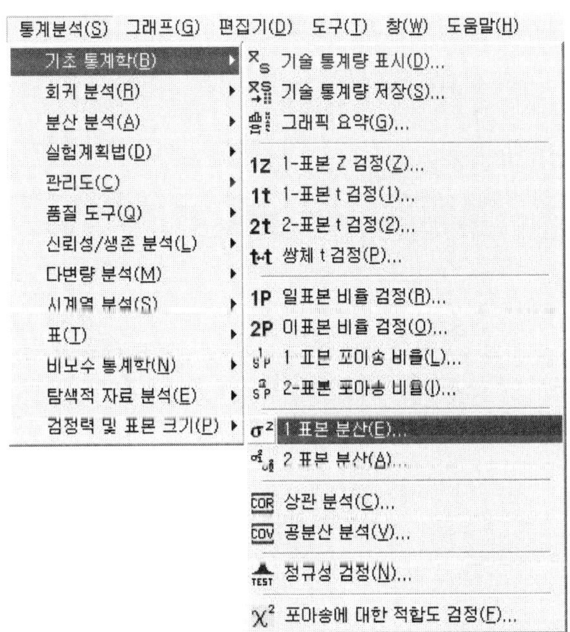

③ 대화창에 아래와 같이 입력한다.

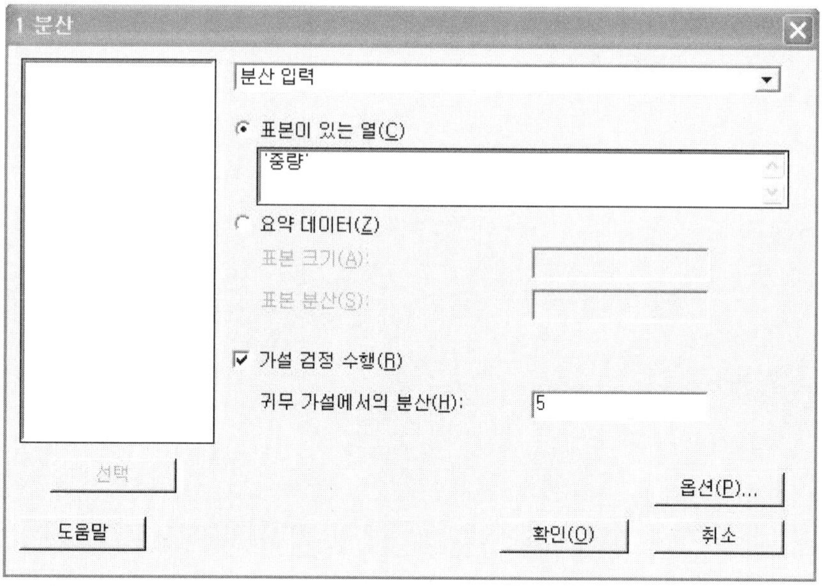

④ [옵션]에서 신뢰수준과 대립가설을 선택

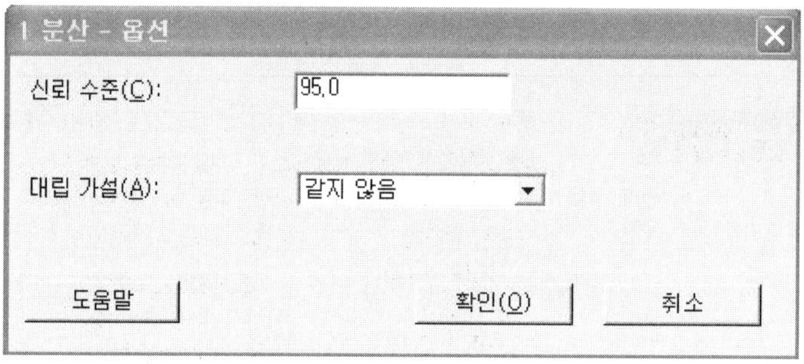

⑤ 출력결과(세션창)

```
세션
결과:중량.MTW

단일 분산에 대한 검정 및 CI: 중량

방법

귀무 가설  시그마 제곱 = 5
대립 가설  시그마 제곱이 5이(가) 아님

표준방법은 정규분포를 가정한 방법입니다.
수정방법은 연속형 분포를 가정한 방법입니다.


통계량

          표준
변수   N  편차  분산
중량  10  3.48  12.1

95% 신뢰 구간

                  표준
                 편차에          분산에
변수  방법      대한 CI        대한 CI
중량  표준  (2.39, 6.35)  (5.7, 40.3)
      수정  (2.72, 4.81)  (7.4, 23.2)

검정

변수  방법  카이-제곱     DF    P-값
중량  표준      21.78   9.00   0.019
      수정      59.80  24.71   0.000
```

〈결과해석〉

- 분산에 대한 95 % 신뢰구간 : 5.7 ~ 40.3
- 표준편차에 대한 95 % 신뢰구간 : 2.39 ~ 6.35
- 검정통계량 : 21.78
- p-값 : 0.019

p-값이 0.019로 유의수준 $\alpha = 0.05$ 보다 작으므로 귀무가설이 기각됨. 유의수준 5 %에서 변경전의 분산과 변경후의 분산은 달라졌다고 할 수 있다.

3.2.5 두 개의 모분산 비에 대한 추정과 검정

두 모집단의 분산의 크기에 대한 비교를 필요로 하는 경우에 두 모집단의 분산의 비교를 위한 통계적 방법은 다음의 가정이 필요하다.

① $X_1, X_2, \cdots, X_{n_1} : N(\mu_1, \sigma_1^2)$으로부터의 확률표본

② $Y_1, Y_2, \cdots, Y_{n_1} : N(\mu_2, \sigma_2^2)$으로부터의 확률표본

③ 두 확률표본은 서로 독립이다.

이러한 가정하에 모분산 σ_1^2, σ_2^2의 비교는 표본의 분산

$$s_1^2 = \frac{\sum_{i=1}^{n_1}(X_i - \overline{X})^2}{n_1 - 1}, \quad s_2^2 = \frac{\sum_{i=1}^{n_2}(Y_i - \overline{Y})^2}{n_2 - 1} \tag{3.6}$$

을 먼저 구하여야 한다.

표 3.12 ▶▶ 두 개의 모분산 비에 대한 추정과 검정

기본 가정	신뢰구간	통계량	기각역
σ_1^2, σ_2^2 미지	$\frac{\sigma_1^2}{\sigma_2^2}$: $\frac{s_1^2}{s_2^2}\frac{1}{F_{1-a/2}(\nu_1, \nu_2)} \le \frac{\sigma_1^2}{\sigma_2^2} \le \frac{s_1^2}{s_2^2} F_{1-a/2}(\nu_2, \nu_1)$	$F_0 = \frac{s_1^2}{s_2^2}$	$F_0 > F_{1-a/2}(\nu_1, \nu_2)$, $F_0 < \frac{1}{F_{1-a/2}(\nu_2, \nu_1)}$
	$\frac{\sigma_2^2}{\sigma_1^2}$: $\frac{s_2^2}{s_1^2}\frac{1}{F_{1-a/2}(\nu_2, \nu_1)} \le \frac{\sigma_2^2}{\sigma_1^2} \le \frac{s_2^2}{s_1^2} F_{1-a/2}(\nu_1, \nu_2)$	$F_0 = \frac{s_2^2}{s_1^2}$	

예제 3.8

A사와 B사에서 생산한 재료로부터 각각 시료를 10개 및 12개를 랜덤하게 샘플링하여 두께를 측정한 결과 다음과 같이 얻어졌다.

A사 : 0.97, 1.01, 1.01, 1.00, 1.04, 0.95, 0.95, 1.01, 1.00, 1.02

B사 : 1.02, 1.01, 1.02, 1.03, 1.00, 0.99, 1.01, 1.00, 1.00, 1.03, 1.02, 1.00

(1) 모분산의 비에 대한 95 % 신뢰구간을 구하여라.

(2) 모분산에 차이가 있다고 할 수 있는가? $(\alpha = 0.05)$

풀이

(1) 95% 신뢰구간

① 각 조의 편차 제곱합 S_A와 S_B를 구한다.

$$S_A = 9.9282 - \frac{9.96^2}{10} = 0.00804,$$

$$S_B = 12.2633 - \frac{12.13^2}{12} = 0.00189$$

② s_A^2와 s_B^2를 구한다.

$$s_A^2 = \frac{0.00804}{10-1} = 0.000893, \quad s_B^2 = \frac{0.00189}{12-1} = 0.000172$$

③ F_O를 계산한다.

$$F_O = \frac{0.000893}{0.000172} = 5.19$$

④ 신뢰한계를 계산한다.

$$\text{신뢰하한 : } \frac{s_A^2}{s_B^2} \times \frac{1}{F_{1-a/2}(\nu_1, \nu_2)}$$

$$= \frac{s_A^2}{s_B^2} \times \frac{1}{F_{0.975}(9,11)} = \frac{0.000893}{0.000172} \times \frac{1}{3.59} = 1.45$$

$$\text{신뢰상한 : } \frac{s_A^2}{s_B^2} \times F_{1-a/2}(\nu_2, \nu_1)$$

$$= \frac{s_A^2}{s_B^2} \times F_{0.975}(11,9) = \frac{0.000893}{0.000172} \times 3.91 = 20.29$$

그러므로 A사와 B사 사이 두께의 모분산의 비는 신뢰하한 1.45에서 신뢰상한 20.29 사이에 있다고 할 수 있다(신뢰율 95 %).

(2) 모분산비에 대한 검정 ($\alpha = 0.05$)

① 가실실징

$$H_0 : \sigma_A^2 = \sigma_B^2, \qquad H_1 : \sigma_A^2 \neq \sigma_B^2$$

② 유의수준

$$\alpha = 0.05$$

③ 통계량 계산

$$F_0 = \frac{s_1^2}{s_2^2} = \frac{0.000893}{0.000172} = 5.19$$

④ 기각역

$$F_0 > F_{1-a/2}(\nu_1, \nu_2),\ \ F_0 < \frac{1}{F_{1-a/2}(\nu_2, \nu_1)}$$

⑤ 판정

검정통계량 $F_0 = 5.19 > F_{0.975}(9, 11) = 3.59$이므로 귀무가설이 기각됨. 따라서 유의 수준 5 %에서 A사와 B사의 모분산은 차이가 난다고 할 수 있다.

미니탭을 이용한 분석

두 분산의 비교를 위해서는 정규성검정을 먼저 수행한 후 정규분포일 경우 F-검정을 실시한다. 많은 통계적 절차는 데이터가 정규분포를 따른다는 가정아래 수행된다. 이러한 가정을 확인하기 위하여 데이터에 대한 정규성 검정을 수행할 필요가 있는데 통계적 방법으로는 Anderson-Darling 검정, Kolmogorov-Smirnov 검정, Cramer-von Mises 검정, Watson 검정, Ryan-Joiner 검정, Shapiro-Wilk 검정 등이 있는데 본 절에서는 분포의 높은 값과 낮은 값들에서 정규성으로부터의 이탈을 탐지하는데 특히 효과적인 Anderson-Darling 검정방법을 미니탭을 통하여 실행한다.

① 데이터 입력

워크시트 1 ***

↓	C1 A사	C2 B사
1	0.97	1.02
2	1.01	1.01
3	1.01	1.02
4	1.00	1.03
5	1.04	1.00
6	0.95	0.99

② 통계분석 > 기초 통계학 > 정규성 검정

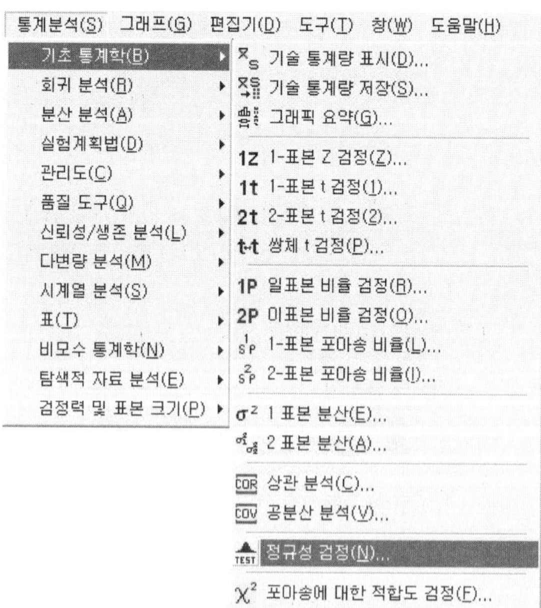

③ 변수에 A사와 B사를 각각 기입하고 정규성에 대한 검정을 실시한다.

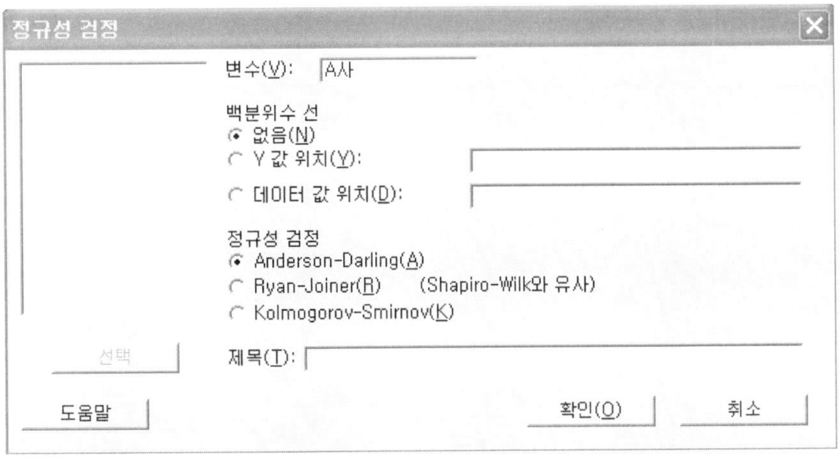

④ 정규성검정에 대한 결과

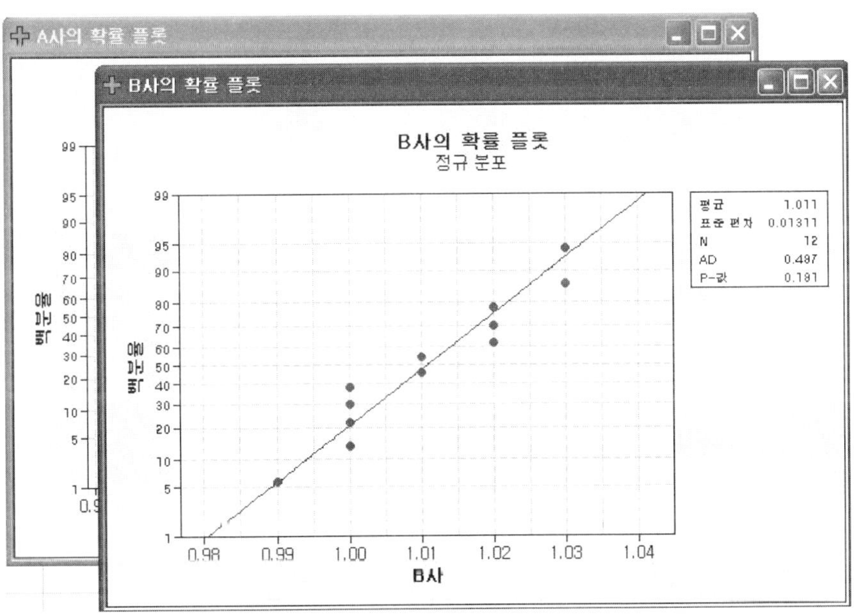

〈결과해석〉

p-값이 0.181로 $\alpha = 0.05$보다 크므로 정규분포를 이루고 있다고 볼 수 있다.

⑤ 통계분석 > 기초 통계학 > 2표본 분산

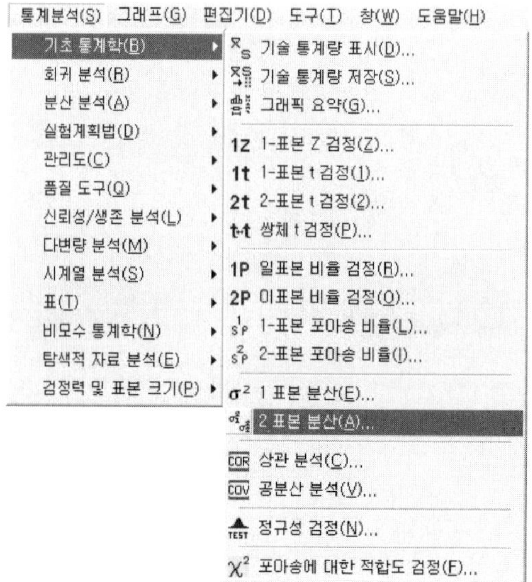

⑥ 서로 다른 열에 표본이 있는 경우를 선택

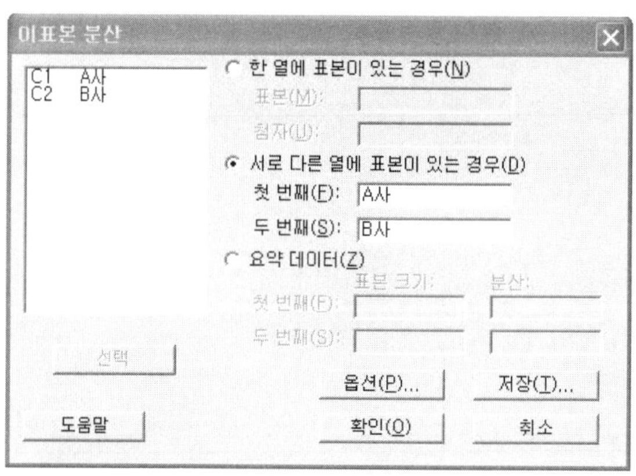

⑦ [옵션]에서 신뢰수준을 기입

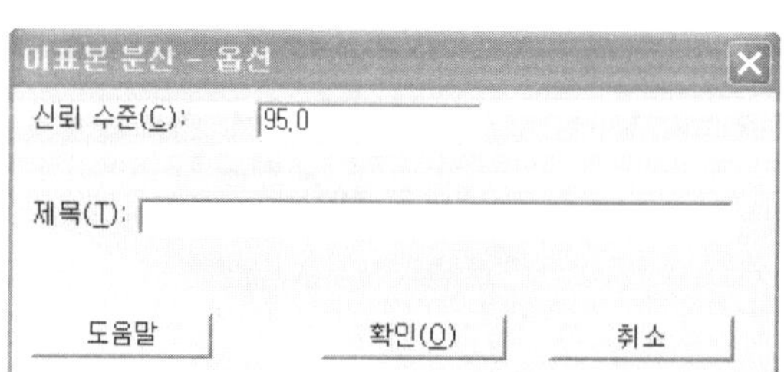

⑧ 출력결과(세션창)

```
세션
등분산 검정: A사, B사

표준 편차의 95% Bonferroni 신뢰 구간

      N       하한    표준 편차       상한
A사  10  0.0195509  0.0298887  0.0601854
B사  12  0.0088677  0.0131137  0.0242408


F-검정(정규 분포)
검정 통계량 = 5.19, P-값 = 0.013


Levene 검정(연속형 분포)
검정 통계량 = 3.02, P-값 = 0.098
```

> 정규분포라는 가정이 없는 경우 Levene's Test 사용

〈결과해석〉

- 두 집단의 표준편차의 95 % 신뢰구간 A사 : 0.0196 ~ 0.0602
  B사 : 0.0089 ~ 0.0242
- 검정통계량 : 5.19
- p-값 : 0.013

p-값이 0.013으로 유의수준 $\alpha = 0.05$보다 적으므로 귀무가설이 기각됨. 따라서 유의수준 5 %에서 A사와 B사의 모분산은 차이가 난다고 할 수 있다.

⑨ 출력결과(그래프)

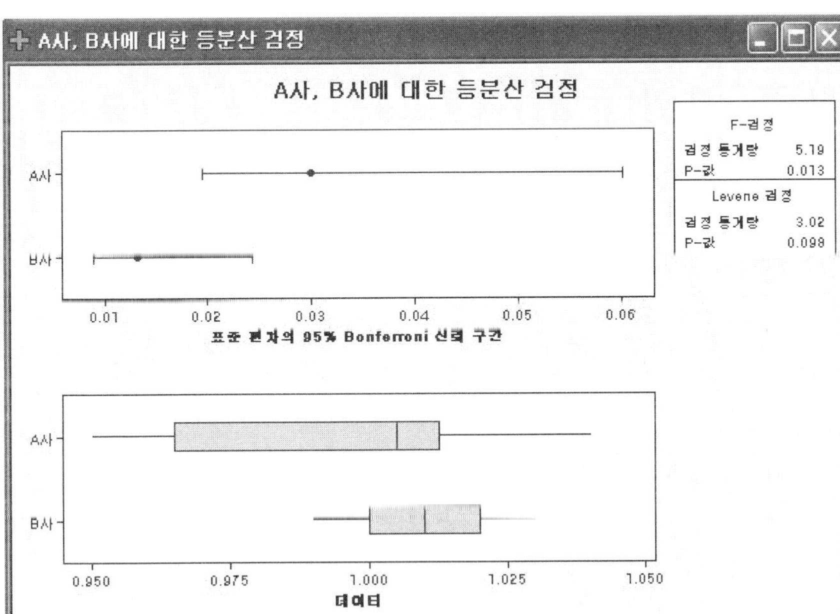

3.3 계수치의 추정과 검정

3.3.1 한 개의 모부적합품률에 대한 추정과 검정

X가 이항분포 $B(n, p)$에 따를 때 모비율 p의 점추정량은 $\hat{p} = \dfrac{X}{n}$이고 n이 충분히 클 때 $(n > 30)$ 중심극한의 정리에 의해

$$Z = \frac{\hat{p} - p}{\sqrt{\hat{p}(1-\hat{p})/n}} \tag{3.7}$$

은 근사적으로 표준정규분포 $N(0, 1)$을 따른다.

표 3.13 ▶▶ 한 개의 모부적합품률에 대한 추정과 검정

$\hat{p}$ 에 대한 신뢰구간	통계량	기각역
$\hat{p} \pm u_{1-\alpha/2}\sqrt{\dfrac{\hat{p}(1-\hat{p})}{n}}$	$u_0 = \dfrac{\hat{p} - p_0}{\sqrt{\dfrac{p_0(1-p_0)}{n}}}$	$u_0 > u_{1-\alpha/2}$, $u_0 < -u_{1-\alpha/2} = u_{\alpha/2}$

한쪽 신뢰한계의 추정

① $H_1 : P < P_0$일 때 신뢰상한 $P_U = \hat{p} + u_{1-\alpha}\sqrt{\hat{p}(1-\hat{p})/n}$

② $H_1 : P > P_0$일 때 신뢰하한 $P_L = \hat{p} - u_{1-\alpha}\sqrt{\hat{p}(1-\hat{p})/n}$

예제 3.9

어떤 공정의 모부적합품률 $p = 0.118$이란 것을 알고 있다. 그 공정으로부터 랜덤하게 100개의 시료를 샘플링하여 검사한 결과 9개의 부적합품이 나왔다.

(1) 95 % 신뢰구간을 구하라

(2) 부적합품이 나오는 방식이 달라졌다고 할 수 있겠는가? $(\alpha = 0.05)$

풀이

(1) 95 % 신뢰구간

① $\hat{p}$을 계산한다.

$$\hat{p} = \frac{9}{100} = 0.090$$

② 신뢰한계를 계산한다.

$$\hat{p} \pm u_{1-\alpha/2}\sqrt{\frac{\hat{p}(1-\hat{p})}{n}}$$

$$= 0.090 \pm 1.96 \times \sqrt{\frac{0.090(1-0.090)}{100}} = 0.090 \pm 0.056$$

따라서 신뢰구간은 0.034 ~ 0.146에 있다고 할 수 있다(신뢰율 95 %).

(2) $\alpha = 0.05$로 양측검정

① 가설설정

$H_0 : P = P_0$, $H_1 : P \neq P_0$

② 유의수준

$\alpha = 0.05$

③ 통계량 계산

$$u_0 = \frac{\hat{p} - p_0}{\sqrt{\frac{p_0(1-p_0)}{n}}} = \frac{0.09 - 0.118}{\sqrt{\frac{0.118(1-0.118)}{100}}} = -0.868$$

④ 기각역

$u_0 > u_{1-\alpha/2}$, $u_0 < -u_{1-\alpha/2} = u_{\alpha/2}$

⑤ 판정

검정통계량 $u_0 = -0.868 > -u_{0.075} = -1.96$이므로 귀무가설이 채택됨. 따라서 유의수준 5 %에서 부적합품률은 차이가 난다고 할 수 없다

미니탭을 이용한 분석

① 통계분석 > 기초통계학 > 일표본 비율 검정

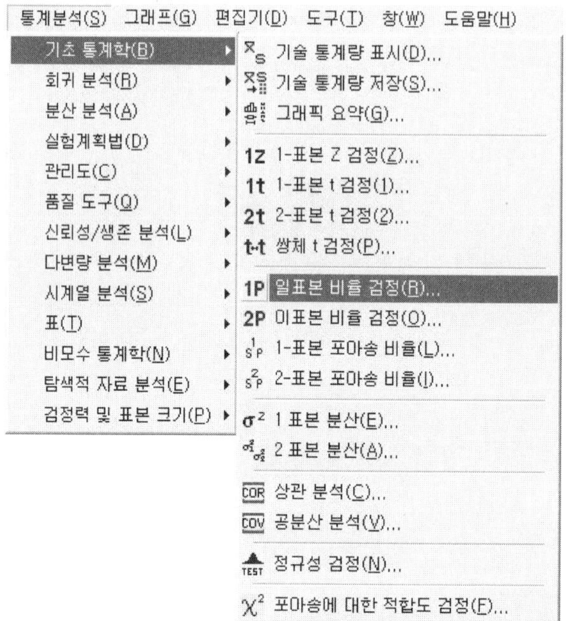

② 요약 데이터를 체크하고 시행횟수와 사건 발생 횟수를 기록

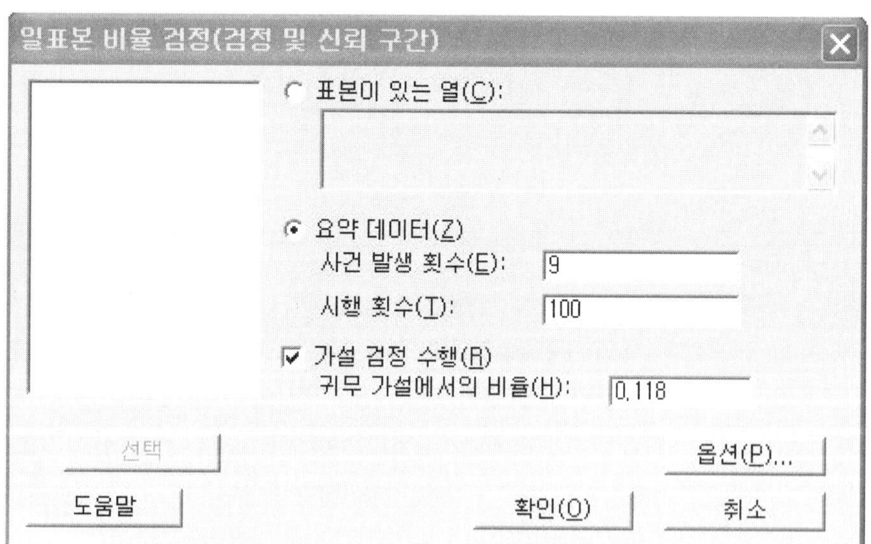

③ [옵션]에서 신뢰수준과 검정비율(모부적합품률)을 기록하고, 대립가설을 선택한다. 또한 정규분포를 바탕으로 하는 검정 및 신뢰구간 사용에 체크한다.

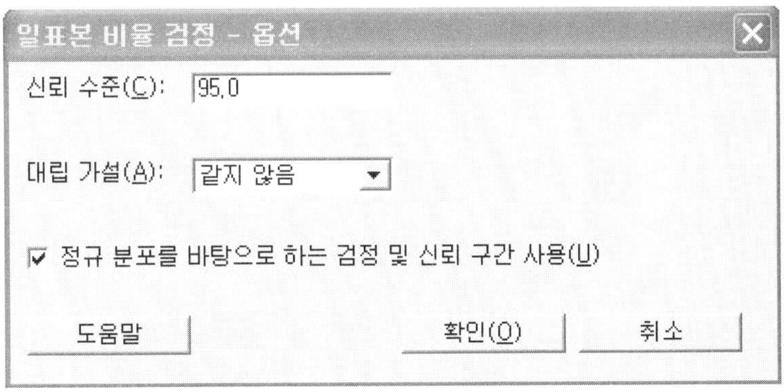

④ 출력결과(세션창)

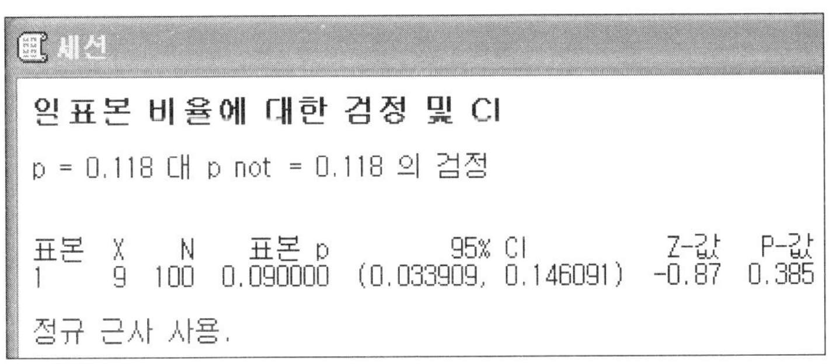

〈결과해석〉

- 표본의 부적합품률 : p = 0.090
- 95 % 신뢰구간 : 0.034 ~ 0.146
- 검정통계량 : -0.87
- p-값 : 0.385

p-값이 0.385로 유의수준 $\alpha = 0.05$보다 크므로 귀무가설이 채택됨. 따라서 유의수준 5 %에서 부적합품률은 차이가 난다고 할 수 없다.

3.3.2 두 개의 모부적합품률 차에 대한 추정과 검정

두 개의 모집단이 서로 독립이고 n_1과 n_2가 큰 경우에는 아래 모집단 1과 모집단 2의 $\hat{p}_1 - \hat{p}_2$은

	모집단 1	모집단 2
모비율	p_1	p_2
표본크기	n_1	n_2
성공횟수	X_1	X_2
표본비율	$\hat{p}_1 = X_1 / n_1$	$\hat{p}_2 = X_2 / n_2$

중심극한의 정리에 의해

$$Z = \frac{(\hat{p}_1 - \hat{p}_2) - (p_1 - p_2)}{\sqrt{\hat{p}_1(1-\hat{p}_1)/n_1 + \hat{p}_2(1-\hat{p}_2)/n_2}} \tag{3.8}$$

은 근사적으로 표준정규분포 $N(0, 1)$을 따른다.

표 3.14 ▶▶ 두 개의 모부적합품률에 대한 추정과 검정

$p_1 - p_2$에 대한 신뢰구간	통계량	기각역
$(\hat{p}_1 - \hat{p}_2) \pm u_{1-\alpha/2}\sqrt{\frac{\hat{p}_1(1-\hat{p}_1)}{n_1} + \frac{\hat{p}_2(1-\hat{p}_2)}{n_2}}$	$u_0 = \frac{\hat{p}_1 - \hat{p}_2}{\sqrt{\bar{p}(1-\bar{p})\left(\frac{1}{n_1} + \frac{1}{n_2}\right)}}$	$u_0 > u_{1-\alpha/2}$, $u_0 < -u_{1-\alpha/2}$

여기서 표본을 함께 이용하는 경우의 합동추정량으로

$$\bar{p} = \frac{x_1 + x_2}{n_1 + n_2} \text{가 된다.} \tag{3.9}$$

한쪽 신뢰한계의 추정

① $H_1 : P_1 < P_2$일 때 신뢰상한

$$P_U = (\hat{p}_1 - \hat{p}_2) + u_{1-\alpha}\sqrt{\hat{p}_1(1-\hat{p}_1)/n_1 + \hat{p}_2(1-\hat{p}_2)/n_2}$$

② $H_1 : P_1 > P_2$일 때 신뢰하한

$$P_L = (\hat{p}_1 - \hat{p}_2) - u_{1-\alpha}\sqrt{\hat{p}_1(1-\hat{p}_1)/n_1 + \hat{p}_2(1-\hat{p}_2)/n_2}$$

예제 3.10

아래와 같은 데이터가 있다.

	양품수	부적합품수	계
A	905	95	1000
B	820	80	900

(1) 부적합품률 차에 대한 95 % 신뢰구간을 구하라.

(2) 부적합품률에 차이가 있다고 할 수 있겠는가?($\alpha = 0.05$)

풀이

(1) 부적합품률 차에 대한 95 % 신뢰구간

① 각 조의 부적합품률 P_A와 P_B를 구한다.

$$P_A = \frac{95}{1000} = 0.095,\ P_B = \frac{80}{900} = 0.089$$

② 신뢰한계를 계산한다.

$$(\hat{p}_A - \hat{p}_B) \pm u_{1-\alpha/2}\sqrt{\frac{\hat{p}_A(1-\hat{p}_A)}{n_1} + \frac{\hat{p}_B(1-\hat{p}_B)}{n_2}}$$

$$= (0.095 - 0.089) \pm 1.96 \times \sqrt{\frac{0.095(1-0.095)}{1000} + \frac{0.089(1-0.089)}{900}}$$

$$= 0.006 \pm 0.026$$

따라서 A와 B의 차에 대한 신뢰구간은 $-0.020 \sim 0.032$에 있다고 할 수 있다(신뢰율 95 %).

(2) 부적합품률 차에 대한 검정

① 가설설정

$$H_0 : P_A = P_B,\ H_1 : P_A \neq P_B \text{ (양측검정)}$$

② $\alpha = 0.05$

③ $\bar{p} = \dfrac{95+80}{1,000+900} = 0.092$

④ 검정통계량

$$u_0 = \frac{\hat{p}_1 - \hat{p}_2}{\sqrt{\bar{p}(1-\bar{p})\left(\frac{1}{n_1}+\frac{1}{n_2}\right)}}$$

$$= \frac{\frac{95}{1000} - \frac{80}{900}}{\sqrt{0.092(1-0.092)\left(\frac{1}{1000}+\frac{1}{900}\right)}} = 0.460$$

⑤ 기각역

$u_0 > u_{1-\alpha/2}$, $u_0 < -u_{1-\alpha/2} = u_{\alpha/2}$

⑥ 판정

$u_0 = 0.460 < u_{0.975} = 1.96$이므로 귀무가설 채택, 따라서 유의수준 5 %에서 A, B의 부적합품률은 차가 있다고 할 수 없다.

미니탭을 이용한 분석

① 통계분석 > 기초통계학 > 이표본 비율 검정

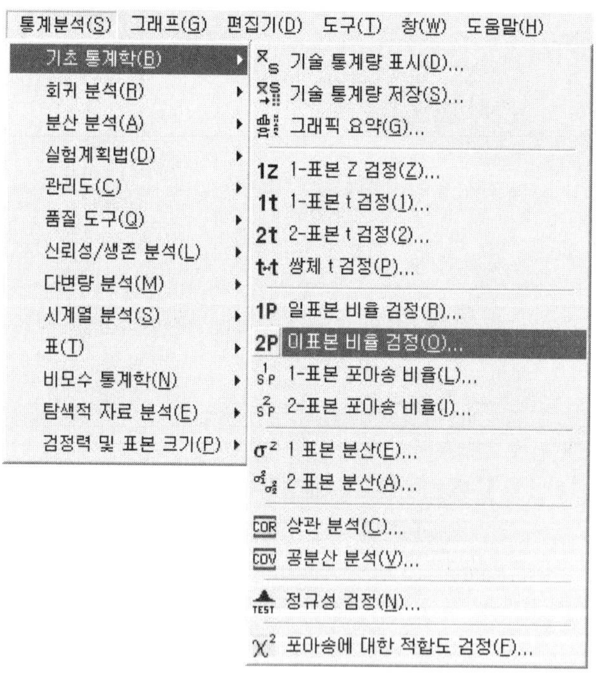

② 요약 데이터를 체크하고 사건 발생횟수와 시행횟수를 기록

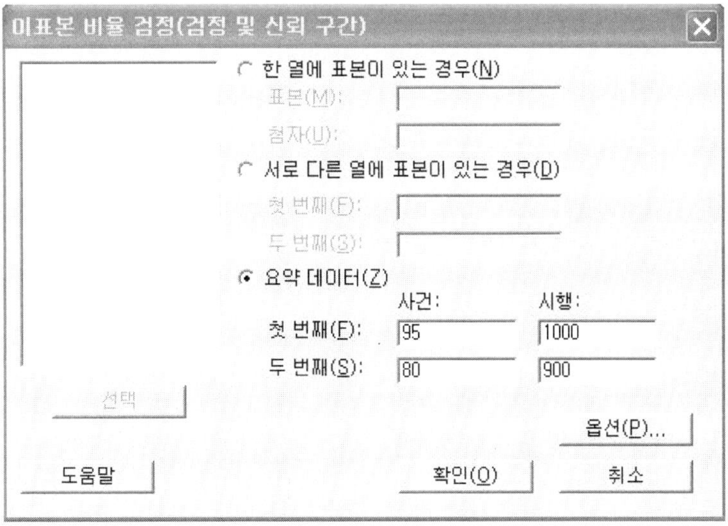

③ [옵션]에서 신뢰수준과 대립가설을 선택하고, 검정을 위한 p의 합동추정치 사용에 체크한다.

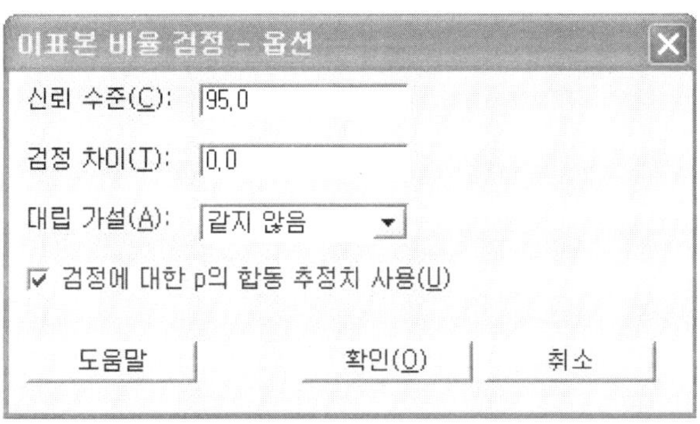

④ 출력결과(세션창)

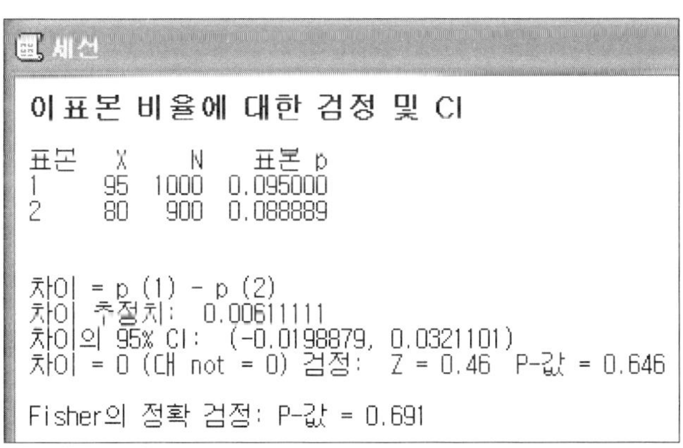

〈결과해석〉

- 차이추정치 : 0.006
- 95 % 신뢰구간 : $-0.020 \sim 0.032$
- 검정통계량 : 0.46
- p-값 : 0.646

p-값이 0.646으로 유의수준 $\alpha = 0.05$보다 크므로 귀무가설이 채택됨. 따라서 유의수준 5 %에서 A, B의 부적합품률은 차가 있다고 할 수 없다.

3.3.3 모부적합수의 추정과 검정

시료 n개 중에 나타나는 부적합수를 x개라 하고, 그 모평균(모부적합수)을 m개라 하면 x는 일반적으로 포아송분포를 따르며, $m > 5$일 때에는 정규분포에 근사시켜 구할 수가 있다.

표 3.15 ▶▶ 모부적합수에 대한 추정과 검정

신뢰구간	통계량	기각역
$x \pm u_{1-\alpha/2}\sqrt{x}$	$u_0 = \dfrac{x - m_0}{\sqrt{m_0}}$	$u_0 > u_{1-\alpha/2}$, $u_0 < -u_{1-\alpha/2} = u_{\alpha/2}$

단위당 부적합수일 경우에는

신뢰구간은 $\hat{u} \pm u_{1-\alpha/2}\sqrt{\dfrac{\hat{u}}{n}}$ 이고,

$$\text{통계량은}\quad u_0 = \frac{\left(\dfrac{x}{n}\right) - m_0}{\sqrt{\dfrac{m_0}{n}}} \text{이다.} \tag{3.10}$$

단, 여기서 $\hat{u} = \dfrac{\Sigma x}{n}$ 이다.

예제 3.11

어떤 로트의 모부적합수 $m = 25.3$이다. 작업방법을 변경하여 조사하였더니 부적합수 $x = 19.8$이 나왔다.

(1) 95 % 신뢰구간을 구하라.
(2) 모부적합수가 달라졌다고 할 수 있겠는가? ($\alpha = 0.05$)

풀이

(1) 95 % 신뢰구간

$$x \pm u_{1-\alpha/2}\sqrt{x} = 19.8 \pm 1.96\sqrt{19.8} = 19.8 \pm 8.72$$

즉, 모부적합수는 11.08 ~ 28.52 사이에 있다고 할 수 있다(신뢰율 95 %).

(2) $\alpha = 0.05$로 양측검정

① 가설을 설정

$H_0 : m = m_0$, $H_1 : m \neq m_0$ (양측검정)

② 위험률 $\alpha = 0.05$로 정한다.

③ 검정통계량 $u_0 = \dfrac{19.8 - 25.3}{\sqrt{25.3}} = -1.10$

④ 기각역 설정

$u_0 > u_{1-\alpha/2}$, $u_0 < -u_{1-\alpha/2} = u_{\alpha/2}$

⑤ 결론

$u_0 = -1.10 > u_{0.975} = -1.96$이므로 귀무가설 채택. 따라서 유의수준 5 %에서 모부적합수가 달라졌다고 할 수 없다.

3.3.4 모부적합수 차의 추정과 검정

두 개의 모집단으로부터의 모부적합수를 m_A, m_B라고 할 때 각각의 모집단에서 채취한 시료 n_A, n_B 중에 나타난 부적합수 x_A, x_B를 통하여 m_A, m_B의 차에 대한 추정과 검정을 실시할 수가 있다.

표 3.16 ▶▶ 모부적합수 차에 대한 추정과 검정

신뢰구간	통계량	기각역
$(x_A - x_B) \pm u_{1-\alpha/2}\sqrt{x_A + x_B}$	$u_0 = \dfrac{x_A - x_B}{\sqrt{x_A + x_B}}$	$u_0 > u_{1-\alpha/2}$, $u_0 < -u_{1-\alpha/2} = u_{\alpha/2}$

단위당 부적합수일 경우에는

신뢰구간은 $(\widehat{u_A} - \widehat{u_B}) \pm u_{1-\alpha/2}\sqrt{\dfrac{\widehat{u_A}}{n_A} + \dfrac{\widehat{u_B}}{n_B}}$ 이고,

$$\text{통계량은} \quad u_0 = \frac{\dfrac{x_A}{n_A} - \dfrac{x_B}{n_B}}{\sqrt{\dfrac{\widehat{u_A}}{n_A} + \dfrac{\widehat{u_B}}{n_B}}} \text{이다.} \tag{3.11}$$

예제 3.12

병행으로 가동하고 있는 A, B 두 직조공정이 있다. A공정에서는 직물 10,000 m에 대하여 흠이 37개, B공정에서는 같은 길이의 직물에서 흠이 30개 있었다.

(1) 차이에 대한 95 % 신뢰구간을 구하라.

(2) A공정의 부적합수는 B보다 많다고 할 수 있는가?

풀이

(1) 95 % 신뢰구간

$$(x_A - x_B) \pm u_{1-\alpha/2}\sqrt{x_A + x_B} = (37-30) \pm 1.96 \times \sqrt{37+30} = 7 \pm 16.04$$

즉, 모부적합수는 $-9.04 \sim 23.04$ 사이에 있다고 할 수 있다(신뢰율 95 %).

(2) 차이에 대한 검정 $(\alpha = 0.05)$

① $H_0 : m_A \geq m_B$, $H_1 : m_A < m_B$ (한쪽검정)

② 위험률 $\alpha = 0.05$로 정한다.

③ 통계량 $u_0 = \dfrac{x_A - x_B}{\sqrt{x_A + x_B}} = \dfrac{37-30}{\sqrt{37+30}} = 0.855$

④ 기각역 $u_0 > u_{1-\alpha}$(한쪽)

⑤ 결론

$u_0 = 0.855 < u_{0.95} = 1.645$이므로 귀무가설 채택. 따라서 A공정의 부적합수는 B공정보다 많다고 할 수 없다(위험률 5 %).

3.4 범주형 자료의 검정법

3.4.1 적합도 검정

귀무가설에 의해 주어진 자료가 어떤 특정 모형에 잘 적합하는가를 검정하는 것을 피어슨의 적합도 검정(Pearson's x^2 goodness-of-fit test)이라 한다.

- 관찰된 결과가 이론적인 기대값과 잘 일치하는지를 검정
- 관찰값들이 어떤 이론적 분포를 따르고 있는지를 검정
- 가설의 형태

  H_0 : 이론적인 기대값과 서로 일치한다.
  H_1 : H_0가 참이 아니다.

- 검정통계량

$$\chi_0^2 = \sum_{i=1}^{n} \frac{(O_i - E_i)^2}{E_i} \tag{3.12}$$

n : 자료의 수 O_i : 관측도수 E_i : 기대도수

- 기각역

  $\chi_0^2 \ge \chi_{1-\alpha}^2(\nu)$: 귀무가설 H_0 기각

예제 3.13

주사위를 60회 반복하여 던지는 실험을 통하여 다음과 같은 데이터 (도수)를 얻었다.

주사위의 눈	1	2	3	4	5	6	계
도 수	13	19	11	8	5	4	60

유의수준 0.05로 주사위의 면이 균등한지 검정하라.

풀이

① 가설설정

$$H_0 : p_1 = p_2 = p_3 = p_4 = p_5 = p_6 = \frac{1}{6}$$

H_1 : 주사위의 면에 따라 나오는 횟수가 다르다.

② 위험률 $\alpha = 0.05$로 정한다.

③ 통계량

$$\chi_0^2 = \sum_{i=1}^{n} \frac{(O_i - E_i)^2}{E_i}$$

$$= \frac{(13-10)^2}{10} + \frac{(19-10)^2}{10} + \cdots + \frac{(4-10)^2}{10} = 15.6$$

④ 기각역 $\chi_0^2 \geq \chi_{1-\alpha}^2(\nu)$ (한쪽)

⑤ 결론

$\chi_0^2 = 15.6 > \chi_{0.95}^2(5) = 11.07$이므로 귀무가설 기각. 따라서 유의수준 5 %에서 주사위의 면이 균등하다고 할 수 없다.

미니탭을 이용한 분석

① 데이터 입력 ② 통계분석 > 표 > 카이제곱 적합도 검정

적합도검정.MTW ***

↓	C1	C2
	주사위면	도수
1	1	13
2	2	19
3	3	11
4	4	8
5	5	5
6	6	4

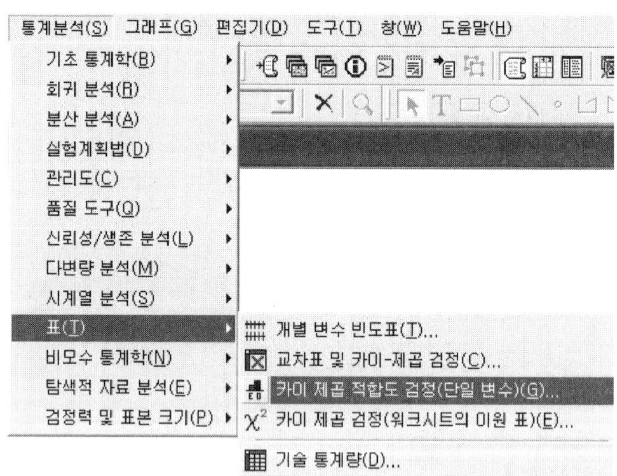

③ 관측개수에 체크하고 도수와 범주이름을 옮긴다.

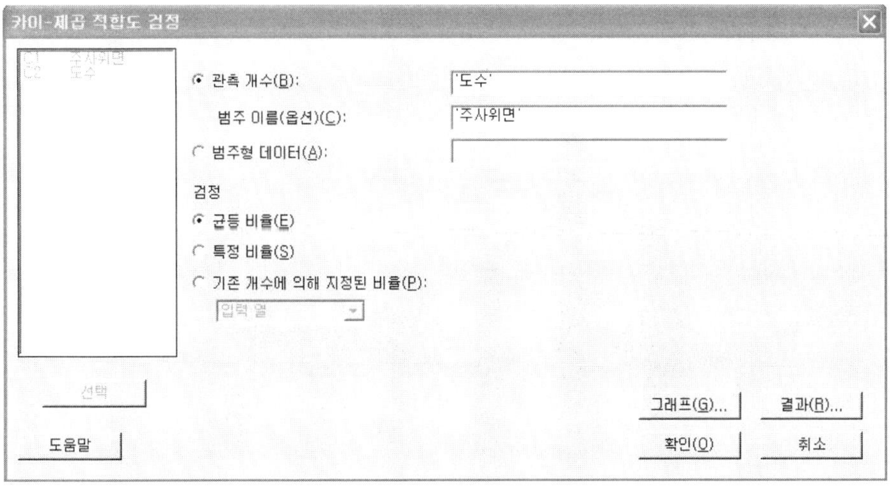

④ 출력결과(세션창)

세션

다음 변수의 관측 개수에 대한 카이-제곱 적합도 검정: 도수

주사위면에서 범주 이름 사용

범주	관측	검정 비율	기대	카이-제곱에 대한 기여도
1	13	0.166667	10	0.9
2	19	0.166667	10	8.1
3	11	0.166667	10	0.1
4	8	0.166667	10	0.4
5	5	0.166667	10	2.5
6	4	0.166667	10	3.6

N	DF	카이-제곱	P-값
60	5	15.6	0.008

〈결과해석〉

- 검정 통계량 : 15.6
- 자유도 : 5
- p-값 : 0.008

p-값이 0.008로 유의수준 $\alpha=0.05$보다 작으므로 귀무가설이 기각됨. 따라서 유의수준 5%에서 주사위의 면이 균등하다고 할 수 없다.

⑤ 출력결과(그래프)

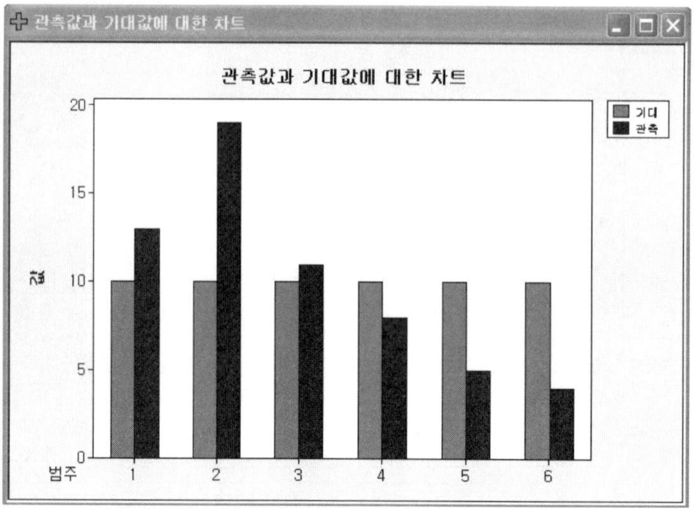

3.4.2 독립성 검정(Test of Independence)

표본이 두 가지 특성에 의해 범주로 분류될 경우에 두 가지 특성 간에 상호 관련성이 있는가의 여부를 검정하는 방법이다.

예) 폐암과 흡연사이의 관계, 체중과 혈압과의 관계

(1) 분할표(Contingency Table)

두 개 이상의 범주형 변수들에 따라 분류된 도수표

표본의 크기가 n이며 두 가지 속성 A, B에 의해 각각 r개와 c개의 범주로 분류될 때 랜덤 추출된 표본은 어느 한 칸(cell)에 속하게 되며 아래와 같은 $r \times c$ 분할표를 얻게 된다.

표 3.17 ▶▶ $r \times c$ 분할표 구조

속성 B / 속성 A	B_1	B_2	$\cdots$	B_c	행의 합계
A_1	O_{11}	O_{12}	$\cdots$	O_{1c}	n_1
A_2	O_{21}	O_{22}	$\cdots$	O_{2c}	n_2
$\vdots$	$\vdots$	$\vdots$		$\vdots$	$\vdots$
A_r	O_{r1}	O_{r2}	$\cdots$	O_{rc}	n_r
열의 합계	n_1	n_2	$\cdots$	n_c	n

(2) 가설의 형태

H_0 : 두 가지 특성 A와 B 간에는 서로 독립이다.

H_1 : 두 가지 특성 A와 B 간에는 서로 종속이다.

(3) 검정통계량

$$\chi_0^2 = \sum_{i=1}^{r} \sum_{j=1}^{c} \frac{(E_{ij} - O_{ij})^2}{E_{ij}} \tag{3.13}$$

$r(c)$: 열(행)의 수, O_{ij} : 관측도수, E_{ij} : 기대도수 $= \dfrac{n_{1.} \times n_{.1}}{n}$

(4) 기각역

$\chi_0^2 \ge \chi_{1-\alpha}^2 (r-1)(c-1)$: 귀무가설 H_0 기각

예제 3.14

하청공장 A, B, C, D사로부터 납품된 부품을 1급, 2급, 3급품으로 분류한 결과 표와 같은 데이터를 얻었다. 하청공장에 따라 각 등급품이 나오는 비율이 다르다고 할 수 있는가? (단, 위험율 5 %)

	1급품	2급품	3급품	계
A사	17	17	12	46
B사	8	11	19	38
C사	7	14	28	49
D사	9	11	13	33
계	41	53	72	166

풀이

① 가설설정

H_0 : 각사 모두 각 등급품이 나오는 비율은 서로 같다.

H_1 : H_0는 사실이 아니다.

② $\alpha = 0.05$

③ 기대치를 구한다.

예를 들면 A의 1급품의 기대치 t_{ij}는 $41 \times 46 / 166 = 11.36$이 된다. 이것을 전부에 대하여 다음과 같이 구한다.

	1급품	2급품	3급품	계
A	11.36	14.69	19.95	46.00
B	9.38	12.13	16.48	37.99
C	12.10	15.64	21.26	49.00
D	8.15	10.55	14.31	33.01
계	40.99	53.01	72.00	166.00

(주변의 합계가 일치하지 않은 것은 수치 맺음에 따른 오차이다.)

④ 다음은 검정통계량 χ_0^2의 값을 구한다.

예를 들면 A의 1급은

$$A_1 = \frac{(17-11.36)^2}{11.36} = 2.80$$

같은 방법으로 다음의 표를 작성한다.

	1급품	2급품	3급품	계
A	2.80	0.36	3.17	6.33
B	0.20	0.11	0.38	0.69
C	2.15	0.17	2.14	4.46
D	0.09	0.02	0.12	0.23
계	5.24	0.66	5.81	$11.71=\chi_0^2$

⑤ 자유도를 구한다. 이 경우 자유도는 $(4-1)(3-1)=6$

⑥ 결론

$\chi_0^2 = 11.71 < x_{0.95}^2(6) = 12.59$이므로 귀무가설은 기각되지 않는다. 따라서 각 사 모두 각 등급품이 나오는 비율은 다르다고 할 수 없다(위험률 5 %).

미니탭을 이용한 분석

① 데이터 입력

워크시트 1 ***

↓	C1 1급품	C2 2급품	C3 3급품
1	17	17	12
2	8	11	19
3	7	14	28
4	9	11	13

② 통계분석 > 표 > 카이제곱 검정(워크시트상의 이원표)

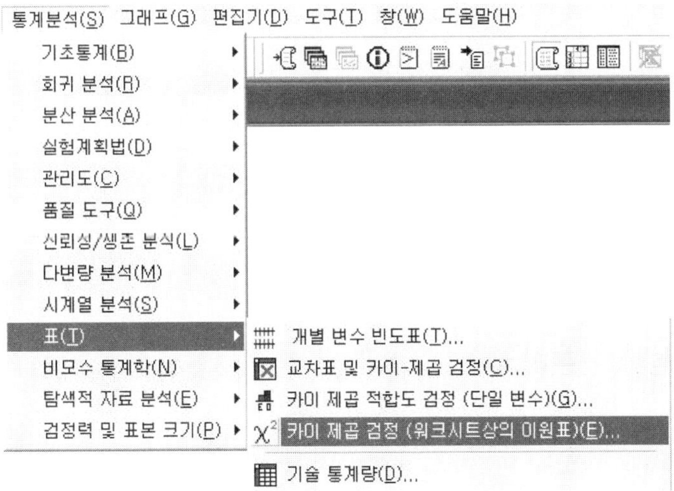

③ 표를 포함하는 열에 변수명을 옮긴다.

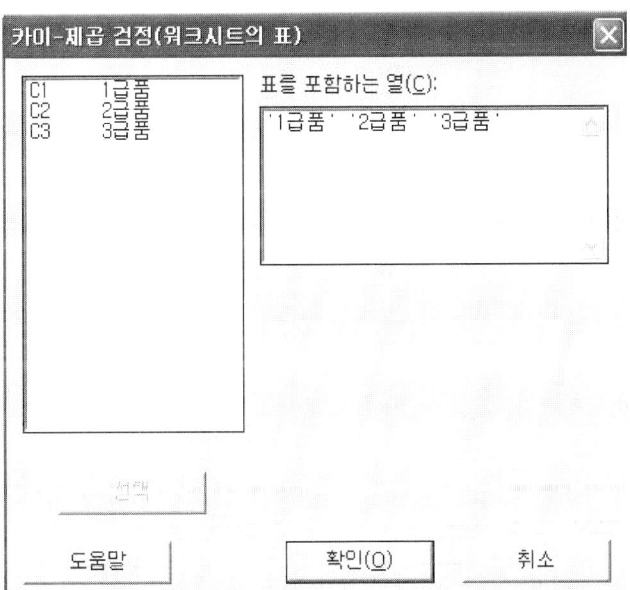

④ 결과(세션창)

카이-제곱 검정: 1급품, 2급품, 3급품

기대 카운트는 관측 개수 아래 인쇄됩니다.
카이-제곱 기여도는 기대 카운트 아래 인쇄됩니다.

	1급품	2급품	3급품	전체
1	17	17	12	46
	11.36	14.69	19.95	
	2.798	0.364	3.169	
2	8	11	19	38
	9.39	12.13	16.48	
	0.205	0.106	0.385	
3	7	14	28	49
	12.10	15.64	21.25	
	2.151	0.173	2.142	
4	9	11	13	33
	8.15	10.54	14.31	
	0.089	0.020	0.120	
전체	41	53	72	166

카이-제곱 = 11.722, DF = 6, P-값 = 0.068

〈결과해석〉

- 검정 통계량 : 11.722
- 자유도 : 6
- p-값 : 0.068

p-값이 0.068로 유의수준 $\alpha = 0.05$보다 크므로 귀무가설이 채택됨. 따라서 유의수준 5 %에서 각 사 모두 각 등급품이 나오는 비율은 다르다고 할 수 없다.

3.4.3 동일성검정(Test of Homogeneity)

모집단 간 비율의 동일성을 검정

(1) 가설의 형태

H_0 : 비율이 서로 동일하다.

H_1 : H_0가 사실이 아니다.

(2) 검정통계량

$$\chi_0^2 = \sum_{i=1}^{r} \sum_{j=1}^{c} \frac{(O_{ij} - E_{ij})^2}{E_{ij}} \tag{3.14}$$

$r(c)$: 열(행)의 수 O_{ij} : 관측도수 E_{ij} : 기대도수

(3) 기각역

$\chi_0^2 \geq \chi_{1-\alpha}^2 (r-1)(c-1)$: 귀무가설 H_0 기각

예제 3.15

어느 공장에서 7인의 작업자가 1개월 간 생산한 제품 중에서 부적합수가 다음과 같이 보고되었다. 공원 F 및 A는 부적합품을 발생시키는 비율이 다르다고 할 수 있는가?

작업자	A	B	C	D	E	F	G
부적합수	11	7	9	7	7	12	10

.

풀이

귀무가설로서 작업자는 모두 같은 비율로 부적합품을 내고 있다고 한다. 그러면 기대값은 평균치가 된다.

$$기대값 = \bar{x} = (11+7+\cdots+10)/7 = 9.0$$

$$\chi_0^2 = \frac{1}{9}\{(11-9)^2+(7-9)^2+\cdots+(10-9)^2\} = 2.89$$

$$\chi_{0.95}^2(6) = 12.59, \quad \chi_{0.99}^2(6) = 16.81$$

여기서 귀무가설은 기각되지 않는다. 작업자간의 부적합품을 내는 비율에 차가 있다고 할 수 없다.

미니탭을 이용한 분석

① 데이터 입력

워크시트 1 ***

↓	C1 T 작업자	C2 부적합수
1	A	11
2	B	7
3	C	9
4	D	7
5	F	7
6	F	12
7	G	10

② 통계분석 > 표 > 카이제곱 적합도검정(단일변수)

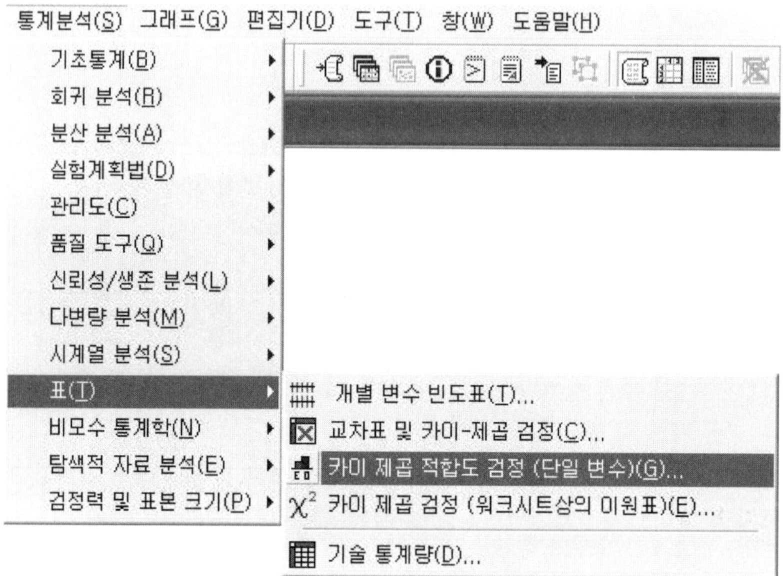

③ 관측개수와 범주이름을 넣고 균등비율을 체크

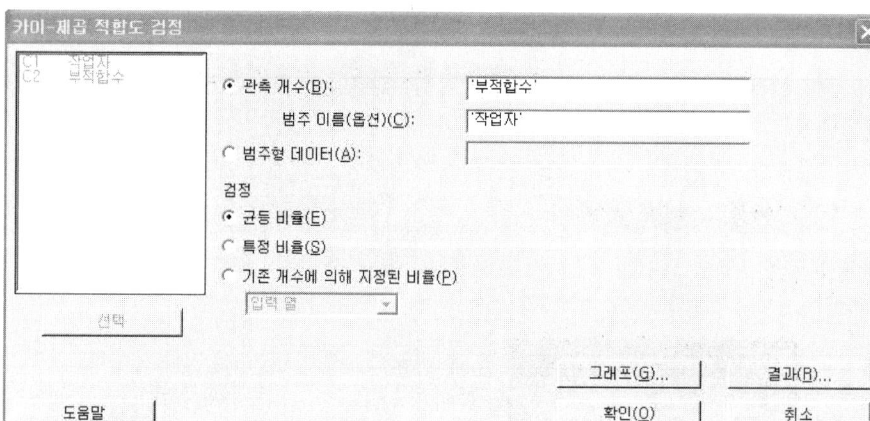

④ 출력결과(세션창)

세션

다음 변수의 관측 개수에 대한 카이-제곱 적합도 검정: 부적합수

Using category names in 작업자

범주	관측	검정 비율	기대	카이-제곱에 대한 기여도
A	11	0.142857	9	0.44444
B	7	0.142857	9	0.44444
C	9	0.142857	9	0.00000
D	7	0.142857	9	0.44444
E	7	0.142857	9	0.44444
F	12	0.142857	9	1.00000
G	10	0.142857	9	0.11111

N	DF	카이-제곱	P-값
63	6	2.88889	0.823

〈결과해석〉

p-값이 0.823으로 유의수준 $\alpha = 0.05$보다 크므로 귀무가설 채택. 따라서 유의수준 5 %에서 작업자 간의 부적합품을 내는 비율에 차가 있다고 할 수 없다.

※ **요 약**

- 모수를 추정하는 과정으로 하나의 값으로 추정하는 점추정과 범위를 추정하는 구간추정이 있다.

- 모수에 대해 설정된 가설의 채택 여부를 판단하는 것을 검정이라고 한다.

- 가설에는 기존에 옳다고 믿고 있던 귀무가설과 표본자료로부터 확실한 근거에 의해 참임을 입증하기를 원하는 대립가설이 있다.

- 유의수준은 귀무가설이 참일 때 귀무가설을 기각하는 오류를 범할 확률의 최대 허용한계이다.

- p-value는 귀무가설이 참일 때 귀무가설을 기각시키는 최소의 확률이며 판정여부는 다음과 같다.

  - p-값이 유의수준보다 작으면 H_0을 기각하고 H_1을 채택
  - p-값이 유의수준보다 크면 H_0을 채택하고 H_1을 기각

- 가설 검정의 절차는 일반적으로 다음과 같다.

  귀무가설과 대립가설을 설정 → 검정에 이용되는 분포의 형을 선택 → 유의수준 α를 결정 → 검정통계량을 계산 → 기각역을 결정 → 검정통계량 값으로부터 유의확률 p값을 계산 → p값을 통한 가설의 채택여부 결정

- 한 개의 모평균의 추정과 검정에서 모분산을 알고 있는 경우나 표본이 30개 이상의 대표본인 경우에는 Z 검정을 사용하며 모분산을 모르고 있는 경우에는 t 검정을 사용한다.

- 두 개 모집단의 모평균에 차이가 있는지를 분석할 때 두 모집단의 표준편차를 아는 경우에는 Z 검정을 사용하며 그렇지 않은 경우에는 t 검정을 이용한다.

- 데이터가 동질적인 쌍의 형태를 가지는 두 개 모집단의 모평균의 차에 대한 추정과 검정은 각 쌍에서 얻은 관측값의 차를 이용하여 두 집단의 평균을 비교하여 분석한다.

- 두 모집단의 산포의 크기를 비교하기 위한 두 개의 모분산 비에 대한 검정은 F 검정 통계량을 사용한다.

- 부적합품률과 같은 모비율의 추정과 검정에서 n이 충분히 클 때는 중심극한 정리에 의해 근사적으로 표준정규분포를 따르기 때문에 Z 검정을 이용한다.

- 범수형 자료 분석을 위한 검정에는 카이제곱 통계량이 이용되며 동일성 검정, 독립성 검정, 적합도 검정이 있다.

- 카이제곱 통계량은 기대도수와 관측도수 차이의 유의성을 검정하는데 이용한다.

$$\chi_0^2 = \sum_{i=1}^{n} \frac{(O_i - E_i)^2}{E_i} \sim x^2(n-1)$$

n : 자료의 수　O_i : 관측도수　E_i : 기대도수

- 독립성 검정은 분류된 변수들의 관련성 여부를 검정하며 동일성 검정은 비율의 동일성을 검정한다.

- 적합도 검정은 관찰된 결과가 어떤 이론적인 분포를 잘 따르는지를 검정한다.

연/습/문/제

3.1 어느 제조공정으로부터 $n=5$의 시료를 샘플링하여 탄소함량을 분석한 결과 94.4, 93.7, 93.8, 93.6, 94.0 %이었다. 공정평균을 신뢰율 95 %로 추정하여라. 단, $\sigma = 0.12$ % 임을 알고 있다.

3.2 새로 구입한 탈수기를 제품의 탈수시험을 회사의 작업표준에 의하여 실시한 결과 다음과 같았다. 앞으로 이 작업표준으로 작업을 계속한다면 공정평균수분은 어느 정도가 되겠는가? 95 % 신뢰한계를 구하여라.

[데이터] (잔류수분, %) : 12.5, 11.7, 12.0, 10.9, 11.3, 12.8, 11.0, 12.7

3.3 A, B 두 회사의 제품으로부터 시료를 각각 8개씩 샘플링하여 그 순도(%)를 측정한 결과 다음과 같은 데이터를 얻었다. 이들 두 회사 제품의 순도의 모평균의 차에 대한 신뢰구간을 구하여라(신뢰율 95 %). A, B 두 회사 제품의 순도의 표준편차는 모르지만 $\sigma_A = \sigma_B$이다.

A사 : 45.4, 45.8, 45.0, 44.8, 45.8, 45.7, 45.9, 45.6 (%)
B사 : 42.3, 44.8, 45.0, 46.6, 44.7, 45.2, 45.1, 45.0 (%)

3.4 위의 문제(3.3번)에서 σ는 모르지만 $\sigma_A \neq \sigma_B$일 때 두 회사 제품의 평균의 차를 위와 같은 조건으로 추정하여라.

3.5 기준으로 정하여진 길이가 23.5 mm가 되도록 공정을 세트하였다. 이 공정으로부터 6개의 제품을 만들어 길이를 측정하였더니 23.25, 23.26, 23.30, 23.42, 23.65, 23.30 (mm)였다. 신뢰도 99 %로 이 공정의 모분산을 구간추정하여라.

3.6 용접전류는 500A와 700A로 바꾸어 용접점의 충격강도를 각각 측정하였다. 이들 두 공정의 분산의 차를 신뢰율 95 %로서 신뢰한계를 구하여라.

500A : 23, 30, 18, 29, 27, 26, 25, 19
700A : 15, 10, 16, 20, 22, 12, 14, 13, 15

3.7 새로 제작한 기계로 200개의 부품을 시작(試作)하였더니 그 중 부적합품이 14개 있었다. 앞으로 이 기계로 제품을 계속 생산한다면 공정평균부적합품률은 어느 정도가 되겠는가? 95 %의 신뢰한계를 구하여라.

3.8 어떤 공장에서 제조된 제품의 수량이 73.7 kg이고 표준편차가 13.0 kg 임을 알고 있다. 새로운 장치로 18회의 제조를 해 본 결과 표준편차는 변하지 않고 그 평균은 79.5 kg이었다. 과연 새로운 장치로 제조한 수량이 변했다고 할 수 있는지 $\alpha = 0.05$로 검정하라.

3.9 새로운 탈수기가 만들어졌기에 작업표준을 작성하여 5회의 시운전을 한 결과 다음과 같은 데이터를 얻었다. 금후 이 작업표준으로 작업을 계속한다면 공정평균 $\mu = 4.5\,\%$와 같다고 할 수 있을까? $\alpha = 0.05$로 검정하라.

데이터 수분함량(%) : 5.6, 5.0, 4.2, 3.6, 5.7

3.10 어떤 화학 실험실에서 사용하는 천칭을 교정하기 위해서 표준량 10개를 측정하여 그 오차를 측정하였더니 다음과 같았다. 종래의 기준으로 설정한 분산 $\sigma^2 = 0.001$과 차가 있다고 할 수 있는지 유의수준 1 %에서 문제의 천칭이 정확한가를 검정하여라.

데이터 −0.01, 0.00, −0.04, +0.01, +0.02, −0.03, −0.05, 0.00, −0.02, +0.01

3.11 지금까지의 제조에서 어떤 금속 제품의 강도의 평균은 76.7 kg/cm^2 이었다. 새로운 용해로로 제조를 한 결과 다음과 같은 데이터를 얻었다. 이 새로운 용해로로 제조된 제품의 강도가 증가했다고 할 수 있는가? $\alpha = 0.05$로 검정하라.

데이터 74.5, 81.2, 79.8, 82.0, 76.3, 75.7, 80.2, 77.6, 77.9, 82.8
(kg/cm^2)

3.12 지금까지 어떤 공정에서 제작한 X 부품에 대한 지름의 분산은 0.12 cm 이었다. 5명의 새로운 작업인을 채용하여 이들에게 수준간의 훈련을 시킨 후 그 부품을 만들도록 하였다. 이들의 기술을 모르기 때문에 이들이 만든 부품으로부터 랜덤하게 10개의 시료를 샘플링하여 분산을 조사해 보았더니 0.20 cm이었다. 신입 작업원들이 특히 산포가 큰 부품을 만들고 있다고 할 수 있겠는가? 유의수준 5 %로 검정하라.

3.13 종래의 장치로서는 어떤 품질특성이 $\mu = 54.91$이었다. 호평을 받고 있는 새로운 장치로 대체하여 다음과 같은 데이터가 나왔다.

데이터 54.2, 56.1, 54.5, 55.2, 52.9, 54.6, 55.7, 56.7, 55.2, 56.9

장치 변경에 의하여 품질특성이 달라졌다고 할 수 있겠는가? 유의수준 5%로 검정하라.

3.14 원료 A와 원료 B에 의한 제품의 순도(%)는 다음과 같다.

데이터 원료 A : 74.9, 73.9, 74.7, 74.3, 75.8, 74.2, 74.4, 73.5, 75.5, 74.0
원료 B : 75.2, 75.0, 75.3, 76.9, 75.0, 74.9, 74.4, 76.3, 75.3

원료 A와 원료 B에서 순도의 산포에 차가 있다고 할 수 있겠는가? $\alpha = 0.05$로 검정하라.

3.15 다음과 같은 데이터가 있다.

데이터 A : 66.8, 65.7, 67.6, 67.8, 66.2, 66.8
B : 69.0, 68.2, 69.4, 67.1, 68.8, 68.2

A와 B에 차가 있다고 할 수 있겠는가? 단, 분산은 다르다고 할 경우 유의수준 1%로 검정하라.

3.16 다음과 같은 데이터가 있다.

데이터 A : 27.3, 18.4, 21.6, 28.3, 11.3, 19.6, 20.8, 21.6
B : 41.3, 18.9, 31.4, 9.8, 14.0, 19.3, 19.3, 11.1

A와 B에 차가 있다고 할 수 있겠는가? 단, 데이터는 각각 대응이 있다. 유의수준 5%로 검정하라.

CHAPTER

4

상관과 회귀분석

4.1 상관분석(Correlation Analysis)

쌍으로 관찰된 두 변수 X, Y 간의 관련성을 알고자 할 때에는 두 변량 X, Y에 대한 크기 n의 확률표본을 취한 후, 얻어진 n개의 데이터

$$(x_1, y_1),\ (x_2, y_2),\ \cdots\ (x_n, y_n)$$

로부터 두 변수간의 관련성을 찾게 된다. 이때 우선적으로 산점도를 그려보는 것이 좋다.

관련 있는 두 변수는 다음과 같이 정의한다.

(1) 독립변수(Independent Variable), 설명변수 : 특성치 또는 반응변수를 설명해 주고 영향을 주는 변수

(2) 종속변수(Dependent Variable), 반응변수 : 독립변수의 영향을 받는 예측의 대상이 되는 변수

4.2 상관계수(Correlation Coefficient)

두 변수의 관계를 하나의 수치로 나타낸 척도로 주로 r로 나타내며, 이 상관계수 r은 크기로써 상관의 강도로 상관의 방향을 나타내준다. 표현 기호는 모집단에 대한 상관계수를 ρ로, 표본상관계수를 r로 표기한다.

(1) X와 Y 간의 표본상관계수

$$r = \frac{S(xy)}{\sqrt{S(xx)S(yy)}} \tag{4.1}$$

단, $S(xx) = \sum x_i^2 - \frac{(\sum x_i)^2}{n}$

$$S(yy) = \sum y_i^2 - \frac{(\sum y_i)^2}{n}$$

$$S(xy) = \sum x_i y_i - \frac{(\sum x_i)(\sum y_i)}{n}$$

(2) X와 Y에 관한 어떤 2변량분포의 모집단상관계수 ρ는 다음과 같이 정의된다.

$$\rho = \frac{C_{ov}(X, Y)}{\sqrt{V(X) \cdot V(Y)}} = \frac{\sigma_{xy}}{\sigma_x \cdot \sigma_y} \tag{4.2}$$

여기서 $\hat{\sigma}_{xy} = \dfrac{S(xy)}{n-1}$, $\hat{\sigma}_x^2 = \dfrac{S(xx)}{n-1}$, $\hat{\sigma}_y^2 = \dfrac{S(yy)}{n-1}$

따라서 ρ의 추정치는 표본상관계수 r이다.

$$\hat{\rho} = \frac{\dfrac{S(xy)}{n-1}}{\sqrt{\dfrac{S(xx)}{n-1} \cdot \dfrac{S(yy)}{n-1}}} = \frac{S(xy)}{\sqrt{S(xx) \cdot S(yy)}} = r \tag{4.3}$$

(3) 표본상관계수 r의 성질

① $-1 \le r \le 1$

② r의 값은 X와 Y의 선형관계를 나타내는 척도로서, $r = \pm 1$인 경우는 모든 점이 일직선상에 놓이게 된다.(이를 완전상관이라 한다)

예제 4.1

상품광고가 제품의 판매량증가에 어느 정도 효과가 있는지 알아보기 위해 10개의 상점에 대하여 조사하였다. 상관계수를 구하라.

광고료(X)	4	8	9	8	12	6	10	6	9	8
판매액(Y)	9	20	22	17	30	18	25	10	20	15

풀이

$$r = \frac{S_{(xy)}}{\sqrt{S_{(xx)} S_{(yy)}}} = \frac{120.0}{\sqrt{(46.0)(368.4)}} = 0.922$$

$$S(xx) = \sum x_i^2 - \frac{(\sum x_i)^2}{n} = 686 - \frac{(80)^2}{10} = 46.0$$

$$S(yy) = \sum y_i^2 - \frac{(\sum y_i)^2}{n} = 3828 - \frac{(186)^2}{10} = 368.4$$

$$S(xy) = \sum x_i y_i - \frac{(\sum x_i)(\sum y_i)}{n} = 1608 - \frac{80 \times 186}{10} = 120.0$$

미니탭을 이용한 분석

① 데이터 입력

워크시트 1 ***

↓	C1 광고료	C2 판매액
1	4	9
2	8	20
3	9	22
4	8	17
5	12	30
6	6	18
7	10	25
8	6	10
9	9	20
10	8	15

② 통계분석 > 기초 통계학 > 상관분석

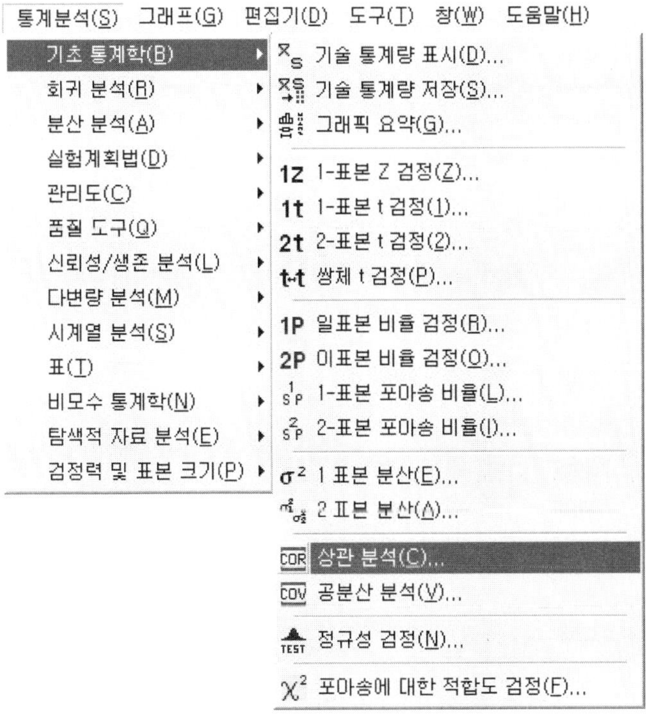

③ 대화창에 광고료와 판매액을 변수로 이동

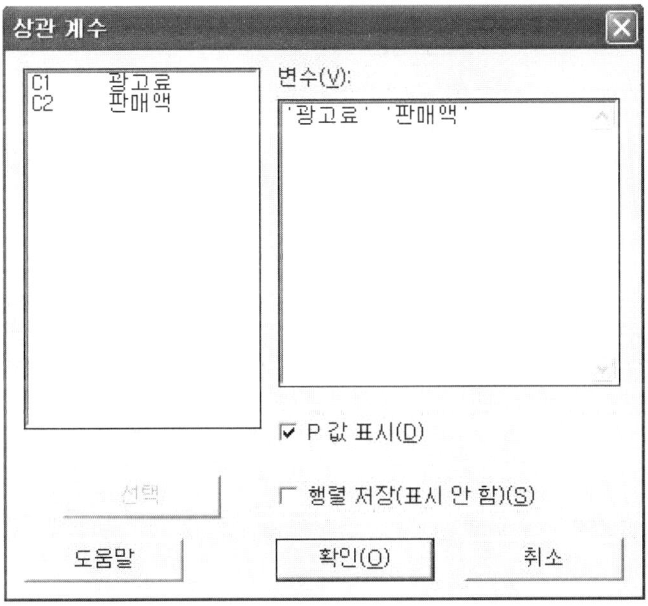

③ 출력결과(세션창)

세션

상관 분석: 광고료, 판매액

광고료와(과) 판매액의 Pearson 상관 계수 = 0.922
P-값 = 0.000

광고료와 판매액의 상관계수 $r = 0.922$이다.

4.3 상관에 대한 검정

4.3.1 상관관계의 유무에 대한 검정

두 확률변수 X, Y 간에 상관이 있는지 없는지 판단하고자 할 때

(1) $H_0 : \rho = 0, \quad H_1 : \rho \neq 0$

(2) 통계량 : $t_0 = \dfrac{r}{\sqrt{\dfrac{1-r^2}{n-2}}} = r \cdot \sqrt{\dfrac{n-2}{1-r^2}} \sim t_{1-\alpha/2}(n-2)$ (4.4)

(3) 기각역 : $|t_0| > t_{1-\alpha/2}(n-2)$

(4) 판정 : H_0이 기각되지 않으면 상관이 없다는 것을 의미하고, H_0이 기각되면 상관이 있다는 의미이다.

예제 4.2

[예제 4.1]에서 유의수준 5 %에서 상관관계의 유무에 대한 검정을 실시하면 어떻게 되는가?

풀이

① 가설을 설정

$H_0 : \rho = 0,\ H_1 : \rho \neq 0$

② 위험률

$\alpha = 0.05$

③ 통계량

$$t_0 = \frac{r}{\sqrt{\frac{1-r^2}{n-2}}} = \frac{0.922}{\sqrt{\frac{1-0.922^2}{10-2}}} = 6.735$$

④ 기각역

$t_0 > t_{1-\alpha/2}(n-2)$

⑤ 결론

$t_0 = 6.735 > t_{0.975}(8) = 2.306$이므로 귀무가설 기각, 따라서 유의수준 5 %에서 광고비와 판매액의 상관관계는 유의하다고 할 수 있다.

4.3.2 모상관계수 ρ에 대한 검정

상관계수가 0이 아닌 어떤 값 ρ_0인지를 검정하고자 할 때

(1) $H_0 : \rho = \rho_0$

$H_1 : \rho \neq \rho_0$

(2) 통계량 : n이 클 때에는 H_0가 옳은 경우에 다음의 Z는 대략 표준정규분포에 따른다.

$$Z = \sqrt{n-3}\left[\frac{1}{2}\ln\left(\frac{1+r}{1-r}\right) - \frac{1}{2}\ln\left(\frac{1+\rho_0}{1-\rho_0}\right)\right] \quad (4.5)$$

(3) 기각역 $Z > u_{1-\alpha/2}$이면 $H_0 : \rho = 0$는 유의수준 α로 기각된다.

예제 4.3

[예제 4.1]에서 유의수준 5 %에서 모상관계수 $\rho = 0.8$인지를 검정하면 어떻게 되는가?

풀이

① 가설을 설정

$H_0 : \rho = 0.8, \quad H_1 : \rho \neq 0.8$

② 위험률

$\alpha = 0.05$

③ 통계량

$$Z = \sqrt{n-3}\left[\frac{1}{2}\ln\left(\frac{1+r}{1-r}\right) - \frac{1}{2}\ln\left(\frac{1+\rho_0}{1-\rho_0}\right)\right]$$
$$= \sqrt{10-3}\left[\frac{1}{2}\ln\left(\frac{1+0.922}{1-0.922}\right) - \frac{1}{2}\ln\left(\frac{1+0.8}{1-0.8}\right)\right]$$
$$= 1.332$$

④ 기각역

$u_0 > u_{1-a/2},\ u_0 < -u_{1-a/2} = u_{a/2}$

⑤ 결론

$Z = 1.332 < u_{0.975} = 1.96$ 이므로 귀무가설이 채택된다. 따라서 유의수준 5 %에서 모상관계수가 0.8이라고 할 수 있다.

4.4 상관계수에 관한 추정

모집단 상관계수 ρ에 관한 $100(1-\alpha)$ % 신뢰구간을 구하여 보자. 다음의 Z'는 표본의 크기 n이 큰 경우(대략 $n \geq 25$) 근사적으로 정규분포를 하며

$$Z' = \frac{1}{2}\ln\left(\frac{1+r}{1-r}\right) \sim N(\mu,\sigma^2) \tag{4.6}$$

그 기대치와 분산은

$$E(Z') = \frac{1}{2}\ln\left(\frac{1+\rho}{1-\rho}\right) + \frac{\rho}{2(n-1)} \fallingdotseq \frac{1}{2}\ln\left(\frac{1+\rho}{1-\rho}\right) \tag{4.7}$$

$$s^2(Z') = \frac{1}{n-3} \tag{4.8}$$

임이 알려져 있다. 따라서 표준화된 변수

$$Z = \frac{Z' - E(Z')}{\sqrt{s^2(Z')}} = \sqrt{n-3}\left[\frac{1}{2}\ln\left(\frac{1+r}{1-r}\right) - \frac{1}{2}\ln\left(\frac{1+\rho}{1-\rho}\right)\right] \tag{4.9}$$

는 대략적으로 $N(0,\, 1^2)$을 따른다. 그러므로 $E(Z') = \frac{1}{2}\ln\left(\frac{1+\rho}{1-\rho}\right)$의 $100(1-\alpha)$%의 신뢰구간은

$$Z' \pm u_{1-\alpha/2}\sqrt{\frac{1}{n-3}} \tag{4.10}$$

이 된다. 여기서 구간 하한 Z_L'과 상한 Z_U'를 구하여 다음의 식에 의해 계산하면 된다.

$$\left(\frac{e^{2\cdot Z_L'}-1}{e^{2\cdot Z_L'}+1},\ \frac{e^{2\cdot Z_U'}-1}{e^{2\cdot Z_U'}+1}\right) \tag{4.11}$$

예제 4.4

[예제 4.1]에서 상관계수에 대한 95% 신뢰구간을 구하면 얼마인가?

풀이

① Z'을 구한다.

$$Z' = \frac{1}{2}\ln\left(\frac{1+r}{1-r}\right) = \frac{1}{2}\ln\left(\frac{1+0.922}{1-0.922}\right) = 1.602$$

② Z_L'과 Z_U'를 계산한다.

$$Z \pm u_{1-\alpha/2}\sqrt{\frac{1}{n-3}} = 1.602 \pm 1.96\sqrt{\frac{1}{10-3}} = 1.602 \pm 0.741$$

$$\therefore\ Z_L' = 0.861,\quad Z_U' = 2.343$$

③ r표에 의해 하한값과 상한값을 찾거나, 계산식에 의해 계산한다.

$$\left(\frac{e^{2 \cdot Z_L'} - 1}{e^{2 \cdot Z_L'} + 1},\ \frac{e^{2 \cdot Z_U'} - 1}{e^{2 \cdot Z_U'} + 1} \right)$$

$$\text{신뢰하한}(\rho_L)\ :\ \frac{e^{2 \cdot Z_L'} - 1}{e^{2 \cdot Z_L'} + 1} = \frac{e^{2 \times 0.861} - 1}{e^{2 \times 0.861} + 1} = 0.697$$

$$\text{신뢰상한}(\rho_U)\ :\ \frac{e^{2 \cdot Z_U'} - 1}{e^{2 \cdot Z_U'} + 1} = \frac{e^{2 \times 2.343} - 1}{e^{2 \times 2.343} + 1} = 0.982$$

4.5 회귀분석

변수들 간의 함수적인 관련성을 규명하기 위하여 어떤 수학적 모형을 가정하고, 이 모형을 측정된 변수들의 데이터로부터 추정하는 통계적 분석방법이다.

이러한 함수 모형으로부터 한 변수의 변화로부터 다른 변수의 변화를 예측할 수도 있다.

예) 아버지의 키와 아들의 키의 관계, 공정온도가 미치는 제품의 강도

4.5.1 회귀분석의 종류

(1) 단순회귀분석(Simple Regression Analysis) : 독립변수가 하나일 때

(2) 다중회귀분석(Multiple Regression Analysis) : 독립변수가 2개 이상일 때

4.5.2 독립변수와 종속변수 관계에 따른 분류

(1) 선형(직선)회귀모형(Linear Regression Model) : 직선관계를 설정하여 분석

(2) 비선형(곡선)회귀모형(Curvilinear Regression Model) : 곡선관계를 설정하여 분석

4.5.3 단순회귀분석(Simple Regression Analysis)

한 개의 독립변수와 한 개의 종속변수간의 선형관계에 관한 분석을 말한다.

(1) 단순선형회귀모형

$$y_i = \beta_0 + \beta_1 x_i + \epsilon_i \ (i = 1, \cdots, n) \tag{4.12}$$

여기서 y_i : i번째 관측된 y의 값

x_i : i번째 관측된 x의 값

β_0, β_1 : 미지의 회귀 모수

ϵ_i들은 서로 독립이며 $N(0, \sigma^2)$를 따르는 확률변수 β_0, β_1의 추정치와 회귀방정식의 추정식은 다음과 같이 구해진다.

$$\hat{\beta}_1 = \frac{S_{(xy)}}{S_{(xx)}} = \frac{\sum_{i=1}^{n}(x_i - \bar{x})(y_i - \bar{y})}{\sum_{i=1}^{n}(x_i - \bar{x})^2}, \quad \hat{\beta}_0 = \bar{y} - \hat{\beta}_1 \bar{x} \tag{4.13}$$

$\hat{y} = \hat{\beta}_0 + \hat{\beta}_1 x$는 주어진 독립변수 x에 대해 y 값을 추정할 때 사용하는 방정식이다.

예제 4.5

[예제 4.1]에서 회귀직선식을 구하라.

풀이

① $\bar{x}$, $\bar{y}$를 계산한다.

$$\bar{x} = \frac{80}{10} = 8.0, \quad \bar{y} = \frac{186}{10} = 18.6$$

② $S_{(xx)}$, $S_{(xy)}$를 계산한다.

$$S(xx) = \sum x_i^2 - \frac{(\sum x_i)^2}{n} = 686 - \frac{(80)^2}{10} = 46.0$$

$$S(xy) = \sum x_i y_i - \frac{(\sum x_i)(\sum y_i)}{n} = 1608 - \frac{80 \times 186}{10} = 120$$

③ $\widehat{\beta}_1$, $\widehat{\beta}_0$를 계산한다.

$$\widehat{\beta}_1 = \frac{S_{(xy)}}{S_{(xx)}} = \frac{120}{46} = 2.609,$$

$$\widehat{\beta}_0 = \bar{y} - \widehat{\beta}_1 \bar{x} = 18.6 - 2.609 \times 8.0 = -2.272$$

④ 회귀식을 구한다.

$$\hat{y} = \hat{\beta}_0 + \hat{\beta}_1 x = -2.272 + 2.609x$$

미니탭을 이용한 분석

① 데이터 입력

워크시트 1 ***

↓	C1 광고료	C2 판매액
1	4	9
2	8	20
3	9	22
4	8	17
5	12	30
6	6	18
7	10	25
8	6	10
9	9	20
10	8	15

② 통계분석 > 회귀분석 > 회귀분석

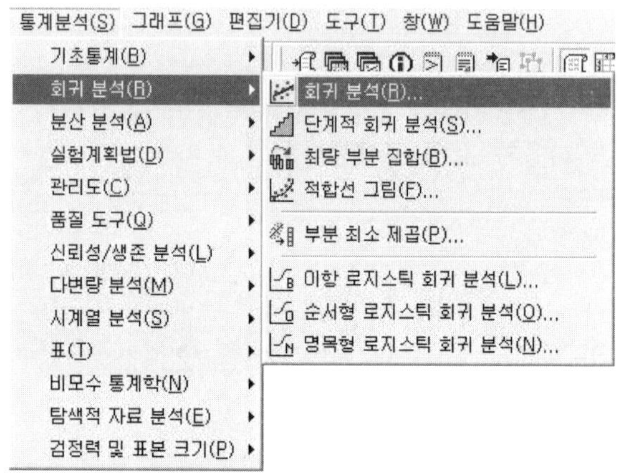

③ 대화창에서 광고료와 판매액을 변수로 이동

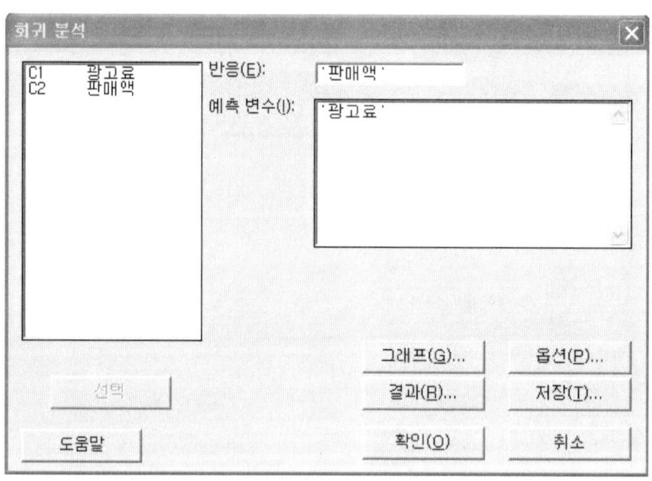

② 출력결과(세션창)

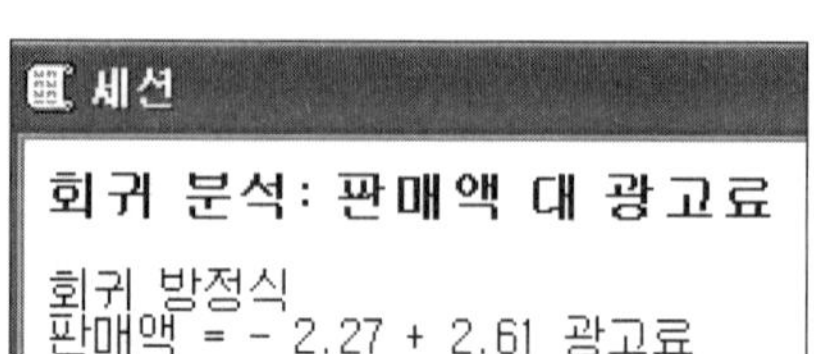

〈결과해석〉

판매액 대 광고료의 회귀방정식은 $\hat{y} = -2.27 + 2.61x$(광고료)이다.

(2) 최소제곱법에 의한 단순회귀

오차 제곱합을 최소로 하는 추정방법. 즉 오차항의 추정치인 잔차의 크기가 가장 작아지도록 회귀모형의 회귀계수를 결정함.

모든 직선 중에서 x를 통해 y를 추정할 때 발생하는 오차를 가장 작게 만들어 주는 직선이 바로 x에 대한 y의 회귀직선이다.

① 어떤 실측치 y_i에 대한 잔차는

$$e_i = y_i - (\hat{\beta}_0 + \hat{\beta}_1 x_i) \tag{4.14}$$

② 모든 점 $y_1, y_2, \cdots, y_n$ 각각에 대한 잔차의 세곱합은

$$\sum e_i^2 = \sum (y_i - \hat{\beta}_0 - \hat{\beta}_1 x_i)^2 \tag{4.15}$$

③ 최소제곱법은 위의 잔차제곱합이 최소가 되도록 β_0, β_1을 정하는 것

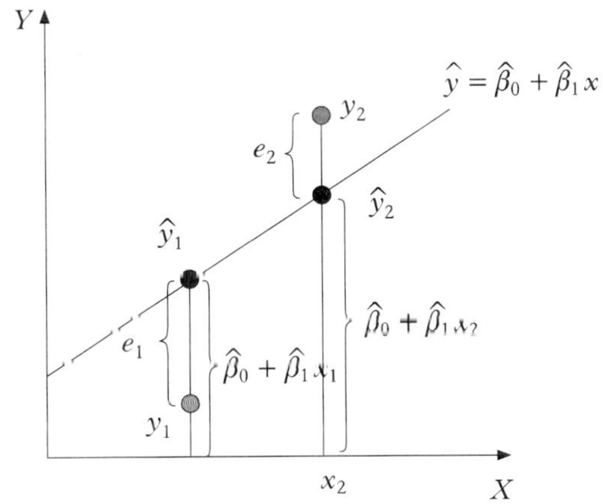

그림 4.1 ▸▸ x에 대한 y의 회귀직선

(3) 분산분석표의 작성

추정된 회귀모형이 유용한지 아니면 유용하지 않은지를 알아보는 방법으로 분산분석을 이용한다.

① 변동의 분해

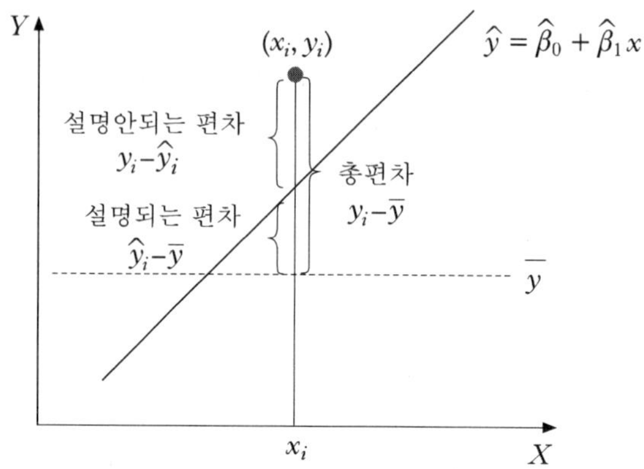

그림 4.2 ▶▶ 총변동 $y_i - \bar{y}$의 분해

$$\sum_i (y_i - \bar{y})^2 = \sum_i (y_i - \hat{y}_i)^2 + \sum_i (\hat{y}_i - \bar{y})^2 \tag{4.16}$$

총변동(ST) 회귀에 의해 설명 안되는 변동(SE) 회귀에 의해 설명 되는 변동

여기서
$$S_T = \sum (y_i - \bar{y})^2 = \sum y_i^2 - \frac{(\sum y_i)^2}{n} \tag{4.17}$$

$$S_R = \sum (\hat{y}_i - \bar{y})^2 = \frac{S_{(xy)}^2}{S_{(xx)}} \tag{4.18}$$

$$S_E = \sum (y_i - \hat{y}_i)^2 = S_T - S_R \tag{4.19}$$

② 분산분석표 작성

표 4.1 ▶▶ 단순회귀의 분산분석표

요인	S (제곱합)	ν (자유도)	V (제곱평균)	F_0
회귀 잔차	S_R S_E	1 $n-2$	$V_R = S_R$ $V_E = S_E / n-2$	V_R / V_E
계	S_T	$n-1$		

③ 가설검정

F-검정의 가설형태는 다음과 같다.

$H_0 : \beta_1 = 0$ (X와 Y는 회귀직선관계가 아니다.)

$H_1 : \beta_1 \neq 0$ (X와 Y는 회귀직선관계이다.)

$F_0 > F_{1-\alpha}(\nu_R, \nu_E)$이면 귀무가설을 기각한다.

(3) 결정계수(Coefficient of Determination)

① R-sq 값은 결정계수라 불리며 R^2로 표시

$$R^2 = \left(\frac{S_{(xy)}}{\sqrt{S_{(xx)} S_{(yy)}}} \right)^2 = \frac{S_R}{S_{(yy)}} \tag{4.20}$$

② $0 \leq R^2 \leq 1$의 범위에 있고 총 변동 중에서 회귀선에 의하여 설명되는 변동이 차지하는 비율이다.

③ R^2의 값이 1에 가까울수록 회귀선이 높은 정도를 갖고, 의미있다는 판단을 내림.

예제 4.6

> [예제 4.1]의 데이터를 이용하여 분산분석표를 작성하고 유의수준 5 %로 검정을 실시하라. 그리고 결정계수는 얼마인가?

풀이

(1) 회귀직선의 유의성에 대한 검정($\alpha = 0.05$)

① 제곱합의 계산

$$SR = \frac{S_{(xy)}^{\ 2}}{S_{(xx)}} = \frac{120^2}{46} = 313.0$$

$$ST = \sum y_i^2 - \frac{(\sum y_i)^2}{n} = 3828 - \frac{186^2}{10} = 368.4$$

$$SE = ST - SR = 368.4 - 313.0 = 55.4$$

② 분산분석표 작성

요인	S(제곱합)	ν(자유도)	V(제곱평균)	F_0
회귀	313.0	1	313.0	45.4
잔차	55.4	8	6.9	
계	368.4	9		

③ 가설설정

$H_0 : \beta_1 = 0$ (X와 Y는 회귀직선관계가 아니다)

$H_1 : \beta_1 \neq 0$ (X와 Y는 회귀직선관계이다)

③ 결론

$F_0 = 45.4 > F_{0.95}(1, 8) = 5.32$이므로 귀무가설을 기각한다. 따라서 유의수준 5 %에서 회귀직선은 유의하다고 할 수 있다.

(2) 결정계수

① $S_{(yy)}$를 계산한다.

$$S(yy) = \sum y_i^2 - \frac{(\sum y_i)^2}{n} = 3828 - \frac{186^2}{10} = 368.4$$

② 결정계수를 계산한다.

$$R^2 = \left(\frac{S_{(xy)}}{\sqrt{S_{(xx)} S_{(yy)}}} \right)^2 = \frac{S_R}{S_{(yy)}} = \frac{313.0}{368.4} = 0.850$$

③ 결론

총 변동 중에서 회귀선에 의하여 설명되는 변동이 차지하는 비율이 85.0 %이다.

미니탭을 이용한 분석

① 통계분석 > 회귀분석 > 회귀분석

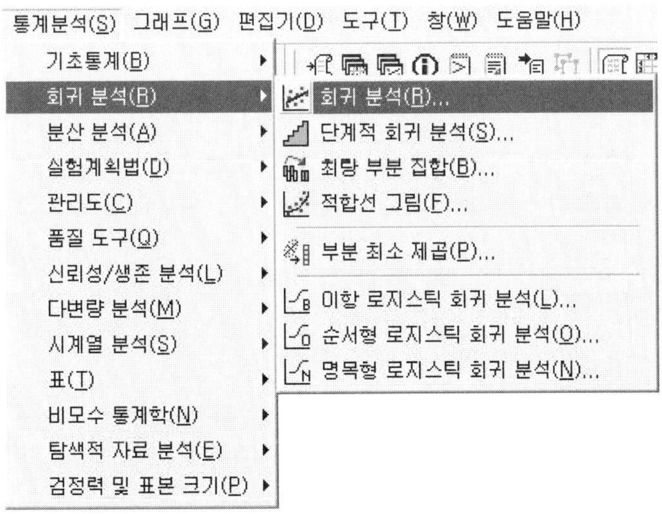

② 대화창에서 광고료와 판매액을 변수로 이동

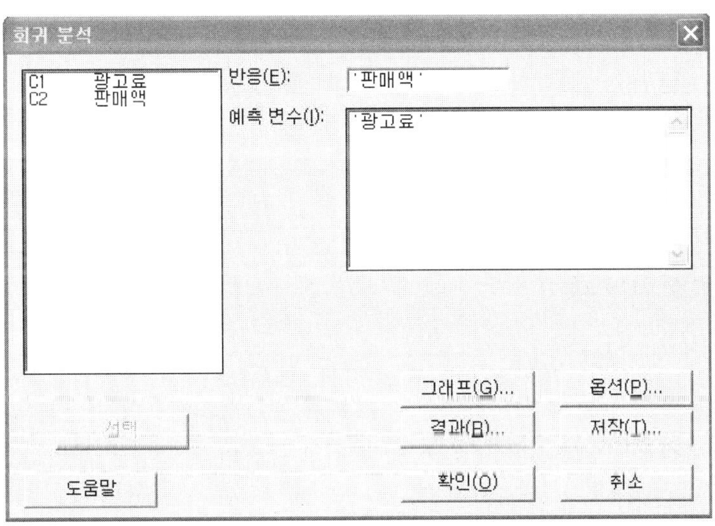

③ 출력결과(세션창)

```
세션

회귀 분석: 판매액 대 광고료

회귀 방정식
판매액 = - 2.27 + 2.61 광고료


예측 변수    계수   SE 계수      T      P
상수       -2.270    3.212  -0.71  0.500
광고료     2.6087   0.3878   6.73  0.000


S = 2.63051   R-제곱 = 85.0%   R-제곱(수정) = 83.1%


분산 분석

출처       DF      SS      MS      F      P
회귀        1  313.04  313.04  45.24  0.000
잔차 오차   8   55.36    6.92
전체        9  368.40
```

〈결과해석〉

결정계수(R-sq)의 값은 85.0 %이며, 분산분석 결과 p-값이 0.000으로 $\alpha=0.05$보다 작으므로 귀무가설 기각. 따라서 회귀직선은 유의수준 5 %에서 유의하다고 할 수 있다.

4.6 중회귀분석

앞에서 다룬 내용들은 설명변수가 하나인 경우의 단순선형회귀모형이었다. 일반적으로 대부분의 자연적, 사회적인 현상을 설명하는 데 있어서 종속변수 y의 변화는 두 개 이상의 독립변수에 의하여 좌우되는 경우가 많기 때문에 두 개, 혹은 그 이상의 독립변수를 이용하여 회귀모형을 만들면 좀 더 믿을 수 있는 예측을 할 수 있을 것이다. 이처럼 종속변수의 변화를 설명하기 위하여 두 개 이상의 독립변수가 사용되는 선형회귀모형을 중선형회귀모형(multiple linear regression model)이라 부르며, 선형이라는 말을 빼고 중회귀모형(multiple regression model)이라고도 한다. 중회귀분석의 기본적인 개념은 앞장의 단순회귀분석과 같으며, 차이점은 한 개의 독립변수 대신에 두 개 이상을 사용한다는 점이다.

독립변수의 수가 k개인 중회귀모형은 일반적으로

$$y_i = \beta_0 + \beta_1 x_{i1} + \beta_2 x_{i2} + \cdots + \beta_k x_{ik} + \epsilon_i \qquad (4.21)$$

$\beta_0, \beta_1, \cdots \beta_k$: 회귀계수

$\epsilon_i \sim N(0, \sigma^2)$이고 서로독립

$i = 1, 2, \cdots, n$

으로 나타난다. 여기서 $\beta_0, \beta_1, \cdots, \beta_k$는 모집단의 회귀계수이고, ϵ_i는 y_i를 측정할 때 발생하는 오차이다.

4.6.1 중회귀모형의 추정

중회귀분석에서 표본자료를 가지고 회귀식을 추정하는 방법은 단순회귀분석과 동일하게 최소자승법을 이용한다.

모수 β의 추정을 위해 $Y_1, Y_2, \cdots, Y_n$의 관측값 $y_1, y_2, \cdots, y_n$에 대해 오차의 제곱합

$$SS = \sum_{i=1}^{n} \epsilon_i^2 = \sum_{i=1}^{n} (y_i - \beta_0 - \beta_1 x_{i1} - \beta_2 x_{i2} - \cdots - \beta_k x_{ik})^2 \qquad (4.22)$$

을 미지수 $\beta_0, \cdots, \beta_k$로 편미분하여 0으로 놓으면 $(k+1)$개의 미지수를 구할 수 있는 연립방정식이 형성된다. 이를 풀면 중회귀식의 추정식을 구할 수 있다.

$$\begin{aligned} \hat{y}_i &= \hat{\beta}_0 + \hat{\beta}_1 x_{i1} + \hat{\beta}_2 x_{i2} + \cdots + \hat{\beta}_k x_{ik} \\ &= b_0 + b_1 x_{i1} + b_2 x_{i2} + \cdots + b_k x_{ik} \qquad (4.23) \end{aligned}$$

중회귀모형의 경우 수작업 계산은 곤란하므로 통계 Packages를 이용하는 것이 보편화되어 있다.

4.6.2 분산분석표에 의한 F-검정

중회귀의 분산분석도 앞 절에서 알아본 단순회귀모형의 분산분석과 유사하게 이루어진다. 우선, 중회귀에서 총편차 $y_i - \overline{y}$는

$$y_i - \bar{y} = (y_i - \hat{y}_i) + (\hat{y}_i - \bar{y}) \tag{4.24}$$

로 나타낼 수 있으며, 양변을 제곱하여 $i = 1, 2, \cdots, n$까지 더하면

$$\Sigma(y_i - \bar{y})^2 = \Sigma(y_i - \hat{y}_i)^2 + \Sigma(\hat{y}_i - \bar{y})^2 \tag{4.25}$$

을 얻게 된다. 단순회귀처럼 제곱의 합을 각각

$$SST = \Sigma(y_i - \bar{y})^2 \tag{4.26}$$

$$SSE = \Sigma(y_i - \hat{y}_i)^2 \tag{4.27}$$

$$SSR = \Sigma(\hat{y}_i - \bar{y})^2 \tag{4.28}$$

으로 정의하고, 각각을 총변동, 잔차변동, 회귀변동이라 한다. 또한, 각각의 자유도는 $n-1$, $n-k-1$, k로 알려져 있으며,

$$MSE = \frac{SSE}{n-k-1} \tag{4.29}$$

$$MSR = \frac{SSR}{k} \tag{4.30}$$

를 각각 잔차평균제곱, 회귀평균제곱이라 한다. 다음의 분산분석표를 작성하여 귀무가설에 대한 검정을 할 수 있다.

표 4.2 ▶▶ 중회귀의 분산분석표

요인	제곱합	자유도	평균제곱	F_0
회귀	SSR	k	$MSR = \frac{SSR}{k}$	$\frac{MSR}{MSE}$
잔차	SSE	$n-k-1$	$MSE = \frac{SSE}{n-k-1}$	
계	SST	$n-1$		

이를 이용하여 중회귀모형 $y_i = \beta_0 + \beta_1 x_{i1} + \beta_2 x_{i2} + \cdots + \beta_k x_{ik} + \epsilon_i$에서 독립변수 $x_1, x_2, \cdots x_k$가 의미를 갖는지에 대한 가설은

귀무가설 $H_0 : \beta_1 = \beta_2 = \cdots = \beta_k = 0$

대립가설 H_1 : 최소한 하나의 $\beta_1 \neq 0,\ i = 1, 2, \cdots, k$

로 세울 수 있으며, H_0가 사실일 때 유의수준수준 α에서 만약 $F_0 = \dfrac{MSR}{MSE}$의 값이 $F_0 > F_{1-\alpha}(k,\ n-k-1)$이면 귀무가설을 기각하며, 회귀방정식이 유의(significant)하다는 것을 의미한다.

또한, 단순회귀와 마찬가지로 회귀방정식에 의해 종속변수가 설명되어지는 변동 SSR이 총 변동 SST에 비하여 어느 정도인가를 나타내 주는 값 정도를 나타내는

$$R^2 = \frac{SSR}{SST} = 1 - \frac{SSE}{SST} \tag{4.31}$$

을 결정계수(Coefficient of etermination)라 한다. R^2의 값이 1에 가까운 값을 가지면 추정된 회귀식이 관찰점들을 잘 설명해주고 있으며, R^2의 값이 0에 가까운 작은 값을 갖게 되면 그와 같은 회귀식을 추정하게 되는 의의는 거의 없다는 것을 나타낸다.

예제 4.7

제품의 판매량 증가에 영향을 미치는 변수로 상품광고(X_1)와 상점의 크기(X_2)가 영향을 준다면 이를 확인하기 위하여 아래와 같은 데이터를 얻었다. 미니탭을 이용하여 분석하라.

상점번호	광고료(X_1) (단위 10만원)	상점의 크기(X_2) (단위 100만원)	총 판매액(Y) (단위 100만원)
1	4	4	9
2	8	10	20
3	9	8	22
4	8	5	15
5	8	10	17
6	12	15	30
7	6	8	18
8	10	13	25
9	6	5	10
10	9	12	20

(1) 회귀방정식을 구하라.
(2) 분산분석을 통하여 모형의 유용성을 평가하라.
(3) 광고료가 14이고, 상점의 크기가 17일 때 판매액을 추정하라.
(4) 95% 신뢰구간과 예측구간을 구하라.
(5) 잔차 산포도를 통하여 가정을 검토하라.

풀이

① 데이터 입력

광고료판매액.MTW ***

↓	C1 광고비(X1)	C2 상점 크기(X2)	C3 판매액(Y)
1	4	4	9
2	8	10	20
3	9	8	22
4	8	5	15
5	8	10	17
6	12	15	30
7	6	8	18
8	10	13	25
9	6	5	10
10	9	12	20

② 통계분석 > 회귀분석 > 회귀분석

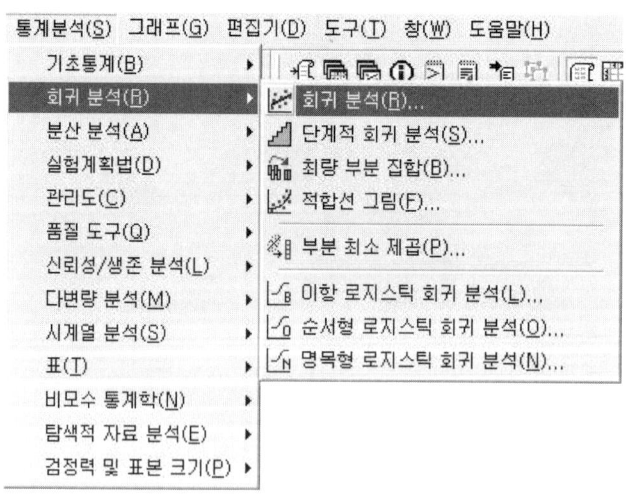

③ 대화창에서 아래와 같이 입력한다.

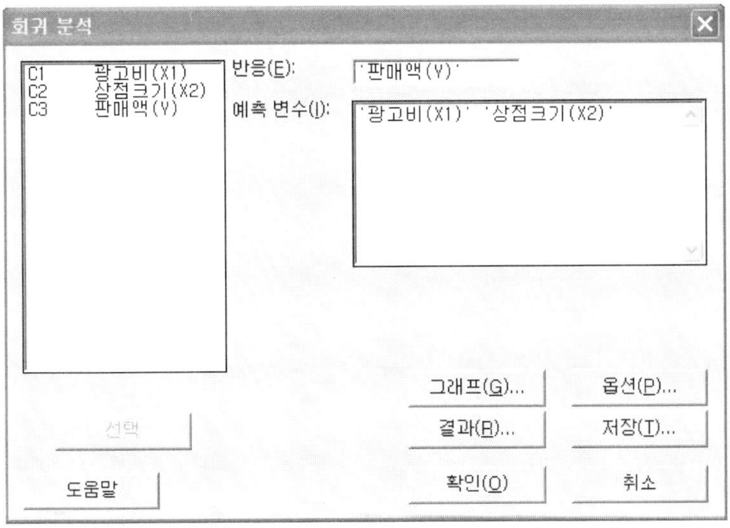

④ [그래프...]를 클릭하여 사용할 잔차에 표준화 잔차를 체크하고, 출력할 잔차 그림을 아래와 같이 체크한다.

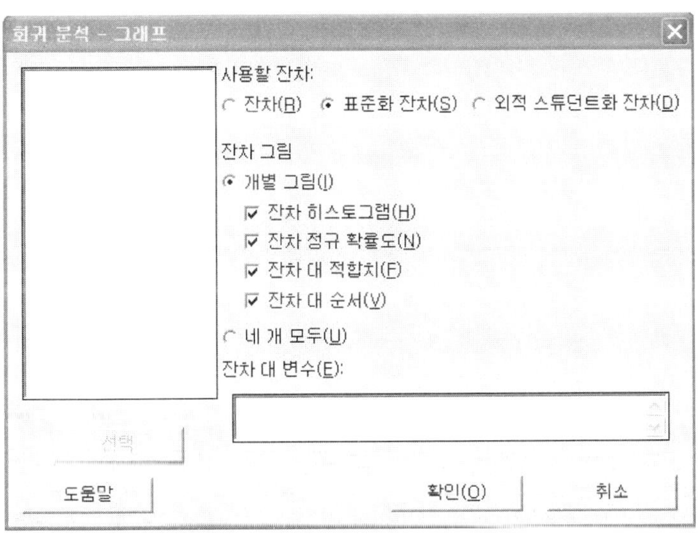

⑤ [옵션...]을 클릭하여 적합성 결여 검정을 위한 순수 오차에 체크하고, 새 관측치에 대한 예측구간에 광고료가 14이고, 상점의 크기가 17일 때의 판매액을 예측하기 위한 값을 입력한다.

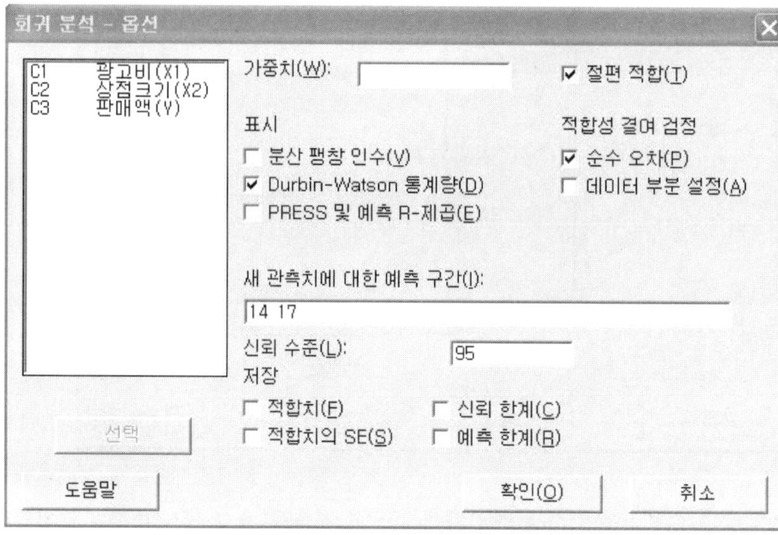

⑥ 출력결과(세션창)

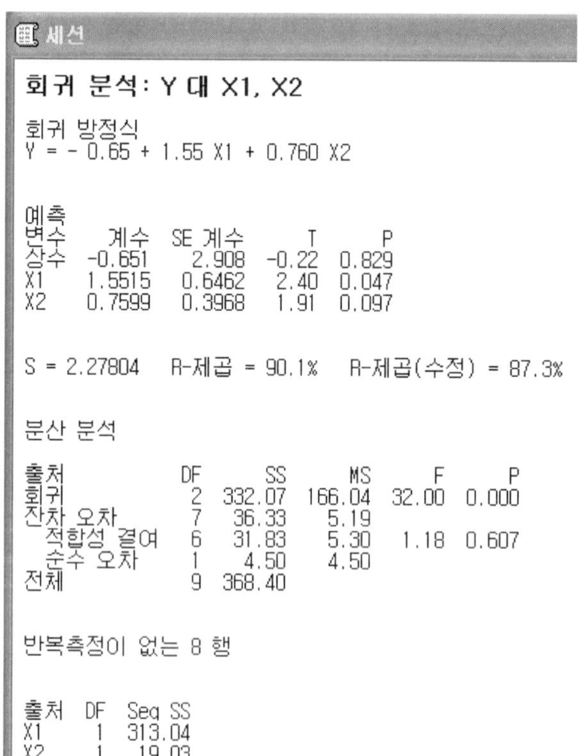

세션

회귀 분석: Y 대 X1, X2

```
회귀 방정식
Y = - 0.65 + 1.55 X1 + 0.760 X2


예측
변수     계수   SE 계수      T      P
상수  -0.651     2.908  -0.22  0.829
X1    1.5515    0.6462   2.40  0.047
X2    0.7599    0.3968   1.91  0.097


S = 2.27804   R-제곱 = 90.1%   R-제곱(수정) = 87.3%


분산 분석

출처            DF      SS      MS      F      P
회귀             2  332.07  166.04  32.00  0.000
잔차 오차        7   36.33    5.19
  적합성 결여    6   31.83    5.30   1.18  0.607
  순수 오차      1    4.50    4.50
전체             9  368.40


반복측정이 없는 8 행


출처  DF  Seq SS
X1     1  313.04
X2     1   19.03
```

```
Durbin-Watson 통계량 = 1.36232

새로운 관측치에 대한 예측치

새로운
관측치  적합치  SE 적합치         95% CI              95% PI
     1  33.988      2.145  (28.917, 39.059)  (26.590, 41.386)

새로운 관측치에 대한 예측 변수의 값

새로운
관측치    X1    X2
     1  14.0  17.0
```

〈결과해석〉

- 회귀방정식 : Y = −0.65 + 1.55 X1 + 0.760 X2
- 분산 분석표의 p-값(0.000)은 회귀 절차로 추정된 모형이 유의수준 0.05에서 유의하다는 것을 보여준다. 이것은 적어도 하나의 계수가 0이 아니라는 것을 나타낸다. X1(광고료)의 추정된 계수에 대한 p-값은 0.047로 이는 판매액과 유의한 상관관계에 있다는 것을 나다내고, X2(상점의 크기)의 p-값은 0.097로 이는 유의수준 0.05에서 상관관계가 없다는 것을 나다낸다.
- R-제곱 값은 예측 변수가 판매액의 분산 중 90.1 %를 설명한다는 것을 나타낸다. 수정 R-제곱 값은 87.3 %이며 이는 모형의 예측변수수를 반영한 것이다. 두 값 모두 모형이 데이터를 잘 적합시킨다는 것을 나타낸다.
- 분산분석표에서 적합성 결여의 p-값이 0.607로 상정한 모형이 타당하다고 판정한다.
- Durbin-Watson 통계량 = 1.36232
- 새로운 관측값에 대한 예측치 = 33.988
  95 % 신뢰구간 : (28.917, 39.059)
  95 % 예측구간 : (26.590, 41.386)

⑦ 출력결과(그래프)

가. 히스토그램

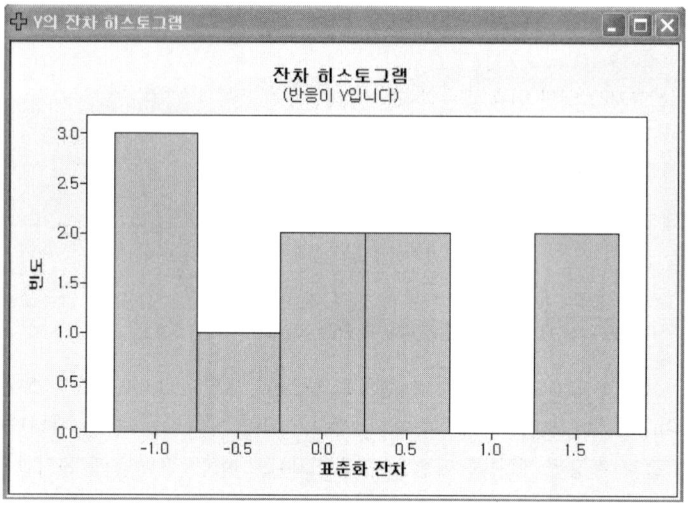

오른쪽 1개가 떨어져 있으므로 데이터에 특이치가 있을 수 있음을 나타낸다.

나. 정규확률도

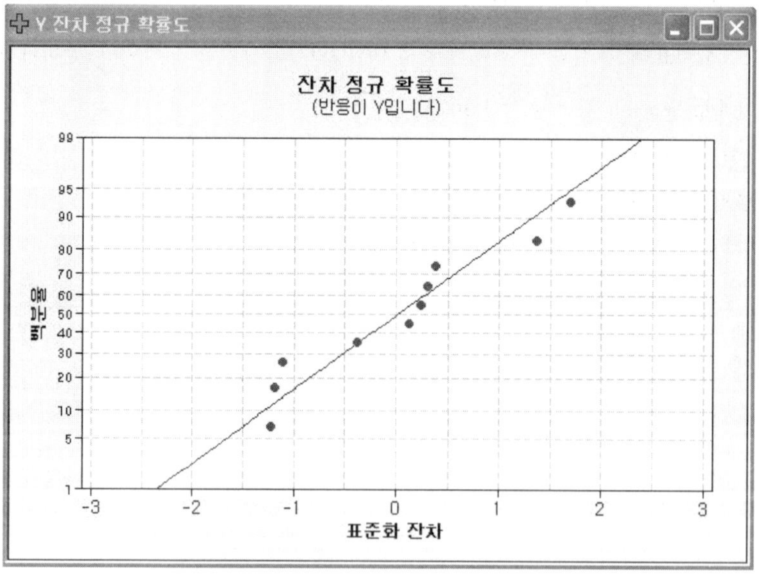

정규 확률도에서는 잔차들이 대체로 직선상에 있으므로 정규 분포와 일치하는 근사적인 선형패턴을 보여 준다.

다. 잔차대 적합치

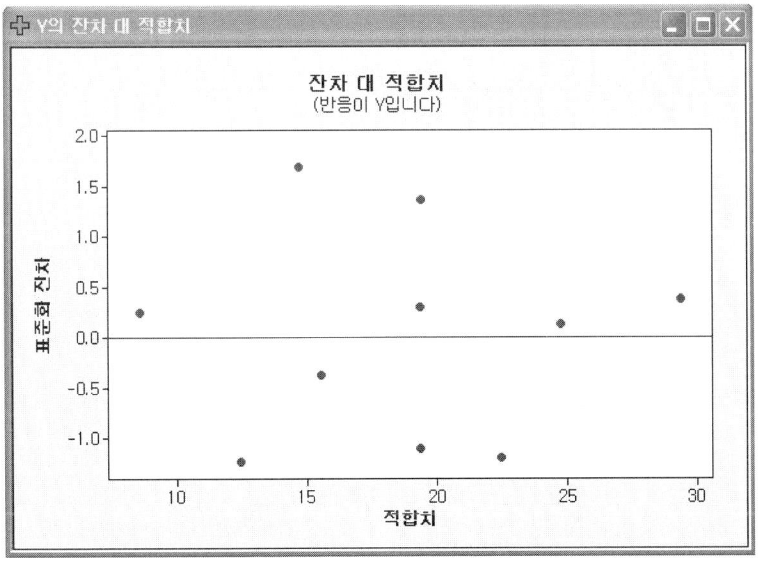

잔차 대 적합치 그림에서는 적합치가 커질수록 잔차는 작아진다(기준선에 가까워진다)는 것을 보여 준다. 이는 잔차의 분산이 일정하지 않다는 것을 나타낼 수 있다. 또한 퍼져 있는 정도가 X축을 따라서 비슷하므로 등분산성도 만족된다고 볼 수 있다.

라. 잔차 대 데이터순서

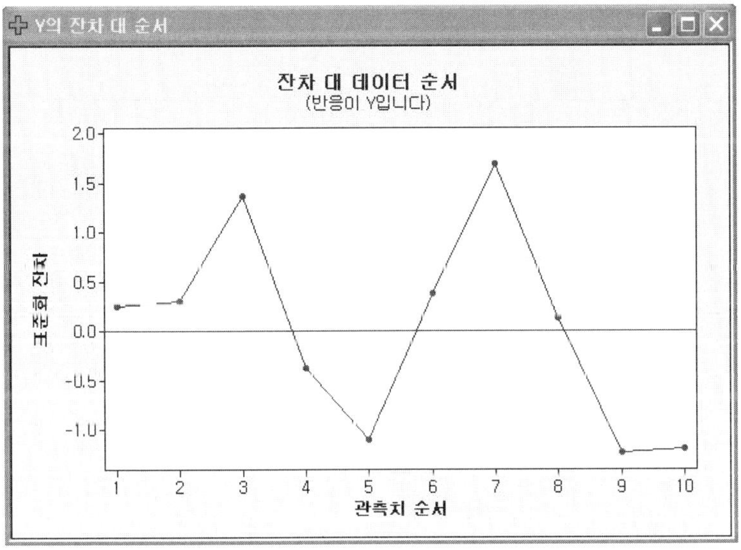

점들이 랜덤하게 나타나므로 독립적이라고 볼 수 있다.

※ **요 약**

- 상관분석은 쌍으로 관찰된 두 변수 X, Y 간의 관련성을 분석하는 것이다.

- 두 변수의 관계를 하나의 수치로 나타낸 척도로 주로 r로 나타내고 -1에서 1 사이의 값을 갖는다.

- 상관관계의 유, 무 검정은 두 확률변수 x와 y 간에 상관관계가 존재하는가의 검정이다.
  회귀분석은 변수들 간의 함수적인 관련성을 규명하기 위하여 추정하는 통계적 분석방법이다.

- 회귀직선은 x를 통해 y를 추정할 때 발생하는 오차를 가장 작게 만들어주는 직선이다.

- R-Sq 값은 총변동 중에서 회귀선에 의하여 설명되는 변동이 차지하는 비율이다.

- 종속변수의 변화를 설명하기 위하여 두 개 이상의 독립변수가 사용되는 선형회귀모형을 중선형회귀모형(multiple linear regression model)이라 부르며, 선형이라는 말을 빼고 중회귀모형(multiple regression model)이라고도 한다.

- 잔차의 독립성 가정에 대한 검정은 더빗-왓슨(Durbin-Watson) 검정을 통해 알 수 있다.

연/습/문/제

4.1 다음의 데이터는 구조용강의 성분 중에서 카본의 양 x %와 인장강도 y(kg/mm^2)의 관계를 나타낸 것이다.

① 상관계수 r를 구하고, 상관의 유의성을 $\alpha = 0.05$로 검정하여라.

② 카본의 양 x로부터 인장강도 y를 추정하는 회귀선을 구하고, 산포도상에 기입하여라. 또한 회귀식이 유의한지 $\alpha = 0.05$로 분산분석하라.

No.	x	y	No.	x	y	No.	x	y
1	20	42	11	20	43	21	23	46
2	22	42	12	24	46	22	23	46
3	26	47	13	22	45	23	22	43
4	21	44	14	23	44	24	24	44
5	25	46	15	25	45	25	23	44
6	26	48	16	28	47	26	24	44
7	20	42	17	22	43	27	26	44
8	26	48	18	27	45	28	25	43
9	23	44	19	24	44	29	26	46
10	22	45	20	23	45	30	24	46

4.2 공업약품의 제조공정에 대한 숙성온도 $x(^\circ C)$와 제품수분 $y(\%)$의 관계를 알기 위하여 42개의 시료에서 다음과 같은 통계량이 얻어졌다.

$$\bar{x} = 25.19,\ \bar{y} = 16.35,\ S(xx) = 279.1,\ S(yy) = 401.6,\ S(xy) = 322.3$$

① 상관계수를 구하고, 상관의 유의성을 검정하여라.

② 상관계수의 95 % 신뢰구간을 추정하여라.

③ x에 대한 y의 회귀식을 구하라.

4.3 어떤 전자부품의 출력특성의 산포는 부속 부품내의 조정기 접점 간극량이 관계하고 있다고 생각되어, 제조 로트로부터 랜덤하게 30개를 샘플링하여 간극량(x)와 출력특성(y)의 관계를 조사하였더니 다음과 같은 결과를 얻었다.

$x(\mu)$	$y(mV)$	$x(\mu)$	$y(mV)$	$x(\mu)$	$y(mV)$
72	285	107	361	112	366
104	358	118	358	83	385
101	364	98	363	92	379
104	362	96	372	100	362
96	380	123	356	129	375
104	360	89	366	90	382
102	370	87	373	136	356
112	356	101	372	144	356
100	389	126	356	58	392
73	376	139	350	122	358

① x와 y는 어떠한 관계가 있는가? 산포도를 그려 조사하여라.

② 상관계수 r를 구하고, 그 유의성을 검정하여라.

③ x에 대한 y의 회귀직선을 구하여라.

④ x는 y에 어느 정도 영향을 미치고 있는가, 기여율 r^2를 구하여라.

4.4 어떤 제품의 제조에 있어서 첨가물의 양(x)와 수량(y)의 관계를 조사하기 위하여 첨가물의 양을 여러 가지로 바꾸어서 수량을 측정하여 다음의 데이터를 얻었다. 회귀분석을 하여라.

No.	1	2	3	4	5	6	7	8	9	10
$x(g)$	1.4	2.0	2.6	2.6	2.7	3.2	3.7	4.0	4.1	4.1
$y(g)$	65	76	90	74	80	95	92	97	102	110

4.5 어떤 제품의 특성값 x, y 간의 관계가 $r = 0.664$이었다. 최근 원료의 변화가 있어 시료 250개에 대하여 상관계수를 측정하여 다음과 같은 결과를 얻었다.

$$\bar{x} = 1.505, \ \bar{y} = 2.303$$

$$r = \frac{S(xy)}{\sqrt{S(xx)\,S(yy)}} = \frac{1043}{\sqrt{1500 \times 1325}} = 0.740$$

① 상관계수가 종래와 다르다고 할 수 있는가?

② 제품의 특성값에 있어서 x에 대한 y의 새로운 회귀식을 구하여라.

4.6 어떤 식품공장에서 식빵의 제품중량이 상당히 산포하고 있어서 문제가 되었다. 산포의 원인으로서 원료생지(生地)의 분할공정에 의한 생지의 중량이 소성 후에 식빵의 중량에 영향을 미치는 것으로 사료되어 데이터를 얻었다. 산점도를 그려보고 상관계수와 회귀분석을 실시하라.

No	x 생지중량	y 제품중량	No	x 생지중량	y 제품중량	No	x 생지중량	y 제품중량
1	462	393	11	469	397	21	463	382
2	473	386	12	455	384	22	465	389
3	477	401	13	467	386	23	491	387
4	475	392	14	490	392	24	480	392
5	481	399	15	460	378	25	484	393
6	461	384	16	458	383	26	474	381
7	478	391	17	477	388	27	475	389
8	486	405	18	472	390	28	463	384
9	483	390	19	486	390	29	470	380
10	470	395	20	475	397	30	476	395

4.7 어떤 플라스틱 공장에서 생산한 플라스틱의 경도(y)는 농도(x_1), 온도(x_2)와 관계되어 있다. 농도와 온도를 바꾸어 가면서 실험한 결과 데이터는 아래와 같다.

① 회귀방정식을 구하라.
② 분산분석을 통하여 모형의 유용성을 평가하라.
③ 농도가 1.8이고, 온도가 170일 때 경도를 추정하라.
④ 95 % 신뢰구간과 예측구간을 구하라.

번호	경도 y	농도 x_1	온도 x_2
1	89.0	2.0	150
2	92.0	1.5	160
3	86.0	1.0	150
4	91.0	1.0	180
5	88.0	2.0	150
6	96.0	2.0	180
7	84.0	1.0	150
8	92.0	1.0	180
9	95.0	2.0	180
10	91.0	1.5	165
11	92.0	1.5	165
12	91.0	1.5	165
13	90.0	1.5	170
14	90.0	1.5	175
15	90.0	2.0	180

CHAPTER

5

시계열 분석

5.1 시계열 분석의 개념

시간의 흐름에 따라 순서대로 관측되는 자료를 시계열 자료(time series data)라고 부른다. 시계열 자료의 예를 살펴보면 다음과 같다.

- 경제활동 시계열 : 국내 총생산, 소비자 물가지수, 수출액, 주가지수, 환율, 금리 등과 같이 경제활동에 관련된 시계열
- 물리적 현상 시계열 : 일일 강수량, 기온, 연간지진 발생건수 등과 같이 물리적 현상과 관련된 시계열
- 회사경영과 관련된 시계열 : 상품의 판매량, 상품재고량, 상품매출액 등과 같이 회사의 경영활동과 관련된 시계열
- 인구관련 시계열 : 총인구, 농가 수, 인구증가율 등과 같이 인구와 관련된 시계열
- 사회관련 시계열 : 교통사고건수, 범죄발생수 등과 같이 사회생활과 관련된 시계열

5.1.1 시계열 분석의 목적

(1) 자료의 기술

자료를 시간의 흐름에 따라 그림으로 표현하고, 자료의 특성을 파악하여 법칙성을 발견한다. 예를 들면 대체적인 추세, 계절성, 특이점, 변화점등을 탐지한다.

(2) 예측(forecasting)

시계열 분석의 가장 중요한 목적은 예측이다. 만약 어느 증권투자가가 주가를 성공적으로 예측할 수 있다면 주가의 매매 시기를 잘 선택하여 성공적인 증권투자를 할 수 있을 것이다. 백화점의 경우 판매량을 어느 정도 정확히 예측할 수 있다면 물품 및 자금의 유통을 원활히 관리할 수 있으므로 합리적인 경영을 할 수 있을 것이다.

(3) 설명(explanation)

어떤 시스템의 시계열적 형태를 설명하기 위한 과학적 노력을 말한다. 예를 들면 경제시계열의 분석을 통하여 경기 주기(business cycle)가 존재한다는 것을 입증한다든지, 어느 제조공정에서 입력과 출력 사이에는 어떠한 함수관계가 있는지를 알아내어 시스템 안에 존재하는 공학적 원리에 대한 이해를 하고자 하는 경우이다.

(4) 제어(control)

미래에 대한 예측이 가능해지면 그 시스템에 어떤 인위적인 조작을 가함으로써 시계열 실현값이 우리가 원하는 목표에 부응하도록 유도할 수 있다. 예를 들어 경기의 지나친 활성화나 침체화가 우려되면 정부가 중앙은행을 통하여 경제에 정책적으로 개입하여 안정시키려는 노력을 할 수 있다. 제어를 위한 시계열 분석 방법은 스펙트럼 분석(spectral analysis), 개입분석(intervention analysis), 전이 함수 모형(transfer function model) 등이 있다.

5.1.2 시계열의 구성요소

$$\begin{aligned} Y_t \;=\; & \text{추세변동}(T_i) + \text{순환변동}(C_t) + \text{계절변동}(S_t) \\ & + \text{불규칙 변동}(I_t) \end{aligned} \tag{5.1}$$

(1) 추세변동(Trend variation)

인구의 증가, 기술의 변화, 관습이나 문화의 변화와 같이 시간에 따라 증가하거나 감소하는 경향을 가지고 있는 장기적 변동으로서 선형 추세는 다음과 같은 식으로 나타내어진다.

$$T_i = \beta_0 + \beta_1 t \tag{5.2}$$

여기서 T_i : t시점의 추세량

t : 시점 t

β_0 : y 절편

β_1 : 추세선의 기울기

(2) 주기적 변동(Cyclic Variation)

경기 동향, 실업률, 이자율과 같이 주기적 변동 중 주기가 1년을 초과하는 변동이다. 경제활동이 팽창 위축하고 경기순환에 따라 움직이는 변동으로 순환적 변동이라고도 한다.

(3) 계절변동(Seasonal Variation)

1년 주기로 반복되는 변화로 계절의 변화 및 각종 관습에 의해 생성되는 변동이다.

(4) 불규칙 변동(Irreqular Variation)

세 가지 성분 이외의 변동으로 파업, 태풍지진, 홍수등과 같이 돌발적인 변동이나 원인불명의 변론에 의거하여 일어나는 변동으로 임의변동이라고도 불린다.

5.2 시계열 분석 방법의 종류

시계열 분석방법은 시계열 구성요소의 특성에 따라 선택하게 된다. 분석방법의 선택은 주어진 자료의 형태, 분석의 용이성, 분석자료 해석의 이해 정도에 따라 선택되어야 한다. 분석방법으로는 회귀분석 방법, 박스-젠킨스(Box-Jenkins)방법, 지수평활법(exponential smoothing), 시계열의 분해방법 등 네 가지로 분류할 수 있다. 회귀분석방법과 박스-젠킨스 방법은 수학적 이론에 근거한 체계적인 방법이고, 시계열 자료의 분해방법과 지수평활법은 경험적이고 직관적인 방법이라고 할 수 있다. 일반적으로 각 분석방법은 다음과 같이 사용된다.

(1) 지수평활법/분해법 : 시계열 구성요소가 시간의 흐름에 따라 느리게 변동할 때 효과적이고, 특히 시계열을 각 구성요소로 분해할 수 있는 장점이 있다.

(2) 회귀분석 방법 : 시계열의 구성요소가 시간에 의존하지 않을 경우 적합한 방법이다.

(3) 박스-젠킨스 방법 : 어떤 형태의 시계열 자료에도 이용할 수 있고, 특히 시계열의 구성요소가 시간의 흐름에 따라 빠르게 변동하는 경우에 가장 효과적이다.

또한 분석 대상 변수의 개수에 의해서도 분류되며, 변수가 1개인 경우는 단일 시계열 방법이라 하며, 변수가 2개 이상인 경우는 다변량 시계열 방법이라 한다.

5.2.1 시계열 모형

시계열의 변동은 일반적으로 앞에서 설명한 4가지 변동요인들의 합이나 곱으로 가정한다. 합의 관계로 가정한 모형을 가법모형(additive model)이라 하고, 곱의 관계로 가정한 모형을 승법모형(multiplicative model)이라 한다. 시계열의 전 변동을 Y, 추세변동부분을 T, 순환변동부분을 C, 계절변동부분을 S, 불규칙변동부분을 I라 하면 각 모형은 다음과 같이 나타낼 수 있다.

$$\text{가법모형} : Y = T + C + S + I \tag{5.3}$$

$$\text{승법모형} : Y = T \times C \times S \times I \tag{5.4}$$

이와 같은 분석의 목적은 각 변동요소들의 특징을 밝히고 이를 바탕으로 예측모형을 설정하는 것이다. 따라서 관측된 시계열을 변동요소별로 분해하여 예측하거나, 이러한 시계열의 특성에 적합한 방법으로 평활하여 예측한다. 이러한 시계열 분석방법은 고전적인 방법이지만 일반적으로 사용되고 있으며, 가장 기본적인 방법이므로 이들에 대하여 설명하기로 한다. 일반적으로 시계열모형은 추세변동의 크기에 의해 기타변동의 크기가 비례적으로 결정되는 승법모형이 적당한 것으로 알려져 있다.

5.3 이동평균법

이동평균(moving average)은 기준 시점과 인접한 N개의 관측값의 평균을 의미하며, 이 이동평균값을 N개 자료의 중앙에 위치시킨다. 이동평균법이란 이동평균을 이용하여 불규칙변동이나 계절변동을 제거하는 것으로 평활법 중 한 가지이다. 이동평균은 불규칙 변동이나 계절변동을 간단히 제거할 수 있는 장점이 있으나, 긴 기간의 이동평균이나 반복되는 이동평균은 많은 자료가 손실이 된다.

<표 5.1>은 1981년부터 2003년까지의 어느 상품의 지수가 주어져 있으며, 이 자료를 이용하여 N=7인 경우의 이동평균을 구해서 적어 놓았다.

표 5.1 ▶▶ 지수와 이동평균

번호	연도	지수	이동평균 (N=7)	번호	연도	지수	이동평균 (N=7)
1	1981	731.14	–	13	1993	923.88	876.44
2	1982	652.10	–	14	1994	759.37	875.90
3	1983	762.95	–	15	1995	802.49	864.50
4	1984	874.13	811.48	16	1996	974.92	848.51
5	1985	969.26	841.86	17	1997	835.15	854.24
6	1986	785.69	863.04	18	1998	805.01	874.19
7	1987	905.11	873.89	19	1999	838.74	909.05
8	1988	943.75	875.41	20	2000	963.99	949.58
9	1989	800.36	872.76	21	2001	899.01	–
10	1990	838.92	892.50	22	2002	1,046.54	–
11	1991	884.76	871.68	23	2003	1,258.64	
12	1992	950.71	851.50				

(자료 : 싱글PPM 품질혁신추진본부)

참고 : N=7인 경우이므로 처음 7개 자료(1981년부터 1987년까지)의 평균을 구하여 그 중앙인 1984년에 적는다.

$$1984\text{년의 이동평균을 } M_{1984}\text{라고 하면}$$

$$M_{1984} = \frac{731.14 + 652.10 + 762.95 + \cdots + 905.11}{7} = 811.48$$

이와 같이 구해진 이동평균과 원래의 시계열 자료를 같은 그림에 겹쳐서 그려보면 [그림 5.1]과 같다.

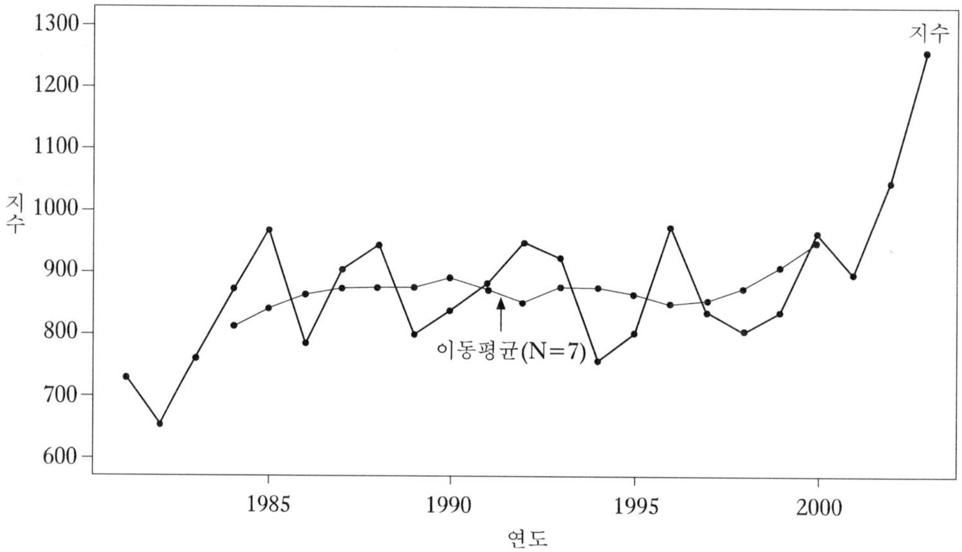

그림 5.1 ▶▶ 원래 지수와 이동평균(N=7)의 시계열 도표

(1) [그림 5.1]에서 보는 것처럼 원래의 시계열에 비해 이동평균은 변화하는 정도가 급격하지 않아 시계열의 장기추세를 쉽게 파악할 수 있도록 해주며, 따라서 이동평균값의 변화 방향을 연결시켜 장래의 예측값으로 이용하려는 방법이 이동평균법이다.

(2) 이동평균법에서는 N의 값의 크기에 따라서 이동평균이 달라진다.

(3) 불규칙한 우연변동만을 없애서 자료를 평활(smoothing)하고자 한다면 N의 값은 작게 하여 주고, 계절변동을 평활하고자 한다면 N의 값을 계절의 주기와 같게 해준다. 즉,

4 계절을 다루는 경우는 N=4로 하면 된다. 그러나 좀 더 장기적인 차원에서 자료를 평활하고자 한다면 N의 값을 크게 해 준다.

N의 값이 작으면 앞뒤로 잃어버리는 자료의 개수가 작으나, N의 값이 크면 평활되는 정도는 커져서 추세를 파악하기 쉽다. 하지만, 앞뒤로 잃어버리는 데이터의 개수가 증가하여 손실이 커지게 된다.

미니탭을 이용한 분석

① 데이터 입력

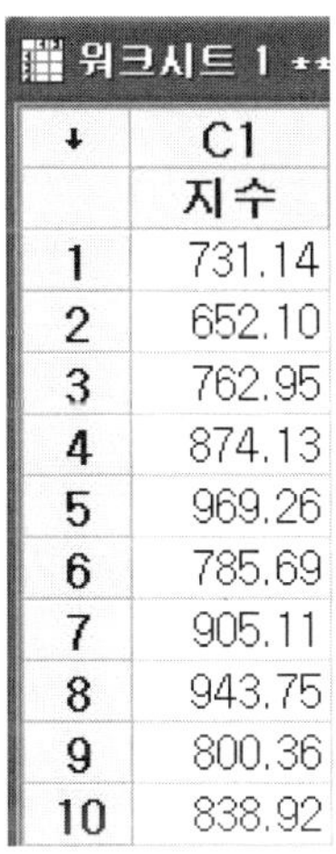

② 통계분석 > 시계열 분석 > 이동평균

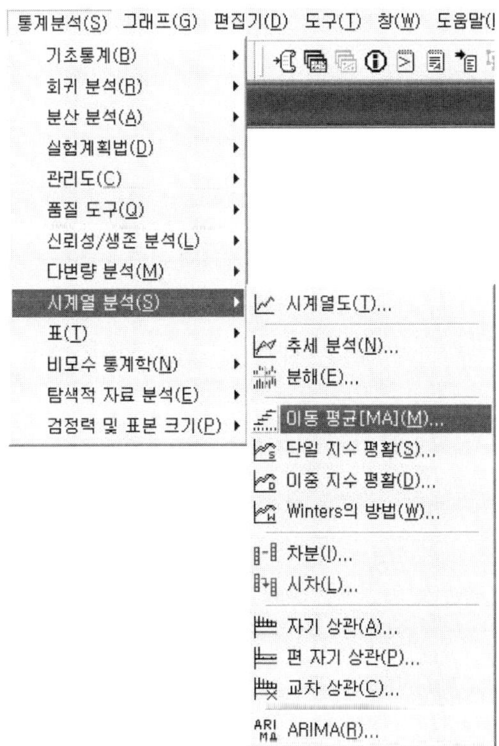

③ 대화창에 아래와 같이 입력한다.

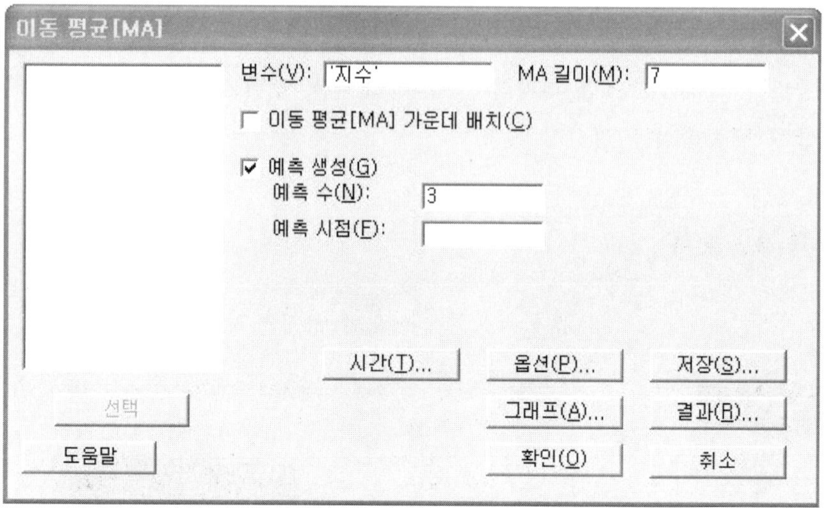

- 변수 : 시계열이 들어 있는 열을 입력한다.
- MA 길이 : 원하는 이동평균[MA]의 길이로 지정할 양의 정수를 입력한다. 계절적이지 않은 시계열의 경우에는 단기 이동평균[MA]을 사용하여 시계열을 평활하는 것이 일반적이지만 시계열의 잡음 양에 따라 길이를 선택할 수도 있다. 이동평균[MA] 길이가 길수록 더 많은 잡음이 제거되지만 시계열의 변화에 대한 민감도도 작아진다. 계절적인 시계열의 경우에는 일반적으로 연간 주기와 같은 길이의 이동평균[MA]을 사용한다.
- 이동평균 중앙 : 이 옵션을 선택하면 Minitab에서는 범위의 끝이 아니라 중심에 있는 기간에 이동평균[MA] 값을 배치한다. 이것을 이동평균[MA]의 중심화라고 하며 이동평균[MA] 값을 중심이 되는 시점에 배치하기 위해 수행한다.
- 예측 생성 : 예측값을 생성한다. 예측값은 95 % 예측 구간의 시계열도에서 녹색으로 나타난다.
- 예측 개수 : 원하는 예측값의 수로 지정할 정수를 입력하면, 예측값이 나타난다. 예를 들어, 3을 지정할 경우 3개의 예측값을 알 수 있다.
- 예측 시점 : 예측값의 시작점으로 지정할 양의 정수를 입력한다. 예를 들어, 4개의 예측값을 지정하고 예측시점으로 48을 지정하면 Minitab에서는 48기간의 이동평균[MA]을 기준으로 49, 50, 51 및 52 기간에 대한 예측값을 계산한다. 이 항목을 공백으로 두면 데이터의 끝에서부터 예측값이 생성된다.

④ 대화창에서 [결과...]을 눌러 요약표 및 결과표에 체크한다.

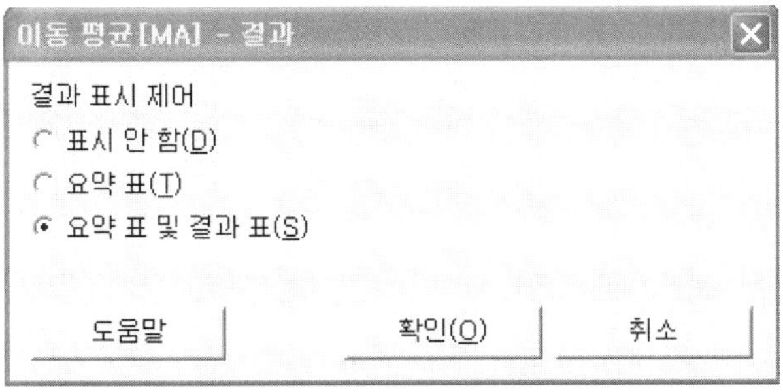

⑤ 출력결과(세션 창)

지수에 대한 이동 평균[MA]

데이터 지수
길이 23
N 결측 0

이동 평균

길이 7

정확도 측도

MAPE	9.6
MAD	92.6
MSD	15037.2

시간	지수	MA	예측	오차
1	731.14	*	*	*
2	652.10	*	*	*
3	762.95	*	*	*
4	874.13	*	*	*
5	969.26	*	*	*
6	785.69	*	*	*
7	905.11	811.483	*	*
8	943.75	841.856	811.483	132.267
9	800.36	863.036	841.856	-41.496
10	838.92	873.889	863.036	24.116
11	884.76	875.407	873.889	10.871
12	950.71	872.757	875.407	75.303
13	923.88	892.499	872.757	51.123
14	759.37	871.679	892.499	-133.129
15	802.49	851.499	871.679	-69.189
16	974.92	876.436	851.499	123.421
17	835.15	875.897	876.436	-41.286
18	805.01	864.504	875.897	-70.887
19	838.74	848.509	864.504	-25.764
20	963.99	854.239	848.509	115.481
21	899.01	874.187	854.239	44.771
22	1046.54	909.051	874.187	172.353
23	1258.64	949.583	909.051	349.589

예측값

주기	예측	하한	상한
24	909.051	668.709	1149.39
25	909.051	668.709	1149.39
26	909.051	668.709	1149.39

⑥ 출력결과(그래프)

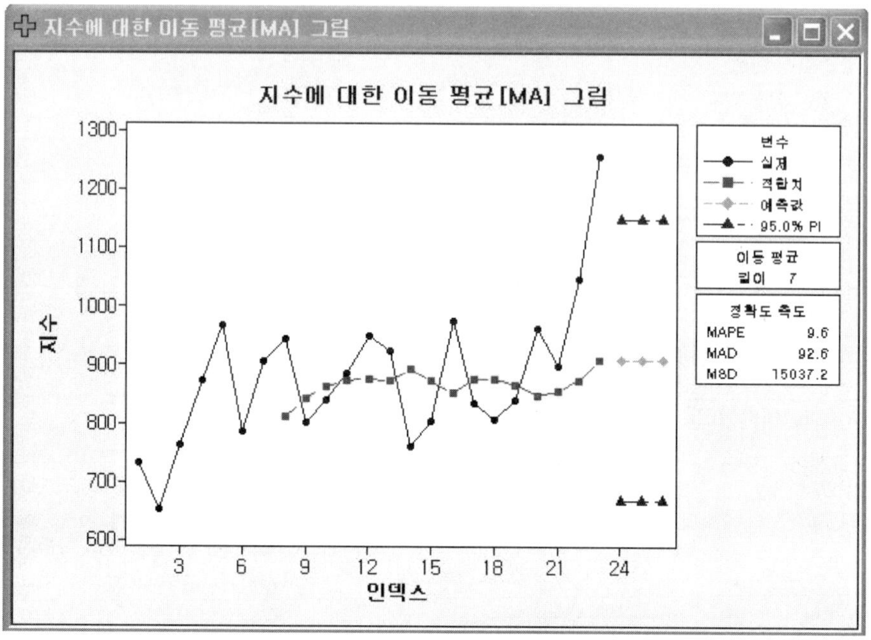

예제 5.1

<표 5.1>의 지수와 이동평균을 N의 변화에 따른 효과를 이해하기 위하여 N=4로 하는 이동평균을 구하여 N=7인 경우의 이동평균과 비교하여 보아라.

풀이

① N의 값이 짝수인 경우에는 홀수인 경우와 다르게 이동평균을 구하게 되는데, N이 홀수인 경우는 중앙의 위치가 확실하나 N이 짝수인 경우에는 <표 5.1>에서 구하는 바와 같이 1981 ~ 1984년의 4개 자료의 평균과, 1982 ~ 1985년의 4개 자료의 평균을 구한 후에, 이들 두 개의 평균의 평균으로 이동평균값으로 구하면 된다.

$$\text{처음 4개 자료의 평균} = \frac{731.14 + 652.10 + 762.95 + 874.13}{4} = 755.08$$

$$\text{다음 4개 자료의 평균} = \frac{652.10 + 762.95 + 874.13 + 969.26}{4} = 814.61$$

$$\text{1983년의 이동평균} = \frac{755.08 + 814.61}{2} = 784.85$$

② 이렇게 구한 처음의 이동평균 784.85는 세 번째 연도인 1983년에 위치시키며, 마지막 이동 평균은 끝에서 세 번째인 2001년도에 기입한다.
따라서 앞뒤로 각각 N/2 = 4/2 = 2개의 데이터를 잃게 됨

연도	지수	이동평균 (N=4)	연도	지수	이동평균 (N=4)
1981	731.14	–	1993	923.88	869.40
1982	652.10	–	1994	759.37	862.14
1983	762.95	784.85	1995	802.49	854.08
1984	874.13	831.31	1996	974.92	848.69
1985	969.26	865.78	1997	835.15	858.92
1986	785.69	892.25	1998	805.01	862.09
1987	905.11	879.84	1999	838.74	868.71
1988	943.75	865.39	2000	963.99	906.88
1989	800.36	869.50	2001	899.01	989.56
1990	838.92	867.82	2002	1,046.54	–
1991	884.76	884.13	2003	1,258.64	–
1992	950.71	889.63			

(자료 : 싱글PPM 품질혁신추진본부)

③ 원래 지수와 이동 평균(N=4, N=7)의 시계열 도표
N=4인 경우의 이동 평균이 N=7인 경우보다 평활되는 정도는 덜 하나 시계열 상에서의 변화는 더 빨리 보여주고 있으며 앞뒤로 2개씩의 자료만을 잃게 됨을 알 수 있다.

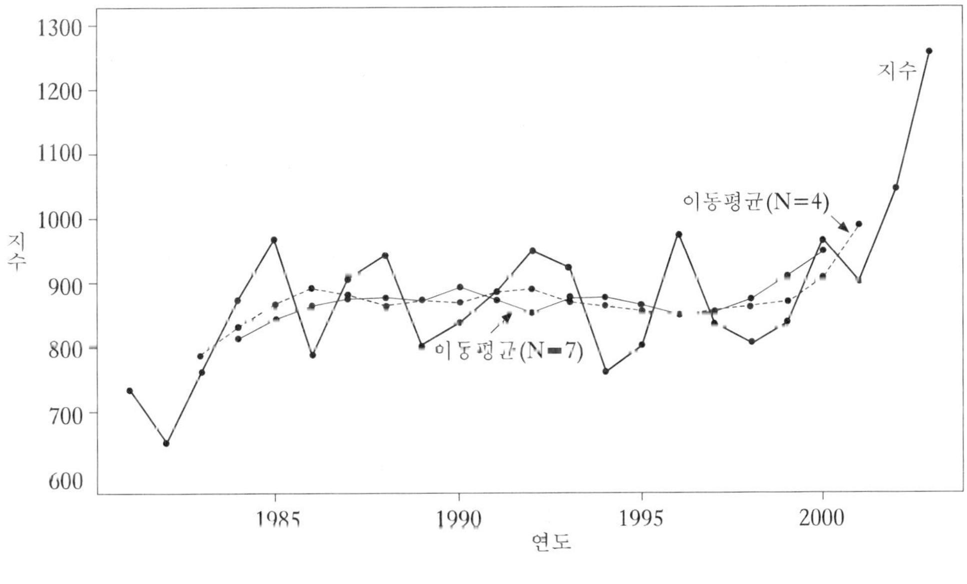

5.4 지수평활법(exponential smoothing method)

지수평활법은 과거의 관측값으로 미래의 값을 예측할 때 최근의 자료에 더 많은 가중값을 부여하여 예측하는 방법이다. 이동평균법에서는 이동평균을 계산하기 위해 최근 N개의 관측값이 필요하였고, 최근 N개의 관측값에 대하여 동일한 비중을 부여하였을 뿐 아니라 그 이전의 관측값들은 무시하였다. 그러나 미래의 값을 예측하는데 필요한 정보는 최근의 자료에 더 많이 포함될 수 있으며, 또한 예측을 위해서는 더 많은 자료들을 사용하는 것이 일반적으로 바람직한 예측방법이다. 즉 지수평활법은 이동평균법의 단점을 보완한 방법이라고 할 수 있다.

시점 1에서 t시점까지의 관측값을 $Z_1, Z_2 \cdots Z_t$라고 하고, 지수평활법에서는 0과 1 사이의 값을 갖는 지수평활계수 w를 선택하여 다음과 같이 지수평활된 계열을 계산한다.

$$S_1 = Z_1 \tag{5.5}$$

$$S_2 = wZ_2 + (1-w)Z_1 \tag{5.6}$$

$$S_3 = wZ_3 + (1-w)Z_2 \tag{5.7}$$

$$\vdots$$

$$S_t = wZ_t + (1-w)Z_{t-1}$$

즉, 지수평활된 값 S_t는 현재의 관측값 Z_t에 가중값 w를 주고, 그전의 지수평활된 값 S_{t-1}에 가중값 $(1-w)$를 주어 계산한다. 그런데 S_{t-1}도 관측값 Z_{t-1}에 가중값 w를 주고, 그 전의 지수평활된 값 S_{t-2}에 가중값 $(1-w)$를 주어 계산한 것이므로 결국 S_t는 관측값들의 가중평균에 해당한다.

[예제 5.1]에 있는 지수를 이용하여 지수평활계수 $w=0.3$인 경우의 지수평활된 값을 구해 보면, 다음과 같은 계산에 의하여 <표 5.2>를 구할 수 있다.

$$S_{1981} = Z_{1981} = 731.14$$

$$\begin{aligned} S_{1982} &= 0.3 \times Z_{1982} + (1-0.3) \times Z_{1981} \\ &= 0.3 \times 652.10 + 0.7 \times 731.14 = 707.43 \end{aligned}$$

$$\begin{aligned} S_{1983} &= 0.3 \times Z_{1983} + (1-0.3) \times Z_{1982} \\ &= 0.3 \times 762.95 + 0.7 \times 707.43 = 724.09 \end{aligned}$$

표 5.2 ▸▸ 원래 지수와 지수평활된 값($w=0.3$)

번호	연도	원래 지수	지수평활된 값 (w=0.3)	번호	연도	원래 지수	지수평활된 값 (w=0.3)
1	1981	731.14	731.14	13	1993	923.88	897.59
2	1982	652.10	707.43	14	1994	759.37	856.12
3	1983	762.95	724.09	15	1995	802.49	840.03
4	1984	874.13	769.10	16	1996	974.92	880.50
5	1985	969.26	829.15	17	1997	835.15	866.90
6	1986	785.69	816.11	18	1998	805.01	848.33
7	1987	905.11	842.81	19	1999	838.74	845.45
8	1988	943.75	873.09	20	2000	963.99	881.01
9	1989	800.36	851.27	21	2001	899.01	886.41
10	1990	838.92	847.57	22	2002	1,046.54	934.45
11	1991	884.76	858.73	23	2003	1,258.64	1,031.71
12	1992	950.71	886.32				

(자료 : 싱글PPM 품질혁신추진본부)

<표 5.2>에서 보는 바와 같이 이동평균법과 비교하여 지수평활법의 장점은 앞뒤로 잃어버리는 자료가 하나도 없어서 자료의 손실이 없다는 것이다. 원래 지수와 지수평활된 값의 시계열 그림은 [그림 5.2]와 같다.

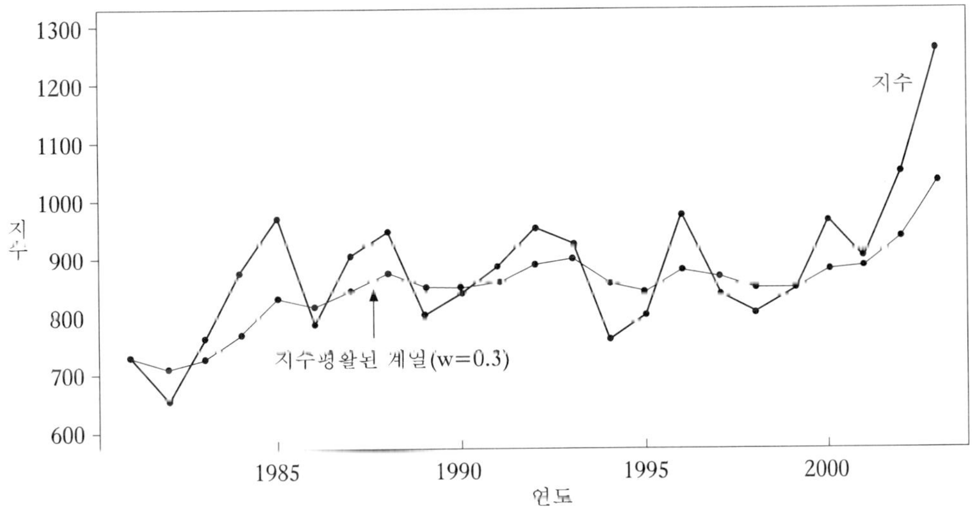

그림 5.2 ▸▸ 원래 지수와 지수평활($w=0.3$)된 값의 시계열도표

[그림 5.2]는 원래 지수와 지수평활된 값의 시계열 그림을 겹쳐 그린 결과인데, 이동평균의 경우와 마찬가지로 지수평활된 계열이 훨씬 완만하게 움직임을 볼 수 있다. 지수평활법은 평활계수 w의 선택에 따라 평활되는 정도가 달라지게 되므로 w의 선택이 중요하다.

- w의 값이 작으면 평활되는 정도가 크며, w의 값이 크면 최근의 값에 더 큰 비중을 주게 되어 평활되는 정도가 작게 됨
- 즉, w의 값이 1에 가깝게 되면 원래의 계열과 평활된 계열과는 큰 차이가 없게 됨
- 일반적으로 w는 0.05와 0.30 사이의 값을 많이 사용

미니탭을 이용한 분석

① 데이터 입력

워크시트 1 ***

↓	C1 지수
1	731.14
2	652.10
3	762.95
4	874.13
5	969.26
6	785.69
7	905.11
8	943.75
9	800.36
10	838.92

② 통계분석 > 시계열 분석 > 단일 지수 평활

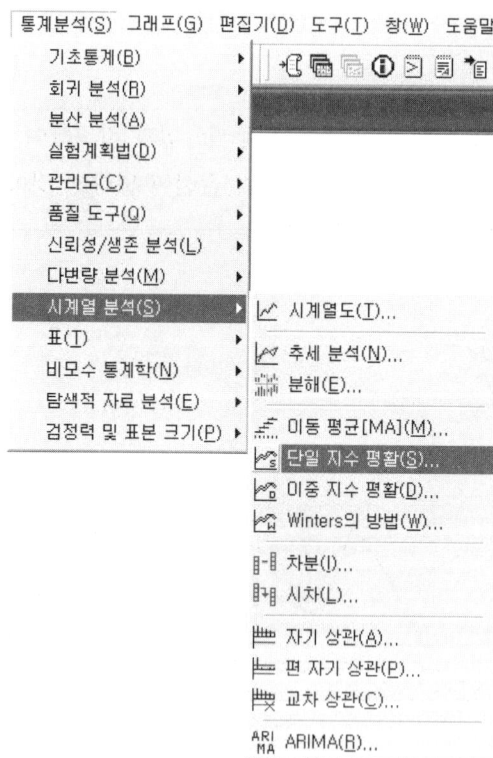

③ 대화창에 아래와 같이 입력한다.

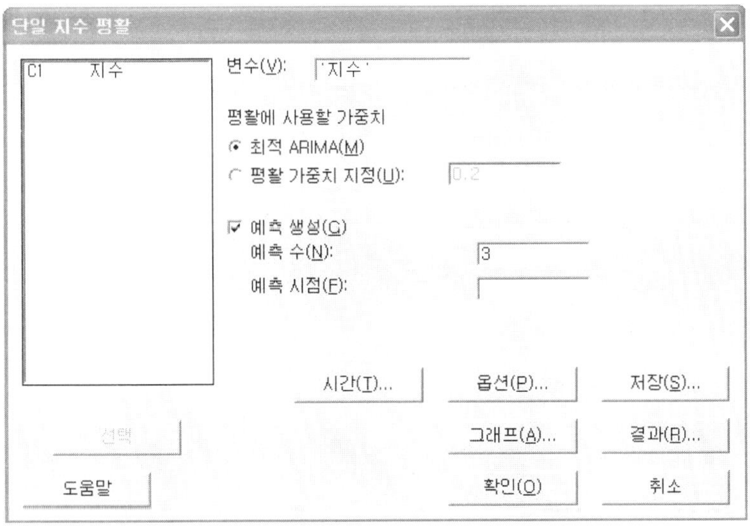

- 변수 : 시계열이 들어 있는 열을 입력한다.
- 평활에 사용할 가중치 : 사용할 가중치를 지정하려면 아래에 있는 옵션을 사용한다.
- 최적 ARIMA : Minitab에서 데이터에 ARIMA(0, 1, 1) 모형을 적합시켜 계산하는 기본 가중치를 사용한다. 이 옵션을 사용하면 Minitab에서는 후방 예측을 통해 초기 평활값을 계산한다.
- 평활 상수 지정 : 특정 가중치를 입력한 다음 0보다 크거나 같고 2보다 작은 값을 입력한다. 이 옵션을 사용하면 Minitab에서는 기본적으로 처음 6개 관측치(관측치 수가 6개 미만인 경우에는 모든 관측치)의 평균을 초기 평활값으로 사용한다. 단일 지수 평활 - 옵션 대화 상자에서 다른 값을 지정하여 이 기본값을 변경할 수 있다.
- 예측 생성 : 예측값을 생성한다. 예측값은 95 % 예측 구간의 시계열도에서 녹색으로 나타난다.
- 예측 개수 : 원하는 예측값의 수를 정수로 입력한다.
- 예측 시점 : 예측값의 시작 점을 양의 정수로 입력한다. 예를 들어, 4개의 예측값을 지정하고 예측시점으로 48을 지정하면 Minitab에서는 48기간의 평활값을 기준으로 49, 50, 51 및 52 기간에 대한 예측값을 계산한다. 이 항목을 공백으로 두면 데이터의 끝에서부터 예측값이 생성된다.

④ 대화창의 [그래프...]를 클릭하여 시계열도 종류와 잔차그림을 체크한다.

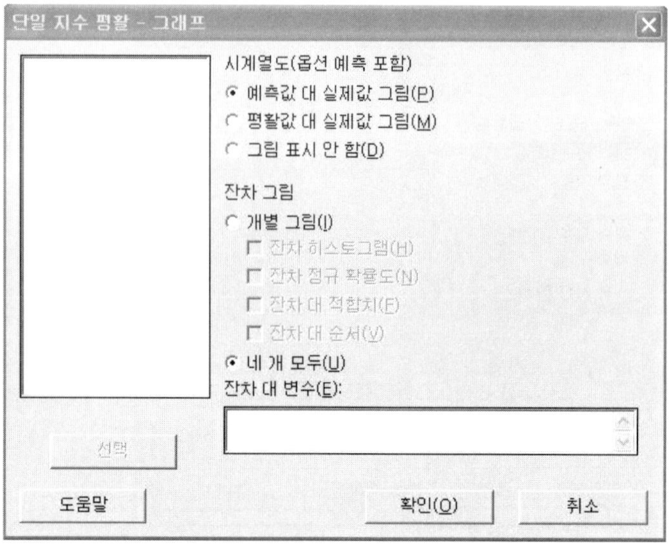

⑤ 대화창의 [결과...]를 클릭하여 출력결과 항목을 지정한다.

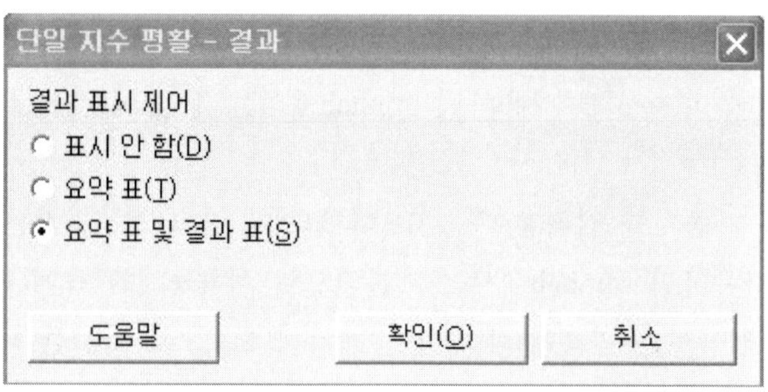

⑥ 대화창의 [옵션...]를 클릭하여 제목과 초기 평활값을 설정한다. 앞의 대화창에서 최적 ARIMA를 선택한 경우에는 자동적으로 초기 평활값이 부여되므로 비활성화 된다.

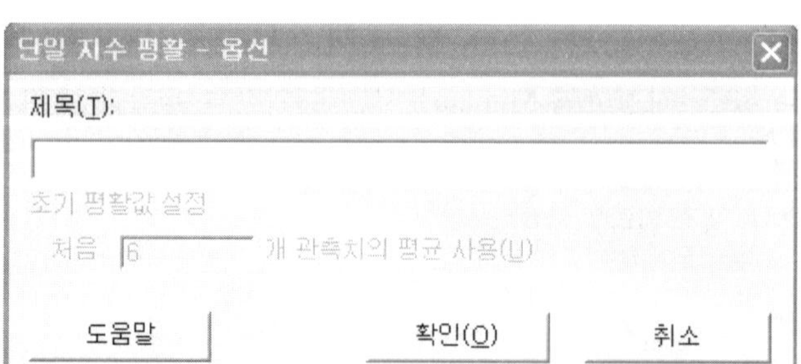

- 제목 : 기본 제목을 사용자가 지정하는 제목으로 바꾸려면 이 상자에 원하는 텍스트를 입력한다.
- 초기 평활값 설정

  처음 [ ]개 관측치의 평균 사용 : 기본적으로 가중치를 지정하면 Minitab에서는 처음 6개 관측치의 평균을 초기 평활값으로 사용한다. 여기에 다른 값을 입력하면 이 기본값을 변경할 수 있다. Minitab에서 최적 가중치를 사용하도록 지정한 경우에는 Minitab에서 후방 예측을 통해 초기 평활값을 계산하므로 이 옵션을 사용할 수 없다.

⑦ 출력결과(세션창)

지수에 대한 단일 지수 평활

데이터　지수
길이　23

평활화 상수

알파　0.660274

정확도 측도

MAPE	9.8
MAD	88.2
MSD	11939.4

예측값

주기	예측	하한	상한
24	1170.37	954.405	1386.34
25	1170.37	954.405	1386.34
26	1170.37	954.405	1386.34

시간	지수	평활	예측	오차
1	731.14	728.06	722.059	9.081
2	652.10	677.90	728.055	-75.955
3	762.95	734.06	677.904	85.046
4	874.13	826.54	734.058	140.072
5	969.26	920.78	826.544	142.716
6	785.69	831.58	920.776	-135.086
7	905.11	880.13	831.582	73.528
8	943.75	922.14	880.131	63.619
9	800.36	841.73	922.137	-121.777
10	838.92	839.87	841.731	-2.811
11	884.76	869.51	839.875	44.885
12	950.71	923.12	869.511	81.199
13	923.88	923.62	923.125	0.755
14	759.37	815.17	923.623	-164.253
15	802.49	806.80	815.171	-12.681
16	974.92	917.80	806.798	168.122
17	835.15	863.23	917.805	-82.655
18	805.01	824.79	863.230	-58.220
19	838.74	834.00	824.789	13.951
20	963.99	919.83	834.000	129.990
21	899.01	906.08	919.829	20.819
22	1046.54	998.82	906.083	140.457
23	1258.64	1170.37	998.823	259.817

〈결과해석〉

앞의 대화상자에서 '평활에 사용할 가중치', '최적 ARIMA'를 선택하였으므로 자동적으로 예측오차의 제곱합(MSD)이 최소가 되도록 α값과 초기 평활값을 결정해 준다. 이 예제에서는 평활화 상수 $\alpha = 0.660274$, 초기 평활값 722.059이다.

⑧ 출력결과(지수 평활 그래프)

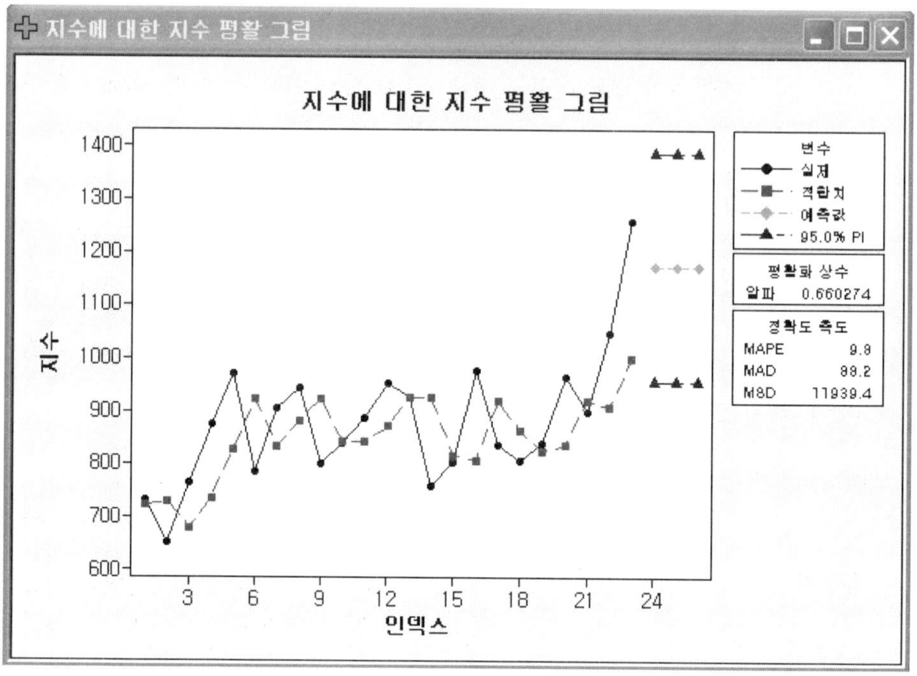

⑨ 출력결과(잔차 그래프)

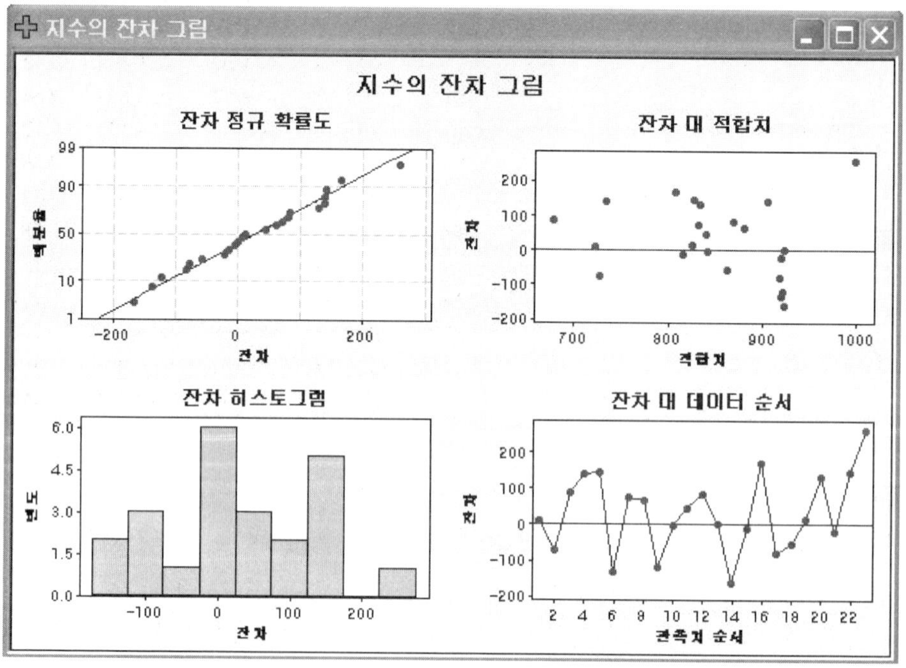

※ **요 약**

- 시간의 흐름에 따라 순서대로 관측되는 자료를 시계열 자료(time series data)라고 부르고 시계열 자료 분석을 통계학에서는 간단히 시계열분석(time series analysis)이라고 한다.

- 시계열의 구성요소로는 추세변동(trend variation), 계절변동(seasonal variation), 주기적 변동(cyclic variation), 불규칙변동(irregular variation) 등이 있다.

- 시계열 분석방법으로는 회귀분석 방법, 박스-젠킨스(Box-Jenkins) 방법, 지수평활법(exponential smoothing), 시계열의 분해방법 등 네 가지로 분류할 수 있다. 회귀분석 방법과 박스-젠킨스 방법은 수학적 이론에 근거한 체계적인 방법이고, 시계열 자료의 분해방법과 지수평활법은 경험적이고 직관적인 방법이라고 할 수 있다.

- 시계열의 모형은 관찰 자료의 요소들 사이의 관계를 추정하는 데 필요하며, 가장 일반적으로 많이 사용되는 시계열 모형으로는 가법모형(additive model)과 승법모형(multiplicative model)이 있다.

- 이동평균법이란 이동평균을 이용하여 불규칙변동이나 계절변동을 제거하는 것으로 평활법 중 한 가지이다. 이동평균은 불규칙변동이나 계절변동을 간단히 제거할 수 있는 장점이 있으나, 긴 기간의 이동평균이나 반복되는 이동평균은 많은 자료가 손실이 된다.

- 지수평활법은 과거의 관측값으로 미래의 값을 예측할 때 최근의 자료에 더 많은 가중값을 부여하여 예측하는 방법이다.

연/습/문/제

5.1 백두 주식회사의 2007년도 매출은 아래와 같다. 만약 6개월 이동평균을 다음 달의 매출액 예측치로 사용한다면 2008년도 매출액을 예측하라.

(단위: 백만 원)

기간(월)	1	2	3	4	5	6	7	8	9	10	11	12
매출액	158	222	248	216	226	239	206	178	169	177	290	245

5.2 두 회사(A사 및 B사) 주식의 2년 동안의 월별 성과를 비교하려고 한다. 이 경우 A사와 B사의 주가에 대한 다중(겹쳐진 시계열도)를 그려보자.

번호	A 사	B 사	번호	A 사	B 사
1	36.25	30.00	13	40.50	42.88
2	37.25	31.13	14	42.75	47.50
3	37.75	29.63	15	42.88	49.25
4	38.25	29.75	16	42.50	46.50
5	39.88	34.25	17	41.13	45.25
6	40.88	32.13	18	43.50	54.88
7	39.13	30.88	19	42.88	48.88
8	40.00	39.13	20	43.75	56.25
9	41.50	42.38	21	44.00	60.13
10	38.63	35.88	22	44.50	56.88
11	40.13	32.00	23	43.88	59.75
12	41.88	46.13	24	45.50	60.25

5.3 갑을회사는 2년 동안 두 군데의 광고 대행사를 이용하였는데, 2006년에는 A광고 대행사를 이용했고, 2007년에는 B광고 대행사를 이용했다. 이제 지난 2년 동안의 매출 데이터를 비교하기 위해 아래의 데이터를 이용하여 그룹이 있는 시계열도를 만들어 보자.

(단위: 천만 원)

년별	월별	판매액	광고액	광고사	년별	월별	판매액	광고액	광고사
2006	1월	210	30	A	2007	1월	368	30	B
2006	2월	205	25	A	2007	2월	358	25	B
2006	3월	202	55	A	2007	3월	345	36	B
2006	4월	245	43	A	2007	4월	380	36	B
2006	5월	237	60	A	2007	5월	391	30	B
2006	6월	290	50	A	2007	6월	403	35	B
2006	7월	299	60	A	2007	7월	410	45	B
2006	8월	345	43	A	2007	8월	430	29	B
2006	9월	326	34	A	2007	9월	410	33	B
2006	10월	355	36	A	2007	10월	415	35	B
2006	11월	359	38	A	2007	11월	435	37	B
2006	12월	371	34	A	2007	12월	450	40	B

5.4 주방 주식회사에서 판매한 식탁에 대한 2007년 월별 매출액이다. 이를 지수평활법을 사용하여 2008년 1월의 예측치를 계산하라. 단 2006년의 예측치는 11.5라고 가정하고 $\alpha = 0.4$를 사용하라.

(단위: 천만 원)

월	1	2	3	4	5	6	7	8	9	10	11	12
매출액	10	12	13	16	19	23	26	30	28	18	16	14

CHAPTER

6

관리도

6.1 관리도란

관리도(control chart)란 품질의 산포 혹은 특성치를 관리하기 위한 관리한계선(control limit line)이 있는 그래프를 말한다.

관리도는 1924년에 Bell 전화연구소에 근무하던 W. A. Shewhart에 의하여 고안되었으며 KS A 3201(관리도법)은 Shewhart의 3σ 관리도 채용하고 있다. 관리도는 공정을 관리상태로 유지하기 위하여 그리고 제조공정이 잘 관리된 상태에 있는가를 조사하기 위하여 사용하며 중심선(CL)과 관리상한선(UCL), 관리하한선(LCL)으로 이루어져 있다.

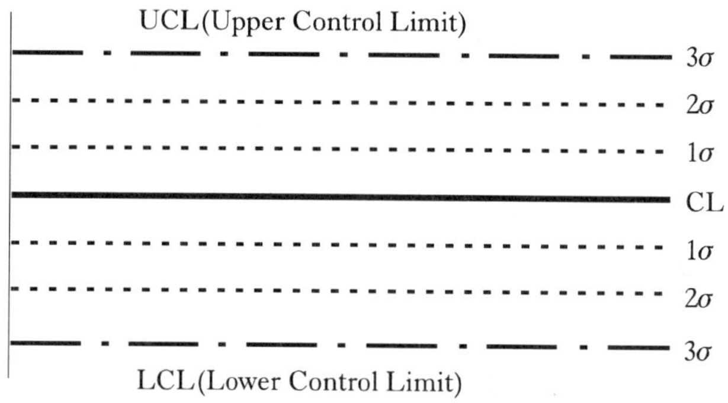

그림 6.1 ▶▶ Shewhart의 3σ 관리도

6.2 품질의 변동원인

일반적으로 일정한 조건으로 생산을 하더라도 얻어지는 제품(반제품)의 품질 특성치는 일정하지 못하고 어떤 값을 중심으로 산포하고 있다. 품질의 변동원인으로는 다음 두 가지로 생각해 볼 수 있다.

6.2.1 우연원인(chance cause)

작업의 성과, 결과 또는 품질은 시간마다 제품마다 여러 요인에 의하여 변동하기 마련인

데 생산 공정에서 어느 정도의 품질변동은 아주 자연스러운, 피할 수 없는 것으로 이 원인들은 제거하기 어려운 원인들로서 불가피 원인이라고 부른다.

생산 공정이 우연원인만이 작용하고 있다면 품질의 변동을 나타내는 점들은 랜덤(random)하게 움직이므로 다른 점들과 특별히 떨어져 나타나지 않고 또한 어떤 특별한 양상을 보여주지 않을 것이다. 이러한 경우 점들의 움직임은 통계적 법칙에 따르게 되므로 그 공정에는 특정한 이상 원인이 없다고 판단하며, 이러한 공정은 관리상태(under control)에 있다고 말하는데 이렇게 부르는 이유는 [그림 6.2]에서 보듯이 반복적인 생산 공정에서의 변동을 예측할 수 있어 관리가 가능해지기 때문이다.

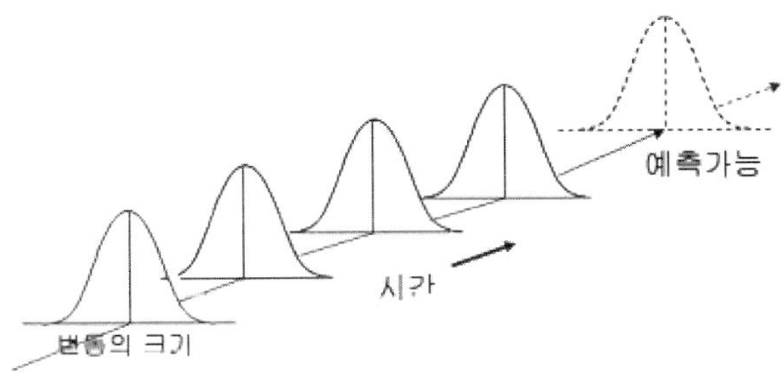

그림 6.2 ▶▶ 우연 원인에 따른 공정의 품질상태

6.2.2 이상원인(Abnormal cause)

미리 제거하였더라면 일어나지 않았을 요인에 의해서도 일어나는 변동으로 작업자의 부주의나 원자재의 품질에 이상이 있거나 생산설비상의 이상으로 품질변동을 일으키는 경우로 이러한 변동은 그 요인이 무엇인지를 알아 낼 수 있으며, 그 요인을 제거함으로써 피할 수 있는데 이러한 요인을 이상원인(abnormal cause) 또는 가피원인이라고 부른다. [그림 6.3]과 같이 점들의 움직임이 랜덤하지 않고 어떤 특정한 양상을 나타내면 이상 원인이 작용하고 있다고 판단하며, 이러한 변동을 갖는 공정은 이상상태(out of control)에 있다고 말한다.

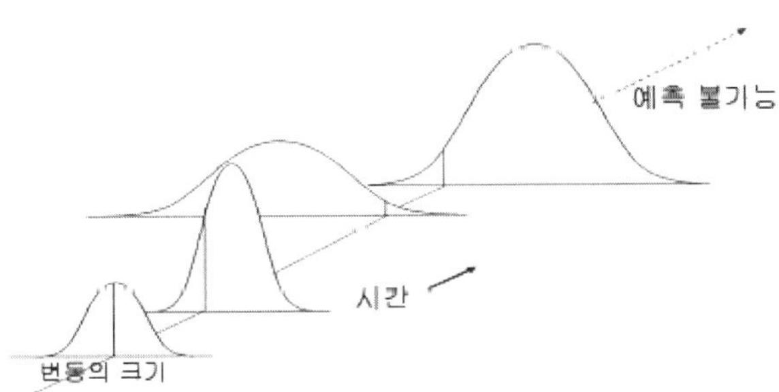

그림 6.3 ▶▶ 이상 원인에 따른 공정의 품질상태

6.3 관리한계선

생산공정이 정상상태에 있을 때 품질특성의 확률분포의 모수를 θ_0라 하고 공정의 이상 유무를 판정하기 위하여 시료를 추출하는 시점에서의 품질특성의 확률분포의 모수를 θ라 하면, 공정의 이상 유무를 판단하는 문제는 통계적 가설

$$H_0 : \theta = \theta_0$$
$$H_1 : \theta \neq \theta_0$$

을 검정하게 된다. 관리도에서는 시료에서 얻어진 데이터가 평균치를 중심으로 $\pm 3\sigma$ 안에 포함될 때 귀무가설 H_0을 채택하고, 공정에는 이상 원인이 작용하고 있지 않다고 결론을 내린다.

공정이 정상상태에 있을 때, 품질특성의 평균치에 해당하는 선을 중심선 CL(Center Line)이라 하고, 중심선에서 3σ 위에 있는 관리한계선을 관리상한 UCL(Upper Control Limit), 중심선에서 3σ 아래에 있는 관리한계선을 관리하한 LCL(Lower Control Limit)이라 한다.

$$CL = E(X)$$
$$\left.\begin{matrix} UCL \\ LCL \end{matrix}\right\} = E(X) \pm 3D(X)$$

3σ 관리한계선을 사용할 경우 옳은 귀무가설 H_0가 기각되는 확률(제1종 과오, α)은, 정규분포인 경우에 0.0027(0.27%)에 불과하다. 그러나 모수 θ에 약간의 변화가 생겨서 대립가설 $H_1 : \theta \neq \theta_0$가 옳은 경우에 옳은 대립가설 H_1을 부정할 확률(제2종 과오, β)은 $\pm 3\sigma$ 관리한계의 폭이 비교적 넓기 때문에 높게 된다. 그러나 3σ 관리한계선은 α와 β를 적절히 균형시켜 주는 점으로 생각되어 가장 많이 사용된다.

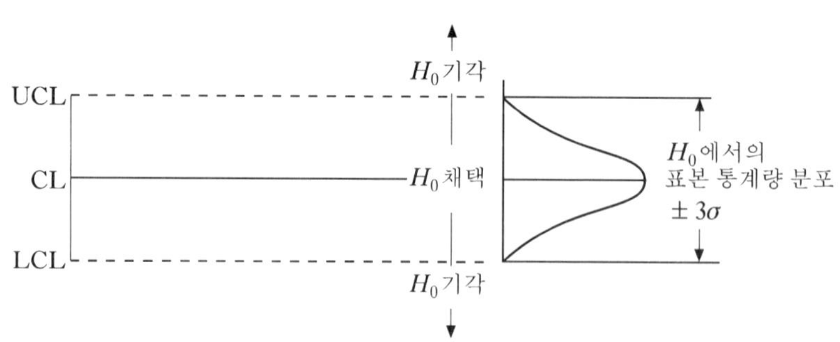

그림 6.4 ▶▶ 관리도의 통계적 원리

6.4 목적에 따른 관리도의 분류

6.4.1 표준값이 주어져 있는 경우와 주어져 있지 않은 경우

(1) 표준값이 주어져 있는 경우의 관리도

이는 해석용 관리도에 대응하는 것으로서, 이 관리도의 목적은 $\overline{X}$, R 등의 관측값이 우연원인에만 기인하는 산포(우연변동)보다 크게 산포하는지의 여부를 조사하는 것이다. 즉, 우연원인 이외의 원인(이상원인)에 의한 변동을 검출하기 위해서 사용한다.

(2) 표준값이 주어져 있지 않은 경우의 관리도

표준값이란 어떤 특정한 요구값 또는 목표값을 말하며, μ, σ, s, R 등에 대하여 각각 X_0, σ_0, s_0, R_0 등으로 표기한다. 이 관리도는 관리용 관리도에 대응하는 것으로서, 그 목적은 $\overline{X}$ 등의 통계량과 표준값 X_0 등과의 차이가 우연원인만에 의한 산포(우연변동)의 크기보다 큰지의 여부를 구별하는 것이다. 분포의 중심위치와 공정변동에 관한 부가적 요구가 표준값으로 주어진다. 이 관리도는 공정의 관리, 바람직한 수준의 제품 유지를 위해, 특히 생산현장과 온라인(on-line)되어 이용한다.

6.4.2 해석용 관리도와 관리용 관리도

(1) 해석용 관리도

① 공정이 안정상태인가 어떤가? 현재의 공정능력은 어느 정도인가? 등을 알기 위하여 이용한다.

② 관리용 관리도를 작성하기 위한 준비단계

③ 관리한계선은 파선(   )으로 기입

(2) 관리용 관리도

① 공정을 안정상태로 유지하거나, 유지하고 싶은 경우에 이용한다.

② 관리 한계선은 일점쇄선(-·-·-)으로 기입

6.5 관리도의 종류

관리도는 통계량에 따라 계량치 관리도와 계수치 관리도로 분류한다.

표 6.1 ▶▶ 관리도의 종류

계량치 관리도	계수치 관리도
$\overline{x}-R$(평균치와 범위)관리도	np(부적합품수)관리도
$x-R$(개개의 측정치와 이동범위)관리도	p(부적합품률)관리도
$Me-R$(메디안과 범위)관리도	c(부적합수)관리도
$\overline{x}-s$(평균치와 표준편차)관리도	u(단위당 부적합수)관리도
$L-S$(최대치와 최소치)관리도	
CUSUM(누적합) 관리도	
EWMA(지수가중 평균) 관리도	

참고

① 부적합이란 규정된 요구사항을 충족하지 않는 것이다. 또한 부적합품이란 하나 이상의 부적합이 있는 단위체이다. 부적합 수란 부적합 부분의 수이다. 따라서

$$\text{부적합품률} = \frac{\text{부적합품 수}}{\text{군의 크기}}, \quad \text{단위당 부적합 수} = \frac{\text{부적합 수}}{\text{군의 단위 수}}$$

이다.

② 관리도에서 개정된 중요 용어, 기호 등은 다음과 같다.

np 관리도	←	pn 관리도
Me	←	$\tilde{x}$ (메디안의 기호)
부적합품률	←	불량률
부적합품수	←	불량 개수
부적합수	←	결점수
A_4	←	m_3A_2

$\overline{R}$로부터 $\overline{R}$의 표준편차를 구하기 위한 계수 d_3를 사용하지 않음

6.6 관리한계선의 계산

6.6.1 계량치 관리도

(1) $\overline{X}-R$ (평균치와 범위) 관리도

길이, 무게, 시간, 강도, 성분, 수확률 등과 같이 데이터가 연속적인 계량치로 나타나는 공정을 관리할 때 사용된다.

① 관리한계선의 계산

구분	표준값이 주어져 있지 않은 경우		표준값이 주어져 있는 경우	
	중심선	관리한계선	중심선	관리한계선
x	$\overline{\overline{x}}=\frac{\sum\overline{x}}{k}$	$\overline{\overline{x}}\pm A_2\overline{R}$ $A_2: 3\frac{1}{\sqrt{n}\,d_2}$	X_0, u	$X_0 \pm A\upsilon_0$
R	$\overline{R}=\frac{\sum R}{k}$	$UCL=D_4\overline{R}$ $D_4=1+3\frac{d_3}{d_2}$ $LCL=D_3\overline{R}$ $D_3=1-3\frac{d_3}{d_2}$	R_0, $d_2\sigma_0$	$UCL=D_2\sigma_0$, $=3.69\sigma_0$ $LCL=D_1\sigma_0$ $=$ 고려치 않음

② 관리도의 수리

가. $\overline{x}$ 관리도

$-\mu$, σ에 대한 표준값 X_0, σ_0가 주어져 있는 경우

$$\left.\begin{matrix}UCL\\LCL\end{matrix}\right\}-E(\overline{x})\pm 3D(\overline{x})=\mu\pm 3\frac{\sigma}{\sqrt{n}}$$

$$=X_0\pm 3\frac{\sigma_0}{\sqrt{n}}=X_0\pm A\sigma_0(\text{단, } A=\frac{3}{\sqrt{n}}) \quad (6.1)$$

– 표준값이 주어져 있지 않은 경우

$$\left.\begin{matrix} UCL \\ LCL \end{matrix}\right\} = E(\bar{x}) \pm 3D(\bar{x}) = \mu \pm 3\frac{\sigma}{\sqrt{n}} (= \mu + A\sigma)$$

$$= \bar{\bar{x}} \pm 3\frac{1}{\sqrt{n}} \cdot \frac{\bar{R}}{d_2} \text{ (단, } \hat{\sigma} = \frac{\bar{R}}{d_2})$$

$$= \bar{\bar{x}} \pm A_2\bar{R} \text{ (단, } A_2 = \frac{3}{\sqrt{n} \cdot d_2}) \tag{6.2}$$

$$\text{또는, } = \bar{\bar{x}} \pm 3\frac{1}{\sqrt{n}} \cdot \frac{\bar{s}}{c_4} \text{ (단, } \hat{\sigma} = \frac{\bar{s}}{c_4})$$

$$= \bar{\bar{x}} \pm A_3\bar{s} \text{ (단, } A_3 = \frac{3}{\sqrt{n} \cdot c_4}) \tag{6.3}$$

나. R 관리도

– σ에 대한 표준값 σ_0가 주어져 있는 경우

$$\left.\begin{matrix} UCL \\ LCL \end{matrix}\right\} = E(R) \pm 3D(R) = d_2\sigma \pm 3d_3\sigma$$

$$= d_2\sigma_0 \pm 3d_3\sigma_0$$

$$= (d_2 \pm 3d_3)\sigma_0$$

$$= \begin{cases} D_2\sigma_0 & \text{(단, } D_2 = d_2 + 3d_3) \\ D_1\sigma_0 & \text{(단, } D_1 = d_2 - 3d_3) \end{cases} \tag{6.4}$$

– 표준값이 주어져 있지 않은 경우

$$\left.\begin{matrix} UCL \\ LCL \end{matrix}\right\} = E(R) \pm 3D(R) = d_2\sigma \pm 3d_3\sigma \text{ (단, } \hat{\sigma} = \frac{\bar{R}}{d_2}) \tag{6.5}$$

$$= (1 \pm 3\frac{d_3}{d_2})\bar{R} = \begin{cases} D_4\bar{R} & \text{(단, } D_4 = 1 + 3\frac{d_3}{d_2}) \\ D_3\bar{R} & \text{(단, } D_3 = 1 - 3\frac{d_3}{d_2}) \end{cases}$$

예제 6.1

A회사에서는 제품의 무게를 관리도를 작성하여 관리하고 있다. 10/10일부터 16일까지의 측정한 결과이다. $\bar{x}-R$ 관리도를 그려라.

일시	시료군의 번호	측 정 치					계	평균치	범위
		x_1	x_2	x_3	x_4	x_5	Σx	$\bar{x}$	R
10/10	1	11.1	9.4	11.2	10.4	10.1			
	2	9.6	10.8	10.1	10.8	11.0			
	3	9.7	10.0	10.0	9.8	10.4			
10/11	4	10.1	8.4	10.2	9.4	11.0			
	5	12.4	10.0	10.7	10.1	11.3			
	6	10.1	10.2	10.2	11.2	10.1			
10/12	7	11.0	11.5	11.8	11.0	11.3			
	8	11.2	10.0	10.9	11.2	11.0			
	9	10.6	10.4	10.5	10.5	10.9			
10/13	10	8.3	10.2	9.8	9.5	9.8			
	11	10.6	9.9	10.7	10.4	11.4			
	12	10.8	10.2	10.5	8.4	9.9			
10/14	13	10.7	10.7	10.8	8.6	11.4			
	14	11.3	11.4	10.4	10.6	11.1			
	15	11.4	11.2	11.4	10.1	11.6			
10/15	16	10.1	10.1	9.7	9.8	10.5			
	17	11.7	12.8	11.2	11.2	11.3			
	18	11.9	11.9	11.6	12.4	11.4			
10/16	19	10.8	12.1	11.8	9.4	11.6			
	20	12.4	11.1	10.8	11.0	11.9			

풀이

① 각 군의 합계와 평균, 범위를 구한다.

예) 첫 번째 군 $\sum_{n=1}^{5} = 11.1 + 9.4 + 11.2 + 10.4 + 10.1 = 52.2$

$$\bar{x} = (11.1 + 9.4 + 11.2 + 10.4 + 10.1)/5 = 10.44$$

$$R = 11.2 - 9.4 = 1.8$$

일시	시료군의 번호	측정치					계 Σx	평균치 $\bar{x}$	범위 R
		x_1	x_2	x_3	x_4	x_5			
10/10	1	11.1	9.4	11.2	10.4	10.1	52.2	10.44	1.8
	2	9.6	10.8	10.1	10.8	11.0	52.3	10.46	1.4
	3	9.7	10.0	10.0	9.8	10.4	49.9	9.98	0.7
10/11	4	10.1	8.4	10.2	9.4	11.0	49.1	9.82	2.6
	5	12.4	10.0	10.7	10.1	11.3	54.5	10.90	2.4
	6	10.1	10.2	10.2	11.2	10.1	51.8	10.36	1.1
10/12	7	11.0	11.5	11.8	11.0	11.3	56.6	11.32	0.8
	8	11.2	10.0	10.9	11.2	11.0	54.3	10.86	1.2
	9	10.6	10.4	10.5	10.5	10.9	52.9	10.58	0.5
10/13	10	8.3	10.2	9.8	9.5	9.8	47.6	9.52	1.9
	11	10.6	9.9	10.7	10.4	11.4	53.0	10.60	1.5
	12	10.8	10.2	10.5	8.4	9.9	49.8	9.96	2.4
10/14	13	10.7	10.7	10.8	8.6	11.4	52.2	10.44	2.8
	14	11.3	11.4	10.4	10.6	11.1	54.8	10.96	1.0
	15	11.4	11.2	11.4	10.1	11.6	55.7	11.14	1.5
10/15	16	10.1	10.1	9.7	9.8	10.5	50.2	10.04	0.8
	17	11.7	12.8	11.2	11.2	11.3	58.2	11.64	1.6
	18	11.9	11.9	11.6	12.4	11.4	59.2	11.84	1.0
10/16	19	10.8	12.1	11.8	9.4	11.6	55.7	11.14	2.7
	20	12.4	11.1	10.8	11.0	11.9	57.2	11.44	1.6
								$\bar{\bar{x}} = 10.67$	$\bar{R} = 1.57$

② $\bar{\bar{x}}$를 계산한다.

$$\bar{\bar{x}} = \frac{\bar{x}_1 + \bar{x}_2 + \cdots + \bar{x}_k}{k}$$

$$= \frac{10.44 + 10.46 + \cdots + 11.44}{20} = 10.67$$

③ R의 평균치 $\bar{R}$를 계산한다.

$$\bar{R} = \frac{\Sigma R}{k}$$

$$= \frac{1.8 + 1.4 + \cdots + 1.6}{20} = 1.60$$

④ $\bar{x}$, R 관리도의 관리선을 계산한다.

$\bar{x}$ 관리도	R 관리도
중심선 : $CL = \bar{\bar{x}}$ 관리상한선 : $\bar{\bar{x}} + A_2\bar{R}$ 관리하한선 : $\bar{\bar{x}} - A_2\bar{R}$	중심선 : $CL = \bar{R}$ 관리상한선 : $UCL = D_4\bar{R}$ 관리하한선 : $LCL = D_3\bar{R}$

단, A_2는 $\bar{x}$ 관리도의 3시그마 관리한계를 구하기 위한 계수로서 군의 크기 n에 따라서 정해지는 값이다. A_2의 값은 [부표 6]에 표시되어 있다.

가. $\bar{x}$ 관리도

$$CL = \bar{\bar{x}} = 10.67$$
$$UCL = \bar{\bar{x}} + A_2\bar{R} = 10.67 + 0.577 \times 1.60 = 11.59$$
$$LCL = \bar{\bar{x}} - A_2\bar{R} = 10.67 - 0.577 \times 1.60 = 9.75$$

나. R 관리도

$$CL = \bar{R} = 1.60$$
$$UCL = D_4\bar{R} = 2.114 \times 1.60 = 3.38$$
$LCL = D_3\bar{R} =$ 고려치 않음

⑤ 관리한계선을 기입하고 각 군의 $\bar{x}$, R을 타점한다.

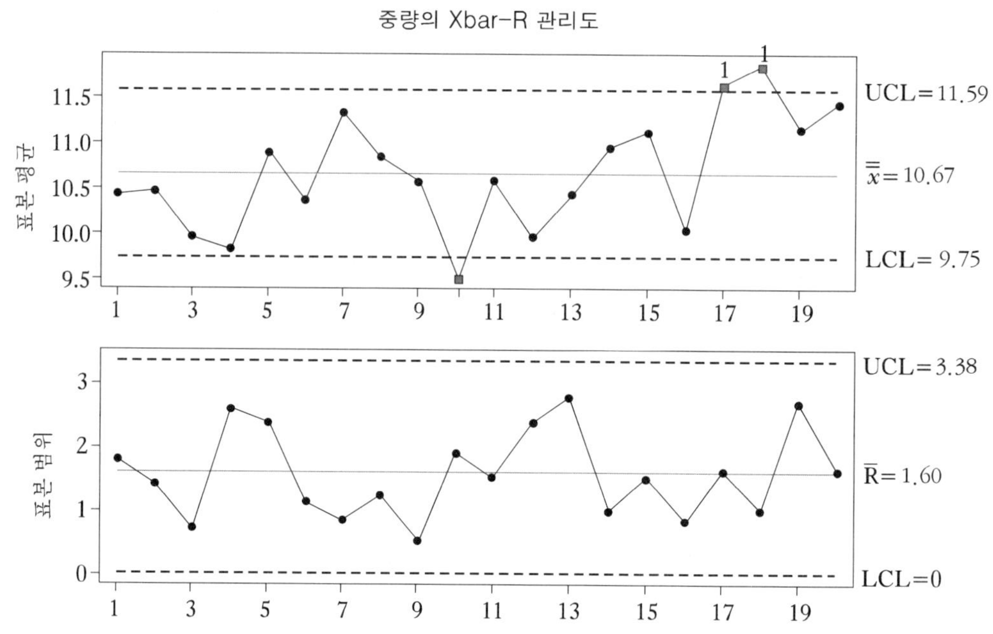

⑥ 기타 필요사항을 기입한다.

관리도명, 관리항목(관리특성), 공정명, 품명, 규격치, 측정단위, 군의 크기, 관리담당자명 등을 기입한다.

미니탭을 이용한 분석

① 데이터 입력

워크시트 1 ***

↓	C1 subgroup	C2 중량
1	1	11.1
2	1	9.4
3	1	11.2
4	1	10.4
5	1	10.1
6	2	9.6
7	2	10.8

② 통계분석 > 관리도 > 부분군 계량형 관리도 > Xbar-R

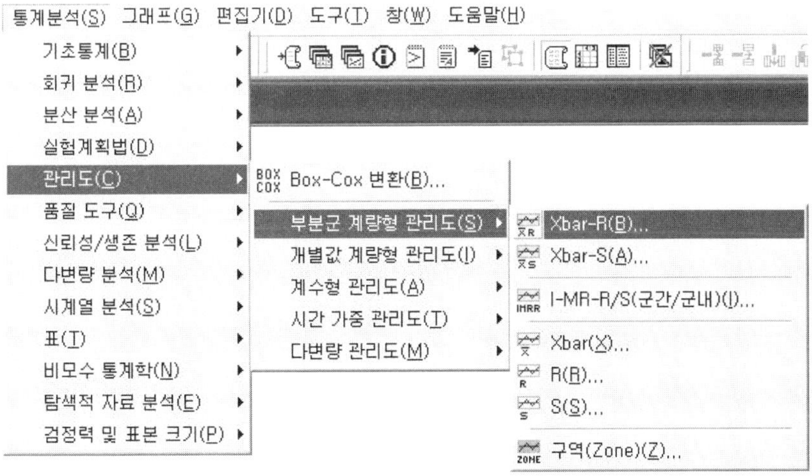

③ 대화창에 데이터가 한 열에 입력되어 있으면 '한 관리도에 대한 모든 관측치가 한 열에 있는 경우:'에, 각 부분군의 데이터가 각 열에 입력되어 있으면 '한 부분군에 대한 관측치를 여러 걸쳐 한 행에;'에 해당 열(변수)를 입력한다.

여기서 부분군의 크기는 5이므로 5를 입력한다.

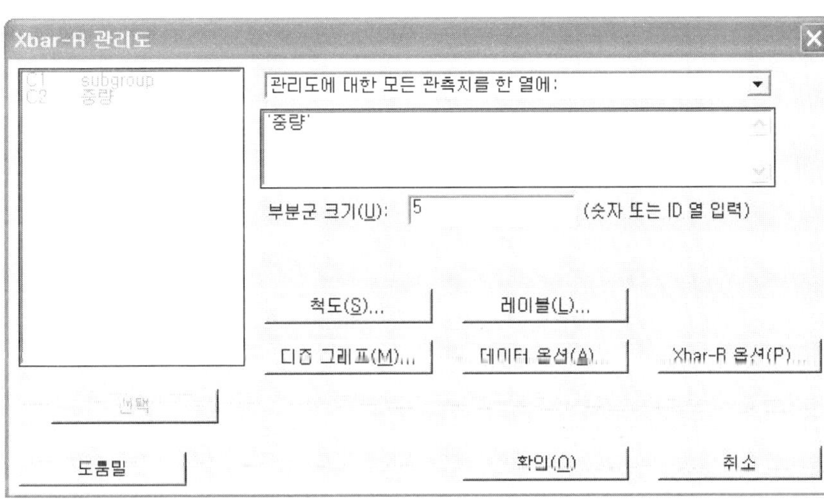

④ [Xbar-R 옵션...]의 [모수]탭에서 μ와 s를 추정하는 데 사용할 과거 데이터를 입력한다. 예를 들어 알려진 공정 모수가 있거나 과거의 데이터에서 추정한 공정 모수가 있으면 이 값을 입력할 수 있다. μ 값 또는 s 값을 지정하지 않으면 Minitab은 데이터에서 평균 값과 시그마 값을 추정한다. 모수를 추정할 때 추정치를 사용하여 특정 부분군을 생략하거나 포함할 수 있다.

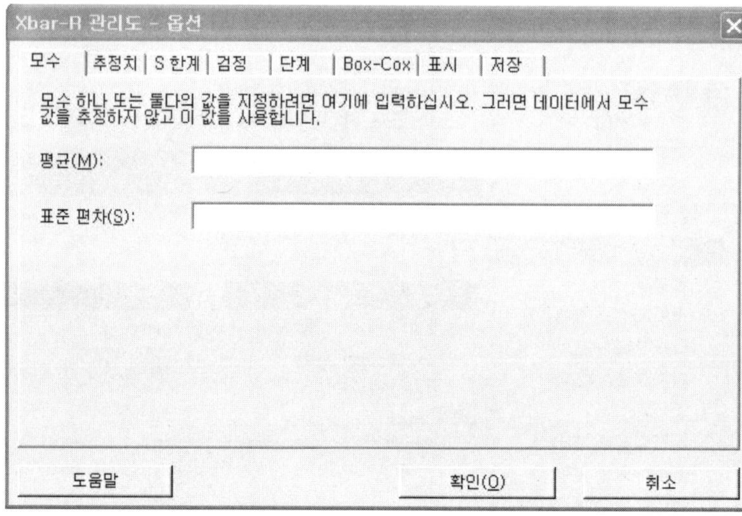

– 평균 : 과거 평균을 상수로 입력한다.
– 표준 편차 : 과거 표준 편차를 상수로 입력한다.

⑤ [Xbar-R 옵션...]의 [추정치]탭에서 표준편차의 추정방식을 선택할 수 있다.

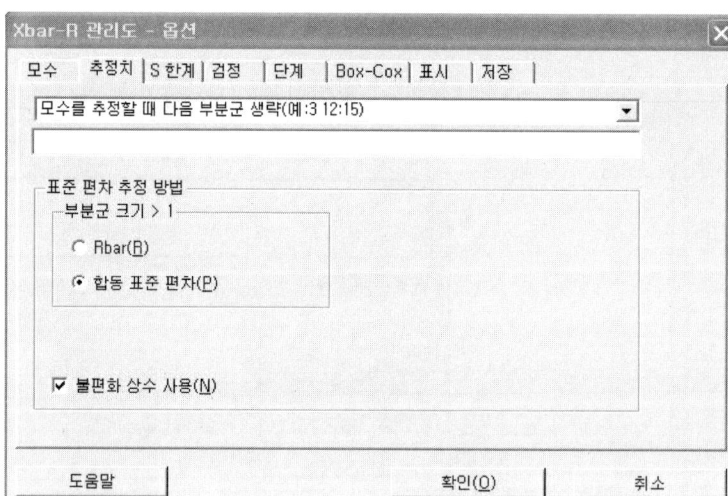

– R bar 방식 : $\hat{\sigma} = \dfrac{\overline{R}}{d_2}$ (6.6)

– 합동 표준 편차 : $\hat{\sigma} = \dfrac{S_p}{c_4(k(n-1))}$ (6.7)

$$단, \quad S_p = \sqrt{\frac{\sum_{i=1}^{k}\sum_{j=1}^{n}(x_{ij}-\overline{x})^2}{k(n-1)}}$$

⑥ [Xbar-R 옵션...]의 [검정]탭에서 특수 원인에 대한 여덟 가지 검정을 행할 수 있으며, 특정 검정의 K 값을 변경하여 사용자 정의할 수 있다.

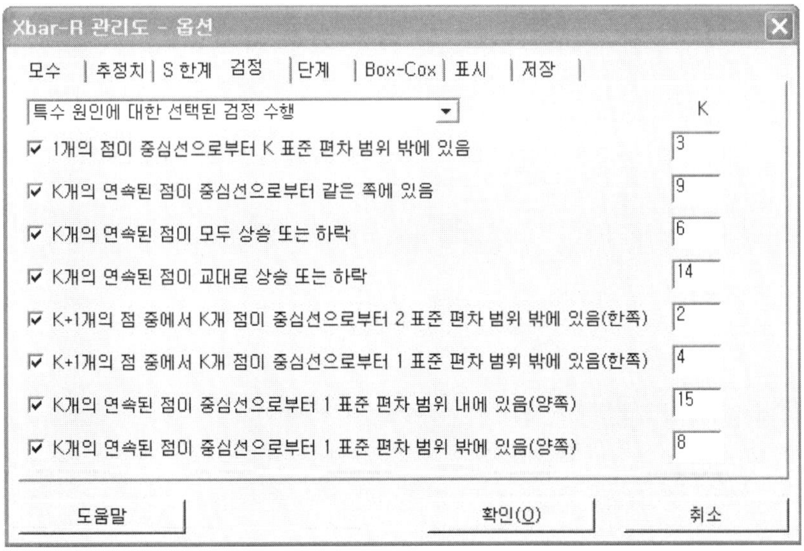

⑦ 출력결과

가. 그래프

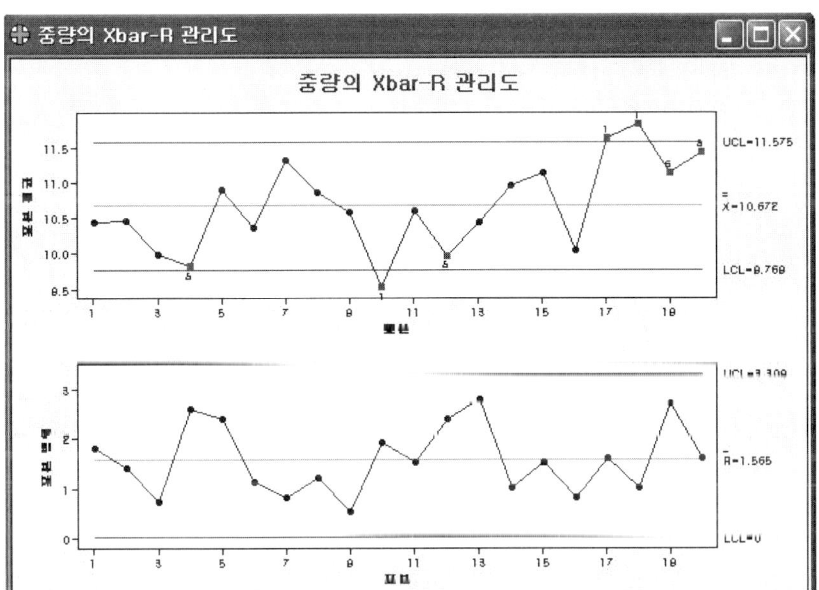

나. 세션창

세션

중량의 Xbar 관리도에 대한 검정 결과

검정 1. 1개의 점이 중심선으로부터 3.00 표준 편차 범위 밖에 있음
검정 실패 지점: 10, 17, 18

검정 5. 3개의 점 중에서 2개의 점이 중심선으로부터 2 표준 편차 범위 밖에 있음(CL의 한 쪽)
검정 실패 지점: 4, 12, 18, 20

검정 6. 5개의 점 중에서 4개의 점이 중심선으로부터 1 표준 편차 범위 밖에 있음(CL의 한 쪽)
검정 실패 지점: 19, 20

(2) $x-R$[1] (개개의 측정치와 이동범위) 관리도

데이터를 군으로 나누지 않고 한개 한개의 측정치를 그대로 사용하여 공정을 관리할 경우에 사용한다. 데이터를 군으로 나누어도 별로 의미가 없는 경우, 또는 정해진 공정으로부터 한 개의 측정치밖에 얻을 수 없을 때 사용한다.

① 관리한계선의 계산

구분	표준값이 주어져 있지 않은 경우		표준값이 주어져 있는 경우	
	중심선	관리한계선	중심선	관리한계선
x	$\bar{x}=\frac{\sum x}{k}$	$\bar{x} \pm 2.66\bar{R}$	X_0, u	$X_0 \pm 3\sigma_0$
R	$\bar{R}=\frac{\sum R}{k-1}$	$UCL=D_4\bar{R}=3.27\bar{R}$ $LCL=$ 고려치 않음	R_0, $d_2\sigma_0$	$UCL=D_2\sigma_0$ $=3.69\sigma_0$ $LCL=D_1\sigma_0$ = 고려치 않음

② 관리도의 수리

가. x 관리도

– μ, σ에 대한 표준값 X_0, σ_0가 주어져 있는 경우

1) ISO 8258에서는 이동범위와 범위의 기호를 구분하지 않고 R을 사용하고 있다. 국내에서는 종전에 이동범위의 기호를 R_S를 사용했다.

$$\left.\begin{matrix} UCL \\ LCL \end{matrix}\right\} = E(x) \pm 3D(x) = \mu \pm 3\sigma = X_0 \pm 3\sigma_0 \quad (6.8)$$

– 표준값이 주어져 있지 않은 경우

$$\left.\begin{matrix} UCL \\ LCL \end{matrix}\right\} = E(x) \pm 3D(x) = \mu \pm 3\sigma$$

$$= \bar{x} \pm 3\frac{\bar{R}}{d_2} \text{ (단, } \hat{\mu} = x,\ \hat{\sigma} = \frac{\bar{R}}{d_2}\text{)}$$

$$= \bar{x} \pm E_2 \bar{R} \text{ (단, } E_2 = \frac{3}{d_2} = \sqrt{n}\,A_2\text{)} \quad (6.9)$$

나. 이동범위(R) 관리도[2] : 범위(R) 관리도에서 $n = 2$인 경우이다.

예제 6.2

다음 데이터에 의하여 이동범위 R를 사용하는 경우의 x 관리도, 즉 합리적인 군구분을 할 수 없는 경우의 x 관리도를 미니탭을 이용하여 작성하여라.

번호	측정치 x	번호	측정치 x
1	1.01	16	0.99
2	0.98	17	1.03
3	1.04	18	1.00
4	1.07	19	1.06
5	1.02	20	1.02
6	1.03	21	0.98
7	0.98	22	1.00
8	1.01	23	1.04
9	0.97	24	0.96
10	1.01	25	1.01
11	1.04	26	1.03
12	1.02	27	0.99
13	1.05	28	1.05
14	1.00	29	1.01
15	0.96	30	1.02

2) 이동범위란 연속하는 2개 값의 차의 절대값으로 $|X_1 - X_2|$, $|X_3 - X_4|$, … 이다.

풀이

① 데이터 입력

↓	C1 측정치
1	1.01
2	0.98
3	1.04
4	1.07
5	1.02
6	1.03
7	0.98
8	1.01
9	0.97
10	1.01

② 통계분석 > 관리도 > 개별값 계량형 관리도 > I-MR

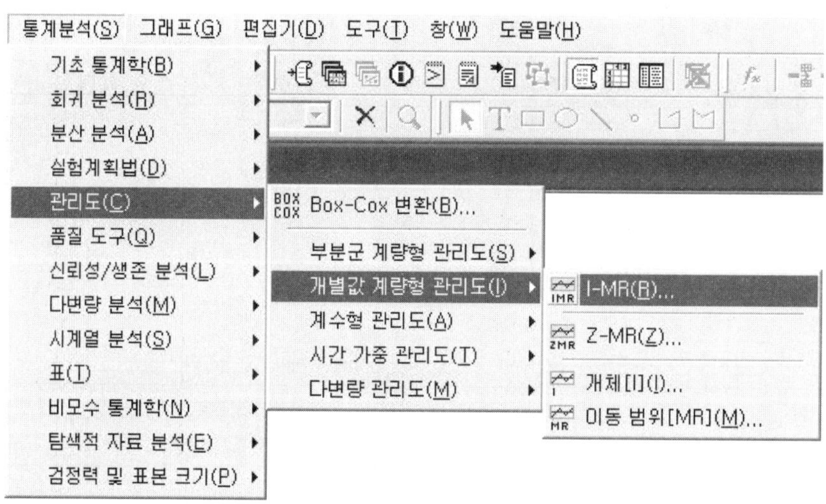

참고

미니탭에서는 개별(individual ; I) 관리도와 이동범위(moving range ; MR) 관리도를 I-MR로 표시하고 있다.

③ 대화창의 변수란에 측정치를 입력한다.

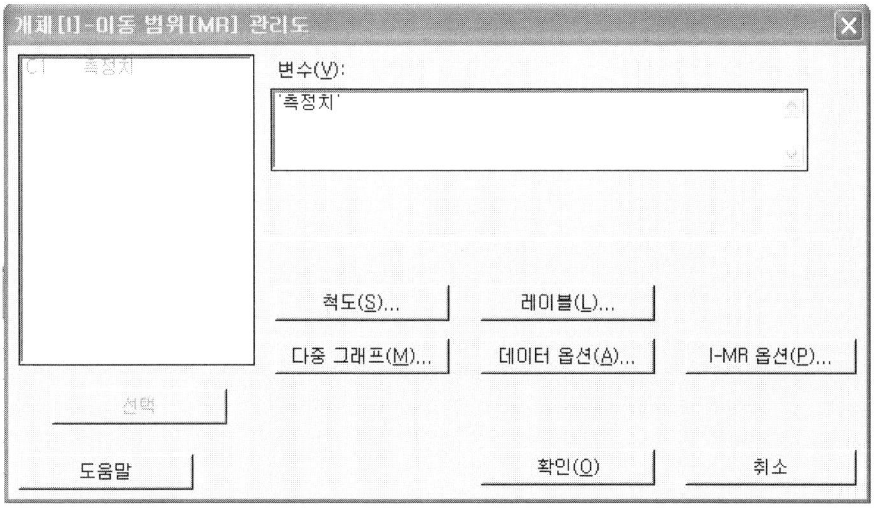

④ [I-MR 옵션...]의 [검정]탭에서 특수원인에 의한 여덟 가지 검정을 행할 수 있다.

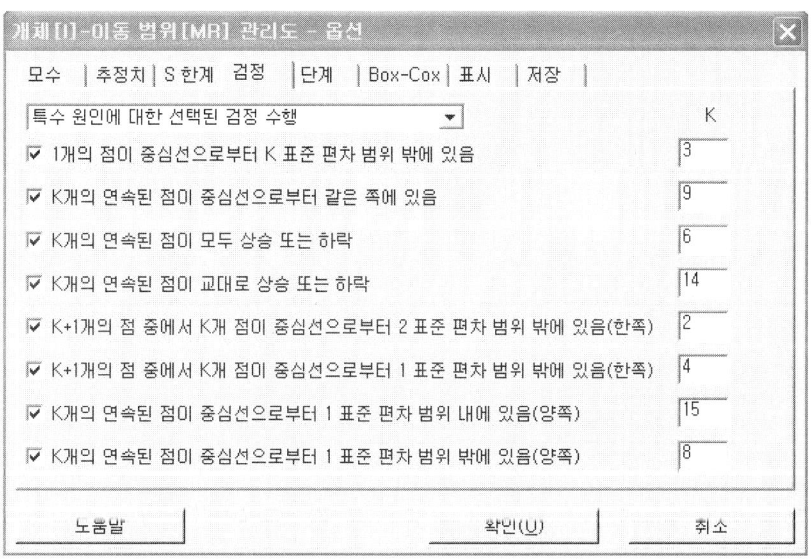

⑤ [I-MR 옵션...]의 [추정치]탭에서 표준편차 추정방법을 선택할 수 있다.

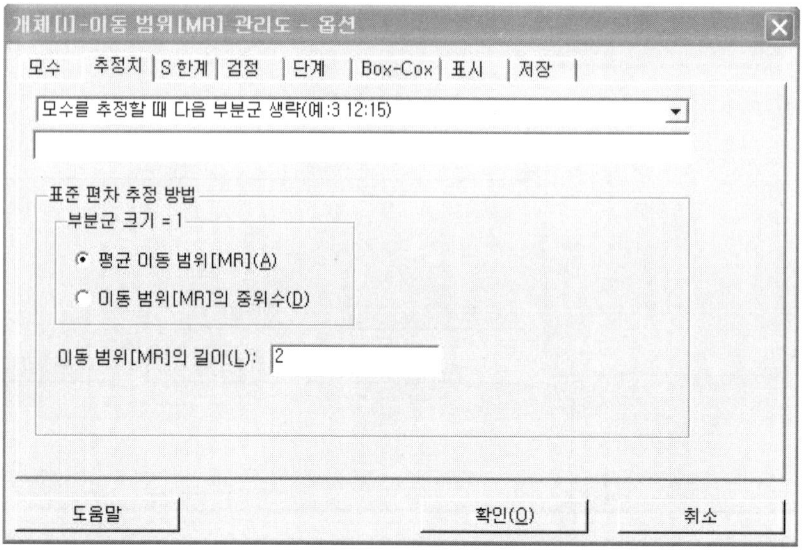

– 평균 이동 범위[MR]: 평균 이동 범위[MR]를 사용하여 s를 추정하려면 이 항목을 선택한다.

⑥ 출력결과

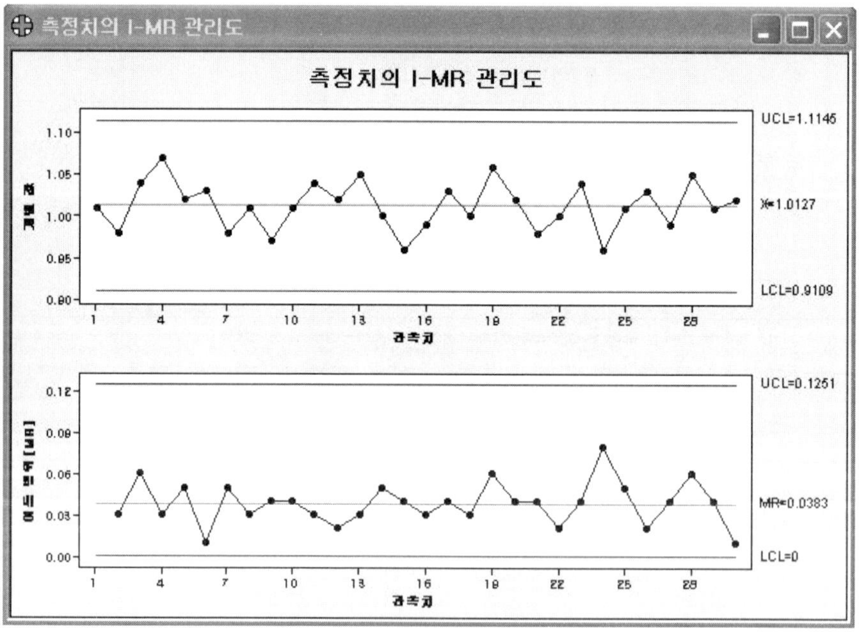

– 관리도 출력결과 점이 관리선을 이탈한 점이 없고, 점의 배열에 아무런 습관성이 없으므로 공정은 관리상태에 있다고 판정한다.

(3) $Me-R$ (메디안과 범위) 관리도

평균치 $\overline{x}$ 대신에 메디안(중앙값)을 사용하는 경우에 쓴다.

① 관리한계선의 계산

구 분	표준값이 주어져 있지 않은 경우		표준값이 주어져 있는 경우	
	중심선	관리한계선	중심선	관리한계선
Me	$\overline{Me}=\dfrac{\sum Me}{k}$	$\overline{Me}\pm 3m_3\dfrac{1}{\sqrt{n}}\dfrac{\overline{R}}{d_2}$ $=\overline{Me}\pm A_4\overline{R}$	$X_0,\ u_0$	$X_0 \pm 3m_3\dfrac{\sigma_0}{\sqrt{n}}$
R	$\overline{R}=\dfrac{\sum R}{k}$	$UCL=D_4\overline{R}$ $LCL=D_3\overline{R}$	$R_0,\ d_2\sigma_0$	$UCL=D_2\sigma_0,$ $=3.69\sigma_0$ $LCL=D_1\sigma_0$ = 고려치 않음

② 관리도의 수리

- μ, σ에 대한 표준값 X_0, σ_0가 주어져 있는 경우

$$\left.\begin{matrix}UCL\\LCL\end{matrix}\right\}=E(Me)\pm 3D(Me)=\mu\pm 3m_3\frac{\sigma}{\sqrt{n}}=X_0\pm 3m_3\frac{\sigma_0}{\sqrt{n}} \tag{6.10}$$

- 표준값이 주어져 있지 않은 경우

$$\left.\begin{matrix}UCL\\LCL\end{matrix}\right\}=E(Me)\pm 3D(Me)=\mu\pm 3m_3\frac{\hat{\sigma}}{\sqrt{n}}$$

$$=Me\pm 3m_3\frac{1}{\sqrt{n}}\cdot\frac{\overline{R}}{d_2}\ (\text{단, } \mu=\overline{M}e,\ \dot{\sigma}=\frac{\overline{R}}{d_2})$$

$$=\overline{M}e+A_1\overline{R}\ (\text{단, } A_1=\frac{3m_3}{(\sqrt{n}\cdot d_2)}) \tag{6.11}$$

(4) $x-s$ (평균치와 표준편차) 관리도

$\overline{x}-R$와 마찬가지로 평균과 산포를 관리하기 위한 관리도이다. 일반적으로 범위 R을 구하는 것이 σ의 추정치 $s'=\sqrt{\dfrac{\Sigma(x_i-\overline{x})^2}{n-1}}$ 를 구하는 것보다 계산이 용이하므로 R 관리

도가 σ 관리도보다 널리 사용된다.

① 관리한계선의 계산

구 분	표준값이 주어져 있지 않은 경우		표준값이 주어져 있는 경우	
	중심선	관리한계선	중심선	관리한계선
$\overline{x}$	$\overline{\overline{x}} = \frac{\sum \overline{x}}{k}$	$\overline{\overline{x}} \pm A_2 \overline{R}$, $\overline{\overline{x}} \pm A_3 \overline{s}$	X_0, u_0	$X_0 \pm A\sigma_0$
s	$\overline{s}' = \frac{\overline{s}}{c_4}$	$UCL = B_4 \overline{s}$ $LCL = B_3 \overline{s}$	s_0, $c_4 \sigma_0$	$UCL = B_6 \sigma_0$ $LCL = B_5 \sigma_0$

② 관리도의 수리

- σ에 대한 표준값 σ_0가 주어져 있는 경우

$$\left.\begin{matrix} UCL \\ LCL \end{matrix}\right\} = E(s) \pm 3D(s) = c_4\sigma \pm 3c_5\sigma$$
$$= c_4\sigma_0 \pm 3c_5\sigma_0$$
$$= (c_4 \pm 3c_5)\sigma_0 = \begin{cases} B_6\sigma_0 & (\text{단, } B_6 = c_4 + 3c_5) \\ B_5\sigma_0 & (\text{단, } B_5 = c_4 - 3c_5) \end{cases} \tag{6.12}$$

- 표준값이 주어져 있지 않은 경우

$$\left.\begin{matrix} UCL \\ LCL \end{matrix}\right\} = E(s) \pm 3D(s) = c_4\sigma \pm 3c_5\sigma \ (\text{단, } \hat{\sigma} = \frac{\overline{s}}{c_4})$$
$$= (1 \pm 3\frac{c_5}{c_4})\overline{s} = \begin{cases} B_4\overline{s} \ (\text{단, } B_4 = 1 + 3\frac{c_5}{c_4}) \\ B_3\overline{s} \ (\text{단, } B_3 = 1 - 3\frac{c_5}{c_4}) \end{cases} \tag{6.13}$$

예제 6.3

미니탭으로 [예제 6.1]의 데이터를 이용하여 $\overline{x} - s$ 관리도를 그려라.

풀이

① 데이터 입력

워크시트 1 ***

↓	C1	C2
	subgroup	중량
1	1	11.1
2	1	9.4
3	1	11.2
4	1	10.4
5	1	10.1
6	2	9.6
7	2	10.8

② 통계분석 > 관리도 > 부분군 계량형 관리도 > Xbar-S

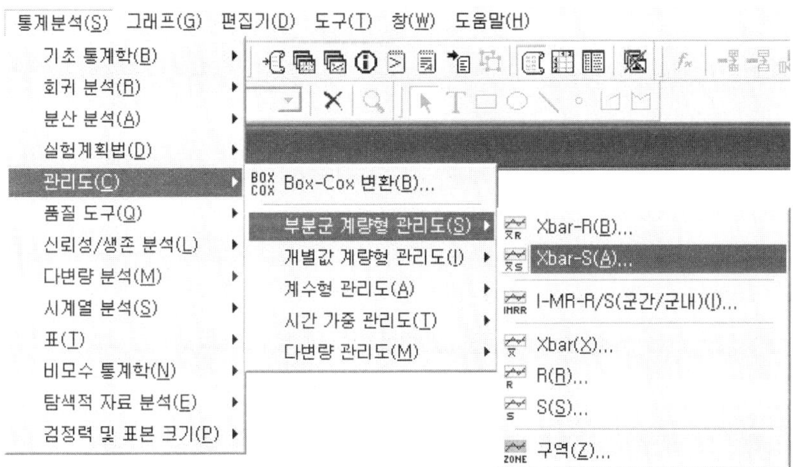

③ 대화창에 중량을 입력하고 부분군의 크기 5를 입력한다.

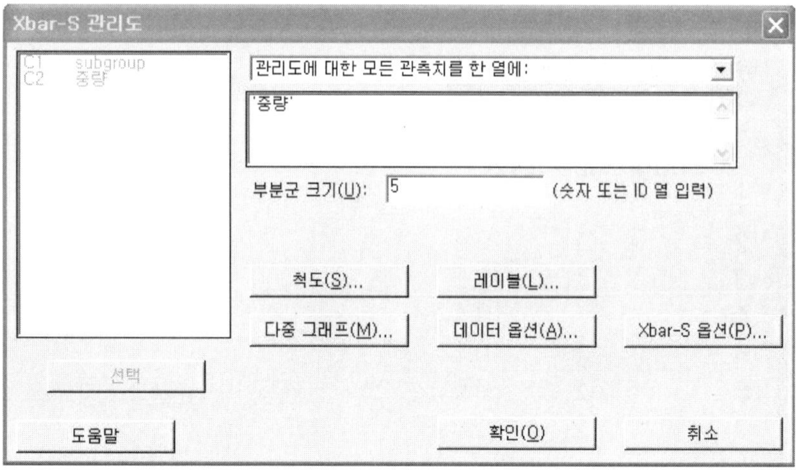

④ [Xbar-S옵션...]을 눌러 [검정]탭에서 특수원인에 의한 여덟 가지 검정을 행할 수 있다.

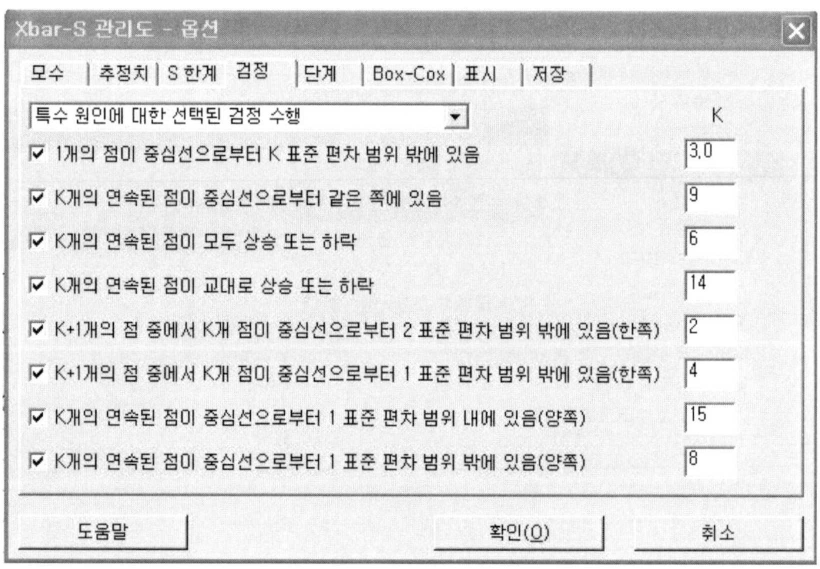

⑤ [Xbar-S옵션...]을 [추정치] 탭에서 표준편차 추정방법을 선택할 수 있다.

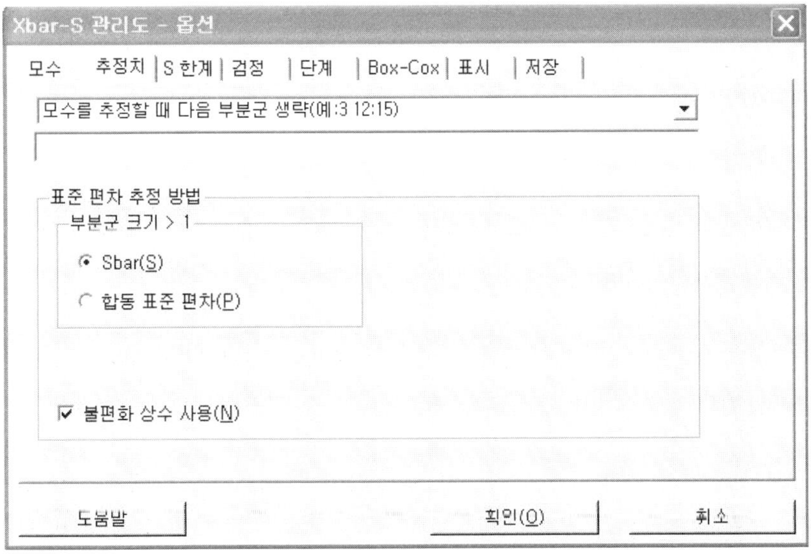

⑥ 출력결과

가. 그래프

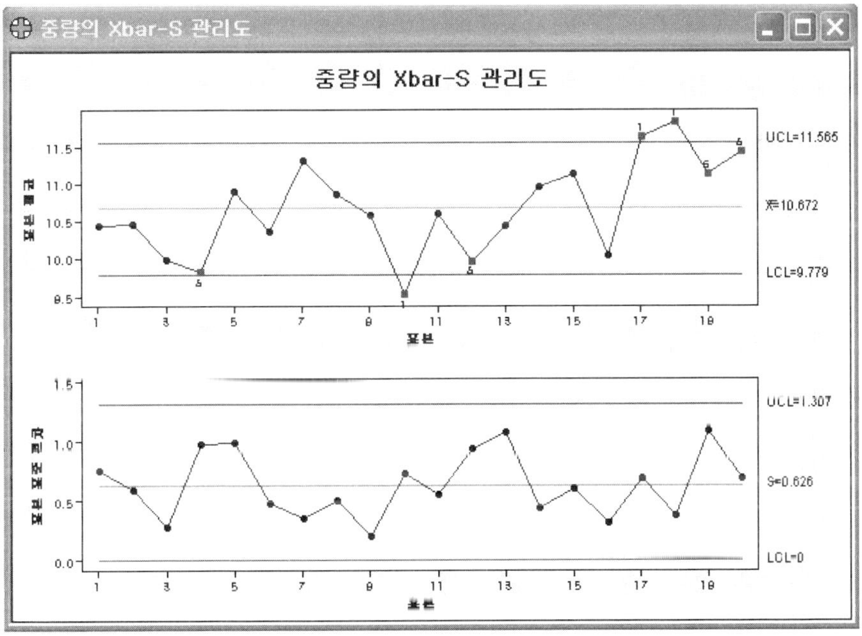

나. 세션창

세션

중량의 Xbar-S 관리도

중량의 Xbar 관리도에 대한 검정 결과

검정 1. 1개의 점이 중심선으로부터 3.00 표준 편차 범위 밖에 있음.
검정 실패 지점: 10, 17, 18

검정 5. 3개의 점 중에서 2개의 점이 중심선으로부터 2 표준 편차 범위 밖에 있음(CL의 한 쪽).
검정 실패 지점: 4, 12, 18, 20

검정 6. 5개의 점 중에서 4개의 점이 중심선으로부터 1 표준 편차 범위 밖에 있음(CL의 한 쪽).
검정 실패 지점: 19, 20

- 관리도 출력결과 표준편차 관리도에서는 이상이 없으므로 공정의 산포는 관리상태에 있다. 그러나 $\overline{X}$ 관리도에서 점이 관리선을 이탈한 점이 있고(10, 17, 18), 점의 배열에도 이상이 있으므로 원인을 규명하고 적절한 조치를 취하여야 한다.

(5) $L-S$ (최대치와 최소치) 관리도

계량치의 데이터를 군으로 구분했을 때, 군 가운데서 최대치(L)와 최소치(S)를 구하여 점 찍어나가는 관리도이다.

① 관리한계선의 계산

$$CL = \frac{1}{2}(\overline{L} + \overline{S}) = \overline{M}$$

$$\left.\begin{matrix} UCL \\ LCL \end{matrix}\right\} = \overline{M} \pm A_9 \overline{R} \tag{6.14}$$

② 관리도의 수리

최대치(L)의 분포는

$$E(L) = \mu + \frac{d_2}{2}\sigma \qquad D(L) = e_3\sigma \tag{6.15}$$

최소치(S)의 분포는

$$E(S) = \mu - \frac{d_2}{2}\sigma \qquad D(S) = e_3\sigma \tag{6.16}$$

로 되는 것이 알려져 있으므로, L-S 관리도의 관리한계선은 최대치(L)에 대해서는

$$\left.\begin{matrix} UCL \\ LCL \end{matrix}\right\} = E(L) \pm 3D(L) = \left(\mu + \frac{d_2}{2}\sigma\right) \pm 3e_3\sigma$$

L에 대한 UCL과 S에 대한 LCL을 취하면

$$\begin{aligned}\left.\begin{matrix} UCL \\ LCL \end{matrix}\right\} &= \left(\mu + \frac{d_2}{2}\sigma\right) \pm 3e_3\sigma \\ &= \frac{\overline{L}+\overline{S}}{2} \pm \left(\frac{d_2}{2} + 3e_3\right)\frac{\overline{R}}{d_2} \quad \text{단,}\ \ \hat{\mu} = \frac{\overline{L}+\overline{S}}{2} = \overline{M},\ \hat{\sigma} = \frac{\overline{R}}{d_2} \\ &= \frac{\overline{L}+\overline{S}}{2} \pm \left(\frac{1}{2} + 3\frac{e_3}{d_2}\right)\overline{R} \quad \text{단,}\ \ A_9 = \frac{1}{2} + 3\cdot\frac{e_3}{d_2} \\ &= \overline{M} \pm A_9\overline{R} \qquad (6.17)\end{aligned}$$

가 된다.

(6) CUSUM(누적합) 관리도

크기 n의 표본을 주기적으로 추출하여 그 평균 $\overline{x}$와 목표치(공정기 대치) u_0의 차의 누적합을 그래프로 그린 관리도이다. 이 관리도는 공정의 변화가 서서히 일어나고 있을 때 Shewhart 관리도로서는 그 공정의 변화가 탐지되기 어려우나 CUSUM 관리도로서는 비교적 민감하게 탐지해 낼 수 있는 장점이 있다.

(7) EWMA(지수가중 평균) 관리도

연속적으로 관측되는 각 표본평균에 대하여 최근 측정값에 더 가중치를 줌으로써 공정의 작은 변화를 민감하게 빨리 감시할 수 있도록 고안된 관리도이다.

EWMA 관리도는 누적합 관리도와 같이 현재 및 과거의 관측값을 이용해서 관리도를 작성하지만, 관리도의 작성이나 해석이 누적합 관리보다 쉽다. 가중이동평균을 관리도에 그리고, 이 점이 관리한계선 밖으로 나타나면 공정이 관리상태에서 벗어난 것으로 간주한다.

6.6.2 계수치 관리도

(1) np (부적합품수) 관리도

공정을 부적합품수 np에 의하여 관리할 경우에 사용한다. 이 경우에 표본의 크기는 일정해야 된다.

① 관리한계선의 계산

통계량	표준값이 주어져 있지 않은 경우		표준값이 주어져 있는 경우	
	중심선	관리한계선	중심선	관리한계선
np	$\overline{np} = \dfrac{\sum np}{k}$	$\overline{np} \pm 3\sqrt{\overline{np}(1-\bar{p})}$	np_0	$np_0 \pm 3\sqrt{np_0(1-p_0)}$

② 관리도의 수리

가. 표준값 np_0이 주어져 있지 않은 경우에는 아래와 같으며, 이 경우의 np 관리도가 통계적 관리상태에 있을 때의 평균부적합품수 $n\bar{p}$가 부적합품수의 표준값 np_0로 이용된다.

나. 모집단을 모부적합품률 P의 무한모집단이라고 가정하면 n개의 시료 중에 포함되는 부적합품의 수 r은 이항분포를 따른다.

$$P(r) = {}_nC_r\ P^r(1-P)^{n-r} \tag{6.18}$$

r의 평균치 및 표준편차는

$$E(r) = np \tag{6.19}$$

$$D(r) = \sqrt{np(1-p)} \tag{6.20}$$

로 된다. 따라서 3σ한계의 원칙에 의거, np 관리도의 관리한계는

$$\left.\begin{matrix} UCL \\ LCL \end{matrix}\right\} = E(np) \pm 3D(np) = \overline{np} \pm 3\sqrt{np(1-p)} \tag{6.21}$$

이 된다.

P를 모르는 경우에는 P 대신에 $\bar{p}$를 대입하면 다음과 같이 된다.

$$\left.\begin{matrix} UCL \\ LCL \end{matrix}\right\} = \overline{np} \pm 3\sqrt{n\bar{p}(1-\bar{p})} \tag{6.22}$$

단, $n\bar{p} = \Sigma\,\overline{np}\,/\,k$, $\bar{p} = \Sigma np\,/\,\Sigma n = \Sigma np/kn$

$\overline{np} = \Sigma\, np\,/\,k$

예제 6.4

np 관리도용 데이터 시트이다. 미니탭으로 관리도를 작성하여라.

군 번호	군의크기 n	부적합품 수 np	군 번호	군의크기 n	부적합품 수 np
1	50	4	14	50	5
2	50	10	15	50	10
3	50	5	16	50	7
4	50	9	17	50	9
5	50	8	18	50	11
6	50	9	19	50	7
7	50	5	20	50	4
8	50	12	21	50	6
9	50	6	22	50	4
10	50	8	23	50	14
11	50	9	24	50	8
12	50	10	25	50	7
13	50	6			
			계	1,250	193

풀이

① 데이터 입력

관리도(부적합품).MTW ***

↓	C1	C2	C3
	군번호	군의크기	부적합품 수
1	1	50	4
2	2	50	10
3	3	50	5
4	4	50	9
5	5	50	8
6	6	50	9
7	7	50	5
8	8	50	12
9	9	50	6
10	10	50	8

② 통계분석 > 관리도 > 계수형 관리도 > NP

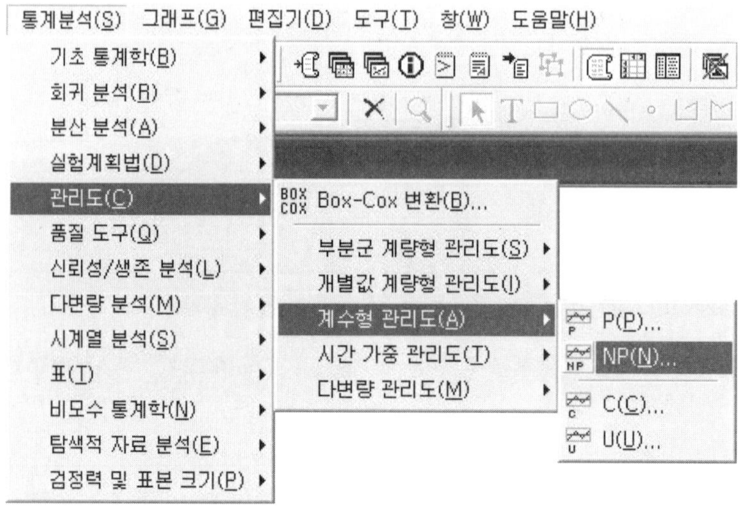

③ 대화창의 변수란에 부적합품 수를 입력한다.

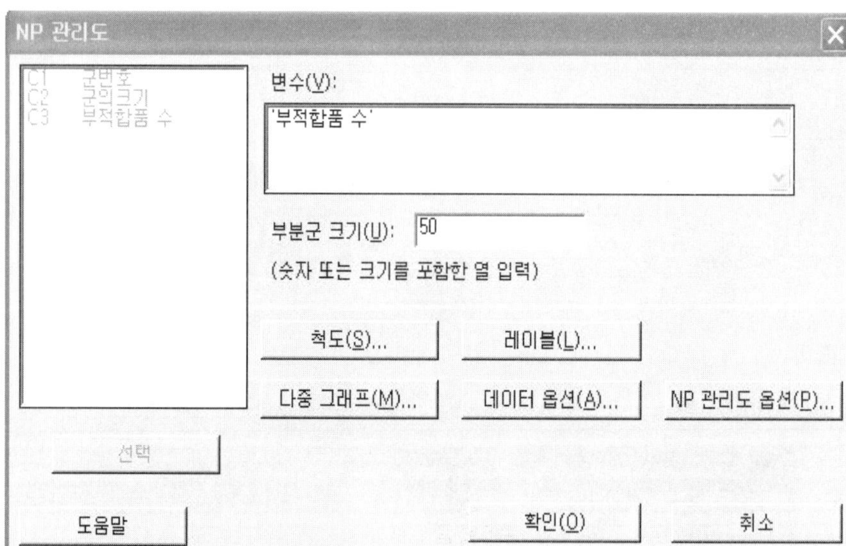

④ [NP관리도 옵션...]을 눌러 [검정]탭에서 특수원인에 대한 선택된 검정을 행할 수 있다.

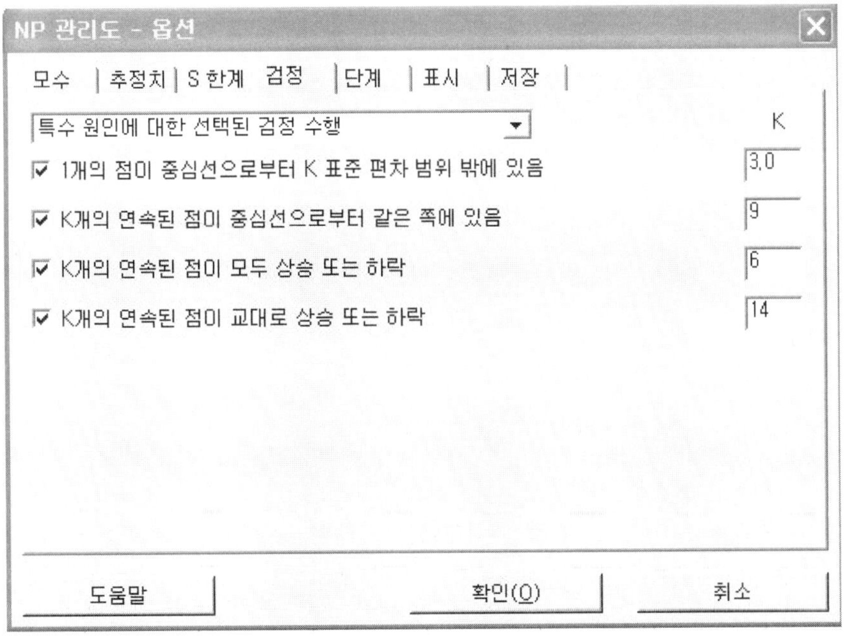

⑤ 출력결과

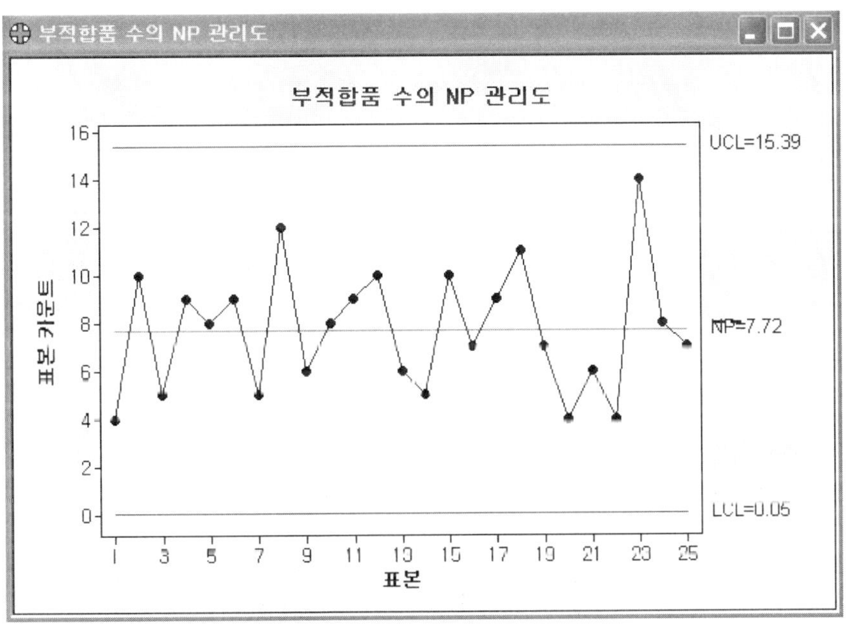

- 관리도 출력결과 점이 관리선을 이탈한 점이 없고, 점의 배열에 아무런 습관성이 없으므로 공정은 관리상태에 있다고 판정한다.

(2) p (부적합품률) 관리도

공정을 부적합품률 p에 의거 관리할 경우에 사용한다. np 관리도와 거의 유사하지만 관리한계가 n에 따라 한계의 폭이 변한다.

① 관리한계선의 계산

통계량	표준값이 주어져 있지 않은 경우		표준값이 주어져 있는 경우	
	중심선	관리한계선	중심선	관리한계선
p	$\bar{p} = \dfrac{\sum np}{\sum n}$	$\bar{p} \pm 3\sqrt{\dfrac{\bar{p}(1-\bar{p})}{n}}$	p_0	$p_0 \pm 3\sqrt{\dfrac{p_0(1-p_0)}{n}}$

② 관리도의 수리

가. 표준값이 주어져 있지 않은 경우에는 아래와 같으며, 이 경우의 p 관리도가 통계적 관리상태를 나타내고 있을 때의 평균부적합품률 $\bar{p}$가 부적합품률의 표준값 p_0로 이용된다.

나. 모집단을 모부적합품률 P의 무한모집단이라고 가정하면, 시료 n개 중에 부적합품 r개가 포함될 확률은 이항분포로부터

$$P(r) = {}_nC_r \ P^r (1-P)^{n-r}$$

로 주어지며 시료의 부적합품률 p의 평균과 표준편차는

$$E(p) = E\left(\frac{r}{n}\right) = p \tag{6.23}$$

$$D(p) = D\left(\frac{r}{n}\right) = \sqrt{\frac{p(1-p)}{n}}$$

로 된다. 따라서

P 관리도는 3σ법의 원칙에 따라

$$\left.\begin{matrix} UCL \\ LCL \end{matrix}\right\} = E(p) \pm 3D(p) = p \pm 3\sqrt{\frac{p(1-p)}{n}} \tag{6.24}$$

P 대신에 $\bar{p}$를 대입하면

$$\left.\begin{matrix} UCL \\ LCL \end{matrix}\right\} = \bar{p} \pm 3\sqrt{\frac{\bar{p}(1-\bar{p})}{n}} = \bar{p} \pm A\sqrt{\bar{p}(1-\bar{p})} \tag{6.25}$$

단, $\bar{p} = \dfrac{\Sigma np}{\Sigma n} = \dfrac{\Sigma np}{kn}$, $A = \dfrac{3}{\sqrt{n}}$, (−)의 LCL은 고려하지 아니함.

예제 6.5

P 관리도용 데이터 시트이다. 관리도를 작성하여라.

군 번호	시료의 크기 n	부적합품수 np	부적합품률 P	UCL	LCL	적 요
1	170	8				
2	170	5				
3	170	10				
4	170	12				
5	200	11				
6	230	15				
7	85	4				
8	80	5				
9	80	2				
10	120	6				
11	240	11				
12	185	9				
13	270	13				
14	270	16				
15	230	10				
16	250	9				
17	200	6				
18	310	14				
19	310	16				
20	200	10				
21	170	12				
22	170	8				
23	160	11				
24	170	11				
25	100	3				
계	4,710	237	$\bar{p} = 0.050$			

풀이

① 각 군의 부적합품률 P와 UCL과 LCL을 구한다.

예) 첫 번째 군 $P = \frac{np}{n} = \frac{8}{170} = 0.047$

$$UCL : p+3\sqrt{\frac{p(1-p)}{n}} = 0.047+3\sqrt{\frac{0.047(1-0.047)}{170}} = 0.096$$

$$LCL : p-3\sqrt{\frac{p(1-p)}{n}} = 0.047-3\sqrt{\frac{0.047(1-0.047)}{170}}$$

= '−'값으로 고려치 않음

② 중심선 $\bar{p}$를 계산한다.

$$\bar{p} = \frac{\Sigma np}{\Sigma n} = \frac{237}{4710} = 0.050$$

군 번호	시료의 크기 n	부적합품수 np	부적합품률 P	UCL	LCL	적 요
1	170	8	0.047	0.096	−	
2	170	5	0.029	0.068	−	
3	170	10	0.059	0.113	0.005	
4	170	12	0.071	0.130	0.012	
5	200	11	0.055	0.103	0.007	
6	230	15	0.065	0.114	0.016	
7	85	4	0.047	0.116	−	
8	80	5	0.063	0.144	−	
9	80	2	0.025	0.077	−	
10	120	6	0.050	0.110	−	
11	240	11	0.046	0.086	0.005	
12	185	9	0.049	0.096	0.001	
13	270	13	0.048	0.087	0.009	
14	270	16	0.059	0.102	0.016	
15	230	10	0.043	0.084	0.003	
16	250	9	0.036	0.071	0.001	
17	200	6	0.030	0.066	−	
18	310	14	0.045	0.081	0.010	
19	310	16	0.052	0.089	0.014	
20	200	10	0.050	0.096	0.004	
21	170	12	0.071	0.130	0.012	
22	170	8	0.047	0.096	−	
23	160	11	0.069	0.129	0.009	
24	170	11	0.065	0.121	0.008	
25	100	3	0.030	0.081	−	
계	4,710	237	$\bar{p} = 0.050$			

③ 각 군의 관리한계선을 기입하고 p를 타점한다.

④ 기타 필요사항을 기입한다.

관리도명, 공정명, 품명, 관리담당자 명 등을 기입한다.

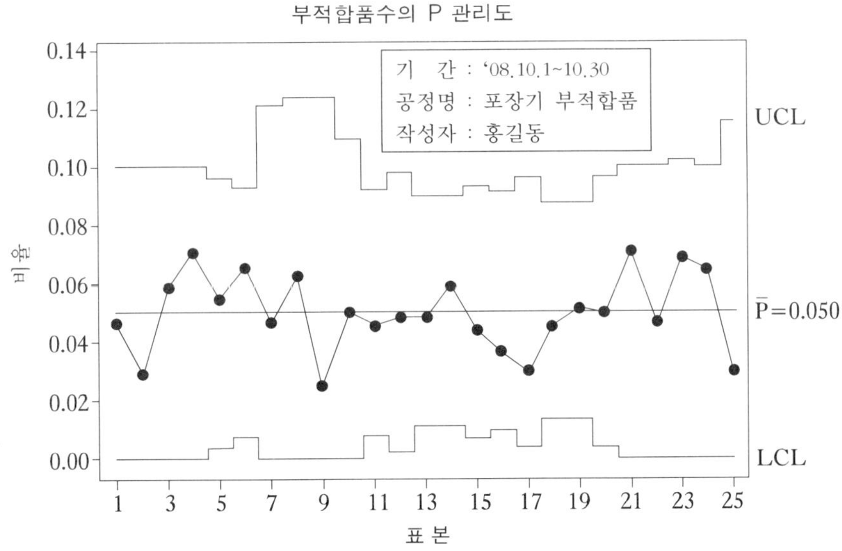

미니탭을 이용한 분석

① 데이터 입력

워크시트 1 ***

↓	C1	C2	C3
	군번호	표본수	부적합품수
1	1	170	8
2	2	170	5
3	3	170	10
4	4	170	12
5	5	200	11
6	6	230	15
7	7	85	4

② 통계분석 > 관리도 > 계수형 관리도 > P

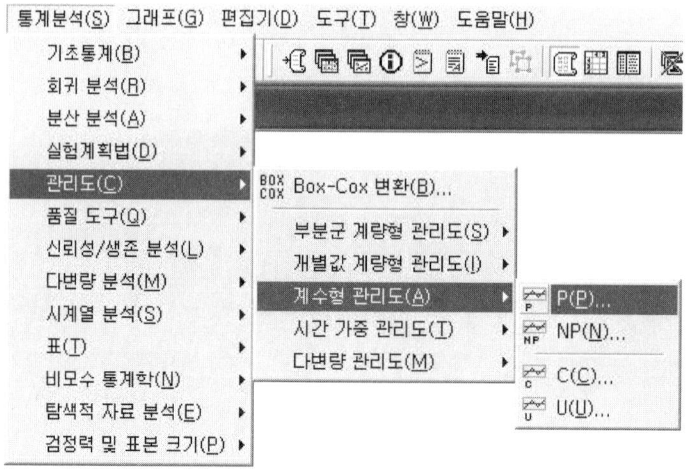

③ 대화창에 아래와 같이 입력한다.

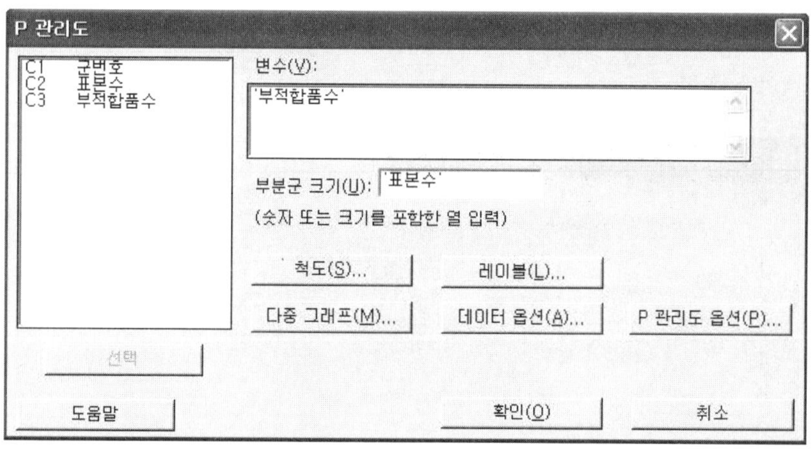

④ [P관리도 옵션...]의 [검정]탭에서 4가지 검정을 행할 수 있다.

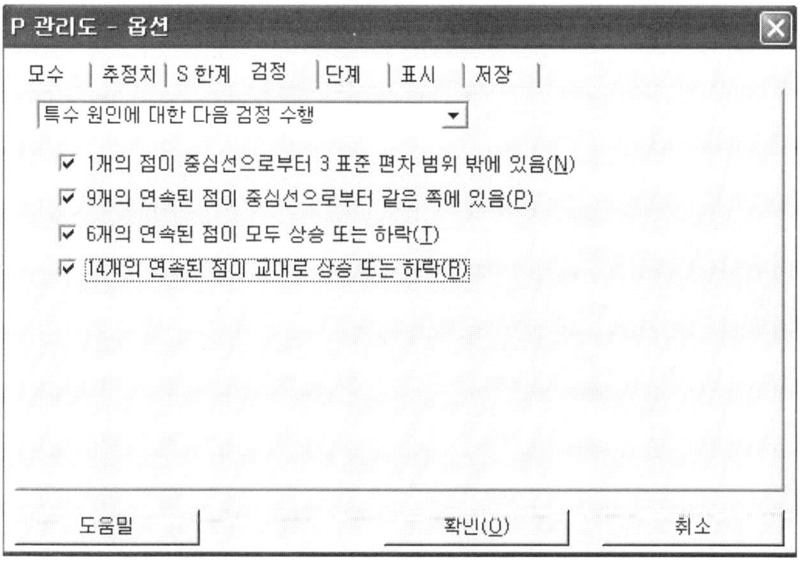

⑤ [P관리도 옵션...]의 [S한계]탭에서 관리한계 계산방식을 선택할 수 있다.

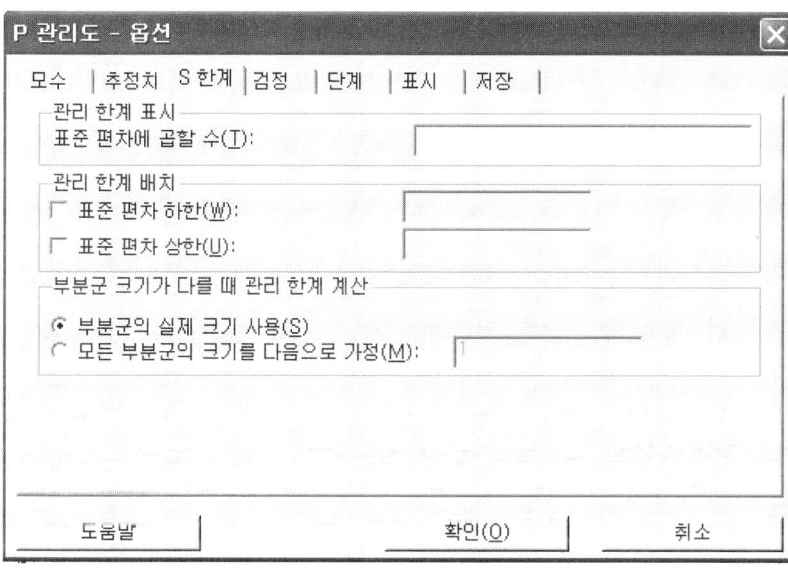

⑥ 출력결과(그래프)

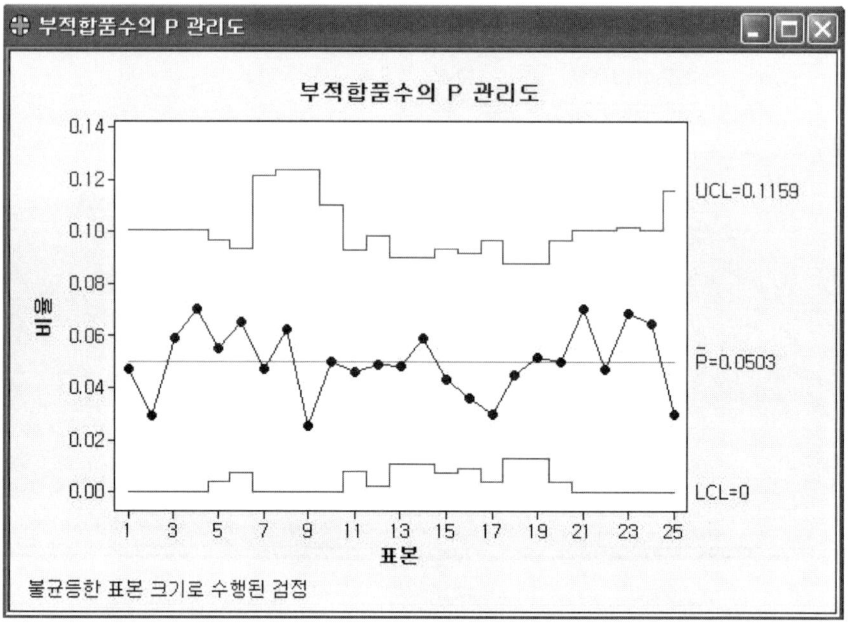

(3) C(부적합수) 관리도

어느 일정단위 중에 나타나는 흠의 수와 같이 미리 정해진 일정단위 중에 포함된 부적합수를 관리할 때 사용한다.

① 관리한계선의 계산

통계량	표준값이 주어져 있지 않은 경우		표준값이 주어져 있는 경우	
	중심선	관리한계선	중심선	관리한계선
c	$\bar{c} = \frac{\Sigma c}{k}$	$\bar{c} \pm 3\sqrt{\bar{c}}$	c_0	$c_0 \pm 3\sqrt{c_0}$

② 관리도의 수리

가. 표준값이 주어져 있지 않은 경우에는 아래와 같으며, 이 경우의 c 관리도가 통계적 관리상태를 나타내고 있을 때의 평균부적합수 $\bar{c}$가 부적합수의 표준값 c_0가 된다.

나. 모집단의 부적합수를 C라고 하면, 이 모집단으로부터 취한 시료 중에 포함되는 부적합수 c의 분포는 포아송분포에 따르게 된다는 것이 알려져 있으므로 그의

기대치와 표준편차는

$$E(c) = c \tag{6.26}$$

$$D(c) = \sqrt{c} \tag{6.27}$$

따라서 이 통계량 c에 대하여 3σ 법의 원칙을 사용하면, 관리한계는

$$\left.\begin{matrix} UCL \\ LCL \end{matrix}\right\} = E(c) \pm 3D(c) = c \pm 3\sqrt{c} \tag{6.28}$$

C의 대신에 $\bar{c}$를 대입하면

$$\left.\begin{matrix} UCL \\ LCL \end{matrix}\right\} = \bar{c} \pm 3\sqrt{\bar{c}} \quad \text{단, } \bar{c} = \Sigma c / k \tag{6.29}$$

가 된다.

(4) u (단위당 부적합수) 관리도

관리하는 항목이 직물의 얼룩, 에나멜동선의 핀홀 등과 같은 부적합수를 취급할 때 검사하는 시료의 면적이나 길이 등이 일정하지 않은 경우에 사용한다.

① 관리한계선의 계산

통계량	표준값이 주어져 있지 않은 경우		표준값이 주어져 있는 경우	
	중심선	관리한계선	중심선	관리한계선
u	$\bar{u} = \dfrac{\Sigma c}{\Sigma n}$	$\bar{u} \pm 3\sqrt{\dfrac{\bar{u}}{n}}$	u_0	$u_0 \pm 3\sqrt{\dfrac{u_0}{n}}$

② 관리도의 수리

ㄱ. 표준값이 주어져 있지 않은 경우에는 다음과 같으며 이 경우의 u 관리도가 통계적 관리상태를 나타내고 있을 때의 평균단위당 부적합수 $\bar{u}$가 단위당 부적합수의 표준값 u_0로 이용된다.

ㄴ. 시료의 크기가 n단위인 시료에서 시료 중의 부적합수를 c라 하면 단위당 부적합수는 $u = c/n$이 되고, 포아송분포를 따르므로 c관리도의 관리한계를 허용한다.

$$\left.\begin{matrix} UCL \\ LCL \end{matrix}\right\} = \bar{c} \pm 3\sqrt{\bar{c}}$$

$$= n\bar{u} \pm 3\sqrt{n\bar{u}} \quad (\text{단, } \bar{c} = n\bar{u})$$

$$= \bar{u} \pm 3\sqrt{\bar{u}/n} \quad (\text{이때, } \bar{u} = \frac{\Sigma c}{\Sigma n},\ u = \frac{c}{n})$$

$$= \bar{u} \pm A\sqrt{\bar{u}} \qquad \text{단, } A = \frac{3}{\sqrt{n}} \tag{6.30}$$

이 된다.

6.7 관리도를 보는 방법

6.7.1 개요

관리도상에서 공정이 관리상태에 있다고 보는 것은

(1) 점이 관리한계선을 벗어나지 않는다(관리이탈의 점이 없다).

(2) 점의 배열에 아무 습관성이 없다.

6.7.2 KS A 3201:2001 관리도 판정규칙

슈하트 관리도에서의 점의 움직임의 패턴을 해석하기 위하여 사용하는 8개의 기본적인 판정기준을 다음 그림에 나타내었다. 그러나 그림에 나타나는 판정규칙은 하나의 가이드 라인이다. 판정 규칙을 정할 때는 공정 고유의 변동을 고려하여 결정하는 것이 바람직하다. 다음의 규칙은 $\overline{X}$ 관리도와 X 관리도에 적용할 수 있다.

(1) 규칙 1 : 1점이 영역 A(조처한계)를 넘고 있다.

영역 A(조처한계)를 넘는 경우 공정에 이상을 확인하여야 한다.

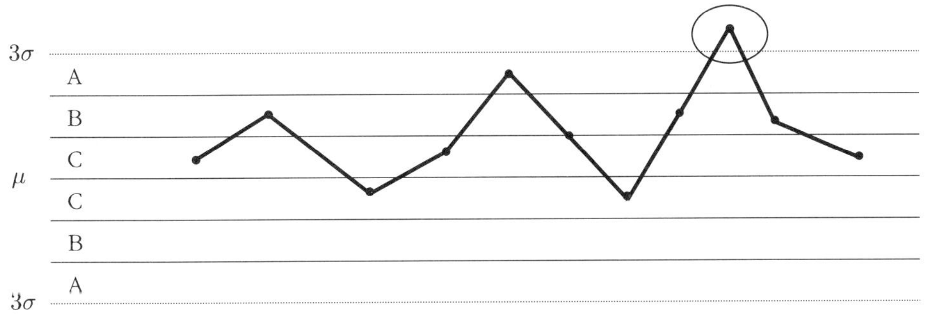

그림 6.5 ▶▶ 1점이 영역 A(조처한계)를 넘는 경우

(2) 규칙 2 : 9점이 중심선에 대하여 같은 쪽에 있다.

관리도 중심선에 대하여 위쪽 또는 아래쪽에서 연속하여 9점 이상이 나타난 경우에도 공정의 이상 유무를 확인하여야 한다.

이와 같은 현상을 연(RUN)이라 하며, 이런 현상이 나타난 경우는 그 공정의 평균치, 산포, 부적합품률 등이 '커졌는가' 혹은 '적어졌는가'를 나타내고 있다.

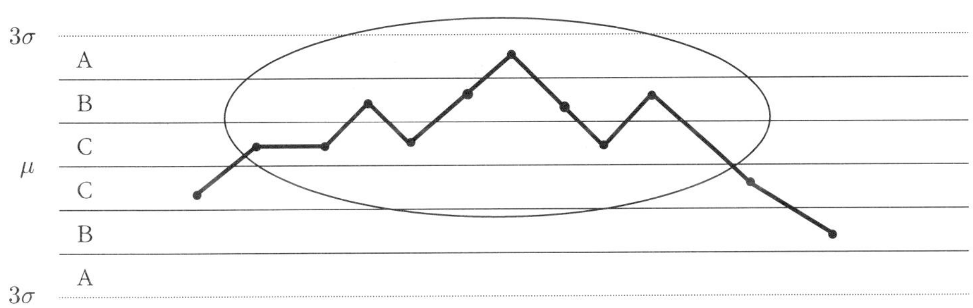

그림 6.6 ▶▶ 중심선의 한 쪽에 많이 나타나는 경우

(3) 규칙 3 : 6점이 점이 연속하여 상승 또는 하강하고 있다.

점이 연속하여 상승 또는 하강하는 것은 그 공정에 어떤 영향이 있다는 것을 나타내 준다. 예를 들면 게이지(Gauge)가 차츰 마모되어 가는 경우 이와 같은 경향을 나타낼 수 있다.

연속 6점이 잇달아 상승 또는 하강하는 경향을 나타낼 때는 이상 원인이 있기 때문에 조처를 취하지 않으면 안 된다.

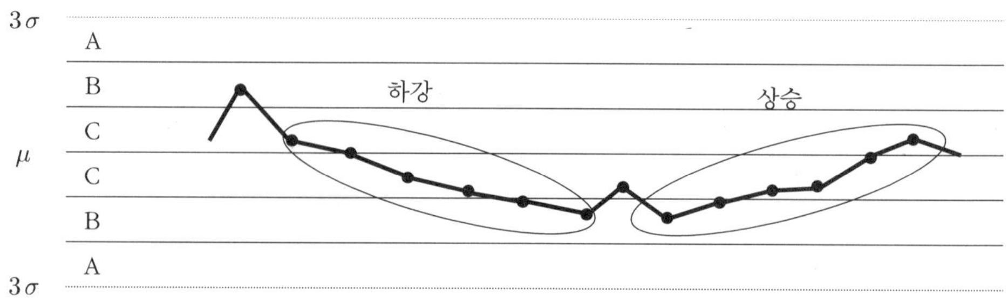

그림 6.7 ▶▶ 6점이 증가 또는 감소하고 있는 경우

(4) 규칙 4 : 연속하는 3점 중 2점이 A 영역 또는 넘는 영역에 있다.

관리도에서 중심선 상·하 한쪽에 점이 연속 3점 중 2점이 A 영역 또는 넘는 영역에 있는 공정의 이상 유무를 파악하여야 한다.

관리상태의 분포로부터 생각해 보면 점이 관리한계선 가까이에 나타나는 확률은 작고, 점이 계속 한계선에 접근해서 나타날 확률은 더욱 더 작기 때문에 이와 같은 현상이 발생한 경우에는 이상 원인이 있다고 판정할 수 있다.

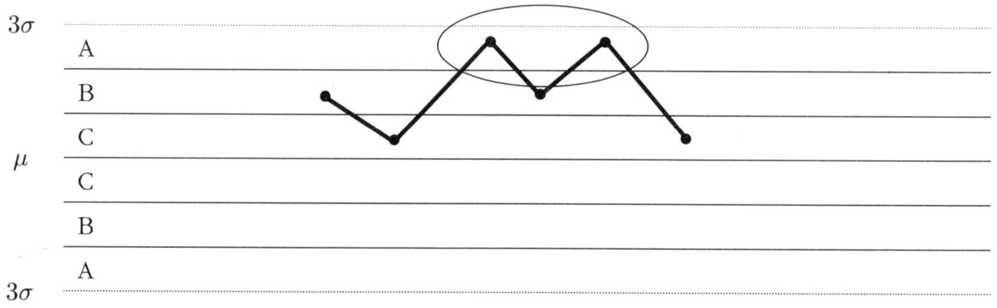

그림 6.8 ▶▶ 연속하는 3점 중 2점이 A 영역 또는 넘는 영역에 있는 경우

(5) 규칙 5 : 연속하는 5점 중 4점이 B 영역 또는 넘는 영역에 있다.

관리도에서 점이 중심선 한쪽에서 연속하는 5점 중 4점이 B 영역 또는 넘는 영역에 있는 경우에도 공정의 이상 유무를 파악하여야 한다.

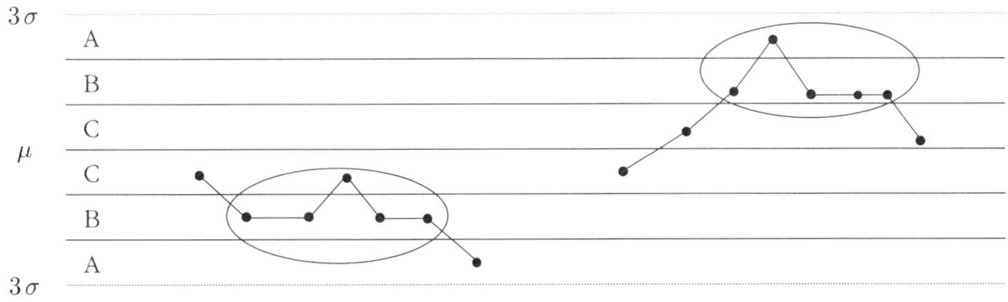

그림 6.9 ▶▶ 연속하는 5점 중 4점이 B 영역 또는 넘는 영역에 있는 경우

(6) 규칙 6 : 연속하는 15점이 영역 C에 존재한다.

연속하는 15점이 C 영역에 있는 경우에는 샘플링 방법과 층별 방법에 문제가 없는지 등을 점검하여야 한다.

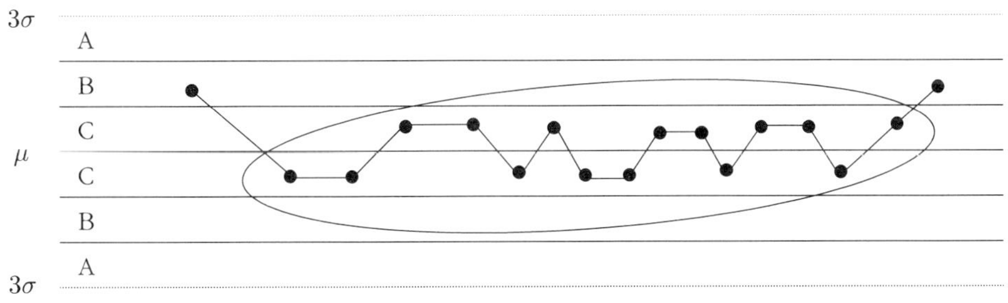

그림 6.10 ▶▶ 연속하는 15점이 C 영역에 있는 경우

(7) 규칙 7 : 연속하는 8점이 영역 C를 넘는 영역에 있다.

연속하는 8점이 C 영역에 있는 경우에도 공정의 이상 유무를 파악하여야 한다.

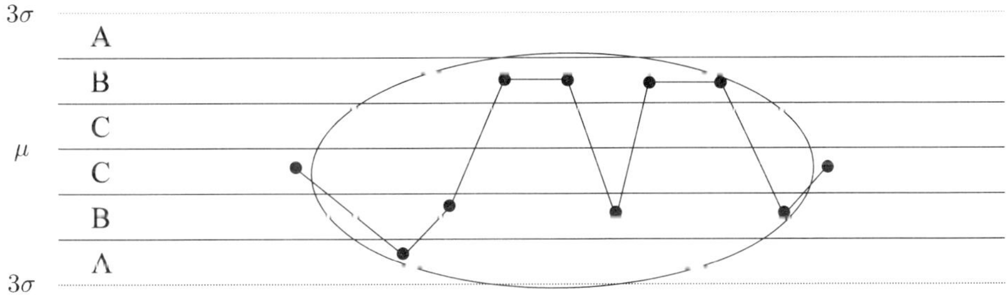

그림 6.11 ▶▶ 연속하는 8점이 C 영역을 넘는 영역에 있는 경우

(8) 규칙 8 : 연속 14점이 교대로 증감하고 있다.

점이 모두 한계에 들어가 있어도 이 점의 배열이 그림과 같이 연속 14점이 교대로 증감하고 있는 경우 공정에 주기 현상이 나타나고 있다고 볼 수 있다.

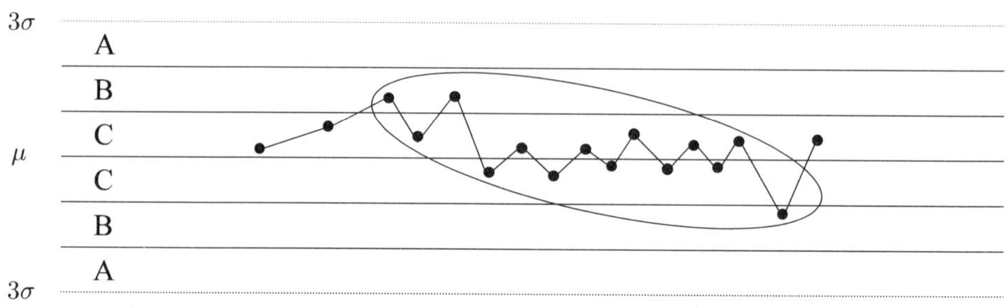

그림 6.12 ▶▶ 14점이 교대로 증감하는 경우

관리도선 상의 주기 해석방법으로는 다음의 경우도 있다.

① 주기적인 변동을 나타낼 경우[그림 6.13의 (a)]
② 어떤 주기가 파상적(波狀的)으로 변동하는 경우[그림 6.13의 (b)]
③ 대파(大波)속에 소파(小波)가 들어 있는 경우[그림 6.13 (c)]
④ 대파, 중파, 소파의 3가지가 합성된 경우[그림 6.13의 (d)]

이 경우에는 관리하는 목적에 따라서 군구분 법, 샘플링, 데이터를 취하는 법 등을 정해 놓지 않으면 안 된다.

즉, 어느 정도의 파동(공정의 변동)을 막고 싶은가에 따라서 샘플링법, 데이터를 취하는 법 등이 달라진다는 의미이다.

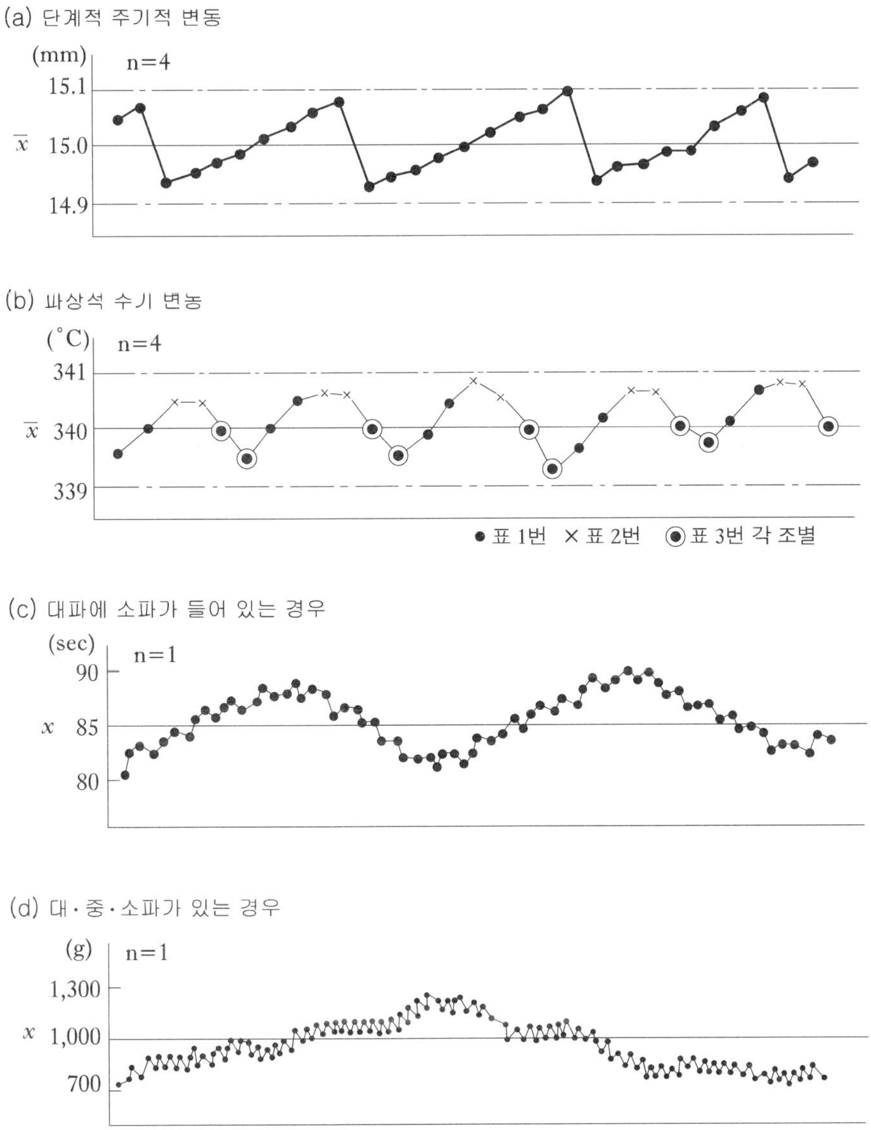

그림 6.13 ▶▶ 여러 가지 변동의 모양

6.7.3 구체적인 판정기준

(1) 연(RUN, 連)에 대한 검정

중심선의 한쪽에 연속해서 나타난 점의 군을 연이라고 부른다.

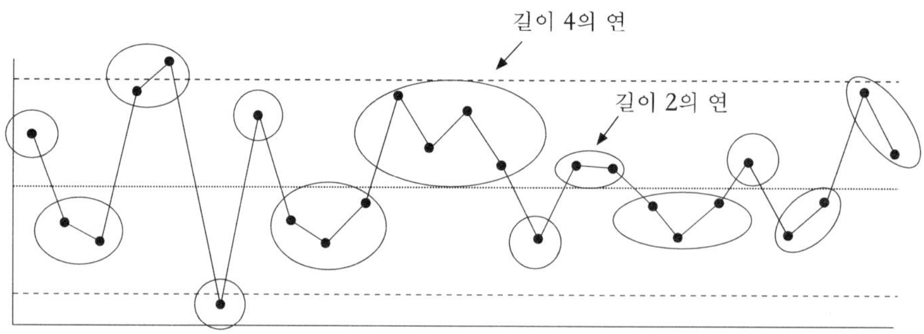

그림 6.14 ▶▶ 연의 길이와 연의 수

연의 길이(length of run)란 한쪽에 연속되는 점의 수를 말한다. 연의 수(number of run)란 하나의 관리도상에 나타난 연의 수를 말한다.

너무 긴 연이 나타나는 것은 이상상태며, 또한 짧은 것만 나타나는 것도 이상하다. 연의 수가 많게 되면 소파(小波)가 나오기 쉽게 되고, 반대로 연의 수가 적으면 긴 연 또는 중심선의 한쪽에 점이 많이 나오게 된다. 점의 배열에 습성이 없다는 것은 점이 중심선을 중심으로 랜덤하게 배열되어 있다는 뜻이다.

점의 배열이 랜덤한지 아닌지를 조사하는 방법으로 랜덤성(randomness)의 검정이 있다. 연에 대한 랜덤성의 검정으로는 연의 길이에 관한 검정과 연의 수에 관한 검정이 있다.

① 연의 길이에 의한 검정

k개의 점이 있을 때 메디안 선으로 점들을 2등분하여 연을 만들어 볼 경우에 데이터가 랜덤하게 나열되어 있다면, 연의 길이가 너무 짧아도, 또는 너무 길어도 점들이 랜덤하게 배치되어 있지 않다는 의미이다. k개의 점에 대하여 어떤 길이 이상의 연이 나오는 확률, 혹은 모든 연이 어떤 길이 이하인 확률이 양쪽 1 % 및 5 % 이하가 되는 연의 길이의 판정기준을 표시한 것이 <표 6.2>이다. 이 표를 사용하여 연의 길이에 대한 랜덤성의 검정을 실시할 수 있는데, 만약 주어진 k개의 점에 대하여 최장 연의 길이가 하한 이하이거나 상한 이상이면, 점들이 랜덤하게 배치된 것이 아니라고 판정한다.

예제 6.6

[그림 6.14]의 점들의 배열을 보고, 유의수준 5 %로 연의 길이에 대한 랜덤성의 검정을 실시하라.

풀이

점의 총수는 $k=25$이고 중심선의 위쪽에 13개, 아래쪽에 12개이다. 그리고 최장의 연의 길이는 4이다. 그런데 <표 6.2>에서 $k=25$인 경우가 없으므로 $k=24$를 적용하면 하한=2, 상한=8이므로 연의 길이 4는 하한도 아니고 상한도 아니므로 이 점들은 랜덤하게 배치되어 있다고 할 수 있다.

② 연의 수에 의한 검정

연의 수가 많은가 또는 적은가를 <표 6.3>을 이용하여 검정을 할 수 있다.

관리도상의 점의 수를 연의 수(N)로 한다. 중심선 어느 한 쪽의 점의 수를 k_a, 다른 쪽을 k_b(중심선의 점을 제외한다)로 하고, $k_a > k_b$와 같이 선택한다. <표 6.3>는 k_a 및 k_b라 주어졌을 경우 N의 유의상한 및 하한을 나타내고 있다. 예를 들면 $k_a=12$, $k_b=10$일 때

N의 1% 하한=5, N의 1% 상한=19

N의 5% 하한=7, N의 5% 상한=17

을 나타내고 이 상태에서 $N=10$이 나오면 유의하지 않다고 판정하고, $N=20$이 나오면 1% 유의라고 판정한다.

표 6.2 ▶▶ 최장연의 길이에 관한 판정기준

점의 총수 k	유의수준 5%		유의수준 1%	
	하한	상한	하한	상한
10	1			
12	1	6	1	
14	1	7	1	7
16	1	7	1	8
18	1	7	1	8
20	1	8	1	9
22	1	8	1	9
24	2	8	1	9
26	2	8	1	10
28	2	9	1	10
30	2	9	1	10
32	2	9	2	10
34	2	9	2	11
36	2	9	2	11
38	2	9	2	11
40	2	10	2	11

표 6.2 ▶▶ 이어서

점의 총수 k	유의수준 5%		유의수준 1%	
	하한	상한	하한	상한
42	2	10	2	11
44	2	10	2	11
46	2	10	2	11
48	2	10	2	12
50	2	10	2	12
52	2	10	2	12
54	3	10	2	12
56	3	10	2	12
58	3	10	2	12
60	3	10	2	12

표 6.3 ▶▶ 연의 검정표

k_a \ k_b	2	3	4	5	6	7	8	9	10	11	12	13	14	15	16	17	18	19	20
6			2 9	2 11 3 10	2 12 3 11														
7		 2	 2	2 3 11	2 13 3 12	3 13 3 13													
8		 2	2 3 11	2 3 11	3 13 3 12	3 14 3 13	3 15 4 14												
9		 2	3 3	2 3	3 4 13	3 15 4 14	3 15 5 14	4 16 5 15											
10		 2	2 3	3 3	3 4 13	3 15 5 14	4 16 5 15	4 17 5 16	5 17 6 16										
11		 2	2 3	3 4	3 4 13	4 15 5 14	4 16 5 15	5 17 6 16	5 18 6 17	5 19 7 17									
12	 2	2 2	2 3	3 4	3 4 13	4 5 14	4 16 5 15	5 18 6 16	5 19 7 17	6 19 7 18	6 20 7 19								
13	 2	2 2	2 3	3 4	3 5	4 5 15	5 17 6 16	5 18 6 17	5 19 7 18	6 20 7 19	6 21 8 19	7 21 8 20							
14	 2	2 2	3 3	3 4	4 5	4 5 15	5 17 6 16	5 18 7 17	6 19 7 18	6 20 8 19	7 21 8 20	7 22 9 20	7 23 9 21						
15	 2	2 3	3 3	3 4	4 5	4 6 15	5 6 16	6 19 7 18	6 20 7 18	7 21 8 19	7 20 8 21	7 22 9 21	8 23 9 22	8 24 10 22					
16	 2	2 3	3 4	3 4	4 5	5 6	5 6 17	6 19 7 18	6 20 8 19	7 21 8 20	7 22 9 21	8 23 9 22	8 24 10 22	9 24 10 23	9 25 11 23				
17	 2	2 3	3 4	3 4	4 5	5 6	5 17 7 18	6 19 7 18	7 20 8 19	7 22 9 20	8 22 9 21	8 23 10 22	8 24 10 23	9 25 11 23	9 26 11 24	10 26 11 25			
18	 2	2 3	3 4	4 5	4 5	5 6	6 7 17	6 8 18	7 21 8 19	7 22 9 20	8 23 9 21	8 24 10 22	9 25 10 23	9 25 11 24	10 26 11 25	10 27 12 25	11 27 12 26		
19	 2	2 3	3 4	4 5	4 6	5 6	6 7 17	6 8 18	7 21 8 20	8 22 9 21	8 23 10 22	9 24 10 23	9 25 11 23	10 26 11 24	10 27 12 15	10 27 12 26	11 28 13 26	11 29 13 27	
20	 2	2 3	3 4	4 5	4 6	5 6	6 7 17	7 8 18	7 21 9 20	8 22 9 21	8 23 10 22	9 24 10 23	9 25 11 24	10 26 12 25	10 27 12 25	11 28 13 26	11 29 13 27	12 29 13 27	12 30 14 28

각 난의 숫자의 의미

	하한	상한
1%		
5%		

예제 6.7

아래의 관리도가 소파가 있는가, 연의 수가 많다고 할 수 있는가 검정하여라.

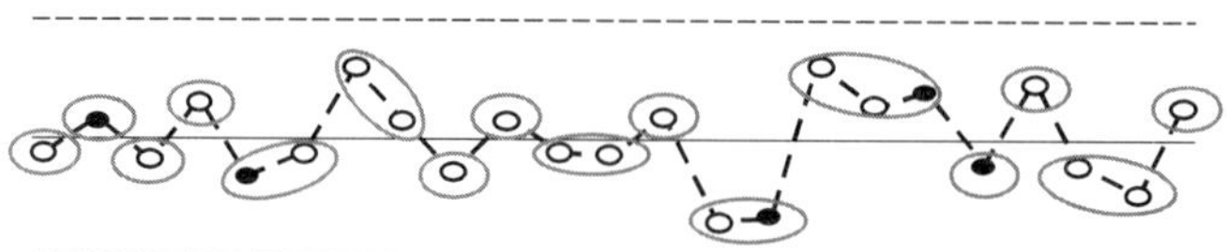

풀이

그림에서 점선으로 표시한 것이 연이므로 그의 수는 $N=16$이다. $k_a=12$, $k_b=11$이므로

$$N\text{의 } 1\,\% \text{ 하한} = 6, \quad N\text{의 } 1\,\% \text{ 상한} = 19$$
$$N\text{의 } 5\,\% \text{ 하한} = 7, \quad N\text{의 } 5\,\% \text{ 상한} = 18$$

16은 이 사이에 있으므로 유의하지 않다. 연의 수는 많다고 할 수 없다. 만일 관리도의 점을 중심선이 아니라 중앙선으로 분해하는 경우에는 부호검정을 이용하여 검정할 수 있다.

6.7.4 경향에 의한 검정

경향, 상승하는 길이나 하강하는 길이에 따라서 관리상태인가를 판단할 수 있지만, 경향을 +나 −로 표시하고(0은 제외) 그 수를 부호 검정에 의하여 검정할 수 있다.

예제 6.8

아래의 관리도는 톱니형상의 파형이라고 할 수 있는가 검정하여라.

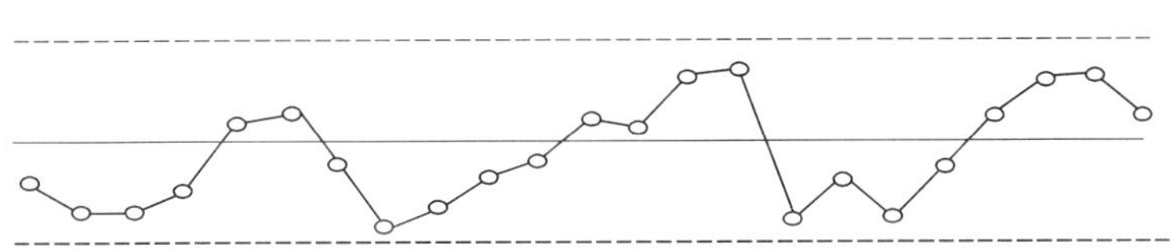

풀이

점이 상승하면 +, 하강하면 −, 같으면 0으로 하여 그림과 같이 기입한다. 0을 제외하고 +와 −의 수를 세어 보면 $n_+=13$, $n_-=7$이고 표본비율은 다음과 같다.

$$n_+ = \frac{13}{20} = 0.65, \quad n_- = \frac{7}{20} = 0.35$$

① 가설설정

$H_0 : P = 0.5$ (상승과 하강의 수는 차가 없다.)

$H_1 : P \neq 0.5$ (상승과 하강의 수는 차가 있다.)

② $\alpha = 0.05$

③ 표본오차 계산

$$\sigma_{\bar{p}} = \sqrt{\frac{p(1-p)}{n}}$$
$$= \sqrt{\frac{(0.5)(1-0.5)}{20}}$$
$$= 0.112$$

④ 채택역의 한계계산

$$P_{H0} \pm 1.96\sigma_{\bar{p}} = 0.5 \pm (1.96)(0.112)$$
$$= 0.5 \pm 0.22$$
$$= 0.72 \leftarrow \text{상한}$$
$$= 0.28 \leftarrow \text{하한}$$

⑤ 결론

채택역의 두 한계는 0.28과 0.72이고, 표본비율은 0.65이므로 채택역에 들어 있다. 따라서 부호검정에 의하면 상승과 하강의 수는 차가 없다고 할 수 있다. 즉 +의 수가 많다고 할 수 없다.

(1) 경향(trend)과 주기성(cycle)

경향이란 점이 점점 올라가거나(runs up), 내려가는(runs down) 상태를 말한다. 경향이 나타날 때에는 결국에는 관리한계선을 벗어나는 점이 생겨나기 때문에 미리 조치를 취해주는 것이 바람직하다.

점이 주기적으로, 상, 하로 변동하는 경우에 주기성이 있다고 한다. 주기성이 나타나면 주기적인 변동의 원인이 무엇인가를 추구함과 동시에, 관리목적에 따라 부분군의 구분방법, 시료채취방법, 데이터를 얻는 방법 등을 재검토하여 보아야 한다.

6.8 관리도의 해석 및 조치

6.8.1 층의 평균치의 차의 검정

두 개의 관리도 평균치 사이에 유의차가 있는지 없는지에 대한 검정이다.

$$|\overline{\overline{X}}_A - \overline{\overline{X}}_B| \geq A_2 \overline{R} \sqrt{\frac{1}{K_A} + \frac{1}{K_B}} \tag{6.31}$$

단, $\overline{\overline{X}}_A$ $\overline{\overline{X}}_B$: 각각의 $\overline{X}$ 관리도 중심선

K_A K_B : 각각의 시료군의 수

$\overline{R}$: 층별을 하기전의 $\overline{R}$의 평균치

$$\overline{R} = \frac{K_A \overline{R}_A + K_B \overline{R}_B}{K_A + K_B} \tag{6.32}$$

위 식 (6.31)의 관계가 성립하면 두 개의 관리도의 평균치는 차가 있다고 할 수 있다.

6.8.2 군내변동과 군간변동

관리도에서 로트내의 산포는 군내변동이고 로트간의 산포는 군간변동이다.
군내변동을 R 관리도로 추정하면

$$\hat{\sigma}_w = \overline{R}/d_2 \tag{6.33}$$

이고, x 변동은

$$\hat{\sigma}_{\overline{x}}^2 = \frac{\sum(\overline{x} - \overline{\overline{x}})^2}{k-1} \tag{6.34}$$

이다.

또한 $\overline{x}_i$ 들의 이동범위 R를 이용하면

$$\hat{\sigma}_{\overline{x}} = \overline{R}/d_2 \tag{6.35}$$

은 군내변동 $\hat{\sigma}_w^2$와 군간변동 σ_b^2에 의거 합성된 것으로

$$\hat{\sigma}_{\bar{x}}^2 = \sigma_b^2 + \frac{\sigma_w^2}{n} \tag{6.36}$$

이다.

한편, 개개 데이터의 산포를 σ_H^2이라 하면

$$\sigma_H^2 = \hat{\sigma}_w^2 + \hat{\sigma}_b^2 \tag{6.37}$$

σ_w, σ_b, σ_H 사이에는 다음의 관계가 성립한다.

$$n\sigma_{\bar{x}}^2 \geq \sigma_H^2 \geq \sigma_w^2$$

$\sigma_b = 0$이면 $\sigma_{\bar{x}} = \sigma_w / \sqrt{n}$이 되며, $n\sigma_{\bar{x}}^2 = \sigma_H^2 = \sigma_w^2$이 된다.

또한 관리계수(cf)를 구하여 아래와 같이 판정할 수 있다.

$$c_f = \sigma_{\bar{x}} / \sigma_w \tag{6.38}$$

$c_f \geq 1.2$이면, 급간변동이 크다.

$1.2 > c_f \geq 0.8$이면, 대체로 관리상태다.

$0.8 > c_f$이면, 군 구분이 나쁘다.

6.8.3 관리도의 검출력

(1) 제 1종 과오(α) : 공정의 변화가 없음에도 불구하고 점이 관리한계선을 벗어나는 잘못을 말하며 0.27 % 이다.

(2) 제 2종 과오(β) : 공정의 변화가 있음에도 불구하고 점이 관리한계내에 있음으로 공정의 변화를 검출하지 못하는 잘못을 말한다.

(3) σ가 일정한 경우에 다음 식으로 계산한다.

$$
\begin{aligned}
1-\beta &= 1-P_\gamma\,(LCL \le \overline{x} \le UCL) \\
&= 1-P_\gamma\left[\frac{LCL-\mu}{\sigma/\sqrt{n}} \le \mu \le \frac{UCL-\mu}{\sigma/\sqrt{n}}\right] \\
&= P_\gamma\,(\overline{x} \ge UCL) + P_\gamma\,(\overline{x} \le LCL) \\
&= P_\gamma\left(\mu \ge \frac{UCL-\mu}{\sigma/\sqrt{n}} + \mu \le \frac{LCL-\mu}{\sigma/\sqrt{n}}\right) \qquad (6.39)
\end{aligned}
$$

(4) n을 크게 할수록 검출력이 좋아진다. 단, $n \ge 5$인 경우에는 검출력이 별로 향상되지 않는다.

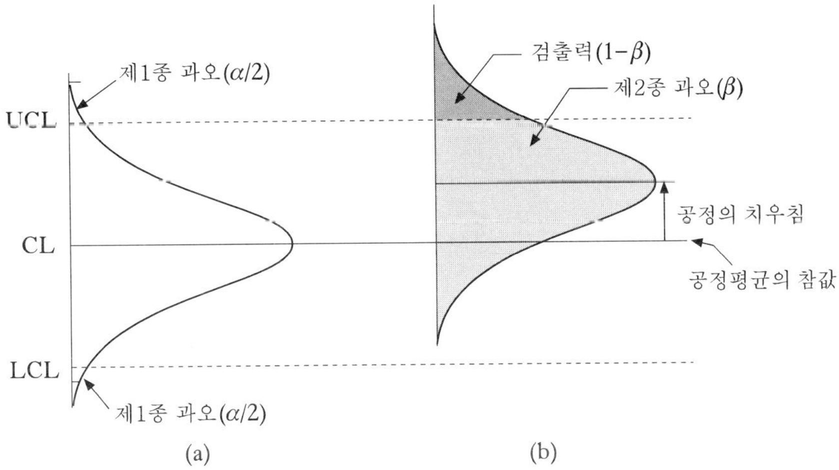

그림 6.13 ▶▶ 관리도의 검출력

※ 요 약

1. 계량형 관리도 요약

- 품질 변동의 원인은 우연원인과 이상원인으로 분류된다.

- 불가피하고 자연스러운 품질변동의 원인을 우연원인이라 하며 통계적으로 관리된 상태가 아닐 경우 발생되는 변동의 원인을 이상원인이라고 한다.

- 관리도의 작성은 어떤 통계량 X의 평균인 E(X)를 중심선(CL)으로 나타내고 CL을 중심으로 위아래로 표준편차 D(X)의 3배에 해당하는 폭을 잡아서 관리한계선 UCL, LCL을 작성한다.

- 관리도는 계량형 데이터와 계수치 데이터를 관리하는 계량형 관리도와 계수형 관리도로 나눌 수 있다.

- $\overline{x}-R$ 관리도는 연속형 데이터로 측정되는 공정에서 데이터를 적당한 군으로 나누어 각 군의 평균값($\overline{x}$)과 군의 범위 R을 계산하여 공정의 평균과 산포를 동시에 관리하는 관리도이다.

- $x-R$ 관리도는 데이터를 군으로 나누지 않고 한 개 한 개의 측정값을 그대로 타점하여 공정을 관리한다.

- $\overline{x}-s$ 관리도는 일반적으로 군의 크기가 5보다 큰 경우 표준편차 s를 구해 공정의 평균과 산포를 관리하는 관리도이다.

※ 요 약

2. 계수형 관리도 요약

- 일반적으로 합격/불합격 혹은 양품/부적합품 등의 계수치로 밖에 나타낼 수 없는 품질 특성인 경우 계수형 관리도를 사용한다.

- 이항분포를 따르는 부적합품률 데이터인 경우 np, p 관리도를 사용하고 포아송 분포를 따르는 부적합수 데이터인 경우 c, u 관리도를 사용한다.

- np, c 관리도는 부분군의 크기가 일정하며 p, u 관리도는 부분군의 크기가 서로 다를 수 있다.

- np 관리도는 표본의 크기(n)가 일정한 시료 중에 부적합품이 몇 개 들어 있는지를 관리하는 부적합품수 관리도를 의미헌다.

- p 관리도는 부적합품률을 이용하여 공정을 관리할 때 활용되며 표본의 크기가 반드시 일정하지 않아도 된다.

- c 관리도는 일정한 크기의 시료 가운데 검출되는 부적합수로 공정을 관리할 때 사용한다.

- u 관리도는 제품의 크기가 다양하게 변하며 부적합수를 일정 단위당 부적합수로 바꾸어 관리도를 작성한다.

연/습/문/제

6.1 이전의 해석용 관리도를 보았더니 기름에 더럽혀져서 시료의 크기(n)를 몰라보게 되었다. 이 $\overline{x}$ 관리도는 $UCL = 52.90$, $LCL = 47.74$이며 $\overline{R} = 3.54$였다. 이 경우 시료의 크기는 얼마인가?

6.2 아연철판의 도금 중량의 단위면적당 평균치는 $\mu = 43.9$ g, 표준편차는 $\sigma = 4.2$ g 이었다. $n = 4$일 때 $\overline{x}$ 관리도의 관리한계를 계산하여라.

6.3 $n = 85$, $\overline{p} = 0.035$일 때 p 관리도 및 nP 관리도의 관리한계를 계산하여라.

6.4 $\overline{x} - R$ 관리도에서 $n = 5$, $k = 20$일 때 $\overline{\overline{x}} = 20.28$, $\overline{R} = 4.48$이고 관리상태에 있다. 아래 물음에 답하여라.

(1) $\overline{x}$ 관리도의 관리한계치는 얼마인가?
(2) R 관리도의 관리한계치는 얼마인가?
(3) 만약 $S_U = 24.20$, $S_L = 15.60$일 때 공정능력지수(PCI)를 구하고 해석하여라.

6.5 np 관리도에서 $n = 100$, $k = 25$, $\Sigma np = 58$일 때 관리한계치는 얼마인가?

6.6 p 관리도에서 $\Sigma n = 600$, $\Sigma np = 28$, $n = 100$일 때 관리한계치는 얼마인가?

6.7 다음 데이터를 보고 각 항의 물음에 답하여라.

군번호	x_1	x_2	x_3	x_4	Σx
1	22.10	23.75	22.37	21.22	89.44
2	21.17	20.75	20.82	20.27	83.01
3	20.52	20.62	21.25	21.43	83.82
4	20.98	20.83	21.73	21.67	85.21
5	21.98	23.48	22.12	23.05	90.63
6	22.38	21.32	21.63	21.70	87.03
7	21.42	21.88	20.73	21.60	85.63
8	20.73	21.40	19.87	19.33	81.33
9	19.13	19.80	19.97	20.90	79.80
10	20.52	20.70	21.37	21.75	84.34
11	21.50	21.63	21.25	21.37	85.75
12	21.85	20.87	20.83	20.97	84.52
13	21.37	21.28	22.02	21.12	85.79
14	22.15	22.37	21.62	21.55	87.69
15	21.83	21.17	21.17	21.82	85.99
16	21.77	24.93	21.47	22.58	90.75
17	22.50	21.25	21.80	21.83	87.38
18	21.38	22.28	22.12	21.88	87.66
19	21.67	21.75	21.57	21.38	86.37
20	22.10	21.83	21.33	21.63	86.89
21	21.33	22.00	22.10	22.45	87.88
22	21.92	21.23	21.40	21.37	85.92
23	22.18	22.57	21.55	21.65	87.95
24	22.33	22.00	21.33	21.07	86.73
25	21.57	19.80	20.99	20.47	82.83

(1) 위의 데이터에 대해서 $\overline{x} - R$ 관리도를 작성하여라.

(2) 위의 데이터에 대해서 $\overline{x} - s$ 관리도를 작성하여라.

6.8 다음의 데이터에 대해서 p 관리도를 작성하여라.

일 시	로트 번호	조의 번호	시료의 크기 n	부적합품수 np
5/7	# 21	1	610	4
	23	2	708	7
5/8	19	3	287	5
	20	4	855	5
5/9	24	5	689	8
	25	6	591	11
5/10	18	7	213	5
	27	8	580	7
	28	9	407	6
5/12	30	10	282	4
	32	11	869	8
5/13	33	12	870	14
5/14	34	13	853	10
5/16	36	14	712	3
	37	15	721	5
5/17	35	16	398	6
	38	17	537	6
5/19	40	18	846	5
5/20	41	19	851	7
5/21	43	20	595	8
	44	21	510	13
5/22	42	22	313	6
	47	23	667	3
5/23	46	24	585	7
	48	25	614	6

6.9 다음 데이터에 대해서 c 관리도를 작성하여라.

일 시	로트번호	시료의 번호	부적합수 c
3/10	301-5	1	1
		2	3
		3	2
		4	8
3/11	301-6	5	1
		6	2
		7	0
		8	2
		9	3
		10	1
3/12	301-7	11	6
		12	2
		13	4
		14	0
		15	2
		16	3
3/13	301-8	17	2
		18	1
		19	2
3/14	301-9	20	2
		21	0
		22	4
		23	2
		24	1
		25	2
3/15	301-10	26	5
		27	1
		28	2
		29	3
		30	1

6.10 다음 데이터에 대해서 u 관리도를 작성하여라.

일 시	로트번호	시료의 번호	시료의 크기 n	부적합수 c
5/16	5-41	1	1.5	5
		2	1.5	3
		3	1.5	6
		4	1.5	7
5/27	5-42	5	2.0	5
		6	2.0	1
		7	2.0	7
		8	2.0	6
		9	2.0	3
5/28	5-43	10	2.0	4
		11	2.0	8
		12	1.2	7
		13	1.2	4
		14	1.2	5
5/29	5-44	15	1.5	2
		16	1.5	7
		17	1.5	5
		18	1.5	9
5/30	5-45	19	1.5	7
		20	1.5	2
		21	1.5	3
6/2	6-01	22	1.0	3
		23	1.0	1
		24	1.0	4
		25	1.0	6
		26	1.0	2
6/3	6-02	27	2.0	6
		28	2.0	9
계				
			(Σn) 43.1	(Σc) 137

6.11 어떤 부품 제조공정에서 25로트로부터 $n = 4$개의 시료를 샘플링하여 측정한 결과 다음과 같은 데이터를 얻었다.

군번호	x_1	x_2	x_3	x_4	$\overline{x}$	R
1	38.3	38.9	39.4	38.3	38.72	1.1
2	39.1	39.8	38.5	39.0	39.10	1.3
3	38.6	38.0	39.2	39.9	38.92	1.9
4	40.6	38.6	39.0	39.0	39.30	2.0
5	39.0	38.5	39.3	39.4	39.05	0.9
6	38.8	39.8	38.3	39.6	39.12	1.5
7	38.9	38.7	41.0	41.4	40.00	2.7
8	39.9	38.7	39.0	39.7	39.32	1.2
9	40.6	41.9	38.2	40.0	40.18	3.7
10	39.2	39.0	38.0	40.5	39.18	2.5
11	38.9	40.8	38.7	39.8	39.55	2.1
12	39.0	37.9	37.9	39.1	38.48	1.2
13	39.7	38.5	39.6	38.9	38.18	1.2
14	38.6	39.8	39.2	40.8	38.60	2.2
15	40.7	40.7	39.3	39.2	39.98	1.5
16	38.7	39.6	39.4	37.5	38.80	2.1
17	39.9	39.0	38.8	38.6	39.08	1.3
18	40.2	38.5	39.4	39.3	39.35	1.7
19	38.4	39.7	39.0	38.0	38.78	1.7
20	38.4	40.2	40.0	38.0	39.15	2.2
21	38.8	37.5	37.8	39.5	38.40	2.0
22	37.6	38.4	39.2	40.0	38.80	2.4
23	37.6	37.6	38.2	38.1	37.88	0.6
24	37.8	37.8	38.1	38.0	37.92	0.3
25	37.6	37.2	38.1	38.4	37.82	1.2
계					975.66	42.5
평균					39.026	1.70

(1) 군내변동 $\hat{\sigma}_w$를 구하여라.

(2) $\hat{\sigma}_{\overline{x}}$를 계산하여, 군간변동 $\hat{\sigma}_b$를 구하여라.

CHAPTER

7

공정능력 분석

7.1 공정능력(process capability)

공정능력이란 공정이 안정된 상태, 즉 관리상태에 있을 때, 그 공정에서 생산되는 제품의 품질 변동이 어느 정도인가를 나타내는 양이라고 말할 수 있다. 이는 바로 공정의 고유능력을 의미하는 것으로서, 일반적으로 자연공차라고 불리는 6σ로 정의된다. 그리고 공정능력을 평가하는 전통적인 척도로서는 공정능력지수(process capability index)가 있는데, 이는 공정능력(6σ)과 규격의 폭(T)에 대한 비율로서 공정이 규격 제품을 어느 정도 생산할 능력을 가지고 있는지를 나타내는 값이다.

7.2 공정능력지수(process capability index; PCI)[3)]

제품의 규격과 관련하여 공정능력을 평가하는 척도로서 공정능력지수(process capability index; PCI)[4)]와 공정성능지수(process performance index; PPI)[5)]가 있다. 군내변동(within-group)만을 고려한 단기표준편차는 $\sigma_{short-term}$로 표기하고, 군내변동과 군간변동(between-group)을 포함하는 전체 데이터의 표준편차를 $\sigma_{long-term}$로 표기하면, 공정능력지수는 표준편차 $\sigma_{short-term}$를 이용하여 계산되며 군내변동만을 반영하므로 단기공정능력 혹은 잠재공정능력이라 하며, 공정성능지수는 전체 표준편차 $\sigma_{long-term}$을 이용하여 계산하므로 장기공정능력 혹은 실제공정능력을 나타낸다.

미니탭에서는 공정능력지수를 잠재적(군내) 공정능력지수로, 공정성능지수를 전체 공정능력지수로 표현하고 있으며, 6시그마에서는 시그마 수준인 Z값을 사용하고 있다.

3) KS 변경 전에는 공정능력지수를 C_p로 표기하였으나 변경 후에는 PCI로 표기한다. 그러나 미니탭에서는 C_p, C_{pk} 등으로 표기하고 있다.

4) 공정능력지수로는 $PCI(C_p)$, $PCI_L(C_{pL})$, $PCI_U(C_{pU})$, $PCI_K(C_{pk})$, $PCI_m(C_{pm})$ 등이 있다.

5) 공정성능지수로는 $PPI(P_p)$, $PPI_L(P_{pL})$, $PPI_U(P_{pU})$, $PPI_K(P_{pk})$ 등이 있다.

(1) 양쪽규격(S_U, S_L)이 지정되고, 공정평균과 규격중심이 일치하며, 그 분포가 정규분포일 경우의 공정능력지수 $PCI(C_p)$는 다음과 같이 구한다.

$$PCI = \frac{\text{규격폭}(T)}{6\times\text{표준편차}(\hat{\sigma})} = \frac{S_U - S_L}{6\times\hat{\sigma}},\quad PPI = \frac{S_U - S_L}{6\times\sigma_{long-term}} \tag{7.1}$$

여기서 S_U : 규격상한

S_L : 규격하한

$\hat{\sigma}$: 원(原)데이터 $\sqrt{\frac{\Sigma(x_i - \overline{x})^2}{n-1}}$ 로부터 추정되고,

$\frac{\overline{s}}{c_4}$ 또는 $\frac{\overline{R}}{d_2}$에서 구해진다.

(2) [그림 7.1]과 같이 공정평균이 규격중심으로부터 어느 한쪽으로 치우쳐 있는 경우에는 치우침도(K)를 고려한 공정능력지수 $PCI_k(C_{pk})$를 다음과 같이 구한다.

$$PCI_k = (1-K)\,PCI,\qquad (0 < K < 1) \tag{7.2}$$

$$PCI_k = 0,\qquad (K \geq 1)$$

$$K = \frac{|M-\mu|}{T/2} \tag{7.3}$$

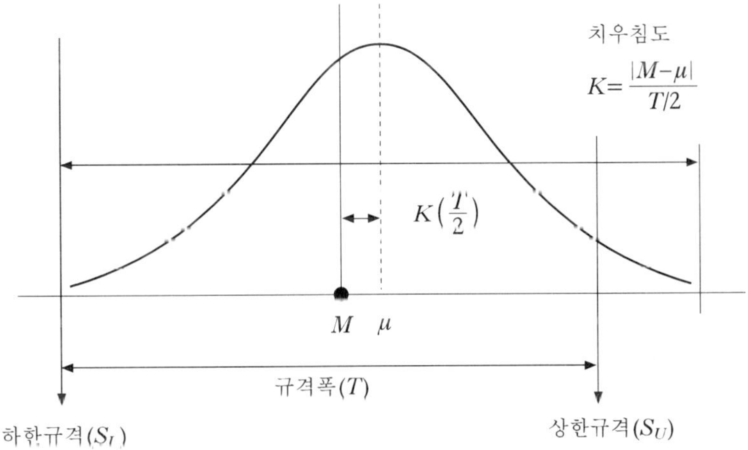

그림 7.1 ▶▶ 치우침이 있는 분포와 규격의 관계

(3) 한쪽규격(S_U 또는 S_L)만 지정되는 경우의 공정능력지수는 각각 다음과 같이 구한다.

① 규격상한이 지정된 경우

$$PCI_U = \frac{(S_U - \mu)}{3 \times \sigma}, \quad PPI_U = \frac{(S_U - \mu)}{3 \times \sigma_{long-term}} \tag{7.4}$$

② 규격하한이 지정된 경우

$$PCI_L = \frac{(\mu - S_L)}{3 \times \sigma}, \quad PPI_L = \frac{(\mu - S_L)}{3 \times \sigma_{long-term}} \tag{7.5}$$

7.3 공정능력 판정기준

공정능력지수 PCI가 1 이하이면 공정능력이 부족하다는 것을 나타내고, 또한 PCI=1은 공정능력이 빠듯하다는 것을 나타낸다. 실제로는 PCI가 1.33일 때를 일반적으로 허용할 수 있는 최소값으로 한다. 왜냐하면 어느 정도의 샘플링 변동은 항상 존재하고, 항상 완전히 통계적 관리상태에 있는 공정은 존재하지 않기 때문이다.

그러나 PCI 척도는 단지 허용 한계와 공정의 산포와의 관계이며, 공정평균의 위치는 고려되지 않고 있는 데에 주의할 필요가 있다. [그림 7.2]는 $\overline{X} - R$ 관리도에서 평가한 결과로 공정관리 및 공정개선에 대한 기본적인 단계를 설명하는 지침으로 사용할 수 있다.

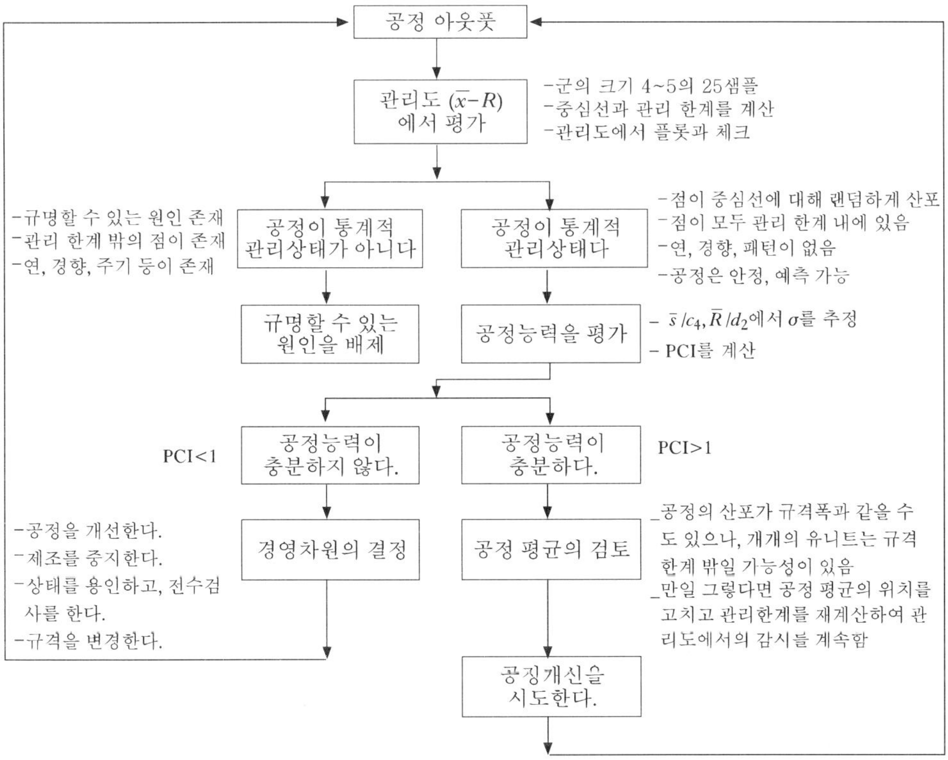

(자료 : KS 슈하트관리도, 한국표준협회)

그림 7.2 ▶▶ $\bar{x}-R$를 이용한 공정개선의 기본 단계

7.4 공정능력과 부적합품률(PPM)의 관계

공정능력에 따른 부적합품률의 관계를 대표적인 공정능력지수(PCI) 값에 대해 나타내 보이면 다음 <표 7.1>과 같다.

표 7.1 ▶▶ 공정능력과 부적합품률의 관계

공정능력지수(PCI)	규격한계	양품률	부적합품률(PPM)
1.00	$\pm 3.00\sigma$	0.997300	2,700
1.10	$\pm 3.30\sigma$	0.999033	967
1.30	$\pm 3.90\sigma$	0.999904	96
1.33	$\pm 4.00\sigma$	0.999937	63
1.47	$\pm 4.41\sigma$	0.999990	10
1.63	$\pm 4.89\sigma$	0.999999	1.0
1.67	$\pm 5.00\sigma$	0.99999943	0.57
1.77	$\pm 5.31\sigma$	0.99999980	0.20
2.00	$\pm 6.00\sigma$	0.999999998	0.002

<표 7.1>에서 PCI 값이 1인 경우 부적합품률은 2,700 PPM이며, 이때 $\mu \pm 3\sigma$ 한계치와 규격치는 일치하는 경우이다. $\mu \pm 3\sigma$ 보다 규격 한계치가 크게 나타나는 경우 훨씬 낮은 부적합품률이 나오고, 따라서 PCI 값도 향상되며, 공정이 훨씬 안정되어 있다고 말할 수 있다. 하지만 PCI 값이 감소하면 부적합품률은 높게 나타나며, 이때의 공정은 불안정한 상태를 의미한다.

다음의 <표 7.2>는 공정 평균과 규격 중심의 치우침 정도에 따른 예상 부적합품률을 나타낸 것이다.

표 7.2 ▶▶ 치우침에 따른 예상 부적합품률

(단위: PPM)

치우침 정도 \ 규격한계	$\pm 3\sigma$	$\pm 3.5\sigma$	$\pm 4\sigma$	$\pm 4.5\sigma$	$\pm 5\sigma$	$\pm 5.5\sigma$	$\pm 6\sigma$
0	2,700	465	63	6.8	0.57	0.034	0.002
0.25σ	3,557	665	99	12	1.1	0.11	0.006
0.50σ	6,442	1,382	236	32	3.4	0.30	0.019
0.75σ	12,313	2,991	578	89	11	1.0	0.1
1.00σ	22,782	6,213	1,350	233	32	3.4	0.3
1.25σ	40,070	12,226	2,980	577	88	11	1.0
1.50σ	66,811	22,750	6,210	1,350	233	32	3.4
1.75σ	105,651	40,059	12,225	2,980	577	88	11
2.00σ	158,656	66,807	22,750	6,210	1,350	233	32

예제 7.1

규격한계가 $\pm 6\sigma$로 주어진 공정에서 공정 평균치 μ가 규격 중심 M으로부터 $\pm 1.5\sigma$만큼 이동(shift)이 있는 경우 예상 부적합품률을 3.4 PPM이라고 하는 근거는 무엇인가? 그리고 PCI_K는?

풀이

$$PCI = \frac{S_U - S_L}{6 \cdot \sigma} = \frac{+6\sigma - (-6\sigma)}{6\sigma} = 2.0$$

$$K = \frac{|M-\mu|}{T/2} = \frac{|0 - 1.5\,\sigma|}{12\sigma/2} = 0.25$$

$$PCI_K = (1-K)\,PCI = (1-0.25) \times 2.0 = 1.5$$

$$P(Z < -7.5) + P(Z > 4.5) = 0 + 0.0000034 = 3.4\,PPM$$

위의 확률은 [부표 1]의 표준정규분포표로부터 구할 수 있다. 이에 대한 분포를 그림으로 나타내면 [그림 7.3]과 같다.

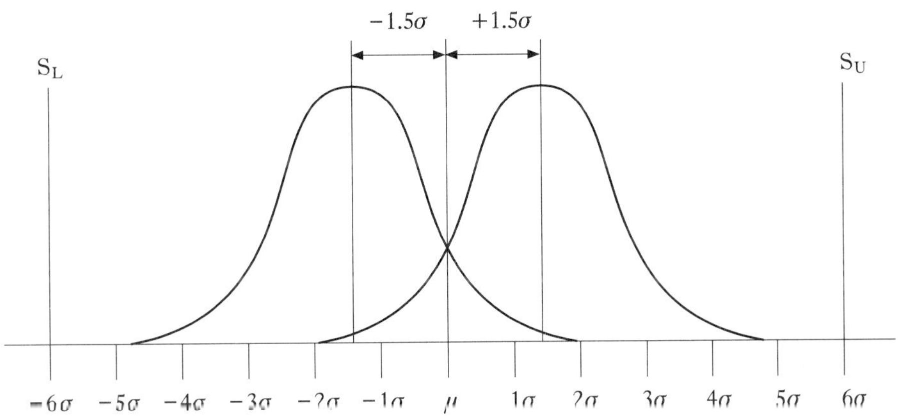

그림 7.3 ▶▶ $\pm 1.5\sigma$ 이동이 있는 경우의 분포

예제 7.2

다음은 어떤 제품의 무게를 측정한 데이터이다. 우선 정규성검정(Normality Test)을 통해 데이터가 정규분포임을 확인한 후 공정능력분석을 해 보자. 단, 제품의 규격은 고객의 요구에 의해 50±10 kg이다.

51, 55, 34, 43, 44	71, 46, 35, 46, 42	53, 22, 43, 66, 41	27, 57, 35, 42, 55
44, 53, 65, 49, 45	39, 43, 44, 62, 51	48, 63, 59, 61, 33	49, 67, 35, 49, 48
57, 45, 62, 59, 57	53, 46, 48, 65, 49	41, 39, 73, 78, 34	47, 53, 75, 33, 67

풀이

① $PCI = \dfrac{\text{규격폭}(T)}{6\times \text{표준편차}(\hat{\sigma})} = \dfrac{S_U - S_L}{6\times\hat{\sigma}}$

$$= \frac{60-40}{6\times 12.09}$$

$$= 0.28$$

단, $\hat{\sigma} = \sqrt{\dfrac{\Sigma(x_i - \bar{x})^2}{n-1}} = 12.092$

미니탭을 이용한 분석

① 데이터 입력

② 통계분석 > 기초통계학 > 정규성 검정

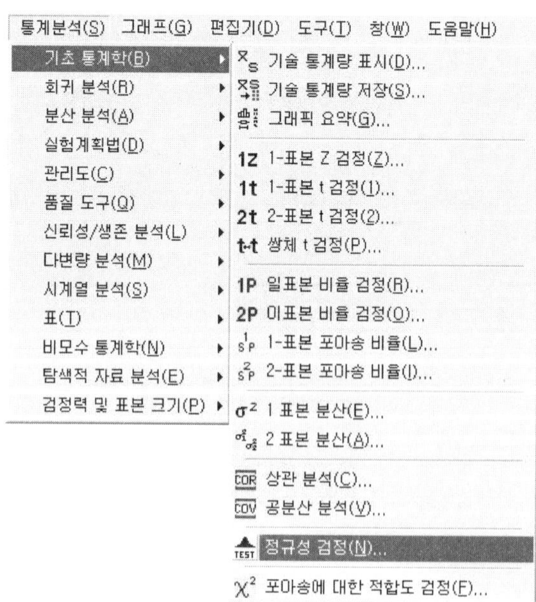

③ 대화창에 변수명을 옮겨 넣고 정규성에 대한 검정으로 Anderson-Darling에 체크한다.

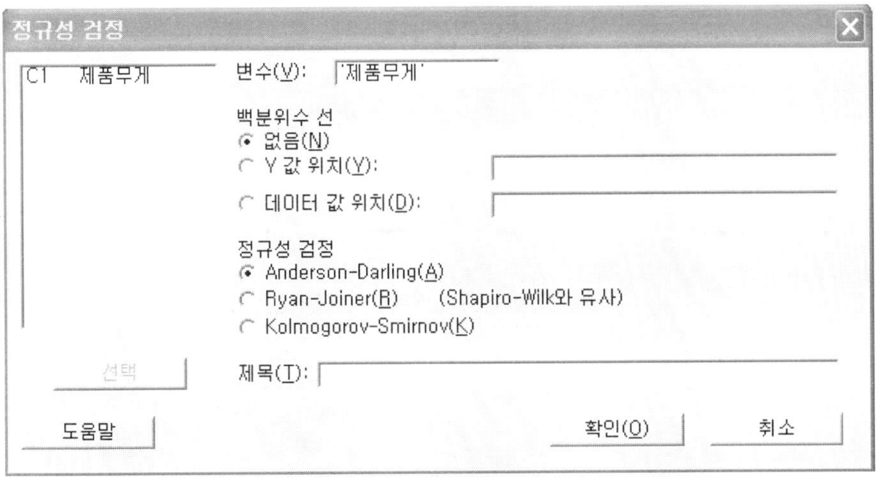

④ 출력결과(그래프)

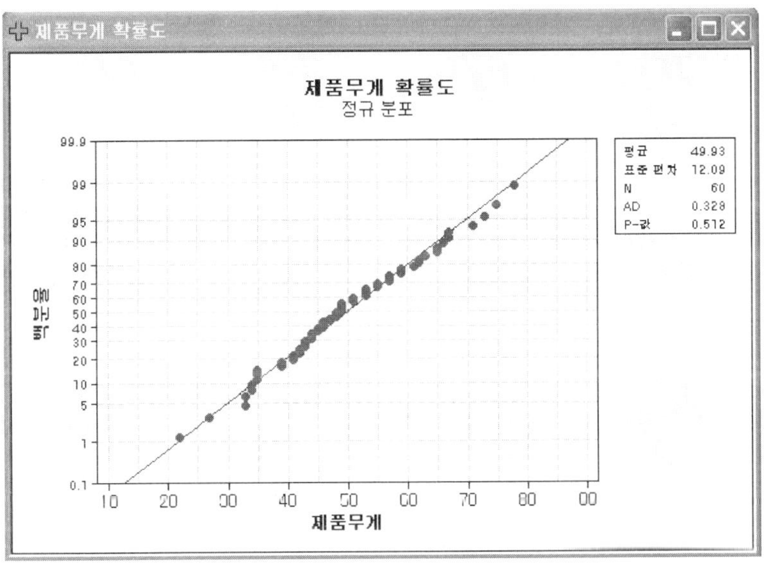

- 그래프의 점들이 대각선에 근접해 있으면 대략적으로 정규분포를 따른다고 할 수 있다.
- P 값이 0.05보다 크면 정규분포를 따른다고 할 수 있다. 따라서 위 그래프에서 P값이 0.512로 0.05보다 크므로 정규분포를 따른다고 할 수 있다.

⑤ 통계분석 > 품질도구 > 공정능력분석 > 정규분포

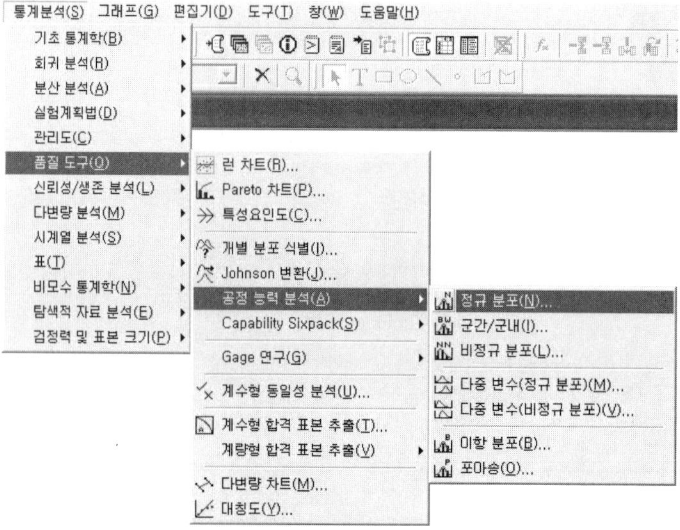

⑥ 대화창의 데이터의 배열 형식에 제품무게를 옮겨 넣고 부분군의 크기는 5, 규격하한과 규격상한을 적어 넣는다.

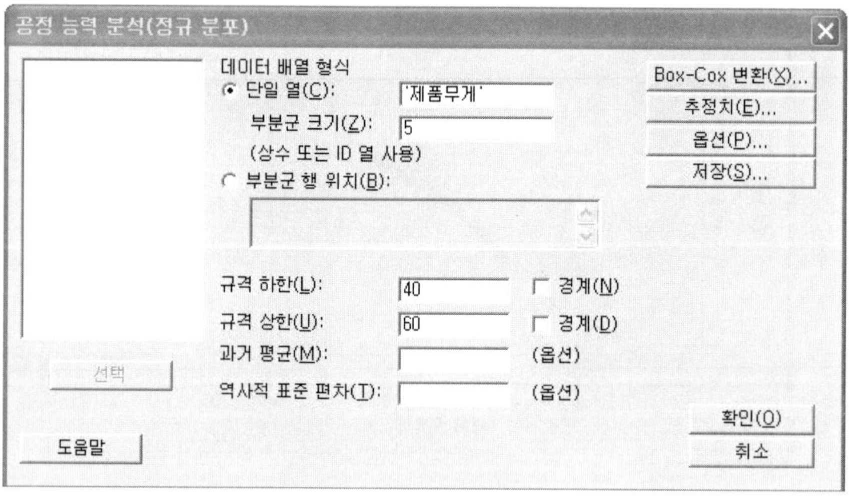

⑦ [옵션...]에서 목표값과 필요한 부분을 체크한다.

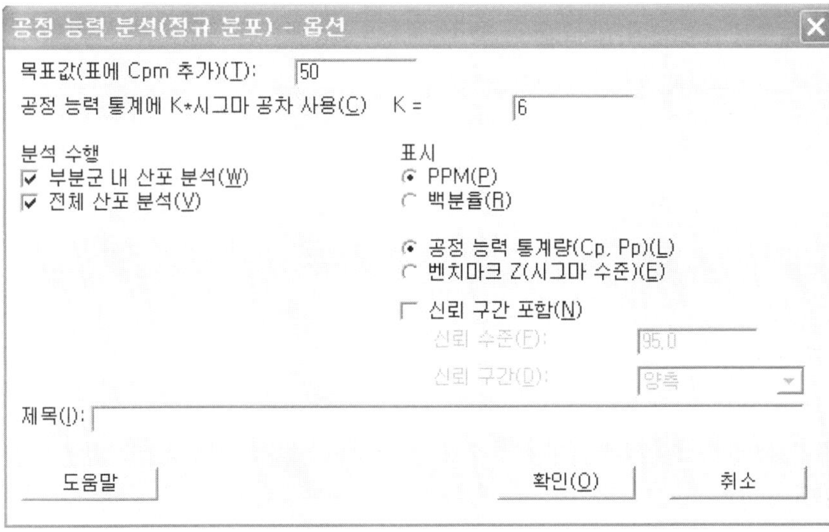

⑧ 출력결과(그래프)

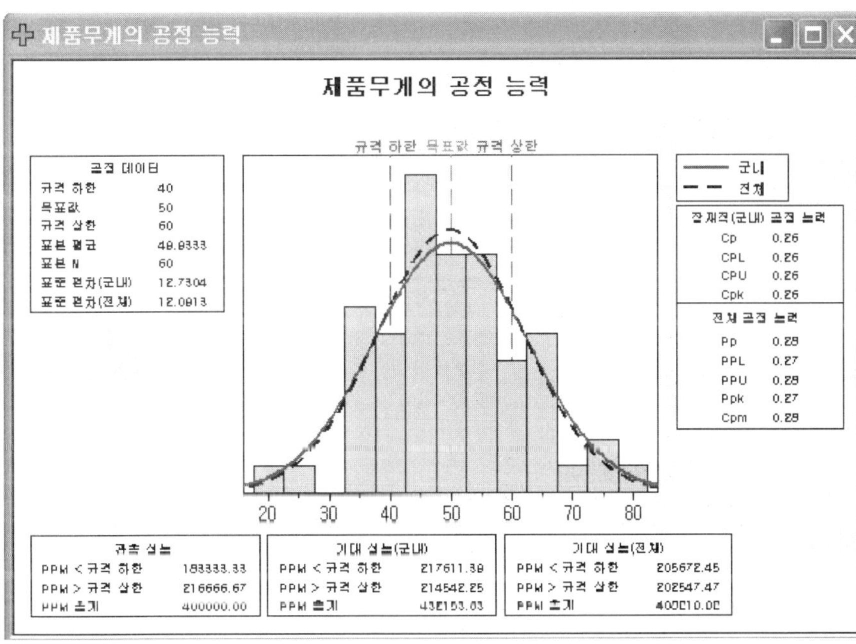

〈결과해석〉

전체 C_p 값이 0.28에 불과하여 공정능력이 매우 부족하므로 공정의 산포를 감소시키는 방안을 강구하여야 한다.

가. 공정 데이터

- 표준편차(군내) : 12.73 ← 단기표준편차 ($\sigma_{short-term}$)
- 표준편차(전체) : 12.09 ← 장기표준편차 ($\sigma_{long-term}$)

나. 잠재적(군내) 공정능력 : 공정의 군내변동만을 반영

다. 전체 공정능력 : 공정의 군내변동과 군간변동을 합친 것

라. 관측성능 : 실제 데이터가 규격을 벗어나는 정도를 PPM으로 표현(현재 수행능력)

마. 기대 군내 성능 : 공정의 군내변동만을 반영

바. 기대 전체 성능 : 공정의 군내변동과 군간동 전체의 데이터에 대한 변동

예제 7.3

부적합품 발생률이 6253.76 PPM일 때 Z값을 구하여라.

풀이

① 양품률 계산

부적합품률로 환산하면 0.00625376이 되고 양품률은

양품률(r) = 1−0.00625376 = 0.99374633이다.

② 계산 > 확률분포 > 정규분포

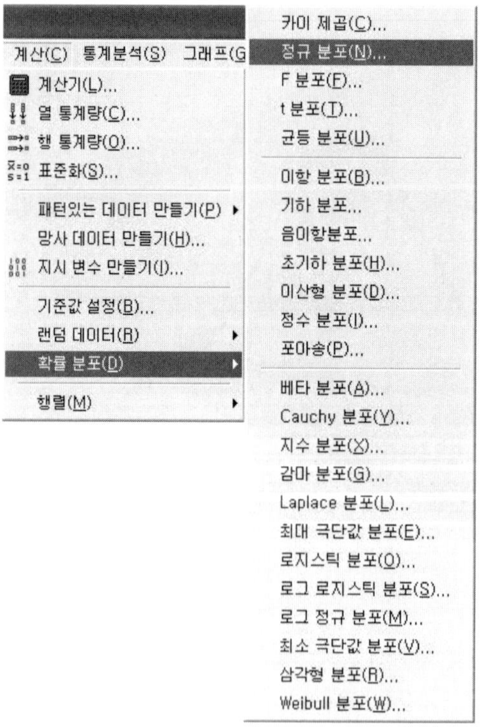

③ 대화창에 역 누적 확률에 체크하고 입력상수에 양품률을 기입한다.

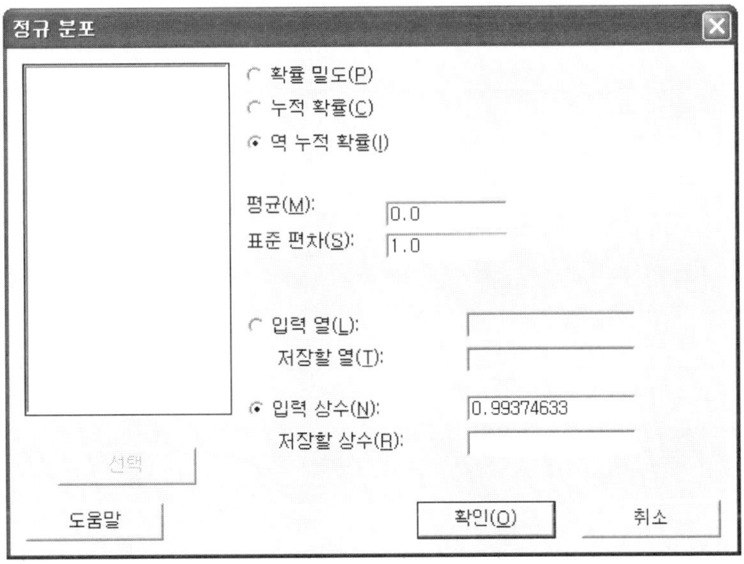

④ 출력결과(세션창)

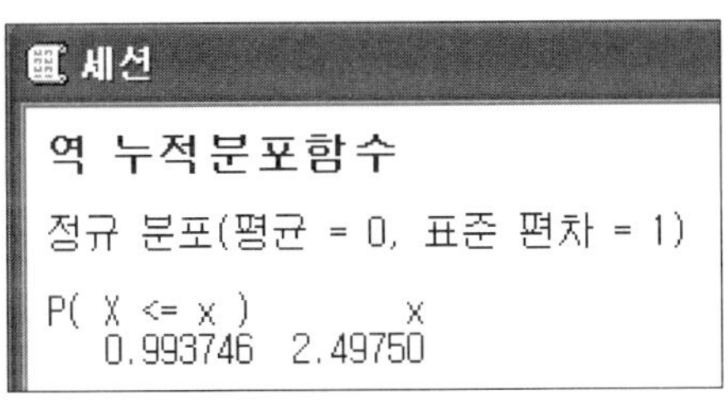

위의 결과를 통해 Z값은 2.49750임을 알 수 있다.

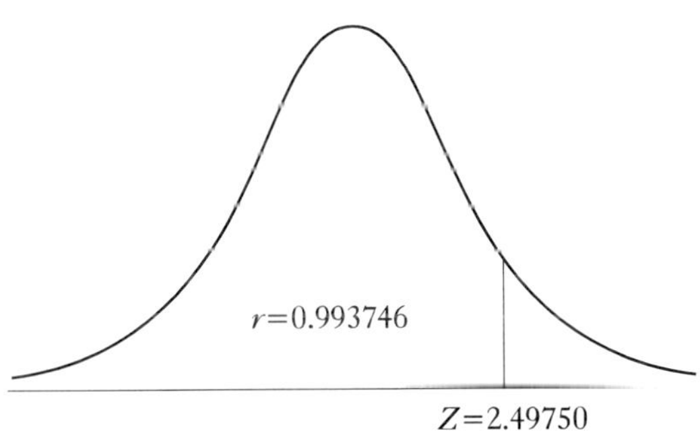

※ **요 약**

- 공정능력분석은 규격한계에 대비하여 공정의 수행능력을 추정하는 것이며, 흔히 얼마나 많은 부적합을 발생시킬 가능성이 있는지를 계량화된 수치로서 표현한다.

- 전통적인 공정능력지수로는 PCI, PCI_K, PPI, PPI_K 등이 사용되었으나 6시그마에서는 일반적으로 시그마 수준인 Z값을 사용한다.

- 단기공정능력지수(PCI, PCI_K)와 장기공정능력지수(PPI, PPI_K)는 단기표준편차와 장기표준편차중 무엇을 사용하느냐에 따라 구분되어진다.

- 공정의 평균이 규격의 중앙에서 얼마나 치우쳐졌는지를 고려한 지수인(PCI_K, PPI_K)가 있다.

- 미니탭의 통계분석>품질도구>공정 능력 분석 메뉴를 활용하여 정규분포, 비정규분포, 이항분포, 포아송분포 등의 공정능력을 분석할 수 있다.

- 데이터가 정규분포를 따르지 않을 경우 Box-Cox 변환을 통해 람다값을 구한 후 입력하여 공정능력분석을 수행할 수 있다.

연/습/문/제

7.1 케이블 와이어 제조업체가 케이블 직경이 사양을 준수하는지 여부를 평가하고자 한다. 케이블 와이어의 규격은 0.55±0.05 cm이다. 고객의 요구 사항인 1.33 Ppk를 준수하는지 확인하기 위해 정규분포를 평가한다. 매 시간마다 생산 라인에서 5개의 연속적인 와이어 부분군을 가져와서 지경을 기록한 데이터가 아래와 같다. 통계분석 > 품질 도구 > 공정 능력 분석 > 정규 분포를 선택하여 공정능력을 분석하라.

번호	지름	번호	지름	번호	지름	번호	지름
1	0.529	26	0.604	51	0.538	76	0.572
2	0.550	27	0.532	52	0.557	77	0.556
3	0.555	28	0.562	53	0.517	78	0.560
4	0.541	29	0.542	54	0.521	79	0.520
5	0.559	30	0.549	55	0.568	80	0.578
6	0.543	31	0.577	56	0.544	81	0.543
7	0.557	32	0.526	57	0.550	82	0.544
8	0.559	33	0.546	58	0.562	83	0.541
9	0.581	34	0.557	59	0.540	84	0.526
10	0.551	35	0.548	60	0.537	85	0.518
11	0.493	36	0.546	61	0.558	86	0.521
12	0.534	37	0.560	62	0.548	87	0.532
13	0.527	38	0.530	63	0.532	88	0.524
14	0.511	39	0.564	64	0.570	89	0.544
15	0.565	40	0.514	65	0.567	90	0.523
16	0.559	41	0.527	66	0.560	91	0.550
17	0.519	42	0.545	67	0.533	92	0.544
18	0.562	43	0.513	68	0.538	93	0.545
19	0.551	44	0.557	69	0.567	94	0.571
20	0.530	45	0.525	70	0.557	95	0.527
21	0.545	46	0.557	71	0.541	96	0.536
22	0.588	47	0.559	72	0.534	97	0.554
23	0.544	48	0.529	73	0.544	98	0.569
24	0.561	49	0.539	74	0.537	99	0.531
25	0.573	50	0.591	75	0.574	100	0.534

7.2 문제 7.1을 이용하여 미니탭의 메뉴 통계분석 > 품질 도구 > Capability Sixpack > 정규분포를 선택하여 Capability Sixpack을 분석하라.

7.3 자동차용 부품을 생산하는 공정에서 20일 동안 하루에 4개씩 랜덤하게 샘플링하여 측정한 데이터이다. 정규성 검정을 통하여 데이터가 정규성을 따름을 확인하였다. 공정능력분석을 하여 보자.

(부품의 치수 규격 : 21.0 ± 2.0 mm)

군 번호	x_1	x_2	x_3	x_4	Σx
1	22.10	23.75	22.37	21.22	89.44
2	21.17	20.75	20.82	20.27	83.01
3	20.52	20.62	21.25	21.43	83.82
4	20.98	20.83	21.73	21.67	85.21
5	21.98	23.48	22.12	23.05	90.63
6	22.38	21.32	21.63	21.70	87.03
7	21.42	21.88	20.73	21.60	85.63
8	20.73	21.40	19.87	19.33	81.33
9	19.13	19.80	19.97	20.90	79.80
10	20.52	20.70	21.37	21.75	84.34
11	21.50	21.63	21.25	21.37	85.75
12	21.85	20.87	20.83	20.97	84.52
13	21.37	21.28	22.02	21.12	85.79
14	22.15	22.37	21.62	21.55	87.69
15	21.83	21.17	21.17	21.82	85.99
16	21.77	24.93	21.47	22.58	90.75
17	22.50	21.25	21.80	21.83	87.38
18	21.38	22.28	22.12	21.88	87.66
19	21.67	21.75	21.57	21.38	86.37
20	22.10	21.83	21.33	21.63	86.89

7.4 비행기용 terminal block에 소요되는 슬롯(slot)의 규격은 0.8800 ~ 0.8750 inch이다. 이 슬롯의 제조공정을 관리하기 위하여 16일 간에 걸쳐 5개씩 데이터를 취해 $\overline{x}-R$ 관리도를 작성해 보니 $\overline{x}$와 R 관리도는 안정 상태이었으며 $\overline{\overline{x}} = 0.8758$, $\overline{R} = 0.0039$였다. 슬롯의 공정능력을 평가하여라.

7.5 어떤 축의 바깥지름의 규격은 6.400 ~ 6.470 mm이다. $n = 4$, $k = 20$의 데이터를 취해 $\overline{x}-R$ 관리도를 작성한 결과 관리상태이다.

$\overline{\overline{x}} = 6.4297$, $\overline{R} = 0.0273$일 때 공정능력을 구하여라.

CHAPTER

8

측정시스템 분석

8.1 측정의 역할

측정은 공정관리, 품질관리에서 매우 중요한 역할을 하고 있다. 제품의 품질을 지속적으로 개선하기 위해서는 제품의 산포를 줄여야 하는데, 이를 위해서는 측정과정(measurement process)에 존재하는 변동량의 원인을 이해하고 정량화하여야 한다. 즉 올바른 측정시스템의 관리와 적절한 통계분석이 요구된다. 따라서 공정관리, 품질관리를 실시하기 전에 우선 측정시스템 분석을 행하여 측정데이터의 신뢰성을 확보하여야 한다.

8.2 측정시스템 분석(MSA : Measurement System Analysis)

(1) 데이터의 신뢰성을 확보하기 위해 측정시스템으로부터 발생한 변동이 공정변동에 얼마나 영향을 미치는지를 분석한다.

(2) 미니탭에서는 Gage R&R 기법을 이용하여 측정시스템의 변동으로 인한 공정 변동이 얼마나 영향을 받는지를 조사하여 측정시스템의 측정능력을 판단한다.

8.3 Gage R&R 분석

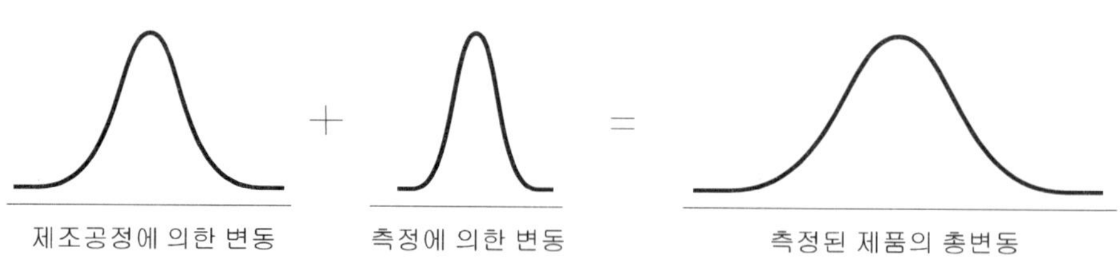

그림 8.1 ▶▶ 관측치의 변동 요소

어떤 경우에도 참값의 제품만을 생산해 낼 수는 없다. 비록 측정하여 수치로 나타난 데이터를 얻었다고 하더라도 그것이 항상 있는 사실을 그대로 보여 주는 것은 아니다.

측정과정에서 얻어지는 측정치에는 실제 생산공정의 변동량, 계측기의 변동량, 그리고 측정작업자의 능력차이로 인한 변동량이 수반되기 마련이다. 계측기의 변동량과 측정작업자의 변동량을 합한 것을 측정시스템의 변동량이라고 한다.

$$\text{측정의 총변동량}(\sigma^2_{Total}) = \text{공정의 변동량}(\sigma^2_p) + \text{측정시스템의 변동량}(\sigma^2_{R\&R}) \tag{8.1}$$

측정시스템의 변동량은 다시 반복성(Repeatability)과 재현성(Reproducibility)으로 구분되는데 이 두 변동을 합한 것, 즉 측정시스템의 변동을 'Gage R&R'이라고 부르며, 이런 이유로 측정시스템의 변동량 분석, 즉 측정시스템의 정밀도 분석을 'Gage R&R' 분석이라고 한다.

$$\text{측정시스템의 변동량}(\sigma^2_{R\&R}) = \text{반복성}(\sigma^2_{Rpt}) + \text{재현성}(\sigma^2_{Rpd}) \tag{8.2}$$

Gage R&R 분석방법은 평균과 범위 방법($\overline{X}-R$ method), 분산분석방법(ANOVA method) 등 2가지가 있다. 평균과 범위 방법에서는 부품과 작업자 사이의 교호작용이 없다고 가정하여 분석한다. 그러나 분산분석 방법에서는 이 교호작용을 명시적으로 고려하여 분석한다. 따라서 부품과 측정 작업자 간의 교호작용이 존재하는 경우에는 분산분석 방법이 더 엄밀한 방법이라고 할 수 있다.

8.3.1 측정 변동

(1) 정확성(Accuracy)

어떤 계측기로 동일의 제품을 측정할 때에 얻어지는 측정치의 평균과 참값과의 일치 정도를 말한다. 만일 이 측정값이 참값과 차이가 있으면 치우침(bias)이 있다고 하며, 이 치우침이 작으면 작을수록 정확성이 좋다고 말한다.

① 참값
이론적인 올바른 값

② 치우침

측정치의 평균과 참값의 차(측정장비, 측정자의 치우침 등)

(2) 정밀도(Precision)

정밀도는 측정 장비에 의한 산포이다. 이 측정의 산포는 동일의 작업자가 동일의 측정기를 갖고 동일한 제품을 측정하였을 때 발생되는 측정의 변동이다. 즉 산포가 작으면 정밀도가 좋아진다.

① 측정시스템(Gage R&R) 변동
= 반복성에 의한 변동 + 재현성에 의한 변동
= 측정기(Equipment) 변동 + 측정자(Appraiser) 변동

② 정밀도(Precision)
= 반복성(Repeatability) + 재현성(Reproducibility)

(3) 반복성(Repeatability)

① 동일인이 동일 부품, 동일특성을 동일계기를 사용하여 반복 측정하여 얻은 측정치간의 변동으로서 계측기 변동(EV; Equipment Variation)이라고도 한다.

② 시험-재시험 오류로도 알려져 있으며 단기 변동에 대한 추정치로 사용된다.

(4) 재현성(Reproducibility)

동일한 특성을 측정할 때, 서로 다른 사람이 똑같은 계기를 사용하여 얻어진 측정치들의 평균의 변동으로 평가자 변동(AV; Appraiser Variation)이라고도 한다.

(5) 안정성(Stability)

계측장비의 마모나 기온이나 습도와 같은 환경조건의 변화에 의하여 시간이 지남에 따라서 동일 제품의 측정 결과에 영향을 미치는 경우를 말한다. 즉 시간이 지남에 따라 측정된 평균값이 다를 경우, 그 계측기는 안정성이 결여됐다고 말한다.

① 표본의 한 특성에 대하여 장기간 측정을 할 때 얻어지는 측정값의 총 변동
② 정확도 혹은 정밀도의 시간에 따른 차이 평가

(6) 선형성(Linearity)

선형성은 계측기의 측정범위 내에서 측정의 일관성을 평가하는 것으로 기준값(참값)의 변화에 따른 편의값 들(bias values)의 변화량을 말한다. 이 변화량이 일정하면 선형성이 좋다고 말한다.

8.3.2 Gage R&R 분석 방법

(1) 일반 사항

① 보통 2~3명의 작업자에 대해 실시

② 일반적으로 10개 부품을 대상으로 측정

③ 보통 2~3회의 반복 측정

(2) 절차

① 공정의 장기 변동을 대변하는 표본 10개 선정

② 측정기의 교정

③ 첫 작업자에게 모든 표본을 랜덤한 순서로 1회씩 측정

④ 두 번째 작업자에게 같은 방법으로 실시(모든 작업자 동일)

⑤ 같은 방법으로 필요한 횟수만큼 반복

⑥ 얻어진 데이터를 분석

표 8.1 ▶▶ 측정 데이터 기록 용지의 예

부품	측정자 1			측정자 2			측정자 3		
	측정1	측정2	측정3	측정1	측정2	측정3	측정1	측정2	측정3
1									
2									
3									
4									
5									
6									
7									
8									
9									
10									

8.3.3 분산분석 방법에 의한 Gage R&R 분석

(1) 분산분석표 작성

각 요인의 제곱합 SS(Sum of Squares)를 자유도 d.f(degree of freedom)로 나누어 평균제곱 MS(Mean square)을 계산한다. 그리고 각 요인들이 통계적으로 유의한지를 검정하기 위한 검정통계량 F_0를 계산한다.

표 8.2 ▶▶ 분산분석표(ANOVA Table)

요 인	SS	DF	MS	F_0
Part	SS_p	$\nu_p = p-1$	MS_p	$\frac{MS_p}{MS_{op}}$
Operator	SS_o	$\nu_o = o-1$	MS_o	$\frac{MS_o}{MS_{op}}$
Operator×Part	SS_{op}	$\nu_{op} = (o-1)(p-1)$	MS_{op}	$\frac{MS_{op}}{MS_e}$
반복성	SS_e	$\nu_e = op(r-1)$	MS_e	
전 체	SS_T	$\nu_T = opr-1$		

(2) 분산성분의 추정

각 분산성분의 불편추정량(unbiased estimator)을 계산한다. 만일 어떤 요인의 분산에 대한 추정값이 음수로 계산되면, 이 분산에 대한 추정값은 0으로 둔다.

$$\hat{\sigma}_p^2 = \frac{MS_p - MS_{op}}{or} \tag{8.3}$$

$$\hat{\sigma}_o^2 = \frac{MS_p - MS_{op}}{pr} \tag{8.4}$$

$$\hat{\sigma}_{op}^2 = \frac{MS_{op} - MS_e}{r} \tag{8.5}$$

$$\hat{\sigma}_e^2 = MS_e \tag{8.6}$$

(3) 변동량 계산

각 요인의 분산성분(variance component)을 추정한 다음, <표 8.3>과 같이 반복성과 재현성에 관련된 분산을 합하여 Gage R&R에 관련된 분산($\hat{\sigma}_{R\&R}^2$)을 계산할 수 있다. 각 요인의 분산을 총 변동량에 관련된 분산($\hat{\sigma}_{total}^2$)으로 나눈 것을 % 기여라 한다.

① % Contribution (% 기여) : 총 변동에서 각각의 항목이 차지하는 비율

$$\text{측정시스템의 }\% \; Contribution = \frac{\sigma^2_{R\&R}}{\sigma^2_{Total}} \times 100(\%) \tag{8.7}$$

Gage R&R 변동은 Part-to-Part 변동보다 작아야 한다.

② % Study Var (% R&R)

$$\text{측정시스템이 }\% \; Study \;\; Variation = \frac{\sigma_{R\&R}}{\sigma_{Total}} \times 100(\%) \tag{8.8}$$

③ % S/N비 (Signal-to-Noise Ratio)

$$SN \;\; Ratio = \frac{\text{부품변동}(\sigma_p)}{\text{측정시스템변동}(\sigma_{R\&R})} \tag{8.9}$$

표본이 제품의 산포(공정변동)를 제대로 반영하고 있을 때에만 의미가 있다.

표 8.3 ▶▶ 분산성분의 % 기여

요 인	분 산 성 분	% 기여 (분산성분의)
총 Gage R&R	$\hat{\sigma}^2_{R\&R} = \hat{\sigma}^2_{Rpt} + \hat{\sigma}^2_{Rpd}$	$\frac{\hat{\sigma}^2_{R\&R}}{\hat{\sigma}^2_{total}} \times 100$
반복성	$\hat{\sigma}^2_{Rpt} = \hat{\sigma}^2_{e}$	$\frac{\hat{\sigma}^2_{Rpt}}{\hat{\sigma}^2_{total}} \times 100$
재현성	$\hat{\sigma}^2_{Rpd} = \hat{\sigma}^2_{o} + \hat{\sigma}^2_{op}$	$\frac{\hat{\sigma}^2_{Rpd}}{\hat{\sigma}^2_{total}} \times 100$
Operator	$\hat{\sigma}^2_{o}$	$\frac{\hat{\sigma}^2_{o}}{\hat{\sigma}^2_{total}} \times 100$
Operator×Part	$\hat{\sigma}^2_{op}$	$\frac{\hat{\sigma}^2_{op}}{\hat{\sigma}^2_{total}} \times 100$
부품-대-부품	$\hat{\sigma}^2_{p}$	$\frac{\hat{\sigma}^2_{p}}{\hat{\sigma}^2_{total}} \times 100$
총 변동	$\hat{\sigma}^2_{total} = \hat{\sigma}^2_{R\&R} + \hat{\sigma}^2_{p}$	100%

④ Number of Distinct Categories (구별 범주)

측정시스템을 평가하는 척도로 당해 측정시스템이 구별할 수 있는 구간의 수를 의미하며 그 값이 4 이상이면 양호하다고 판정한다.

Number of Distinct Categories = S / N비 × 1.41

<2 : 하나의 구간으로 인식

=2 : 두 그룹으로 구별 (High/Low, Good/Bad)

=3 : 세 그룹으로 구별 (High/Mid/Low)

4 : 측정 시스템을 인정해도 좋다고 판정

⑤ %Tolerance (P/T 비율 : Precision-to-Tolerance Ratio)

규격공차에 대비한 각 요소의 산포크기를 나타낸 지표

$$\text{측정시스템의 } \%\ Tolerance = \frac{6 \times \sigma_{R\&R}}{Tolerance} \times 100(\%) \tag{8.10}$$

$$\text{단, } Tolerance = USL - LSL$$

각 요인의 분산성분(variance component)에 제곱근을 취하여 각 요인의 표준편차(standard deviation)를 구한다. 추정된 각 요인의 표준편차에 6을 곱하여 반복성, 재현성, R&R, 부품 간 변동량을 구하게 된다.

표 8.4 ▶▶ 변동량

요 인	표준편차(SD)	연구 변동 (6 × SD)
총 Gage R&R	$\hat{\sigma}_{R\&R} = \sqrt{\hat{\sigma}^2_{Rpt} + \hat{\sigma}^2_{Rpd}}$	$6\hat{\sigma}_{R\&R}$
반복성	$\hat{\sigma}_{Rpt} = \hat{\sigma}_e$	$6\hat{\sigma}_{Rpt} = 6\hat{\sigma}_e$
재현성	$\hat{\sigma}_{Rpd} = \sqrt{\hat{\sigma}^2_o + \hat{\sigma}^2_{op}}$	$6\hat{\sigma}_{Rpd}$
Operator	$\hat{\sigma}_o$	$6\hat{\sigma}_o$
Operator×Part	$\hat{\sigma}_{op}$	$6\hat{\sigma}_{op}$
부품-대-부품	$\hat{\sigma}_p$	$6\hat{\sigma}_p$
총 변동	$\hat{\sigma}_{total} = \sqrt{\hat{\sigma}^2_{R\&R} + \hat{\sigma}^2_p}$	$6\hat{\sigma}_{total}$

(4) %R&R, %PT 계산

각 요인의 변동량을 총변동량으로 나누어 100을 곱한 값을 계산하여 측정시스템을 평가하게 되는데 이때 총변동량을 현재의 Gage R&R 분석에서 구한 값($\hat{\sigma}_{total}$)으로 하여 계산할 수도 있지만, 실제 공정상에서 장기적으로 수집된 자료로부터 계산된 표준편차($\hat{\sigma}_{historical}$)를 총변동량으로 하여 계산할 수도 있다. 미니탭에서는 전자를 %연구 변동으로 표기하고, 후자를 % 공정으로 표기하고 있다. 그리고 총변동량 대신에 공차(Tolerance)로 나누어서 계산할 수도 있다. USL과 LSL을 각각 규격상한과 규격하한이라 하면, 공차는 USL-LSL이다.

표 8.5 ▶▶ % 변동량

요 인	% 연구 변동 (%SV)	% 공정 (SV/공정)	% 공차 (SV/공차)
총 Gage R&R	$\frac{\hat{\sigma}_{R\&R}}{\hat{\sigma}_{total}}\times 100$	$\frac{\hat{\sigma}_{R\&R}}{\hat{\sigma}_{historical}}\times 100$	$\frac{6\hat{\sigma}_{R\&R}}{Tolerance}\times 100$
반복성	$\frac{\hat{\sigma}_{Rpt}}{\hat{\sigma}_{total}}\times 100$	$\frac{\hat{\sigma}_{Rpt}}{\hat{\sigma}_{historical}}\times 100$	$\frac{6\hat{\sigma}_{Rpt}}{Tolerance}\times 100$
재현성	$\frac{\hat{\sigma}_{Rpd}}{\hat{\sigma}_{total}}\times 100$	$\frac{\hat{\sigma}_{Rpd}}{\hat{\sigma}_{historical}}\times 100$	$\frac{6\hat{\sigma}_{Rpd}}{Tolerance}\times 100$
Operator	$\frac{\hat{\sigma}_{o}}{\hat{\sigma}_{total}}\times 100$	$\frac{\hat{\sigma}_{o}}{\hat{\sigma}_{historical}}\times 100$	$\frac{6\hat{\sigma}_{o}}{Tolerance}\times 100$
Operator×Part	$\frac{\hat{\sigma}_{op}}{\hat{\sigma}_{total}}\times 100$	$\frac{\hat{\sigma}_{op}}{\hat{\sigma}_{historical}}\times 100$	$\frac{6\hat{\sigma}_{op}}{Tolerance}\times 100$
부품-대-부품	$\frac{\hat{\sigma}_{p}}{\hat{\sigma}_{total}}\times 100$	$\frac{\hat{\sigma}_{p}}{\hat{\sigma}_{historical}}\times 100$	$\frac{6\hat{\sigma}_{p}}{Tolerance}\times 100$
총 변동	$\frac{\hat{\sigma}_{total}}{\hat{\sigma}_{total}}\times 100$	$\frac{\hat{\sigma}_{total}}{\hat{\sigma}_{historical}}\times 100$	$\frac{6\hat{\sigma}_{total}}{Tolerance}\times 100$

한쪽 규격만 주어진 경우의 %PT(%공차) 계산 방법

- 규격하한(LSL)이 주어진 경우 : % 공차 $= \frac{3\hat{\sigma}_{R\&R}}{\bar{\bar{x}} - LSL}\times 100$ (8.11)

- 규격상한(USL)이 주어진 경우 : % 공차 $= \frac{3\hat{\sigma}_{R\&R}}{USL - \bar{\bar{x}}}\times 100$ (8.12)

여기서 $\overline{\overline{x}}$는 측정데이터의 총 평균값이다.

(5) 측정시스템의 평가기준

아래의 <표 8.6>의 평가기준을 통해 측정시스템이 적절한 변별력을 갖추었는지를 알 수 있고 측정시스템의 허용여부를 결정할 수 있다.

표 8.6 ▶▶ 측정시스템의 평가기준

	% Contribution (% 기여)	% Study variation 또는 % Tolerance (% R&R 또는 % PT)	Distinct Categories (구별 범주)
만족	< 1 %	< 10 %	10 이상
비용과 중요성 고려	1 % ~ 10 %	10 % ~ 30 %	4 ~ 9
사용 불가	>10 %	> 30 %	< 4

(6) 부적합 판정인 경우의 고려사항

측정시스템의 평가 기준과 비교하여 % R&R값 또는 % PT 비율이 10 % 이상인 경우에는 반복성과 재현성을 구분하여 평가한 다음, 각각에 영향을 주는 원인을 규명하고 조치를 취해야 한다.

① 반복성 > 재현성 경우
- 계측기의 정비가 필요하다.
- 계측기의 정밀도가 높은 것으로 교체한다.
- 계측기의 교정방법 및 위치를 개선한다.

② 반복성 < 재현성 경우
- 측정자의 계측기 사용방법 및 읽는 방법을 교육한다.
- 계측기의 눈금을 확실히 하기 위해 세분화된 계기 눈금판으로 교체한다.
- 고정 장치에 문제가 있다면 고정 장치를 개선한다.

(7) 계측기 관리방안

계측기의 오차를 줄여 나가고자 할 때에는 일반적으로 다음의 순서에 따라 시행하는 것이 좋다.

① 먼저 계측기의 정확성과 안정성에 아무런 문제가 없는지 검토한다. 정확성과 측정방법, 시료의 채취방법, 실험방법의 면밀한 검토와 계측기의 물리적 상태의 체크 등을 실시하여야 한다. 이 신뢰성이 떨어지면 그 원인을 규명하여 신뢰성을 회복할 수 있도록 조치를 취해야 한다.

② 반복성과 재현성의 평가를 실시한다. 앞에서 소개한 분리 평가법을 사용하여, 반복성과 재현성이 공차에 비하여 어느 정도 큰가를 조사하여야 한다. 이때 % 반복성과 % 재현성으로 얻어지는 % R&R의 크기로 평가하면 된다.

(8) Gage R&R Study(Crossed)

측정 시스템의 구성 요소인 측정자와 측정기의 변동을 통계적으로 분석한다.

8.3.4 미니탭에서의 측정시스템 분석

미니탭에서는 측정시스템분석(Gage R&R)을 위해 다음과 같은 메뉴를 제공한다.

(1) 통계분석 > 품질도구 > Gage 분석

메뉴	설명
Gage 런 차트(R)...	데이터를 측정자와 표본별로 구분하여 표현하는 도표
Gage 선형성 및 치우침 분석(L)...	선형성과 정확성 평가
Gage R&R (교차)분석(G)...	반복성과 재현성 평가(교차)
Gage R&R (내포)분석(A)...	반복성과 재현성 평가(내포)
계수형 Gage 분석(분석적 방법)(T)...	반응이 이항 속성일 경우 측정 시스템의 치우침과 반복성의 정도를 계산

- 교차(Crossed) : 각각의 부품에 대해 각각의 측정자가 여러 번 측정 가능한 경우
- 내포(Nested) : 각각의 부품에 대해 한명의 측정자가 측정 가능한 경우

(2) 워크시트에 데이터 입력

① 표본번호, 측정자, 측정치를 서로 다른 세 개의 열에 입력한다.

② 미니탭에서는 동일한 측정시스템과 동일한 표본에 대해서 같은 횟수의 반복 측정을 행하여야 한다.

예제 8.1

다음은 현재 공정의 시그마 수준을 산출하기 위한 일환으로 우선 측정시스템의 신뢰성을 파악하고자 10개의 표본에 대해 3명의 측정자가 3회 씩 랜덤하게 측정한 데이터이다. 다음 데이터를 이용하여 Gage R&R 분석을 하여 보자.

(자료 : 국가품질망).

부품	측정자 1			측정자 2			측정자 3		
	측정 1	측정 2	측정 3	측정 1	측정 2	측정 3	측정 1	측정 2	측정 3
1	0.16	0.15	0.14	0.15	0.16	0.14	0.16	0.15	0.15
2	0.20	0.19	0.18	0.19	0.19	0.18	0.19	0.18	0.18
3	0.21	0.20	0.19	0.20	0.20	0.19	0.21	0.20	0.20
4	0.10	0.11	0.09	0.11	0.10	0.10	0.10	0.09	0.09
5	0.16	0.14	0.14	0.13	0.15	0.14	0.15	0.15	0.15
6	0.17	0.17	0.18	0.18	0.20	0.18	0.18	0.17	0.17
7	0.13	0.13	0.12	0.12	0.13	0.12	0.13	0.13	0.12
8	0.15	0.14	0.14	0.15	0.14	0.16	0.14	0.15	0.14
9	0.09	0.10	0.09	0.08	0.10	0.09	0.10	0.10	0.09
10	0.18	0.17	0.15	0.16	0.15	0.16	0.14	0.14	0.16

풀이

미니탭을 이용한 분석

① 데이터 입력

gage r&r.MTW ***

↓	C1	C2	C3
	part	operator	response
1	1	1	0.16
2	1	1	0.15
3	1	1	0.14
4	2	1	0.20
5	2	1	0.19
6	2	1	0.18
7	3	1	0.21
8	3	1	0.20
9	3	1	0.19
10	4	1	0.10

② 통계분석 > 품질도구 > Gage 연구 > Gage R&R (교차)분석

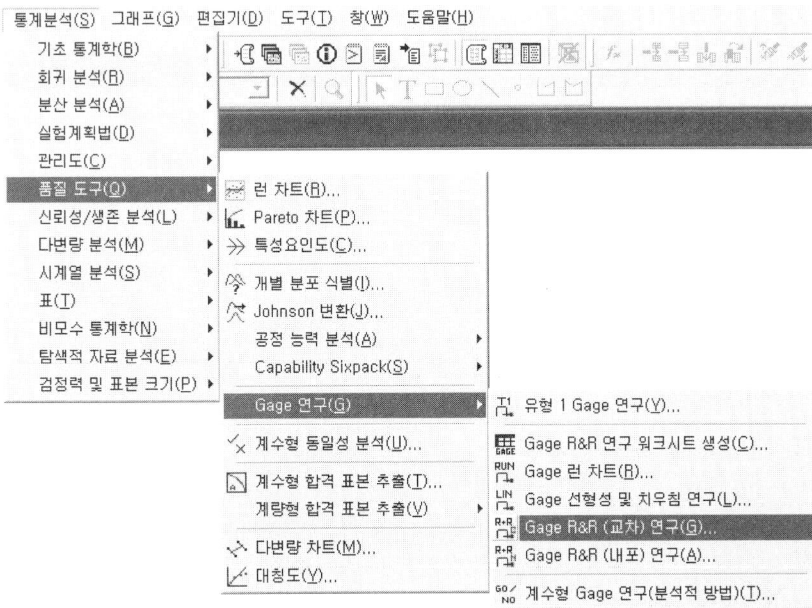

③ 대화창의 해당란에 워크시트의 열을 지정하고, 분석법에서 분산분석법을 선택함

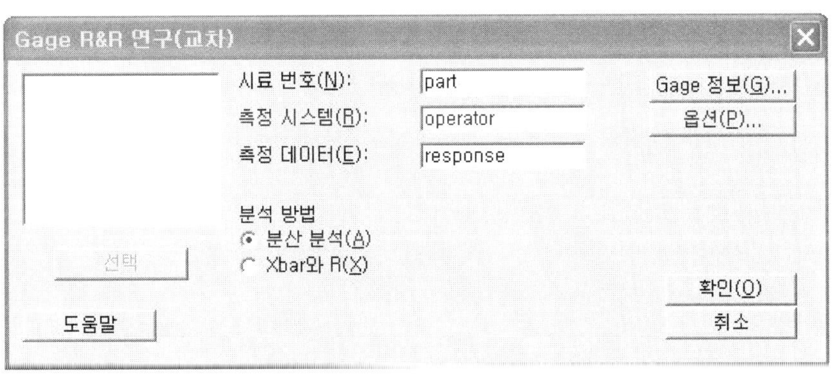

④ [Gage 정보...]를 클릭하면 아래의 대화상자가 나오는데 분석결과만을 얻고자 할 때에는 입력하지 않아도 된다.

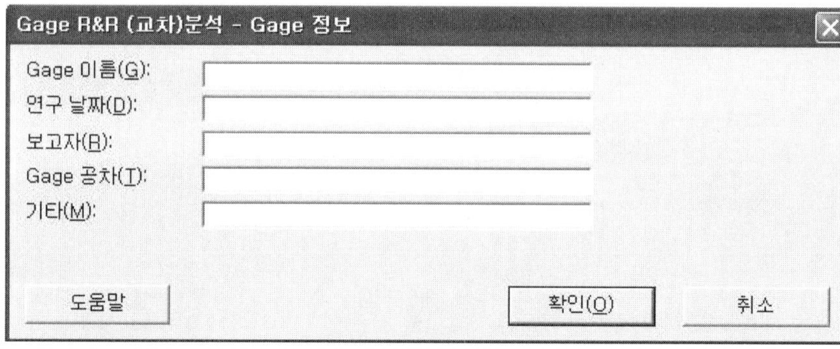

⑤ [옵션...]을 클릭하여 분석에 필요한 정보를 입력한다.

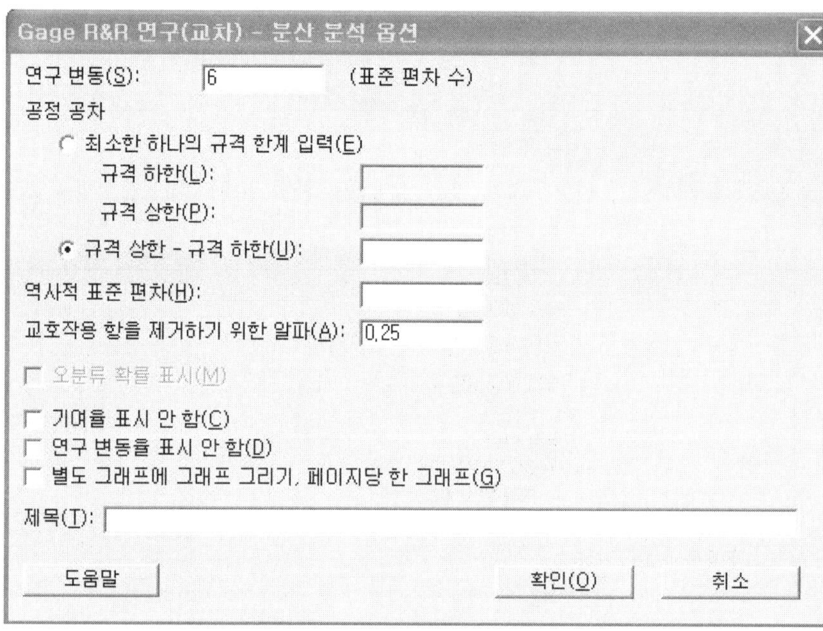

가. 연구변동 : 연구변동 계산의 상수값(default : 6)을 입력한다. 이 값은 공정측정값의 99.73%를 포착하는 데 필요한 표준편차 값이다.

나. 공정공차 : 이미 알고 있는 공차 범위(규격 상한 – 규격 하한), 규격 하한 또는 규격 상한을 입력한다. %공차 열은 세션 창 출력의 아래쪽 표와 변동 성분 그래프에 표시된다. 이 열에는 각 분산 성분이 차지하는 공정 공차의 백분율이 표시된다.

– 최소한 하나의 규격 한계 입력

규격 하한 : 규격 하한만 있을 경우 이 항목을 선택한다. 규격 하한 값을 입력한다.

규격 상한 : 규격 상한만 있을 경우 이 항목을 선택한다. 규격 상한 값을 입력한다.

- 규격 상한 - 규격 하한 : 규격 상한과 하한이 둘 다 있고, 제품이 부적합품인데 양호한 것으로 잘못 분류하거나 제품이 양호한데 부적합품인 것으로 잘못 분류하는 확률을 계산하지 않을 경우 이 항목을 선택한다. 규격 한계 간의 차이를 입력한다. 이 값은 공차 범위로도 알려져 있다.

다. 역사적 표준 편차 : 알려진 역사적 표준 편차를 입력한다. % 공정 열은 세션 창 출력의 아래쪽 표와 변동 성분 그래프에 표시된다. %공정 열에는 각 변동 성분이 차지하는 공정 표준 편차의 백분율이 표시된다.

라. 교호작용 항을 제거하기 위한 알파 : 모형에서 교호작용 항을 제거하는 데 사용할 유의 수준 값을 입력한다. 이 옵션은 분산 분석 방법에만 사용할 수 있다.

마. 오분류 확률 표시 : 규격 상한, 규격 하한 또는 두 한계 모두를 바탕으로 오분류 확률을 계산하려면 이 항목을 선택한다.

바. 기여율 표시 안함 : 기여율을 표시하지 않으려면 이 항목을 선택한다.

사. 연구 변동률 표시 안함 : 연구 변동률을 표시하지 않으려면 이 항목을 선택한다.

아. 별도 그래프에 그림 그리기, 페이지 당 한 그래프 : 각 그래프를 개별적으로 표시하려면 이 항목을 선택한다. 기본적으로 Gage R&R 연구는 6개의 그래프를 한 창에 배치하여 표시한다.

자. 제목 : 그래픽 출력에서 기본 제목 대신 사용할 새 제목을 입력한다.

⑥ 결과출력(세션창)

가. 분산분석표 출력

Gage R&R 분석 - 분산 분석 방법

반복이 있는 이원 분산 분석표

출처	DF	SS	MS	F	P
part	9	0.099779	0.0110865	129.770	0.000
operator	2	0.000062	0.0000311	0.364	0.700
part × operator	18	0.001538	0.0000854	1.281	0.233
반복성	60	0.004000	0.0000667		
전체	89	0.105379			

상호작용 항 제거에 대한 알파 = 0.25

ANOVA 분석에서 부품(Part) 간에는 유의한 영향을 보이고, 측정자(operators) 및 측정자와 부품(part × operator)의 교호작용은 유의하지 않아야 한다.

위의 결과에서 part 항목의 P 값이 0.000으로 0.05보다 작으므로 유의하다고 할 수 있으며, 측정자 및 측정자와 부품의 교호작용의 P 값이 각각 0.700, 0.233으로 0.05보다 크므로 유의하지 않다고 볼 수 있다. 따라서 측정시스템의 분석은 양호하다는 평가를 내릴 수 있다.

나. 각 요인의 분산성분(variance components) 추정 및 %기여

Gage R&R

출처	분산 성분	%기여(분산성분의)
총 Gage R&R	0.0000729	5.63
반복성	0.0000667	5.15
재현성	0.0000063	0.48
operator	0.0000000	0.00
operator × part	0.0000063	0.48
부품-대-부품	0.0012223	94.37
총 변동	0.0012953	100.00

$$\hat{\sigma}^2_{R\&R} = \hat{\sigma}^2_{Rpt} + \hat{\sigma}^2_{Rpd} = \hat{\sigma}^2_e + \hat{\sigma}^2_o + \hat{\sigma}^2_{op} = 0.0000729$$

$$\hat{\sigma}^2_{Rpt} = \hat{\sigma}^2_e = MS_e = 0.0000667$$

$$\hat{\sigma}^2_{Rpd} = \hat{\sigma}^2_o + \hat{\sigma}^2_{op} = 0.0000063$$

- % 기여 : 총 변동에서 각각의 항목이 차지하는 비율
  측정시스템에 의한 변동인 총 Gage R&R %기여는 5.63 %이며 부품 간의 차이에 의한 변동인 부품-대-부품 % 기여는 94.37 % 이다. 이는 부품간의 차이로 인한 변동이 측정시스템의 오차로 기인한 변동보다 크다는 것을 의미한다.
- 재현성의 산포가 0.48 %로 반복성의 산포 5.15 % 보다 작으므로 측정자 간의 차이보다 측정자들의 반복에 의한 변동이 크다고 할 수 있다.

다. 각 요인의 표준편차(standard deviation) 및 연구 변동 계산

출처	표준 편차(SD)	연구 변동 (6 × SD)	%연구 변동 (% SV)
총 Gage R&R	0.0085394	0.051237	23.73
반복성	0.0081650	0.048990	22.69
재현성	0.0025010	0.015006	6.95
operator	0.0000000	0.000000	0.00
operator × part	0.0025010	0.015006	6.95
부품-대-부품	0.0349621	0.209772	97.14
총 변동	0.0359898	0.215939	100.00

구별되는 범주의 수 =6

– % 연구변동 : (출처의 표준편차 / 총 변동 표준편차)×100

측정시스템에 대한 % 연구변동은 23.73 % 으로써 비용과 중요성을 고려하여 측정시스템의 허용여부를 결정할 수 있다.

– 측정시스템이 구별할 수 있는 부품군의 수(구별 범주) 계산

$$\text{구별되는 범주의 수} = 1.41 \times \frac{\hat{\sigma}_p}{\hat{\sigma}_{R\&R}}$$
$$= 1.41 \times \frac{0.0349621}{0.0085394}$$
$$= 5.77 \fallingdotseq 6$$

측정시스템을 측정하는 척도인 구별되는 범주의 수가 6이므로 측정시스템을 인정해도 좋다고 판정한다.

⑦ 결과출력(그래프)

가. 변동의 성분

전체 산포 중 Gage R&R이 차지하는 비율은 적어야 하며, 상대적으로 부품 간 변동량(Part-to-Part)에 대한 비율은 커야 한다.

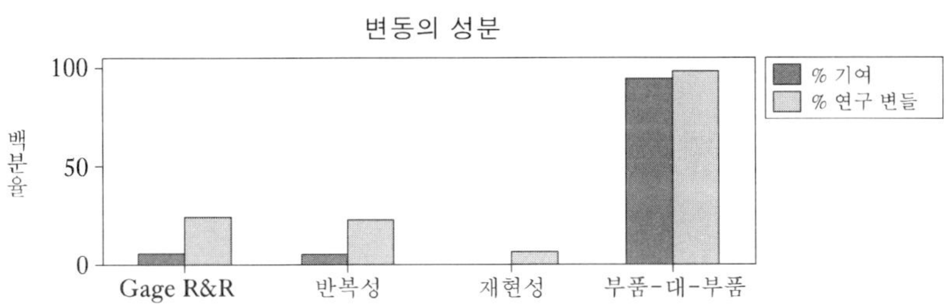

나. Operator에 의한 R 관리도

R 관리도는 각 측정자별로 각 부품을 반복 측정한 측정값의 범위(Range)를 타점한 그래프이다. R 관리도의 관리한계선을 벗어나면 그 원인을 조사하고 그에 대해서는 다시 측정을 해야 한다.

R 관리도를 통하여 다음 사항을 분석할 수 있다.

– 측정자 간의 측정의 일관성

반복성에 관한 통계적 관리상태

R 관리도에서 관리 상태인지를 결정한다. 만일 모든 값들이 관리 상태에 있다면, 모든 측정자 간의 측정 일관성이 있다고 판정한다. 만일 한 명의 측정자가 관리 상태를 벗어났다면, 이 측정 작업자의 측정방법은 다른 사람과는 다르다는 것을 의미한다. 만일 모든

측정자들이 관리 상태를 벗어났다면, 이 측정시스템은 측정자의 측정방법에 민감하다는 것을 의미하며, 유용한 데이터를 얻기 위해서는 측정시스템을 개선하여야 한다. 만일 관리 상태에 있지 않다면, 이것은 측정 작업자 간 측정기술 문제, 측정 위치 잘못, 표본(부품)의 이상 등의 결과일 수 있다. R 관리도가 관리이탈 상태인 경우에는 이상 원인을 조사하여 바로 잡아야 한다. 이상 원인들을 조사한 후, 문제가 되는 데이터를 제외하든지 또는 재측정을 실시하여 다시 Gage R&R 분석을 수행하여야 한다. 그리고 측정시스템의 구별 능력(discrimination)이 부족한 경우에는 측정자에는 문제가 없어도 R 관리도에서 관리이탈상태를 나타낸다.

operator에 의한 R 관리도

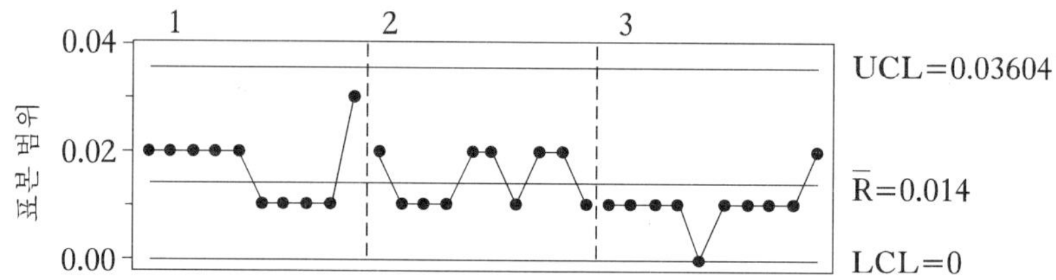

이 예제의 경우 R 관리도로부터 측정자 1과 2, 3의 모든 값들이 관리 상태에 있기 때문에 측정자 간에는 측정의 일관성이 있다고 판정할 수가 있다.

다. Operator에 의한 Xbar 관리도

Xbar 관리도는 각 측정자별로 각 부품을 반복 측정한 측정값의 평균을 타점한 그래프로 서로 다른 부품을 감별하는 능력이 있는가를 알 수 있다.

Xbar 관리도를 통하여 다음 사항을 분석할 수 있다.

- 측정자 간의 측정의 일관성
- 측정시스템의 사용 적합성(usability)

Xbar 관리도에서 측정자 간의 그래프 모양을 비교하여 측정작업자 간에 비슷한 형태로 나타난다면, 측정 간에 측정 일관성이 있는 것으로 판정한다.

operator에 의한 Xbar 관리도

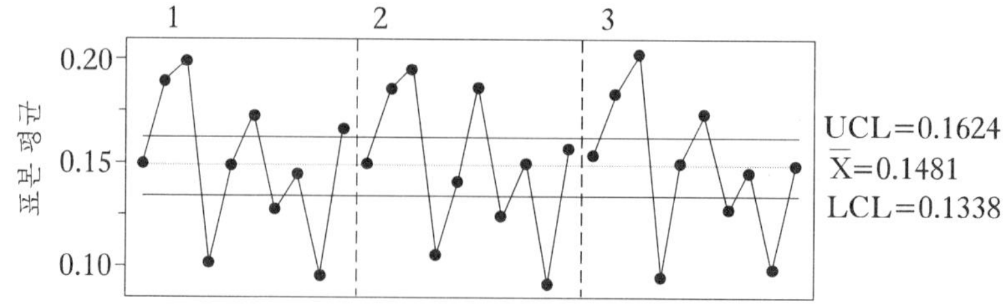

그리고 Xbar 관리도에서 얼마나 많은 데이터 점들이 관리한계선을 벗어났는지로 측정시스템의 사용 적합성(usability)을 판단할 수 있다. Xbar 관리도의 관리한계선은 계측기 오차(반복성)에 기초하여 만들어졌으므로 측정자의 평균값들은 이 관리한계선을 되도록 많이 벗어나야 한다. 만일 측정작업자의 평균값들이 관리한계선 밖으로 벗어나지 않는다면, 부품 간 변동(part-to-part variation)이 계측기 변동(반복성)에 감추어진 상태임을 의미한다. 즉, 평균관리도는 해당 측정시스템이 부품 간 변동을 구분하여 검출할 수 있는지를 판단하는 데 사용할 수 있다. 측정자들의 평균값들의 대부분이 관리한계선을 벗어나고 동시에 측정자마다 비슷한 형태를 나타낸다면, 이 측정시스템은 부품 간 변동을 검출하기에 적합하다고 판단한다.

AIAG(Automative Industry Action Group)(2002)에서는 50 % 기준(rule)을 적용하고 있다. 즉, 부품 간 변동을 파악할 수 있는 능력을 갖춘 측정시스템이라면, 측정자의 평균값들 중에서 50 % 이상이 Xbar 관리도의 관리한계선을 벗어나야 한다는 규칙이다. 물론 이 경우 연구에 사용된 부품은 공정변동을 잘 반영하고 있다고 가정한다. 만일 연구에 사용된 모든 부품이 유사하다면(예로, 공정평균 근처에 있는 부품만으로 구성됨), 50 % 기준은 유효하지 않다.

Xbar 관리도에서 측정자 간의 그래프 모양이 비슷하게 나타나므로, 측정업자 간의 측정 일관성이 있는 것으로 판정한다. 그리고 관리한계선을 벗어난 점은 30개 중 19개가 벗어나 그 비율은 63 % 이다. 따라서 이 예제의 측정시스템은 부품 간 변동을 검출하기에 적절하다고 할 수 있다. 그러나 Xbar 관리도 이외에 수치적인 결과인 구별되는 범주의 수를 같이 참조하여 평가하여야 한다.

라. Part by Response

선정된 표본이 공정의 산포를 제대로 반영하고 있는가?를 표현해 주는 그래프이다.

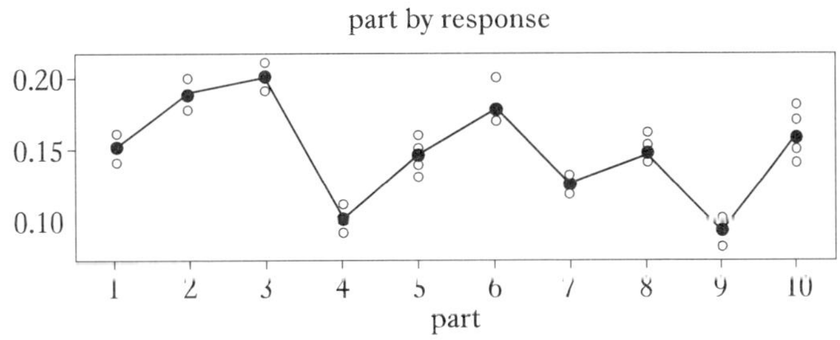

그림에서 큰 점(●)은 각 부품별 측정 평균값을 나타내며, 작은 점(○)은 개별 측정값을 나타낸다.

각 부품별로 측정값의 산포가 적어야 하고, 반면에 각 부품별 평균값이 서로 차이가 커야 바람직하다. 구별력이 부족한 경우에는 부품별 평균값이 서로 비슷하게 나타난다. 이 예제의 경우, 각 부품별 평균값이 서로 차이가 크나, 특히 부품 10의 개별 측정값의 차이가 다른 부품들 보다 심함을 알 수가 있다.

마. Operator by Response

측정자 간에 유의한 차가 있는지를 표현해 주는 그래프이다.

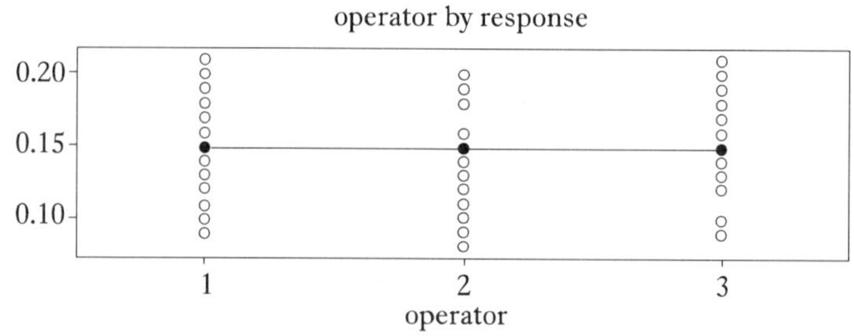

그림에서 큰 점(●)은 각 측정자별 측정 평균값을 나타내며, 작은 점(○)은 개별 측정값을 나타낸다. 수평으로 나오면 측정 작업자 간에 차이가 없음(재현성 양호)을 의미한다. 이 예제의 경우, 측정자 간의 평균값이 거의 차이가 없음을 알 수가 있다.

바. Operator * Part 상호작용

표본에 따라 각 측정자가 서로 다르게 측정하고 있는가를 표현해 주는 그래프이다.

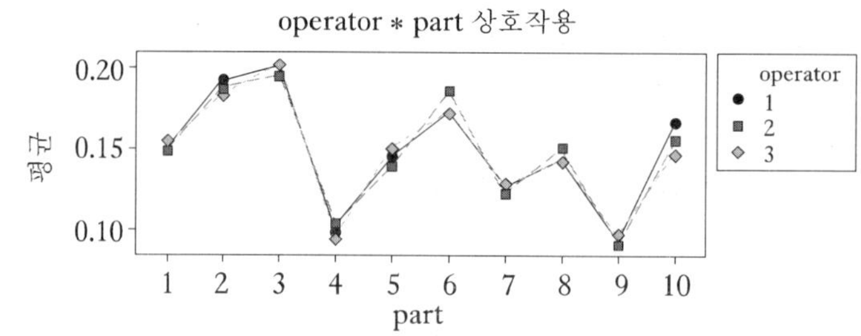

각 부품별로 각 측정 작업자의 측정 평균을 따로 구하여, 이들 그림을 한 화면에 합쳐 놓은 것이다. 각 부품별로 측정자의 평균값들이 서로 교차하는 부분이 많으면 측정자와 부품간의 교호작용이 유의(존재)하다고 판단한다. 물론 이 교호작용에 관한 통계적 유의성은 분산분석표에서 확인할 수 있다.

각 부품별로 측정자의 평균값들이 서로 교차하는 부분이 많다 하더라도 측정오차(반복성)로 인하여 이와 같은 현상이 발생할 수 있으며, 이 경우에는 통계적으로 유의하지 않게 된다. 이 예제의 경우에는 분산분석표에서 교호작용 Operator×Part의 p-값이 0이므로 매우 유의함을 알 수 있다.

(3) Gage Run Chart

측정 데이터를 측정시스템과 시료별로 구분하여 표현해 주는 도표이다. 이 도표를 통하여 각 부품별로 측정 작업자 간의 차이와 경향을 파악할 수가 있다. Gage Run Chart의 수평을 가로지르는 참조선은 모든 데이터의 평균값이며, 기존에 알고 있는 공정 평균값을 입력할 수 있는데 각 부품별로 측정한 측정치들이 측정 작업자 간에 서로 비슷하게 나타나면 바람직한 경우라 할 수 있다.

예제 8.2

[예제 8.1]의 데이터를 통해 Gage Run Chart를 작성해 보자.

풀이

① 통계분석 > 품질도구 > Gage 연구 > Gage 런 챠트

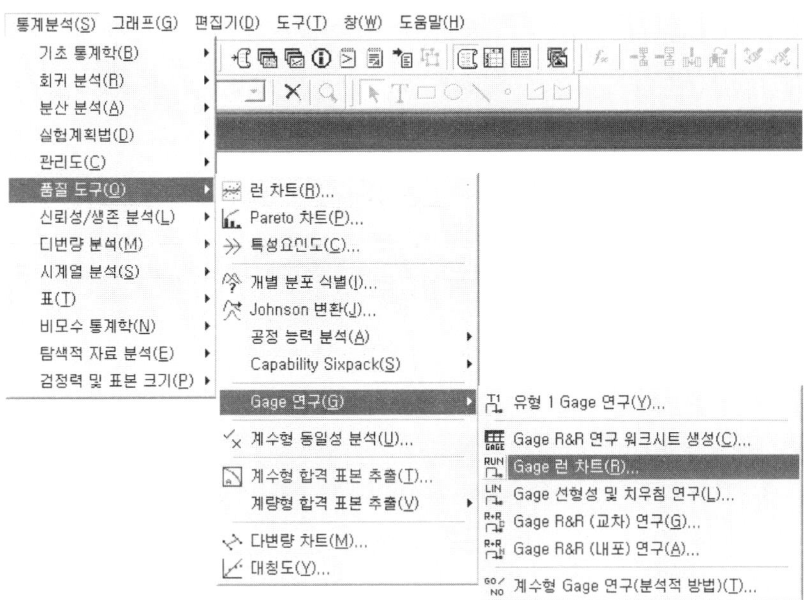

② 대화창에 아래와 같이 입력

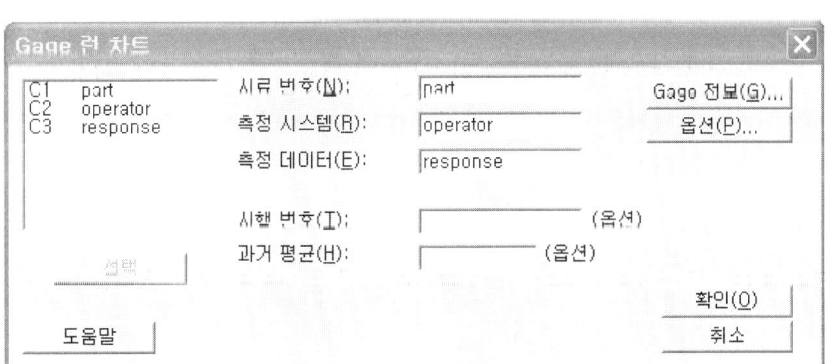

③ 출력결과(그래프)

Gage Run Chart를 통해 특정 측정자의 측정습관, 특정 부품 측정시 나타나는 문제 등을 쉽게 파악할 수 있다.

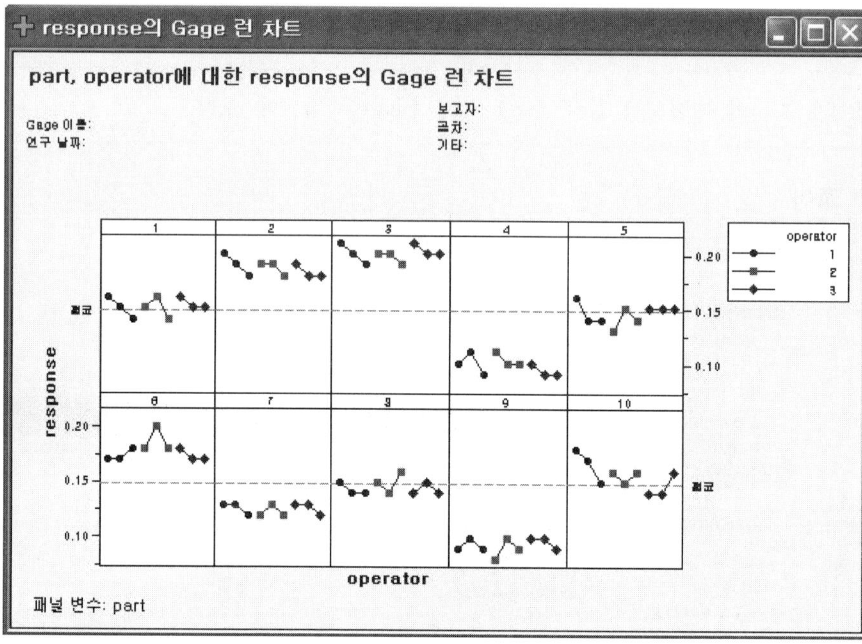

(4) Gage 선형성 및 치우침 분석

각 측정 시스템이 갖는 측정범위 내에서 얼마나 참값과 차이가 발생하는지 분석하여 올바른 측정범위를 설정하기 위한 분석 도구이다.

예제 8.3

다음은 참값을 알고 있는 5개의 부품에 대하여 한 명의 측정자가 랜덤하게 각각의 부품에 대해 반복 12회씩 측정한 데이터를 워크시트에 입력하였다. Gage 선형성 및 치우침 분석을 이용하여 측정시스템의 성능을 분석하여 보자(자료는 미니탭의 표본데이터에 있는 'gage_선형성.MTW'를 이용).

풀이

① 데이터 입력

Gage_선형성.MTW ***

↓	C1 부품	C2 기준	C3 반응
1	1	2	2.7
2	1	2	2.5
3	1	2	2.4
4	1	2	2.5
5	1	2	2.7
6	1	2	2.3
7	1	2	2.5
8	1	2	2.5
9	1	2	2.4
10	1	2	2.4

② 통계분석 > 품질도구 > Gage 연구 > Gage 선형성 및 치우침 연구

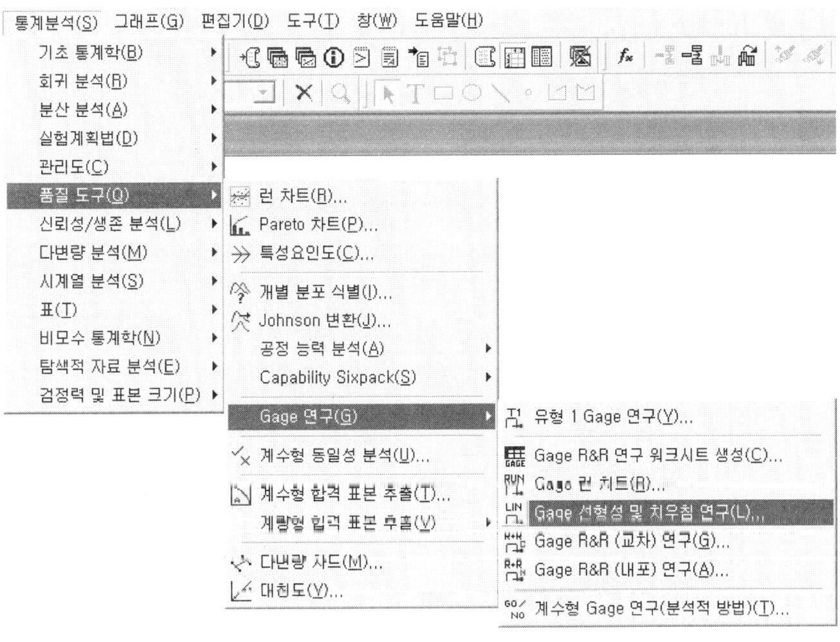

③ 공정변동량 값을 구하기 위해 통계분석 > 품질도구 > Gage 연구 > Gage R&R(교차) 연구를 선택하고 아래와 같이 지정한 후 [확인]를 클릭하면 아래와 같이 공정변동량 값을 얻는다.

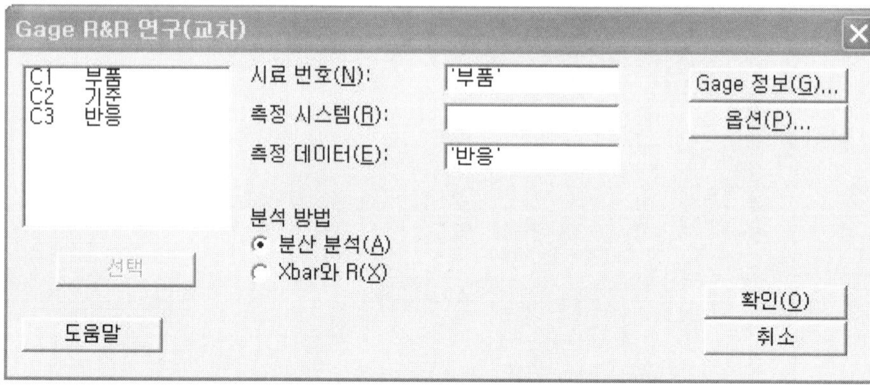

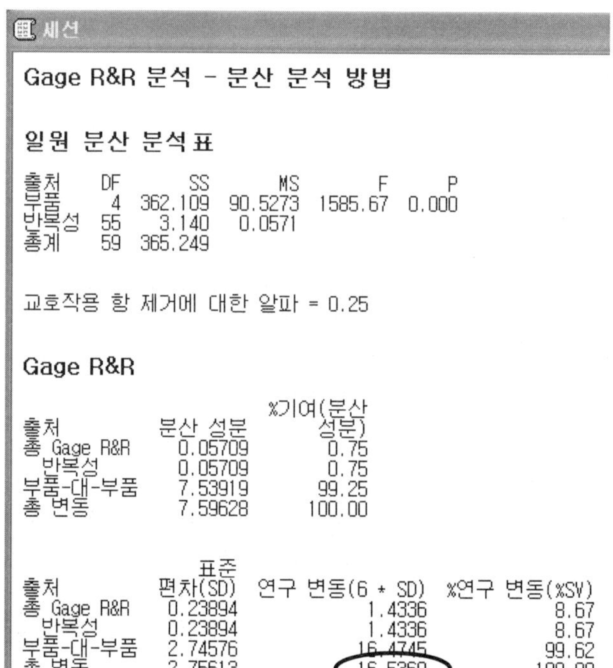
세션

Gage R&R 분석 - 분산 분석 방법

일원 분산 분석표

출처	DF	SS	MS	F	P
부품	4	362.109	90.5273	1585.67	0.000
반복성	55	3.140	0.0571		
총계	59	365.249			

교호작용 항 제거에 대한 알파 = 0.25

Gage R&R

출처	분산 성분	%기여(분산 성분)
총 Gage R&R	0.05709	0.75
반복성	0.05709	0.75
부품-대-부품	7.53919	99.25
총 변동	7.59628	100.00

출처	표준 편차(SD)	연구 변동(6 * SD)	%연구 변동(%SV)
총 Gage R&R	0.23894	1.4336	8.67
반복성	0.23894	1.4336	8.67
부품-대-부품	2.74576	16.4745	99.62
총 변동	2.75613	16.5368	100.00

– 연구변동 열의 총 변동 부분의 값 16.5368이 공정변동량 값이다.

④ 대화창에 아래와 같이 입력한다.

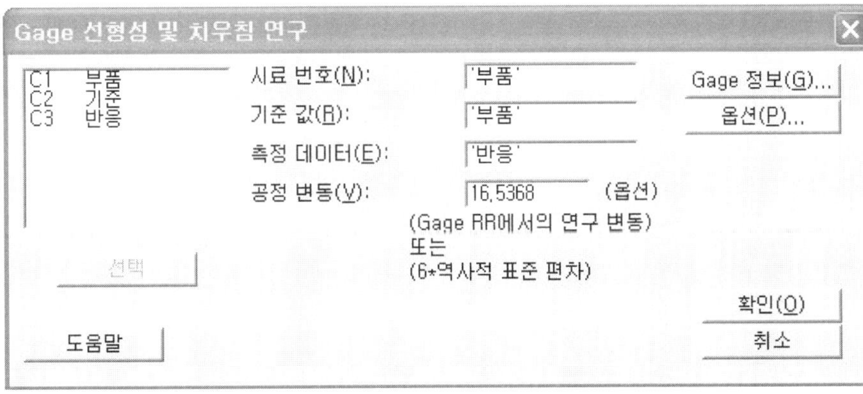

⑤ 출력결과(그래프)

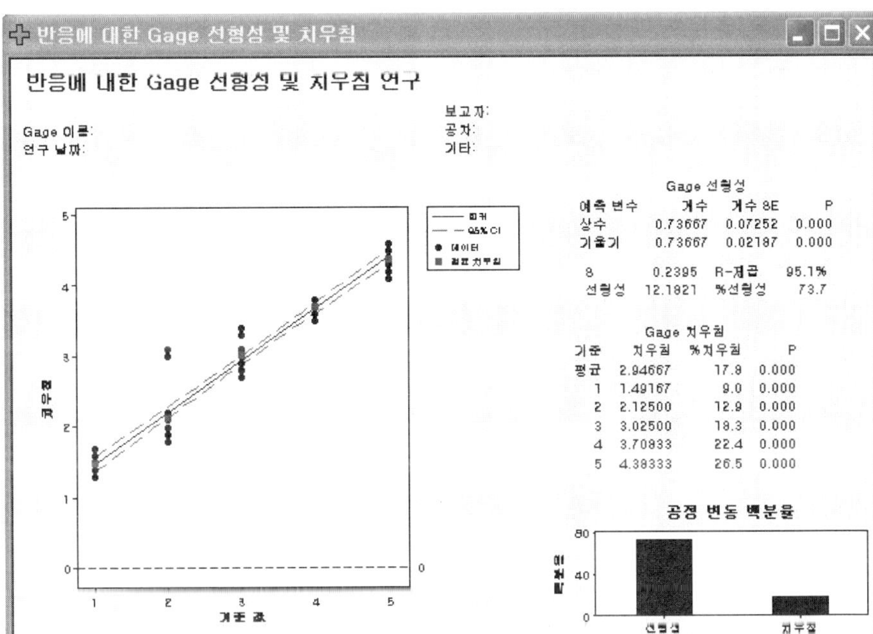

〈결과해석〉

% 선형성 (기울기의 절대값 × 100)이 73.7이다. 이는 Gage 선형성이 전체 공정 변동의 73.7 %를 차지한다는 것을 의미한다.

기준 값 평균에 대한 % 치우침은 17.8이며, 이는 Gage 치우침이 전체 공정 변동의 17.8 % 미만이라는 것을 의미한다.

8.4 계수형 데이터의 측정시스템 분석

계수형 Gage 분석은 반응이 이항 속성 변수일 경우 Gage의 치우침과 반복성의 정도를 평가한다. 계량형 Gage와 달리 계수형 Gage는 부품에 대한 품질 정보를 제공하지는 않지만 지정된 표준세트를 기반으로 부품이 합격인지 불합격인지 여부만을 나타내게 된다.

계수형 Gage 분석의 결과는 선택한 부품 및 각 부품에 대해 수행한 시행 횟수에 따라 크게 달라진다. 거의 동일한 간격으로 부품을 선택해야 하고 선택한 각 부품에 대한 기준값을 알고 있어야 하고, 각 부품에 대해 수행해야 하는 시행 횟수는 Gage의 치우침을 검사하는 데 사용하는 방법에 따라 달라진다. 계수형 계측기에서 편의(치우침)가 0인지 아닌지를 검정하는 절차는 AIAG 방법(QS-9000 방법)과 회귀분석방법이 있다. AIAG(기본값) 방법을 사용할 경우 부품당 시행을 정확히 20번 수행해야 하고 회귀법을 사용할 때는 필요한 최소 시행 횟수가 15번이지만 20번 이상 수행하는 것이 좋다.

미니탭에서는 규격하한(LSL)과 규격상한(USL)이 존재하는 경우에 각각의 절차가 존재하며, 양쪽 규격인 경우에는 각각 따로 평가하여야 한다. 본서에서는 규격하한이 존재하는 경우에 대해서만 다루기로 한다.

(1) AIAG 방법

① 귀무가설 H_0 : 편의 $= 0$

② 검정통계량 $t_0 = \dfrac{31.3 \times |\text{편의}|}{\text{반복성}}$ (8.13)

③ 결론 $|t_0| \geq t_{1-\alpha/2}(\nu)$이면 H_0 기각 (혹은 p-값 $> \alpha$이면 H_0 기각)

(2) 회귀분석 방법

① 귀무가설 H_0 : 편의 $= 0$

② 검정통계량 $t_0 = \dfrac{\hat{\beta}_0 + \hat{\beta}_1 \times LSL}{s\sqrt{\dfrac{1}{n_0} + \dfrac{(LSL - \overline{X})^2}{\Sigma(X_i - \overline{X})^2}}}$ (8.14)

단, $\overline{X} =$ 기준값의 평균임

③ 결론 $|t_0| \geq t_{1-\alpha/2}(\nu)$이면 H_0 기각 (혹은 p-값 $> \alpha$이면 H_0 기각)

예제 8.4

자동차 제조업자는 자동화된 속성 측정 시스템의 치우침과 반복성을 측정하려고 한다. 측정 시스템의 공차 하한은 -0.020이고 공차 상한은 0.020이다. -0.050부터 -0.005의 범위에서 0.005의 간격으로 기준 값(reference)을 갖는 10개의 부품을 Gage로 20번 측정하였다.

풀이

① 데이터 입력(미니탭의 자동 Gage.MTW 워크시트를 연다.)

자동 Gage.MTW ***

↓	C1 부품 번호	C2 기준	C3 합격
1	1	-0.050	0
2	2	-0.045	1
3	3	-0.040	2
4	4	-0.035	5
5	5	-0.030	8
6	6	-0.025	12
7	7	-0.020	17
8	8	-0.015	20
9	9	-0.010	20
10	10	-0.005	20

② 통계분석 > 품질도구 > Gage 연구 > 계수형 Gage 연구(분석적 방법)

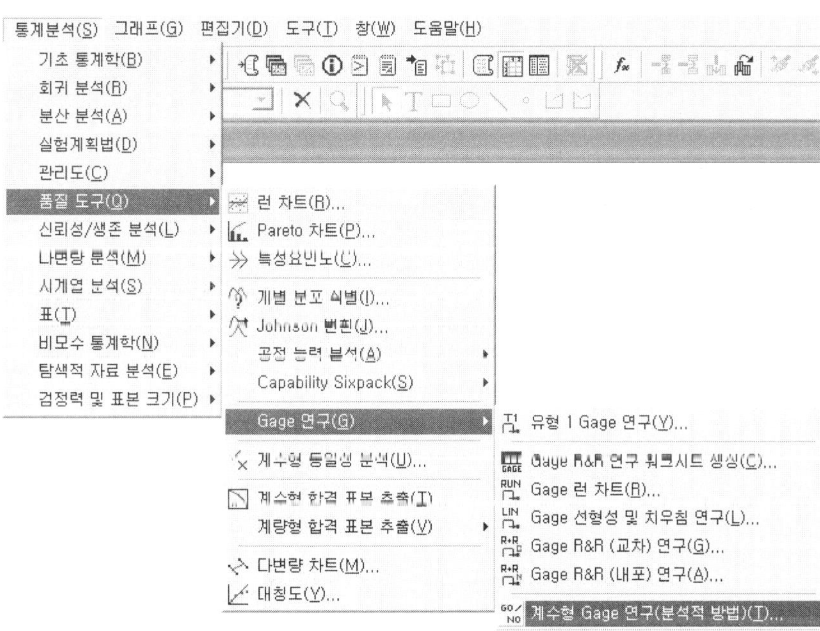

③ 대화상자에 아래와 같이 입력한다.
- 시료 번호에 Part number를 입력한다.
- 기준 값에 Reference를 입력한다.
- 요약 카운트를 클릭하고 Acceptances를 입력한다. 시행 횟수에 20을 입력하고, 하한을 클릭하여 -0.020을 입력한 후 확인을 클릭한다.

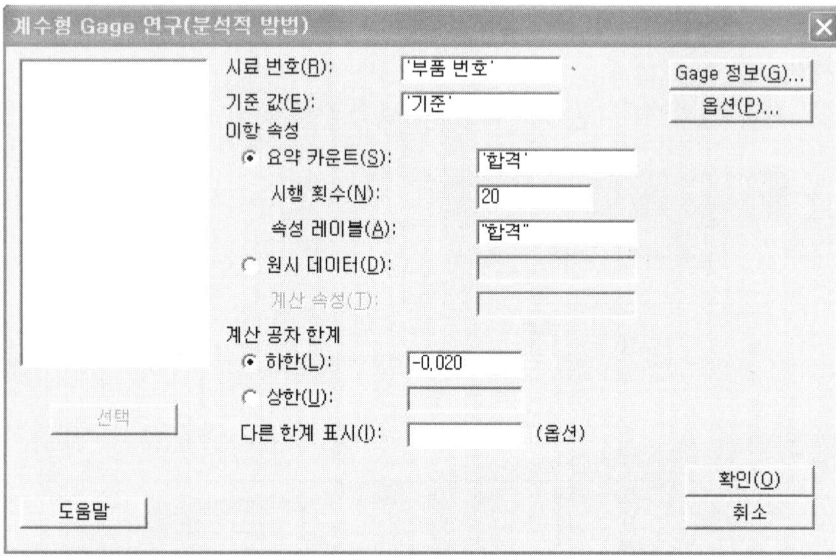

④ [옵션...]을 클릭하여 Gage의 치우침을 검사하는 데 사용할 방법을 선택하거나 기본 제목 대신 사용할 새 제목을 입력할 수 있다.

⑤ 출력결과(그래프)

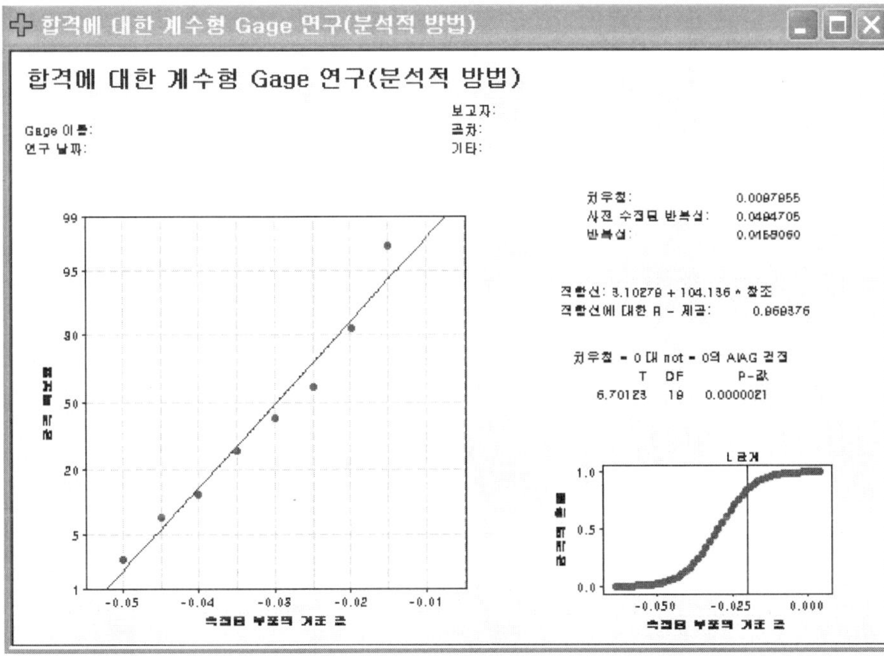

〈결과해석〉

계수형 Gage 시스템의 치우침은 0.0097955이고 수정된 반복성은 0.0458060이다. 치우침 검정 결과를 보면 치우침이 0과 차이가 많으므로($t = 6.70123$, $df = 19$, $p = 0.00$) 속성 측정 시스템에 치우침이 있음을 알 수 있다.

8.5 계수형 동일성 분석[6)]

각 표본의 적합, 부적합(계수형 데이터)을 작업자별로 일관성 있게 평가하는지 검증하는 분석방법으로 여러 평가자가 제공한 명목 등급이나 순서 등급의 동일성을 평가하려면 계수형 동일성 분석을 사용한다. 측정값은 실제 측정값이 아니라 평가자가 제공하는 주관적 등급이다. 평가자가 제품의 품질을 범주로 분류하여 평가하는 계수형 측정시스템에 대한 분

6) 미니탭 릴리스 13에서는 계수형 동일성 분석을 "계수형 Gage R&R 연구"라고 했고, 14.0 한글 버전에서는 "속성 합치도 분석"이라고 번역하였으며, 14.2 한글버전에서는 "계수형 동일성 분석"이라고 번역하였다. 평가자의 동일성을 평가하는 방법인 계수형 동일성 분석은 계수형 측정 시스템의 치우침과 반복성을 검사하는 방법인 계수형 Gage 연구(분석적 방법)와 다르다.

석이 필요한 이유는 다음과 같다.

- 측정의 일관성 : 동일한 시료를 반복 측정하였을 경우 같은 결과가 나와야 함
- 측정의 정확성 : 참값과 비교하여 정확히 판정하는지를 평가하여야 함
- 측정의 일치성 : 동일한 업무를 여러 명이 같이 수행할 때 측정자(평가자) 사이에 평가 결과가 같게 나와야 함

계수형 측정시스템에서 얻어지는 자료의 유형은 크게 명목척도(nominal scale)와 순위척도(ordinal scale)로 분류된다.

- 명목척도 : 측정결과를 범주(category)로만 분류하는 것이다.
  예) 성별, 출신지역, 종교 등에 대한 조사
- 순위척도 : 명목척도의 범주 분류에다 범주 사이의 순위(rank)의 의미를 추가한 것이다.
  예) 서비스의 질 : 좋음(3), 보통(2), 나쁨(1)

미니탭에서는 자료가 명목척도인 경우에는 모비율 p에 관한 통계량과 kappa 통계량이 제공되며, 자료가 순위척도인 경우에는 모비율 p에 관한 통계량과 Kappa 통계량 이외에 Kendall의 일치계수와 Kendall의 상관계수가 추가로 제공된다.

예제 8.5

다음은 쉽게 구별할 수 없는 적합품(G)과 부적합품(NG) 20개를 준비하여 2명의 작업자로 하여금 랜덤한 순서로 각각 2회씩 판결한 결과이다. 작업자 별로 일관성 있게 평가하는지를 미니탭으로 분석하여 보자.

(자료 : 국가품질망).

표 본	측정자 1		측정자 2	
	평가 1	평가 2	평가 1	평가 2
1	G	G	G	G
2	G	G	G	G
3	NG	G	G	G
4	NG	NG	NG	NG
5	G	G	G	G
6	G	G	G	G
7	NG	NG	NG	NG
8	NG	NG	G	G
9	G	G	G	G
10	G	G	G	G

표 본	측정자 1		측정자 2	
	평가 1	평가 2	평가 1	평가 2
11	G	G	G	G
12	G	G	G	G
13	G	NG	G	G
14	G	G	G	G
15	G	G	G	G
16	G	G	G	G
17	G	G	G	G
18	G	G	G	G
19	G	G	G	G
20	G	G	G	G

풀이

① 워크시트에 데이터 입력

gage r&r.MTW ***

↓	C1 표본	C2 작업자	C3-T 측정치
1	1	1	G
2	1	1	G
3	2	1	G
4	2	1	G
5	3	1	NG
6	3	1	G
7	4	1	NG
8	4	1	NG
9	5	1	G
10	5	1	G

② 통계분석 > 품질도구 > 계수형 동일성 분석

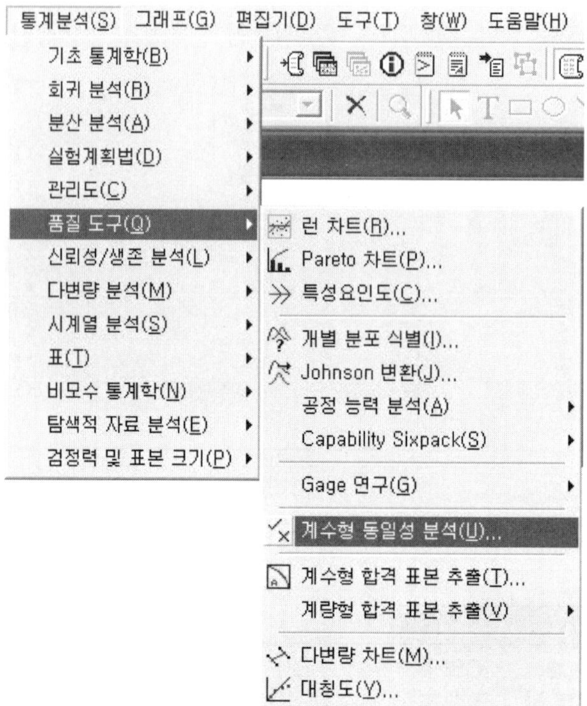

③ 대화창에 아래와 같이 입력한다.

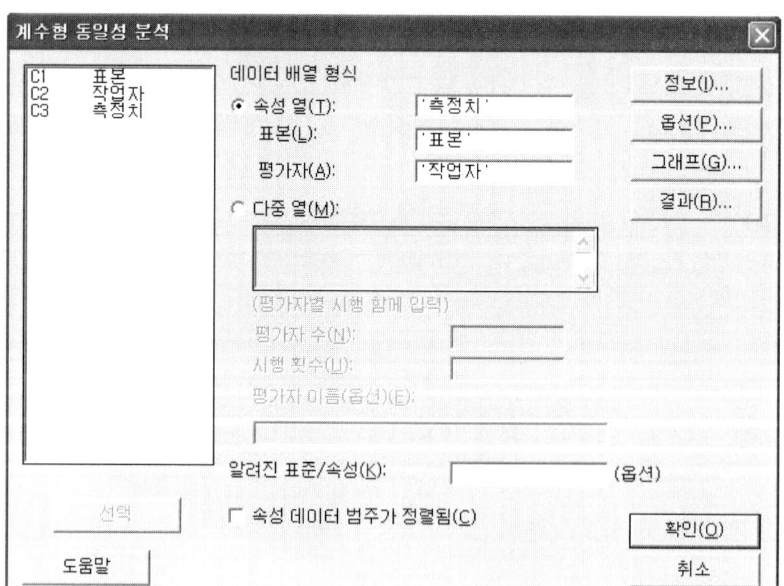

④ 출력결과(세션창)

세션

측정치에 대한 계수형 동일성 분석

평가자 내부

평가 합치도

평가자	# 검사됨	# 일치됨	백분율	95% CI
1	20	18	90.00	(68.30, 98.77)
2	20	20	100.00	(86.09, 100.00)

대응됨: 평가자의 평가가 시행 전체적으로 일치합니다.

Fleiss의 카파 통계량

평가자	반응	카파	SE 카파	Z	P(대 > 0)
1	G	0.6875	0.223607	3.07459	0.0011
	NG	0.6875	0.223607	3.07459	0.0011
2	G	1.0000	0.223607	4.47214	0.0000
	NG	1.0000	0.223607	4.47214	0.0000

평가자 사이

평가 합치도

# 검사됨	# 일치됨	백분율	95% CI
20	17	85.00	(62.11, 96.79)

대응됨: 모든 평가자의 평가가 서로 일치합니다.

〈결과해석〉

- 평가자 1은 총 20회의 관측 중에 18번 일치한 결과를 보여 90 %의 일치율을 보인다.
- 평가자 2는 총 20회의 관측 중에 20번 모두 일치한 결과를 보여, 100 %의 일치율을 보인다.

⑤ 출력결과(그래프)

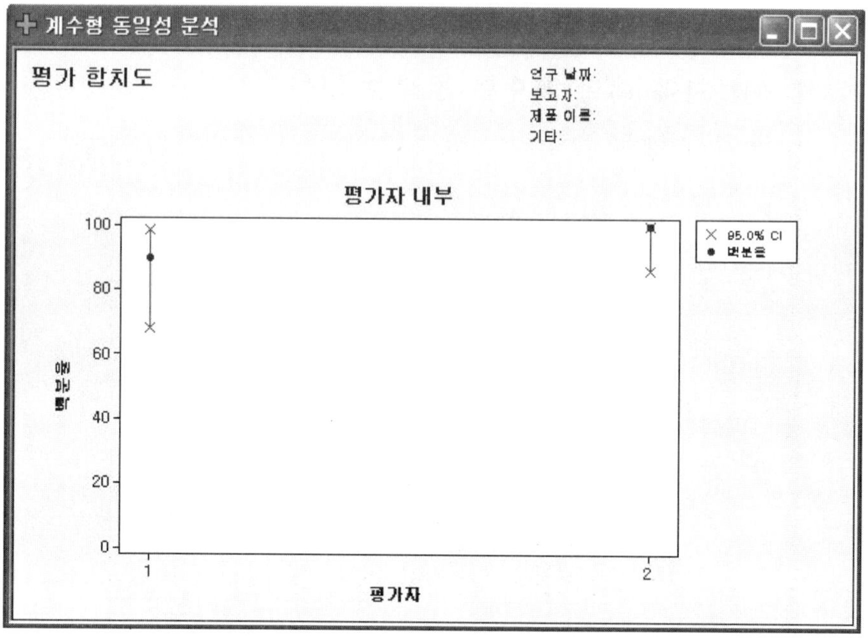

〈결과해석〉

- 각 평가자들의 관측치에 대해 일치한 정도를 신뢰구간을 통해 확인할 수 있다.
- 평가자 1의 일치율이 평가자 2의 일치율 보다 낮다고 할 수 있으며, 따라서 평가자 1에 대한 적절한 조치가 필요함을 알 수가 있다.

※ 요 약

- 데이터를 수집하여 개선 대상 프로세스의 현재 능력을 파악하기 위하여 먼저 데이터를 신뢰할 수 있는지 확인해야 한다.

- 우리가 관측할 수 있는 변동은 실제 프로세스의 변동과 측정에 의한 변동으로 나눌 수 있으며 우리는 측정에 의한 변동을 최소화하기 위해 노력해야 한다.

- 측정 시스템 분석은 데이터의 신뢰성을 확보하기 위해 측정시스템으로부터 발생한 변동이 공정변동에 얼마나 영향을 미치는지를 분석하는 것이다.

- 측정에 의한 변동은 작업자에 의한 변동인 재현성과 게이지로 인한 변동인 반복성, 정확성, 안정성, 선형성으로 나누어진다.

- 측정 시스템의 능력을 평가하기 위한 자료로는 % 기여도, % 연구 변동, 구별 범주 등이 있다.

- 계수형 Gage 분석은 반응이 이항 속성 변수일 경우 Gage의 치우침과 반복성의 정도를 평가한다. 계량형 Gage와 달리 계수형 Gage는 부품에 대한 품질 정보를 제공하지는 않지만 지정된 표준 세트를 기반으로 부품이 합격인지 불합격인지 여부만을 나타내게 된다.

- 각 표본의 적합, 부적합(계수형 데이터)을 작업자별로 일관성 있게 평가하는지 검증하는 분석방법으로 여러 평가자가 제공한 명목 등급이나 순서 등급의 동일성을 평가하려면 계수형 동일성 분석을 사용한다.

연/습/문/제

8.1 아래의 데이터를 이용하여 다음 물음에 답하라.

번호	부품	조작자	반응	시행
1	3	3	413.75	3
2	3	3	268.75	2
3	3	3	420.00	1
4	3	2	426.25	3
5	3	2	471.25	2
6	3	2	432.50	1
7	3	1	368.75	3
8	3	1	270.00	2
9	3	1	398.75	1
10	2	3	386.25	3
11	2	3	478.75	2
12	2	3	436.25	1
13	2	2	406.25	3
14	2	2	531.25	2
15	2	2	435.00	1
16	2	1	408.75	3
17	2	1	608.75	2
18	2	1	443.75	1
19	1	3	383.75	3
20	1	3	373.75	2
21	1	3	446.25	1
22	1	2	388.75	3
23	1	2	157.50	2
24	1	2	456.25	1
25	1	1	405.00	3
26	1	1	273.75	2
27	1	1	476.25	1

(1) 통계분석 > 품질 도구 > Gage 연구 > Gage 런 차트를 선택하여 측정 작업자 간의 차이와 경향을 파악해 보자.

(2) 통계분석 > 품질 도구 > Gage 연구 > Gage R&R (교차) 분석을 선택하여 Gage R&R (교차) 분석을 시행해 보자.

8.2 아래의 데이터를 이용하여 다음 물음에 답하라.

번호	부품	조작자	측정	번호	부품	조작자	측정	번호	부품	조작자	측정
1	1	A	0.29	31	1	B	0.08	61	1	C	0.04
2	1	A	0.41	32	1	B	0.25	62	1	C	-0.11
3	1	A	0.64	33	1	B	0.07	63	1	C	-0.15
4	2	A	-0.56	34	2	B	-0.47	64	2	C	-1.38
5	2	A	-0.68	35	2	B	-1.22	65	2	C	-1.13
6	2	A	-0.58	36	2	B	-0.68	66	2	C	-0.96
7	3	A	1.34	37	3	B	1.19	67	3	C	0.88
8	3	A	1.17	38	3	B	0.94	68	3	C	1.09
9	3	A	1.27	39	3	B	1.34	69	3	C	0.67
10	4	A	0.47	40	4	B	0.01	70	4	C	0.14
11	4	A	0.5	41	4	B	1.03	71	4	C	0.2
12	4	A	0.64	42	4	B	0.2	72	4	C	0.11
13	5	A	-0.8	43	5	B	-0.56	73	5	C	-1.46
14	5	A	-0.92	44	5	B	-1.2	74	5	C	-1.07
15	5	A	-0.84	45	5	B	-1.28	75	5	C	-1.45
16	6	A	0.02	46	6	B	-0.2	76	6	C	-0.29
17	6	A	-0.11	47	6	B	0.22	77	6	C	-0.67
18	6	A	-0.21	48	6	B	0.06	78	6	C	-0.49
19	7	A	0.59	49	7	B	0.47	79	7	C	0.02
20	7	A	0.75	50	7	B	0.55	80	7	C	0.01
21	7	A	0.66	51	7	B	0.83	81	7	C	0.21
22	8	A	-0.31	52	8	B	-0.63	82	8	C	-0.46
23	8	A	-0.2	53	8	B	0.08	83	8	C	-0.56
24	8	A	-0.17	54	8	B	-0.34	84	8	C	-0.49
25	9	A	2.26	55	9	B	1.8	85	9	C	1.77
26	9	A	1.99	56	9	B	2.12	86	9	C	1.45
27	9	A	2.01	57	9	B	2.19	87	9	C	1.87
28	10	A	-1.36	58	10	B	-1.68	88	10	C	-1.49
29	10	A	-1.25	59	10	B	-1.62	89	10	C	-1.77
30	10	A	-1.31	60	10	B	-1.5	90	10	C	-2.16

(1) 통계분석 > 품질 도구 > Gage 연구 > Gage 런 차트를 선택하여 측정 작업자 간의 차이와 경향을 파악해 보자.

(2) 통계분석 > 품질 도구 > Gage 연구 > Gage R&R (교차) 분석을 선택하여 Gage R&R (교차) 분석을 시행해 보자.

8.3 아래의 데이터는 5명의 평가자가 5단계 점수(-2, -1, 0, 1, 2)로 평가한 데이터이다. 통계분석 > 품질 도구 > 계수형 동일성 분석을 선택하여 계수형 동일성 분석을 시행해 보자.

평가자	표본	등급	속성
A	1	2	2
B	1	2	2
C	1	2	2
D	1	1	2
E	1	2	2
A	2	−1	−1
B	2	−1	−1
C	2	−1	−1
D	2	−2	−1
E	2	−1	−1
A	3	1	0
B	3	0	0
C	3	0	0
D	3	0	0
E	3	0	0
A	4	−2	−2
B	4	−2	−2
C	4	−2	−2
D	4	−2	−2
E	4	−2	−2
A	5	0	0
B	5	0	0
C	5	0	0
D	5	−1	0
E	5	0	0

평가자	표본	등급	속성
A	6	1	1
B	6	1	1
C	6	1	1
D	6	1	1
E	6	1	1
A	7	2	2
B	7	2	2
C	7	2	2
D	7	1	2
E	7	2	2
A	8	0	0
B	8	0	0
C	8	0	0
D	8	0	0
E	8	0	0
A	9	−1	−1
B	9	−1	−1
C	9	−1	−1
D	9	−2	−1
E	9	−1	−1
A	10	1	1
B	10	1	1
C	10	1	1
D	10	0	1
E	10	2	1

평가자	표본	등급	속성
A	11	−2	−2
B	11	−2	−2
C	11	−2	−2
D	11	−2	−2
E	11	−1	−2
A	12	0	0
B	12	0	0
C	12	0	0
D	12	−1	0
E	12	0	0
A	13	2	2
B	13	2	2
C	13	2	2
D	13	2	2
E	13	2	2
A	14	−1	−1
B	14	−1	−1
C	14	−1	−1
D	14	−1	−1
E	14	−1	−1
A	15	1	1
B	15	1	1
C	15	1	1
D	15	1	1
E	15	1	1

CHAPTER

9

실험계획법

9.1 실험계획법의 개념

9.1.1 실험계획법이란?

실험에 대한 계획 방법을 의미하는 것으로, 관심 있는 연구대상의 특성을 효율적으로 얻기 위해 적용할 실험 방법, 데이터 추출 방법, 추출된 데이터를 이용한 분석 및 해석, 그리고 이를 연구대상에 대하여 조치를 취하는 방법 등을 다루는 통계적 분석 방법이다. 따라서 실험을 행하는 목적은 다음과 같은 것들을 알아내고자 하는데 있다.

(1) 검정과 추정 : 어떤 요인이 반응에 유의한 영향을 주고 있는가를 파악하고 그 영향이 양적으로 어느 정도 큰가를 알아내기 위함

(2) 오차항의 추정 : 작은 영향밖에 미치지 못하는 요인들은 전체적으로 어느 정도의 영향을 주고 있으며, 측정오차는 어느 정도인가를 알아내기 위함

(3) 최적반응조건의 결정 : 유의한 영향을 미치는 원인들이 어떠한 조건을 가질 때 가장 바람직한 반응을 얻을 수 있는가를 알아내기 위함

9.1.2 실험계획의 기본원리

실험계획에 사용되는 기본원리로서 다음의 다섯 가지를 들 수 있으며, 올바른 분석을 하기 위해서는 항상 기본원리를 염두에 두고 실험을 실시해야 한다.

(1) 랜덤화의 원리(principle of randomization)

이는 실험단위의 배정 또는 실험순서들을 랜덤하게 결정하는 것으로 선택된 인자 외에 기타 원인들의 영향이 실험결과에 편향되게 미치는 것을 막기 위한 방안이다. 난수표 등을 이용하면 된다.

(2) 반복의 원리(principle of replication)

똑같은 실험을 여러 번 하는 것을 뜻한다. 이는 추정치의 불확실성을 줄여주는 방안으로 사용된다. 하지만 많이 반복실험하면 비용은 증가할 것이다.

(3) 블록화의 원리(principle of blocking)

사실 실험을 계획할 때 블록화의 원리를 제일 먼저 적용해야 한다. 예를 들어 비료가 두 가지가 있는데 어느 것이 더 좋은지 알기 위해서 일정한 면적의 땅에 두 가지의 비료를 뿌린다고 하자. 이때 해당 지역의 토양이 모두 동질적이라면 랜덤하게 이쪽저쪽에다 두 가지의 비료를 뿌려도 되지만 해당 지역의 토양이 좋은 쪽과 나쁜 쪽이 있다면 각각의 지역(각각의 지역이 블록이 됨) 내에서 두 가지의 비료를 랜덤하게 뿌려야 한다.

(4) 교락의 원리(principle of confounding)

교락법은 구할 필요가 없는 2인자 교호 작용이나 고차의 교호작용을 블럭과 교락시키는 방법으로 검출할 필요가 없는 요인이 블럭의 효과와 교락하게 함으로써 실험의 효율을 높힐 수 있다. 교락법에는 완전교락과 부분교락법 등이 있다.

(5) 직교화의 원리(principle of orthogonality)

요인 간에 직교성을 갖도록 실험 계획하여 데이터를 구하면 같은 실험 횟수라도 검출력(power of test)이 더 좋은 검정을 할 수 있고, 정도가 더 높은 추정을 할 수 있는 것으로 밝혀져 있다.

교호작용 가운데 기술적으로 생각하여 무시될 수 있는 것을 주 효과(main effect)와 교락시켜 실험의 크기를 줄일 수 있는 실험계획을 짜도록 고안된 표를 직교배열표(orthogonal array table)라고 하며, 직교배열표는 요인간의 직교성을 이용하여 만들어 놓은 표이다. 일부실시법(fractional factorial design)에 직교배열표는 매우 유용하게 사용된다.

9.1.3 실험설계의 순서

실험설계의 순서는 일반적으로 [그림 9.1]과 같은 절차를 따르는 것이 바람직하다.

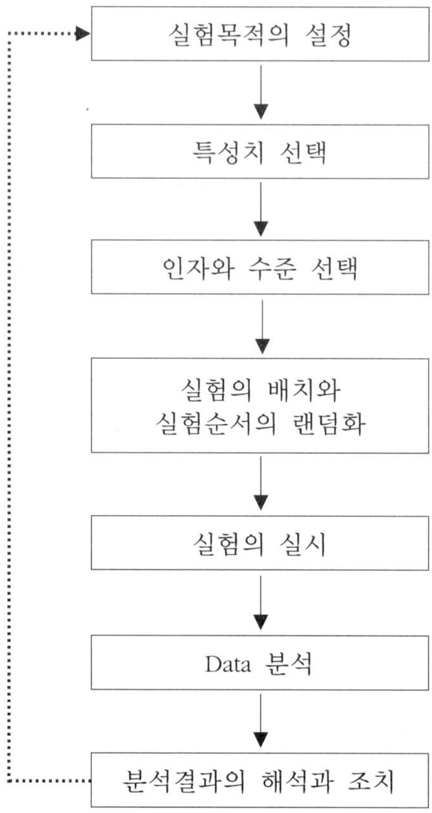

그림 9.1 ▶▶ 실험의 순서

9.1.4 용어의 정의

(1) 반응값(Response) : 실험을 한 후에 데이터의 형태로 얻어지는 값을 말하며 특성값이라고도 함

(2) 인자(Factor) : 특성값에 영향을 미치는 여러 원인들 중 실험에 직접 취급되는 요인

(3) 인자 수준(Level) : 실험을 하기 위한 인자의 조건

(4) 처리(Treatment) : 여러 개의 인자에 대한 각 인자수준들의 조합

9.1.5 인자의 분류

(1) 모수인자(Fixed Factor) : 기술적으로 미리 정하여진 수준이 사용되며, 각 수준이 기술적인 의미를 갖고 있는 인자. 예를 들어 80 ℃, 100 ℃, 120 ℃로 고정된 경우(이외의 온도에 대해서는 관심이 없는 경우)이다.

(2) 변량인자(Random Factor) : 수준의 선택이 랜덤하게 이루어지며 각 수준이 기술적인 의미를 가지고 있지 못한 인자. 만일 선정된 반응온도 80 ℃, 100 ℃, 120 ℃가 많은 반응온도 중 일부인 경우 반응온도는 변량인자라고 한다. 변량인자의 경우에는 각 수준이 기술적으로 아무런 의미를 가지지 못하므로 변량인자의 수준들 간 산포의 크기와 이 추정치가 반응치 총 분산 중에서 차지하는 비율에 대하여 관심이 있다.

9.2 분산분석(Analysis of Variance : ANOVA)

실험계획법에서 가장 많이 사용되는 분석방법으로서 특성치의 산포(변동)를 제곱합(Sum of Squares)으로 나타내고, 이 제곱합을 실험과 관련된 요인별로 분해하여 순수한 오차에 비해 큰 영향을 주는 요인이 무엇인가를 규명하는 분석방법이라 할 수 있다.

분산분석(ANOVA)을 위한 기본가정은 다음과 같다.

(1) 출력변수(반응값)는 서로 독립적이고 정규분포를 따른다.

① 실험은 랜덤하게 실시 : 실험의 랜덤화는 일원배치법에서 매우 중요한 특징이며, 일원배치법은 완전확률화계획(completely ramdomized design)이라고도 부른다.

② 적절한 샘플의 크기를 정함

③ 데이터에 대한 정규성 검정(미니탭 : 통계분석 > 기초통계학 > 정규성 검정)

(2) 모집단의 분산은 인자의 모든 수준에서 동일하다(분산의 동일성 검정).

9.3 일원배치법(One-way ANOVA)

관심 있는 반응값(특성값)에 대해 한 개 인자의 영향을 분석하기 위하여 쓰이는 실험계획법이다.

즉, 인자 수준에 따른 반응값의 차이를 알고자 할 때 사용한다.

이 계획은 다음과 같은 경우에 흔히 사용된다.

(1) 관심있는 특성치에 대하여 많은 인자가 영향을 주고 있다고 인정되지만 어떤 특정한 하나의 인자만의 영향을 조사하고자 할 때

(2) 특성치에 영향을 주는 여러 인자의 조사가 어느 정도 진척되고 이들 인자의 정해진 조건에서 특성치에 큰 영향을 주리라고 예상되는 남은 하나의 인자의 영향을 조사하고자 할 때

9.3.1 일원배치법의 데이터 구조

인자 A의 수준이 l개(A_1, A_2, $\cdots$ A_l) 있고 각 수준에서 똑같이 m인 일원배치법의 구조 모형은 <표 9.1>과 같다.

표 9.1 ▶▶ 일원배치법 데이터의 배열

	인자의 수준				
	A_1	A_2	$\cdots$	A_l	
실험의 반복	x_{11}	x_{21}	$\cdots$	x_{l1}	
	x_{12}	x_{22}	$\cdots$	x_{l2}	
	$\vdots$	$\vdots$		$\vdots$	
	x_{1m}	x_{2m}	$\cdots$	x_{lm}	
합계	T_1	T_2	$\cdots$	T_l	T
평균	$\bar{x}_1$	$\bar{x}_2$	$\cdots$	$\bar{x}_l$	$\bar{\bar{x}}_1$

$$T_i. = \sum_{j=1}^{m} y_{ij} \quad \text{(A인자 } i \text{ 수준의 } m\text{개 데이터 합)} \tag{9.1}$$

$$T = \sum_{i=1}^{l} T_i. \quad \text{(전체 데이터의 합)} \tag{9.2}$$

$$\overline{x}_i. = \frac{T_i.}{m} \quad \text{(A인자 } i\text{개 수준의 } m\text{개 데이터 평균)} \tag{9.3}$$

$$\overline{\overline{x}} = \frac{T}{lm} \quad \text{(전체 데이터의 평균)} \tag{9.4}$$

9.3.2 데이터의 구조모형

$$y_{ij} = \mu_i + e_{ij} = \mu + (\mu_i + \mu) + e_{ij} = \mu + a_i + e_{ij} \tag{9.5}$$

μ : 전체 모평균 μ_i : I번째 수준의 모평균

a_i : 수준 i에서의 모평균 μ_i가 전체 모평균 μ로부터 어느 정도 치우침을 가지는가를 나타내는 수치로 인자 A의 주효과(Main Effect)라고 함.

단, $\sum_{i=1}^{l} ai = 0$

ϵ_{ij} : i번째 수준의 j번째 반응값이 갖는 오차로 서로 독립이고 $N(0, \sigma_E^2)$인 확률변수이다.

오차 ϵ_{ij}에 대한 가정

- 정규성 : 오차 ϵ_{ij}의 분포는 정규분포를 따른다.
- 독립성 : 오차 ϵ_{ij}들은 서로 독립이다.
- 불편성 : 오차 ϵ_{ij}의 기대값은 0으로 치우침이 없다.
- 등분산성 : 오차 ϵ_{ij}의 분산 σ_E^2은 인자의 수준과 실험의 반복에 관계없이 일정하다.

9.3.3 변동의 분해

$(x_{ij} - \overline{\overline{x}}) = (\overline{x}_i - \overline{\overline{x}}) + (x_{ij} - \overline{x}_i)$에서 양변을 제곱하면

$$\sum_i \sum_j (x_{ij} - \overline{\overline{x}})^2 = \sum_i \sum_j (\overline{x}_i - \overline{\overline{x}})^2 + \sum_i \sum_j (x_{ij} - \overline{x}_i)^2$$

표 9.2 ▶▶ 일원배배치법의 분산분석표

요인	제곱합	자유도	평균제곱	F_0
A	$SS_A = \sum_i \frac{T_{i\cdot}^2}{m} - CT$	$\nu_A = l-1$	$V_A = \frac{SS_A}{\nu_A}$	$\frac{V_A}{V_E}$
E	$SS_E = S_T - S_A$	$\nu_E = l(m-1)$	$V_E = \frac{SS_E}{\nu_E}$	
T	$SS_T = \sum_i \sum_j xij^2 - CT$	$\nu_T = lm-1$		

위의 공식에서 CT는 $CT = \frac{T^2}{lm} = \frac{T^2}{N}$으로 수정항(修正項)이라 부른다.

분산분석표에서 F_0의 값이 $F_0 > F_{1-\alpha}(\nu_A, \nu_E)$이면 유의수준 α에 귀무가설이 기각된다. 기각되면 인자 A가 유의하다. 즉 A 인자의 수준 간에는 유의한 차가 존재한다.

9.3.4 모평균의 추정

인자의 수준 간에 유의차가 있다고 $F-$검정에 의하여 인정되는 경우에는, 각 수준마다 모평균을 추정하거나, 특성치를 최적으로 하리라고 예상되는 인자의 수준을 선택하는 최적수준의 발견 등이 중요한 의미를 갖는다.

각 수준마다의 모평균 μ의 $100(1-\alpha)\,\%$ 신뢰구간은

$$\bar{x}_{i\cdot} \pm t_{1-\alpha/2}(\nu_E)\sqrt{\frac{V_E}{m}} \tag{9.6}$$

예제 9.1

다음은 섬유질의 연소성을 측정하기 위하여 4가지 섬유로 만든 옷이 다 탈 때까지의 시간(분)을 측정한 데이터이다. 유의수준 $\alpha = 0.05$에서 4개 섬유의 연소성에 차이가 있는지를 분산분석을 통해 검정하고 모든 A인자의 수준에서 모평균의 95 % 신뢰구간을 구하라.

(자료: 국가품질망)

섬유 1	섬유 2	섬유 3	섬유 4
28.48	17.92	18.88	23.84
25.92	18.24	17.60	17.28
28.00	25.28	16.00	20.48
27.84	16.00	14.72	17.12
24.00	16.64	14.72	17.12

풀이

(1) 합계와 평균을 계산한다.

	A_1	A_2	A_3	A_4	
실험의 반 복	28.48	17.92	18.88	23.84	
	25.92	18.24	17.60	17.28	
	28.00	25.28	16.00	20.48	
	27.84	16.00	14.72	17.12	
	24.00	16.64	14.72	17.12	
합계	134.24	94.08	81.92	95.84	$T = 406.08$
평균	26.85	18.82	16.38	19.17	$\bar{\bar{x}} = 20.30$

(2) 변동의 계산

$$CT = \frac{T^2}{N} = \frac{406.08^2}{20} = 8245.05$$

$$ST = \sum_i \sum_j xij^2 - CT$$
$$= (28.48)^2 + (25.92)^2 + \cdots + (17.12)^2 - 8245.05 = 426.90$$

$$S_A = \sum_i \frac{T_{i\cdot}^2}{m} - CT$$
$$= \frac{1}{5}[(134.24)^2 + (94.08)^2 + \cdots + (95.84)^2] - 8245.05$$
$$= 8553.52 - 8245.05 = 308.47$$

$$S_E = S_T - S_A = 426.90 - 308.47 = 118.43$$

(3) 자유도 계산

$\nu_T = lm - 1 = 4 \times 5 - 1 = 19$

$\nu_A = l - 1 = 4 - 1 = 3$

$\nu_E = l(m-1) = 4(5-1) = 16$ or $\nu_T - \nu_A = 19 - 3 = 16$

(4) 분산분석표 작성

요인	제곱합	자유도	평균제곱	F_0
A	308.47	3	102.82	13.89
E	118.43	16	7.40	
T	426.90	19		

① 가설검정

H_0 : $\mu_1 = \mu_2 = \cdots = \mu_l$ (즉, $a_1 = a_2 = \cdots = a_l = 0$)

H_1 : 적어도 하나의 평균이 다르다.

② 결론

$F_0 = 13.89 > F_{0.95}(3, 16) = 3.24$이므로 유의수준 5 % 수준에서 H_o기각. 따라서 섬유의 종류별로 연소성에 차이가 있다고 할 수 있다.

(5) 95 % 신뢰구간

① 신뢰구간의 폭

$$t_{1-\alpha/2}(\nu_E)\sqrt{\frac{V_E}{m}} = t_{0.975}(16)\sqrt{\frac{7.40}{5}} = 2.120 \times 1.217 = 2.580$$

② 각 수준의 모평균의 신뢰구간

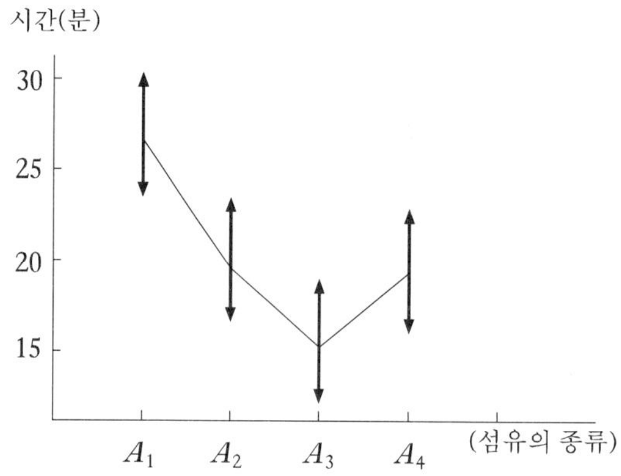

μ_1 : 26.85 ± 2.58 (24.27, 29.43)

μ_2 : 18.82 ± 2.58 (16.24, 21.40)

μ_3 : 16.38 ± 2.58 (13.80, 18.96)

μ_4 : 19.17 ± 2.58 (16.59, 21.75)

미니탭을 이용한 분석

① 데이터 입력

② 통계분석 > 분산분석 > 일원분산분석

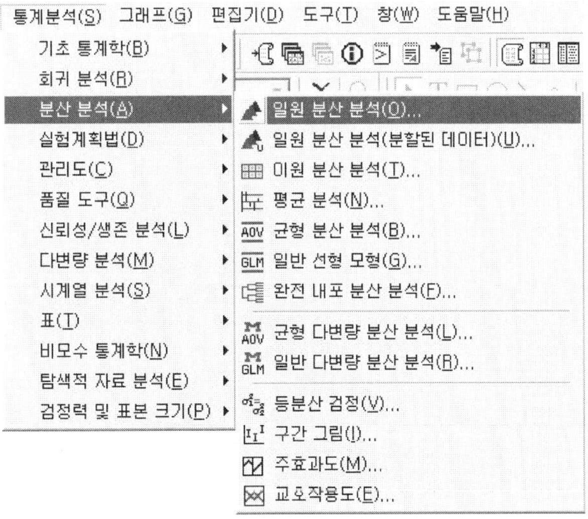

③ 대화창에 특성치와 인자가 입력되어 있는 열을 각각 지정한다.

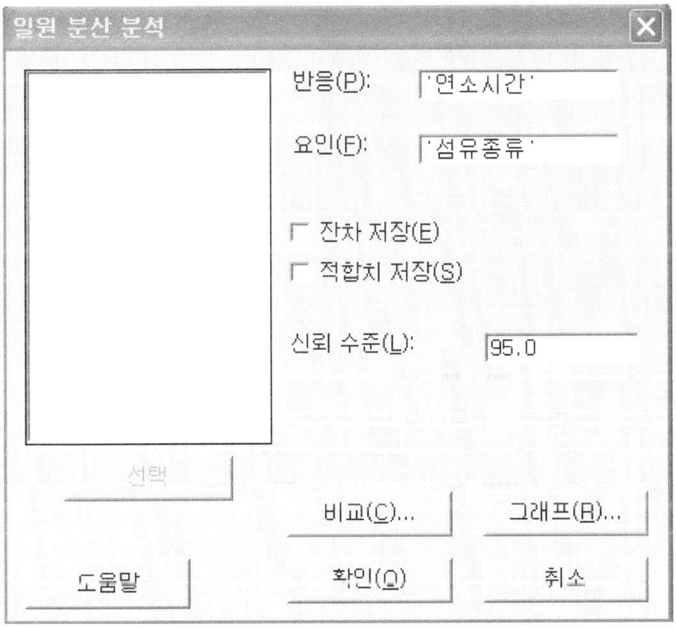

④ [그래프...] 버튼을 클릭하여 출력할 그래프를 선택한다.

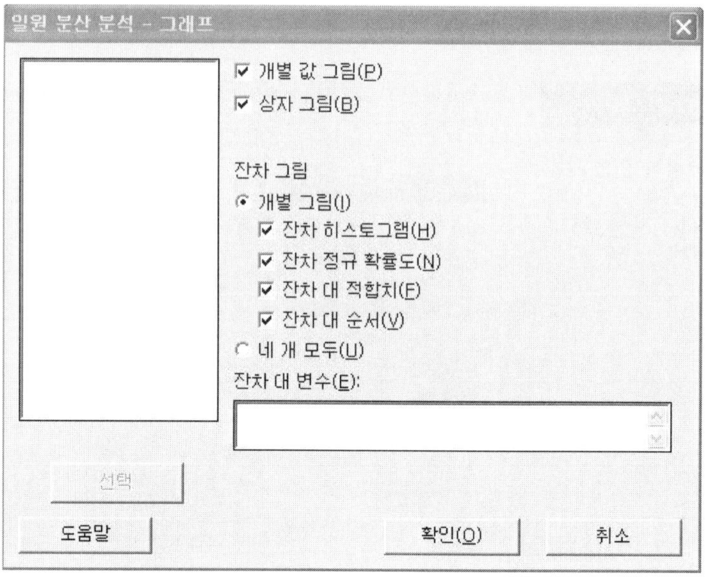

⑤ 출력결과(세션창)

```
세션

일원 분산 분석: 연소시간 대 섬유종류

출처      DF      SS      MS      F      P
섬유종류   3  308.47  102.82  13.89  0.000
오차      16  118.43    7.40
총계      19  426.90

S = 2.721   R-제곱 = 72.26%   R-제곱(수정) = 67.06%

                                  합동 표준 편차에 근거한 평균의 개별 95% CI
수준   N    평균  표준 편차  -----+---------+---------+---------+----
섬유1  5  26.848     1.867                           (-----*------)
섬유2  5  18.816     3.728        (-----*-----)
섬유3  5  16.384     1.830  (-----*-----)
섬유4  5  19.168     2.979        (------*-----)
                            -----+---------+---------+---------+----
                               16.0      20.0      24.0      28.0

합동 표준 편차 = 2.721
```

〈결과분석〉

- 분석결과 p-값이 0으로 $\alpha = 0.05$보다 작기 때문에 4개의 섬유는 연소시간이 서로 다르다고 할 수 있다.
- 신뢰구간이 서로 일치하지 않으므로 각 수준의 평균들은 서로 다르다고 할 수 있다.

⑥ 출력결과(그래프)

가. 개별값 플롯, 데이터 상자그림

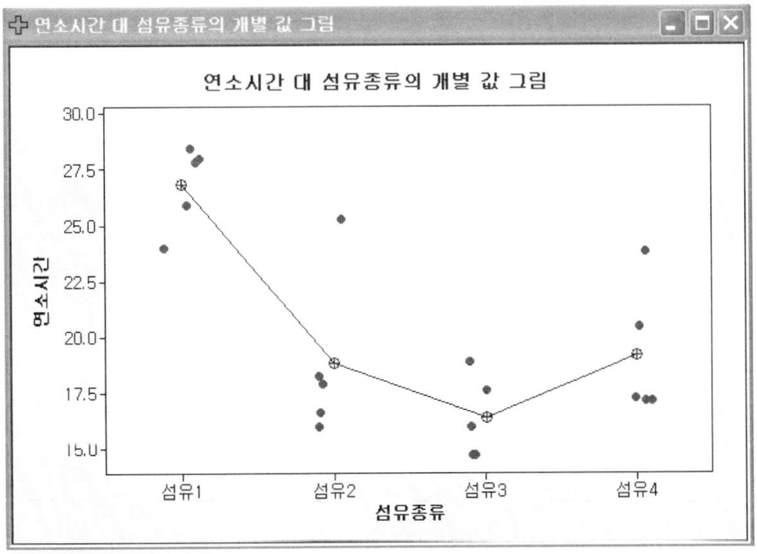

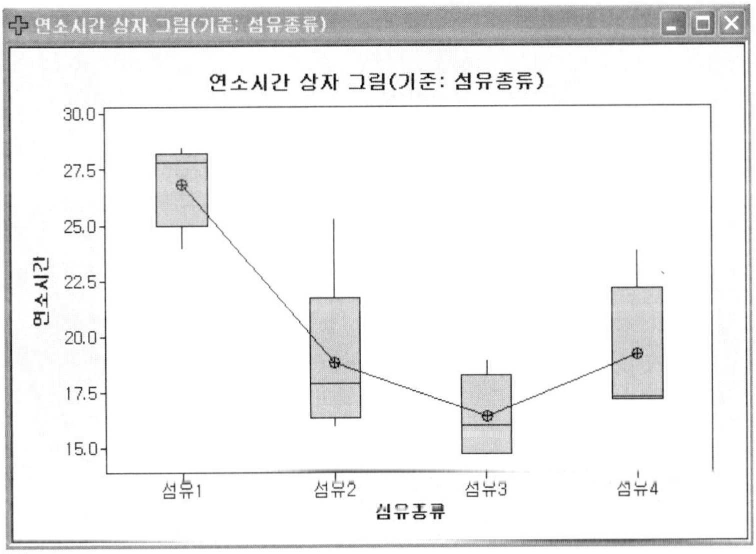

나. 잔차에 관련된 그래프 출력 : 그래프 상으로 정규성, 불편성, 등분산성, 독립성이 만족된다고 할 수 있다.

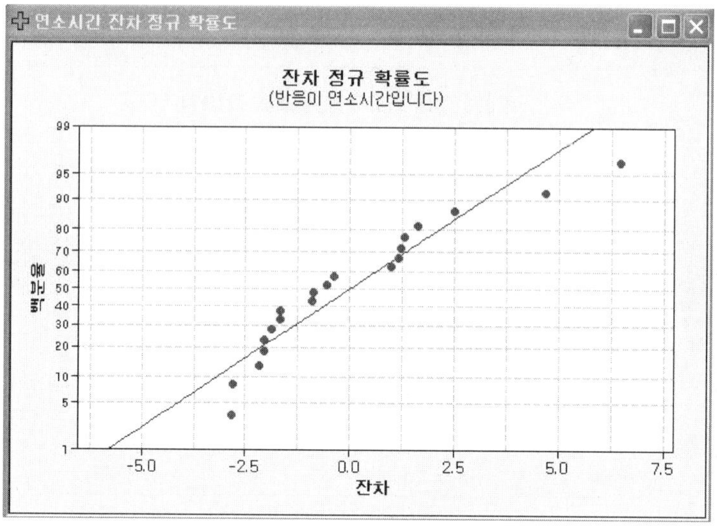

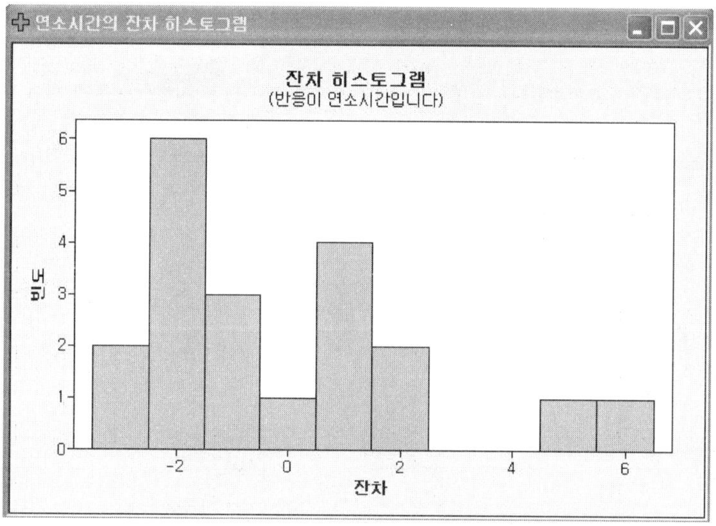

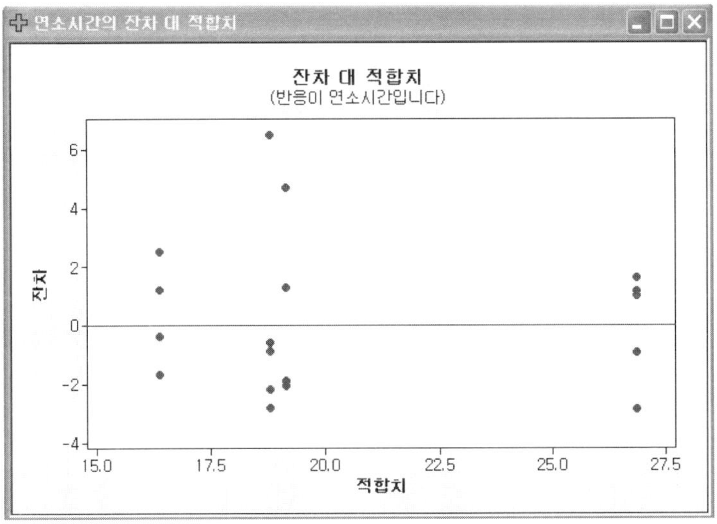

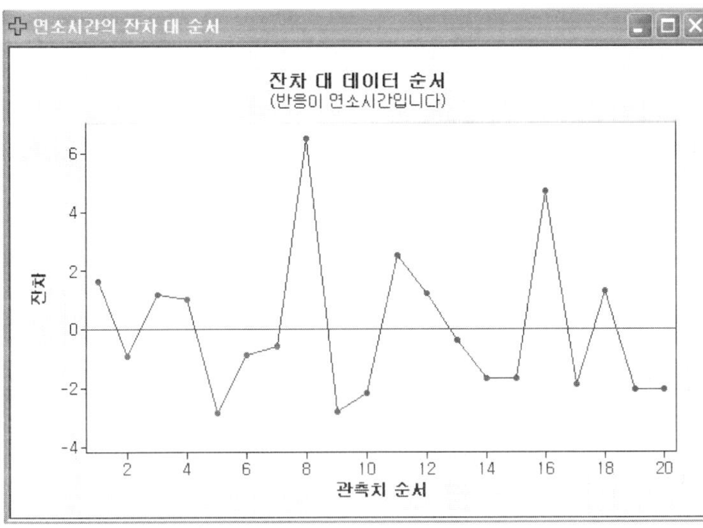

9.4 반복이 없는 이원배치법

반응값에 영향을 미치는 인자 2개를 취하여 이들의 효과가 어떠한지를 검정하고자 할 때 Two-way ANOVA를 사용한다. 반복이 없는 경우와 있는 경우가 있다. 반복이 있는 경우에는 2요인 간 상호작용효과를 검출할 수 있다.

이원배치법에는 두 종류의 형태가 있는데, 하나는 두 인자가 모두 모수인자인 경우이고, 다른 하나는 1인자는 모수인자이고 1인자는 변량인자인 경우 즉 혼합모형의 경우이다. 전자는 기술적으로 지정되는 2개의 중요한 원인을 취하여 이들의 조건을 변화시켜 가면서 실험하는 경우이고, 후자는 1인자는 모수, 1인자는 변량인 경우로 보통 난괴법(randomized block design)이라고 한다.

9.4.1 이원배치법(모수모형인 경우)

(1) 데이터의 구조

$$x_{ij} = \mu + a_i + \beta_j + \epsilon_{ij} \tag{9.7}$$

μ : 실험전체의 모평균

a_i : 인자 A_i가 주는 효과로서 $\sum_i a_i = 0$임

β_j : 인자 B_j가 주는 효과로서 $\sum_j \beta_j = 0$임

$\epsilon_{ij} \sim N(0,\ \sigma_E^2)$이고 서로독립

이런 모형에서 검정하고자 하는 가설은 다음과 같다.

① 인자 A에 대한 가설

$H_0 : a_1 = a_2 = \cdots = a_a = 0$ (인자 A의 효과에 차이가 없다)

H_1 : 적어도 하나의 a_i는 0이 아니다. (인자 A의 효과에 차이가 있다)

② 인자 B에 대한 가설

$H_0 : \beta_1 = \beta_2 = \cdots = \beta_b = 0$ (인자 B의 효과에 차이가 없다)

H_1 : 적어도 하나의 β_i는 0이 아니다. (인자 B의 효과에 차이가 있다)

표 9.3 ▶▶ 반복이 없는 이원배치법의 데이터 배열

	A_1	A_2	$\cdots$	A_l	합	평균
B_1	x_{11}	x_{21}	$\cdots$	x_{l1}	$T_{\cdot 1}$	$\bar{x}_{\cdot 1}$
B_2	x_{12}	x_{22}	$\cdots$	x_{l2}	$T_{\cdot 2}$	$\bar{x}_{\cdot 2}$
$\vdots$	$\vdots$	$\vdots$	$\vdots$	$\vdots$	$\vdots$	$\vdots$
B_m	x_{1m}	x_{2m}	$\cdots$	x_{lm}	$T_{\cdot 1}$	$\bar{x}_{\cdot 1}$
합	$T_{1\cdot}$	$T_{2\cdot}$	$\cdots$	$T_{l\cdot}$	T	
평균	$\bar{x}_{1\cdot}$	$\bar{x}_{2\cdot}$	$\cdots$	$\bar{x}_{l\cdot}$		$\bar{\bar{x}}$

(2) 변동의 분해

$$(x_{ij} - \bar{\bar{x}}) = (\bar{x}_{i.} - \bar{\bar{x}}) + (\bar{x}_{.j} - \bar{\bar{x}}) + (x_{ij} - \bar{x}_{i.} - \bar{x}_{.j} + \bar{\bar{x}})$$

위의 식을 제곱하여 모든 i와 j에 대하여 합하면 다음과 같다.

$$\underbrace{\sum_i \sum_j (x_{ij} - \bar{\bar{x}})^2}_{\text{총변동}(SS_T)}$$

$$= \underbrace{\sum_i \sum_j (\bar{x}_{i.} - \bar{\bar{x}})^2}_{\text{인자 A의 변동}(SS_A)} + \underbrace{\sum_i \sum_j (\bar{x}_{.j} - \bar{\bar{x}})^2}_{\text{인자 B의 변동}(SS_B)} + \underbrace{\sum_i \sum_j (x_{ij} - \bar{x}_{i.} - \bar{x}_{.j} + \bar{\bar{x}})^2}_{\text{잔차변동}(SS_E)}$$

실제로 데이터로부터 변동을 계산할 때에는 아래의 식을 이용하는 것이 편리하다.

$$SS_T = \sum_i \sum_j (x_{ij} - \bar{\bar{x}})^2$$
$$= \sum_i \sum_j x_{ij}^2 - CT \qquad (9.8)$$

여기에서 CT는 수정항으로서 $CT = T^2 / lm$

$$SS_A = \sum_i \sum_j (\bar{x}_{i.} - \bar{\bar{x}})^2$$
$$= m\sum_i (\bar{x}_{i.} - \bar{\bar{x}})^2$$
$$= \sum_i \frac{T_{i\cdot}^2}{m} - CT \qquad (9.9)$$

$$SS_B = \sum_i \sum_j (\overline{x}_{\cdot j} - \overline{\overline{x}})^2$$
$$= l \sum_j (\overline{x}_{\cdot j} - \overline{\overline{x}})^2$$
$$= \sum_j \frac{T_{\cdot j}^2}{l} - CT \quad (9.10)$$

$$SS_E = \sum_i \sum_j (x_{ij} - \overline{x}_{i\cdot} - \overline{x}_{\cdot j} + \overline{\overline{x}})^2$$
$$= \sum_i \sum_j ((x_{ij} - \overline{\overline{x}}) - (\overline{x}_{i\cdot} - \overline{\overline{x}}) - (\overline{x}_{\cdot j} - \overline{\overline{x}}))^2$$
$$= \sum_i \sum_j (x_{ij} - \overline{\overline{x}})^2 - \sum_i \sum_j (\overline{x}_{i\cdot} - \overline{\overline{x}})^2 - \sum_i \sum_j (\overline{x}_{\cdot j} - \overline{\overline{x}})^2$$
$$= SS_T - SS_A - SS_B \quad (9.11)$$

(3) 분산분석표의 작성

표 9.4 ▸▸ 반복이 없는 2원배치법의 분산분석표

요 인	제곱합	자유도	평균제곱	F_0
인자 A 인자 B 잔차 E	SS_A SS_B SS_E	$l-1$ $m-1$ $(l-1)(m-1)$	MS_A MS_B MS_E	$MS_A\,/\,MS_E$ $MS_B\,/\,MS_E$
합 T	SS_T	$lm-1$		

(4) 가설에 대한 검정절차

① 인자 A에 대한 가설검정

검정통계량 $F_0 = MS_A\,/\,MS_E > F_{1-\alpha}(\nu_A, \nu_E)$이면 유의수준 α에서 귀무가설을 기각하고 인자 A의 효과에 차이가 있다고 말한다.

② 인자 B에 대한 가설검정

검정통계량 $F_0 = MS_B\,/\,MS_E > F_{1-\alpha}(\nu_B, \nu_E)$이면 유의수준 α에서 귀무가설을 기각하고 인자 B의 효과에 차이가 있다고 말한다.

(5) 분산분석 후의 추정

인자(모수인자)의 각 수준에서 모평균에 대한 신뢰구간은 다음과 같다.

① 인자 A의 i 수준 : $\bar{x}_{i.} \pm t_{1-\alpha/2}(\nu_E)\sqrt{MS_E/m}$ (9.12)

② 인자 B의 j 수준 : $\bar{x}_{.j} \pm t_{1-\alpha/2}(\nu_E)\sqrt{MS_E/l}$ (9.13)

9.4.2 난괴법(Randomized Block Design)

1인자는 모수인자이고 1인자는 변량인자인 반복이 없는 이원배치법으로 난괴법에서는 인자 B가 블록인자이므로 각 수준에서의 모평균의 추정은 의미가 없고, 다만 수준간의 산포를 구하는 것이 의미를 갖게 된다. 이를 '분산성분을 추정한다.'라고 한다.

난괴법의 예를 들면 논에서 벼의 품종을 실험하는 경우에 논을 토양이 다를 것으로 예상되는 m개의 블록으로 층별하고 각 블록을 l개의 구획(plot)으로 나누어, 시험하려는 품종 A1, A2, A3, A4를 각 블록마다 각 구획에 랜덤하게 배치하려고 한다. 여기서 블록 B는 변량인자이고 벼의 품종 A는 모수인자이다.

블록1 (B1)	블록1 (B2)	블록1 (B3)
구획 1 (A4품종)	구획 1 (A2품종)	구획 1 (A3품종)
구획 2 (A2품종)	구획 2 (A1품종)	구획 2 (A2품종)
구획 3 (A1품종)	구획 3 (A3품종)	구획 3 (A4품종)
구획 4 (A3품종)	구획 4 (A4품종)	구획 4 (A1품종)

그림 9.2 ▸▸ 난괴법의 랜덤화

(1) 데이터의 구조

$$x_{ij} = \mu + a_i + \beta_j + \epsilon_{ij} \tag{9.14}$$

μ : 실험전체의 모평균

a_i : 인자 A_i가 주는 효과로서 $\sum_i a_i = 0$임

β_j : 인자 B_j가 주는 효과로서 서로 독립인 $N(0, \sigma_B^2)$를 따르고 $\sum_j \beta_j \neq 0$임

$\epsilon_{ij} \sim N(0, \sigma_E^2)$이고 서로 독립

위 식에서 주어진 자료의 구조모형을 보면 모수모형의 경우와 거의 동일하나 β_j가 모수모형에서는 상수이나 난괴법에서는 확률변수이고 $\sum_j \beta_j \neq 0$임에 차이가 난다. 한편 σ_B^2는 블록인자 B의 각 수준간의 산포를 나타내는 모수이다.

(2) 분산분석 후의 추정

난괴법에서는 자료의 배열, 변동의 계산, 자유도의 계산 모두 모수모형과 동일하여 그 결과 분산분석표도 <표 9.4>와 동일하다. 다만 난괴법에서는 모수모형과 달리 인자 B가 블록인자이므로 모평균의 추정이 의미가 없고, 그 대신 인자 B의 산포를 구하기 위한 σ_B^2의 추정치를 구하는 것이 의미를 갖게 된다.

$$E(MS_B) = \sigma_E^2 + a\sigma_B^2 \quad \text{단,} \quad \hat{\sigma}_B^2 = \frac{MS_B - MS_E}{a}$$

$$E(MS_E) = \sigma_E^2$$

난괴법의 데이터의 배열은 <표 9.3>과 동일하며 변동의 계산도 식 (9.8), (9.9), (9.10), (9.11)과 동일하며, 평균제곱의 기대값, 분산분석표, $F-$검정의 방법도 반복이 없는 이원배치법과 동일하다.

예제 9.2

플라스틱 제품의 강도에 대한 영향을 조사할 목적으로 랜덤하게 4일 간(B_1, B_2, B_3, B_4)을 택하고, 각 일마다 마지막 공정에서의 가열온도 A를 $A_1 = 70$℃, $A_2 = 80$℃, $A_3 = 90$℃로 랜덤하게 변화시켜 실험한 후 제품강도를 측정한 결과 다음과 같았다. 분산분석을 행하고 만약 블록인자가 유의하면 분산성분 σ_B^2를 추정하여라.

	A_1	A_2	A_3
B_1	98.0	97.7	96.5
B_2	99.0	98.0	97.9
B_3	98.6	98.2	96.9
B_4	97.6	97.3	96.7

풀이

미니탭을 이용한 분석

① 데이터 입력

워크시트 1 ***

↓	C1 온도	C2 강도	C3-T 일자
1	70	98.0	B1
2	70	99.0	B2
3	70	98.6	B3
4	70	97.6	B4
5	80	97.7	B1
6	80	98.0	B2
7	80	98.2	B3
8	80	97.3	B4
9	90	96.5	B1
10	90	97.9	B2

② 통계분석 > 분산분석 > 이원분산분석

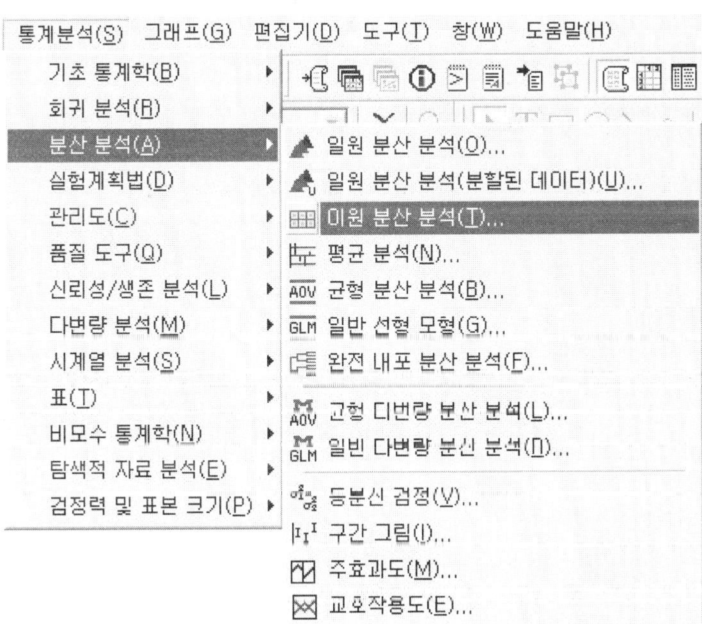

③ 대화창에 아래와 같이 선택한다.

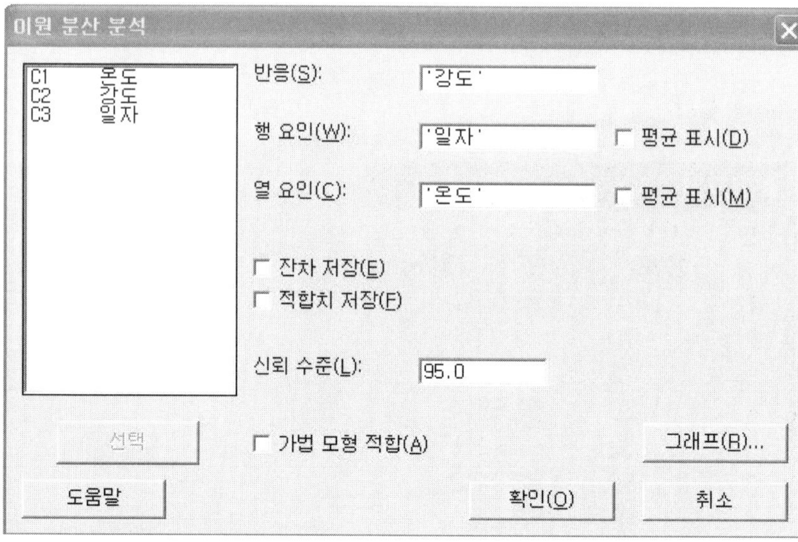

④ 출력결과(세션창)

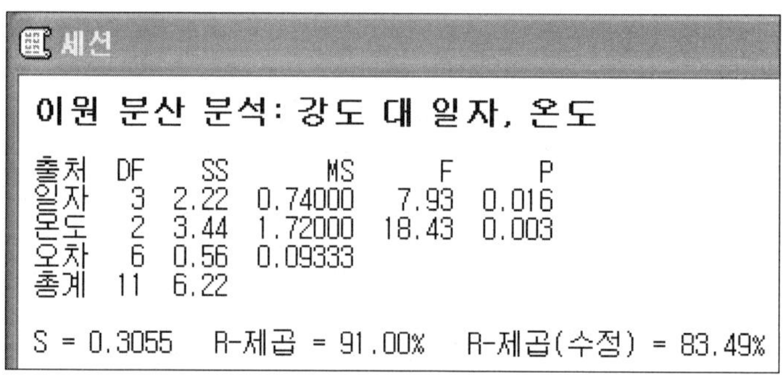
세션

이원 분산 분석: 강도 대 일자, 온도

출처	DF	SS	MS	F	P
일자	3	2.22	0.74000	7.93	0.016
온도	2	3.44	1.72000	18.43	0.003
오차	6	0.56	0.09333		
총계	11	6.22			

S = 0.3055   R-제곱 = 91.00%   R-제곱(수정) = 83.49%

〈결과해석〉

가. $F-$분포표에서 $F_{0.99}(2,6)=10.9$, $F_{0.95}(3,6)=4.76$이므로 분산분석 결과 인자 A(온도)는 유의수준 $\alpha=0.01$에서 유의하고, 인자 B(일자)는 유의수준 $\alpha=0.05$에서 유의하다. 또한 인자 A의 $P-$값이 $\alpha=0.05$보다 작으므로 수준간의 차이가 난다고 할 수 있다. 따라서 가열온도와 실험 일에 따라 제품의 강도에 따라 차이가 있음을 알 수 있다.

나. 실험일간의 산포

$$\hat{\sigma}_B^2 = \frac{MS_B - MS_E}{a} = \frac{0.74-0.093}{2} = 0.22$$

9.5 반복이 있는 이원배치법

(1) 반복이 있는 경우 이원배치법의 모형

$$y_{ijk} = \mu + a_i + b_j + (ab)_{ij} + e_{ijk} \begin{cases} i = 1, 2, \cdots, l \\ j = 1, 2, \cdots, m \\ k = 1, 2, \cdots, r \end{cases} \tag{9.15}$$

μ : 실험전체의 모평균

a_i : 인자 A_i가 주는 효과

b_j : 인자 B_j가 주는 효과

$(ab)_{ij}$: 인자 A_i, B_j의 교호작용(Interaction)의 효과

e_{ijk} : 인자 A_i, B_j에서 얻은 측정값의 오차

(2) 가설검정

Two-way ANOVA에서 검정하는 가설은 다음 3가지이다.

① 2개의 인자를 A와 B라 하면

A의 처리효과 : a_i, $i = 1, 2, \cdots, l$

B의 처리효과 : b_j, $j = 1, 2, \cdots, m$

② 인자 A의 처리효과에 대한 가설

$H_0 : a_1 = a_2 = \cdots = a_l$ (인자 A의 각 수준에서의 처리효과가 같다.)

$H_1 : H_0$가 아니다. (인자 A의 적어도 하나의 수준에서는 처리효과가 다르다.)

③ 인자 B의 처리효과에 대한 가설

$H_0 : b_1 = b_2 = \cdots = a_m$ (인자 B의 각 수준에서의 처리효과가 같다.)

$H_1 : H_0$가 아니다. (인자 B의 적어도 하나의 수준에서는 처리효과가 다르다.)

④ 인자 A와 B의 교호작용에 대한 가설

$H_0 : (ab)_{ij} = 0\,(i = 1, 2, \cdots, l,\quad j = 1, 2, \cdots, m)$

(인자 A와 B 간의 교호작용이 유의하지 않다.)

$H_1 : H_0$가 아니다. (인자 A와 B 간의 교호작용이 유의하다.)

(3) 교호작용(Interaction)

2개 이상의 인자 사이의 조합에서 발생하는 효과

예) 인자 A와 B가 각각 촉매와 반응온도 일 때 아래 그림과 같이 반응온도 100℃에서 촉매 2가 더 높은 인장강도를 주지만 120℃에서는 촉매 A가 더 높은 인장강도를 주게 된다. 이러한 경우와 같이 인자 A의 효과가 인자 B 수준에 따라 나르게 변화하는 경우에 'A, B 인자 간에 교호작용 $A \times B$가 존재한다.'라고 한다. 따라서 연결하는 선들이 서로 평행하게 되면 '교호작용은 존재하지 않는다.'라고 판단할 수 있다.

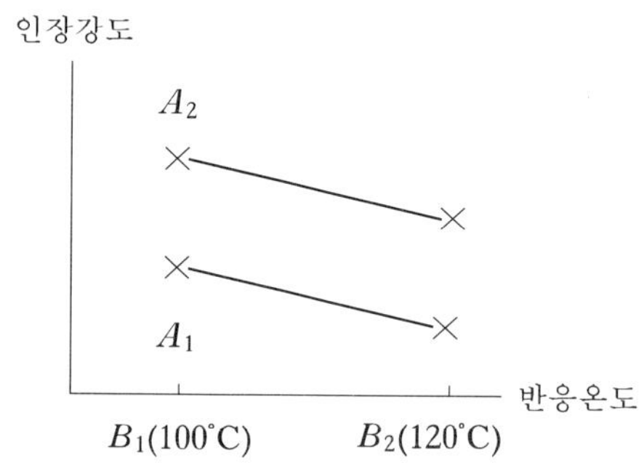

그림 9.3 ▶▶ 교호작용이 없는 경우

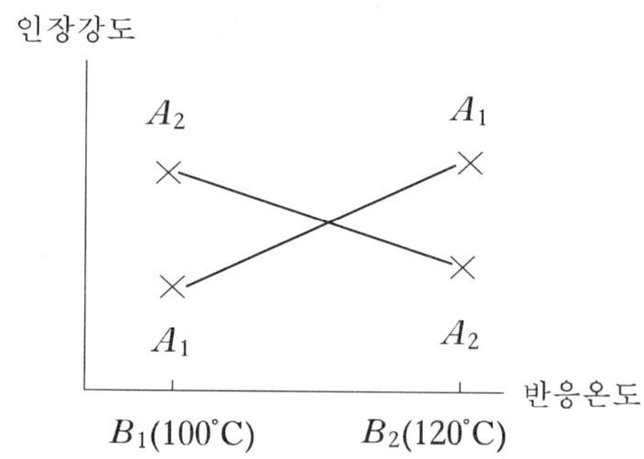

그림 9.4 ▶▶ 교호작용이 있는 경우

(4) 이원 배치법의 데이터의 구조

인자 : A, B 수준 : $A_1, A_2, \cdots, A_l$ $B_1, B_2, \cdots, B_m$ 반복 : r회

표 9.5 ▶▶ 반복이 있는 이원배치법의 데이터 배열

	A_1	A_2	$\cdots$	A_l	합	평균
B_1	x_{111} x_{112} $\vdots$ x_{11r}	x_{211} x_{212} $\vdots$ x_{21r}	$\cdots$	x_{l11} x_{l12} $\vdots$ x_{l1r}	$T_{\cdot 1 \cdot}$	$\bar{x}_{\cdot 1 \cdot}$
B_2	x_{121} x_{122} $\vdots$ x_{12r}	x_{221} x_{222} $\vdots$ x_{22r}	$\cdots$	x_{l21} x_{l22} $\vdots$ x_{l2r}	$T_{\cdot 1 \cdot}$	$\bar{x}_{\cdot 1 \cdot}$
$\vdots$	$\vdots$	$\vdots$	$\vdots$	$\vdots$	$\vdots$	$\vdots$

표 9.5 ▶▶ 계속

	A_1	A_2	$\cdots$	A_l	합	평균
B_m	x_{1m1} x_{1m2} $\vdots$ x_{1mr}	x_{2m1} x_{2m2} $\vdots$ x_{2mr}	$\cdots$	x_{lm1} x_{lm2} $\vdots$ x_{lmr}	$T_{\cdot 1 \cdot}$	$\overline{x}_{\cdot 1 \cdot}$
합 평균	$T_{1 \cdot\cdot}$ $\overline{x}_{1 \cdot\cdot}$	$T_{2 \cdot\cdot}$ $\overline{x}_{2 \cdot\cdot}$	$\cdots$ $\cdots$	$T_{l \cdot\cdot}$ $\overline{x}_{l \cdot\cdot}$	T	$\overline{\overline{x}}$

(5) 변동의 분해

$$SS_{Total} = SS_A + SS_B + SS_{A\times B} + SS_{Error} \tag{9.16}$$

$$SS_{Total} = \sum_{i=1}^{l}\sum_{j=1}^{m}\sum_{k=1}^{r}(y_{ijk} - \overline{\overline{y}})^2 \quad : \text{총 제곱합} \tag{9.17}$$

$$SS_A = \sum_{i=1}^{l}\sum_{j=1}^{m}\sum_{k=1}^{r}(y_{i\,.\,.} - \overline{\overline{y}})^2 \quad : \text{처리 A의 제곱합} \tag{9.18}$$

$$SS_B = \sum_{i=1}^{l}\sum_{j=1}^{m}\sum_{k=1}^{r}(y_{\,.\,j\,.} - \overline{\overline{y}})^2 \quad : \text{처리 B의 제곱합} \tag{9.19}$$

$$SS_{A\times B} = \sum_{i=1}^{l}\sum_{j=1}^{m}\sum_{k=1}^{r}(\overline{y}_{ij\,.} - \overline{y}_{i\,.\,.} - \overline{y}_{\,.\,j\,.} - \overline{\overline{y}})^2$$
$$: \text{처리 A와 B의 교호작용} \tag{9.20}$$

$$SS_{Error} = \sum_{i=1}^{l}\sum_{j=1}^{m}\sum_{k=1}^{r}(y_{ijk} - \overline{y}_{ij\,.})^2 \quad : \text{잔차 제곱합} \tag{9.21}$$

표 9.6 ▶▶ 반복이 있는 이원배치법의 분산분석표

요인	자유도	제곱합	평균제곱	F_0
A	$\nu_A = l-1$	SS_A	$V_A = \dfrac{SS_A}{\nu_A}$	$\dfrac{V_A}{V_E}$
B	$\nu_B = m-1$	SS_B	$V_B = \dfrac{SS_B}{\nu_B}$	$\dfrac{V_B}{V_E}$
$A\times B$	$\nu_{A\times B} = (l-1)(m-1)$	$SS_{A\times B}$	$V_{A\times B} = \dfrac{SS_{A\times B}}{\nu_{A\times B}}$	$\dfrac{V_{A\times B}}{V_E}$
E	$\nu_E = lm(r-1)$	SS_E	$V_E = \dfrac{SS_E}{\nu_E}$	
T	$\nu_T = l-1$	SS_T		

이때 F_0의 값이 $F_0 \geq F_{1-\alpha}(\nu$ 요인, $\nu_E)$이면 귀무가설을 기각한다.

예제 9.3

어떤 제품의 중합반응에서 약품의 흡수속도(g/hr)가 제조시간에 영향을 미치고 있음을 알고 있다. 거기에 대한 요인이라고 생각되는 촉매량(A, 단위: %)과 반응온도(B, 단위: ℃)를 취급하여 다음의 실험조건으로 2회 반복하여 총 24회 랜덤하게 행한 결과 다음의 데이터를 얻었다. 각 요인과 교호작용이 유의한지를 분산분석을 통해 분석하여 보자

(자료: 국가품질망).

	A1(0.2)	A2(0.4)	A3(0.6)	A4(0.8)
B1(110)	94 87	95 101	99 107	91 98
B2(120)	99 108	114 108	112 117	109 103
B3(130)	116 111	121 127	125 131	116 122

풀이

① 각 수준의 합계 및 평균을 구하고 보조표를 작성한다.

	A_1	A_2	A_3	A_4	$T_{\cdot j \cdot}$	$\bar{x}_{\cdot j \cdot}$
B_1	94 87	95 101	99 107	91 98	772	96.5
B_2	99 108	114 108	112 117	109 103	870	145.0
B_3	116 111	121 127	125 131	116 122	969	161.5
$T_{i\cdot\cdot}$	615	666	691	639	2611	
$\bar{x}_{i\cdot\cdot}$	102.5	111.0	115.2	106.5		108.8

	A_1		A_2		A_3		A_4	
	계	평균	계	평균	계	평균	계	평균
B_1	181	90.5	196	98.0	206	103.0	189	94.5
B_2	207	103.5	222	111.0	229	114.5	212	106.0
B_3	227	113.5	248	124.0	256	128.0	238	119.0

② 변동의 계산

반복이 있는 이원배치법에서 변동은 다음과 같은 식을 사용하는 것이 간편함

$$CT = \frac{T^2}{lmr} = \frac{(2611)^2}{4\times3\times2} = \frac{6817321}{24} = 284055.04$$

$$ST = \sum_i \sum_j \sum_k xijk^2 - CT$$
$$= (94)^2 + (87)^2 + \cdots + (122)^2 - 284055.04 = 3231.96$$

$$S_A = \sum_i \frac{T_{i\cdot\cdot}^2}{mr} - CT$$
$$= \frac{1}{3\times2}[(615)^2 + (666)^2 + \cdots + (639)^2] - 284055.04$$
$$= 284597.17 - 284055.04 = 542.13$$

$$S_B = \sum_j \frac{T_{\cdot j\cdot}^2}{lr} - CT$$
$$= \frac{1}{4\times2}[(772)^2 + (870)^2 + (969)^2] - 284055.04$$
$$= 286480.62 - 284055.04 = 2425.58$$

$$S_{AB} = \sum_i \sum_j \frac{T_{ij\cdot}^2}{r} - CT$$
$$= \frac{1}{2}[(181)^2 + (207)^2 + \cdots + (238)^2] - 284055.04$$
$$= 287032.50 - 284055.04 = 2977.46$$

$$S_{A\times B} = S_{AB} - S_A - S_B$$
$$= 2977.46 - 542.13 - 2425.58 = 9.75$$

$$S_E = ST - S_{AB}$$
$$= 3231.96 - 2977.46 = 254.50$$

③ 자유도 계산

$$\nu_A = l-1 = 4-1 = 3$$
$$\nu_B = m-1 = 3-1 = 2$$
$$\nu_{A\times B} = (l-1)(m-1) = (4-1)(3-1) = 6$$
$$\nu_T = lmr - 1 = 4\times3\times2-1 = 23$$
$$\nu_E = lm(r-1) = 4\times3(2-1) = 12$$

④ 분산분석표 작성

요인	자유도	제곱합	평균제곱	F_0	$F_{0.95}$	$F_{0.99}$
A	3	542.13	180.71	8.52**	3.49	5.95
B	2	2425.58	1212.79	57.18**	3.89	6.93
$A\times B$	6	9.75	1.62	0.08	3.00	4.82
E	12	254.50	21.21			
T	23	3231.96				

⑤ 결론

이 결과 약품의 흡수속도에 대하여 촉매량(A) 및 반응온도(B)의 수준의 변화에 따라서 매우 유의한 차가 있음을 알 수 있으나, 교호 작용(A×B)의 효과는 유의하지 않다고 할 수 있다. 따라서 오차항에 풀링시켜 다시 분석하여야 한다. 유의하지 않은 교호작용을 오차항에 넣어서 풀링하여 다시 분석하면 오차항의 자유도가 높아져서 검출력이 좋아질 수 있다. 자세한 것은 미니탭의 분석에서 다루기로 한다.

미니탭을 이용한 분석

① 데이터 입력

흡수속도.MTW ***

↓	C1	C2	C3
	촉매량	반응온도	흡수속도
1	0.2	110	94
2	0.2	110	87
3	0.2	120	99
4	0.2	120	108
5	0.2	130	116
6	0.2	130	111
7	0.4	110	95
8	0.4	110	101
9	0.4	120	114
10	0.4	120	108

② 통계분석 > 분산분석 > 등분산 검정

인자 A, B의 조합 조건마다에서 실험오차가 등분산(equal variance)인가 아닌가를 검토한다.

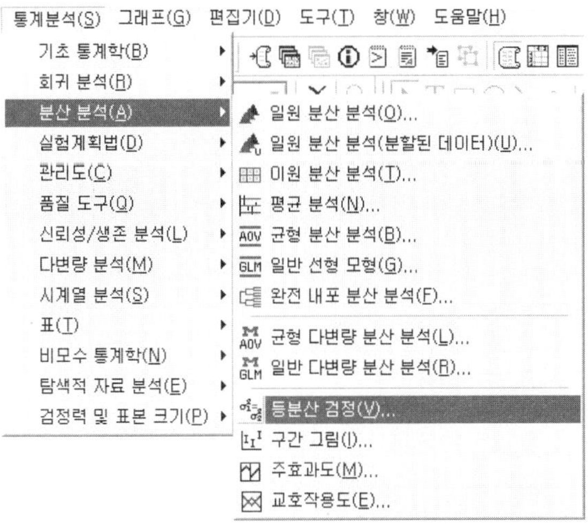

③ 대화창에 아래와 같이 선택한다.

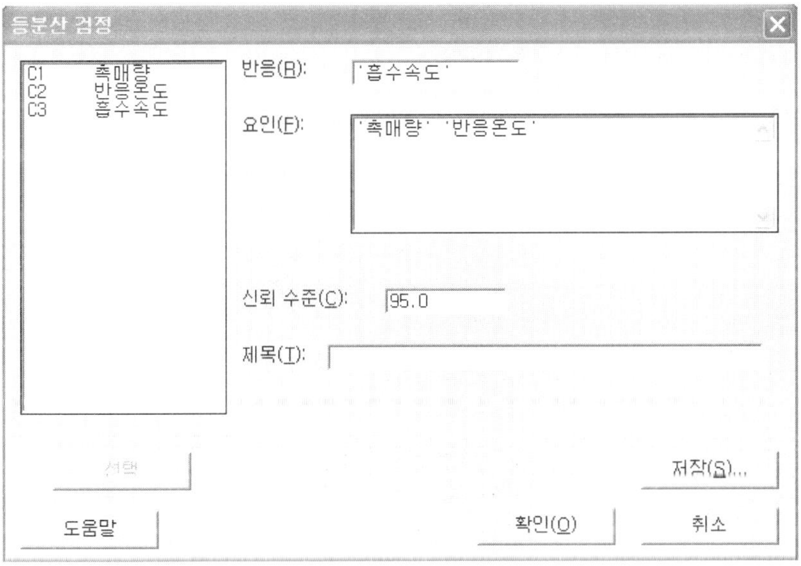

④ Bartlett's Test 결과 p-값이 1.000으로 유의수준 0.05보다 크므로 분산이 같다는 귀무가설을 채택한다. 따라서 실험전체가 관리 상태에 있다고 할 수 있으므로 다음단계로 진행한다.

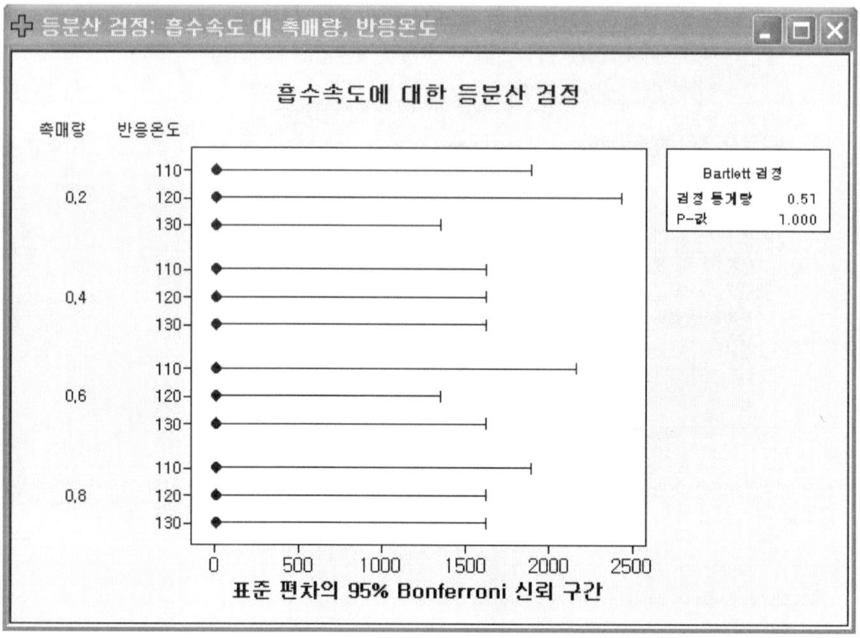

⑤ 통계분석 > 분산분석 > 이원분산분석

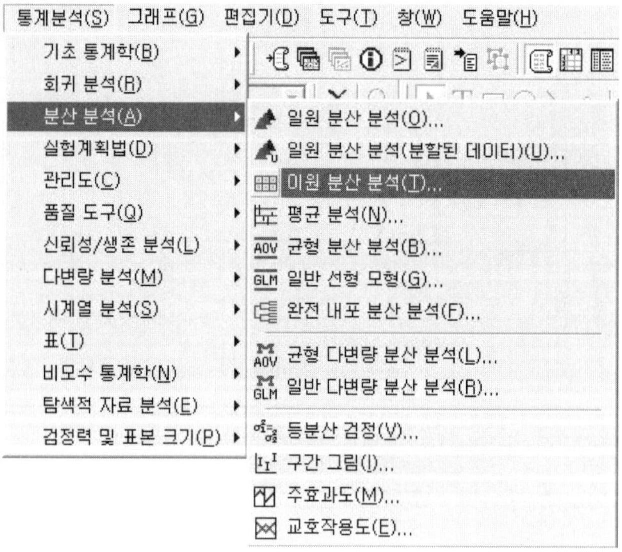

⑥ 대화창에 아래와 같이 선택한다. 각 인자의 수준에 대하여 모평균의 점 추정치와 95 % 신뢰구간을 출력하도록 행요인과 열요인의 평균표시에 체크한다.

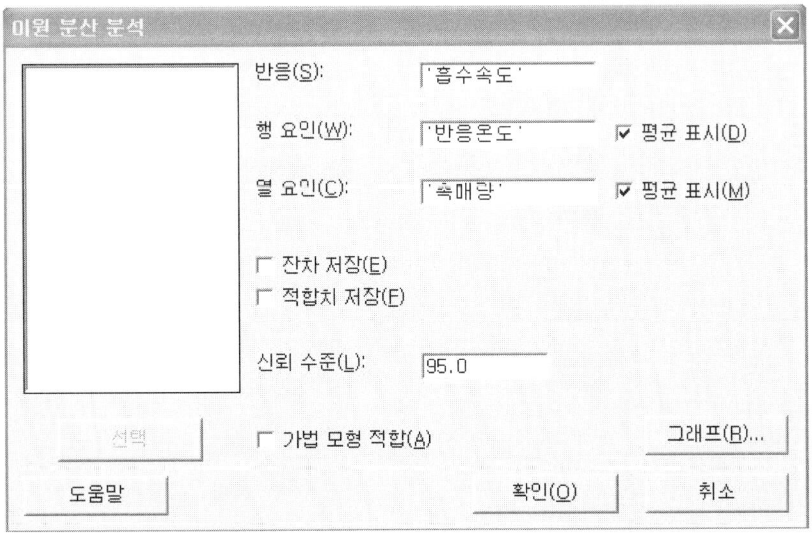

⑦ 출력결과(세션창)

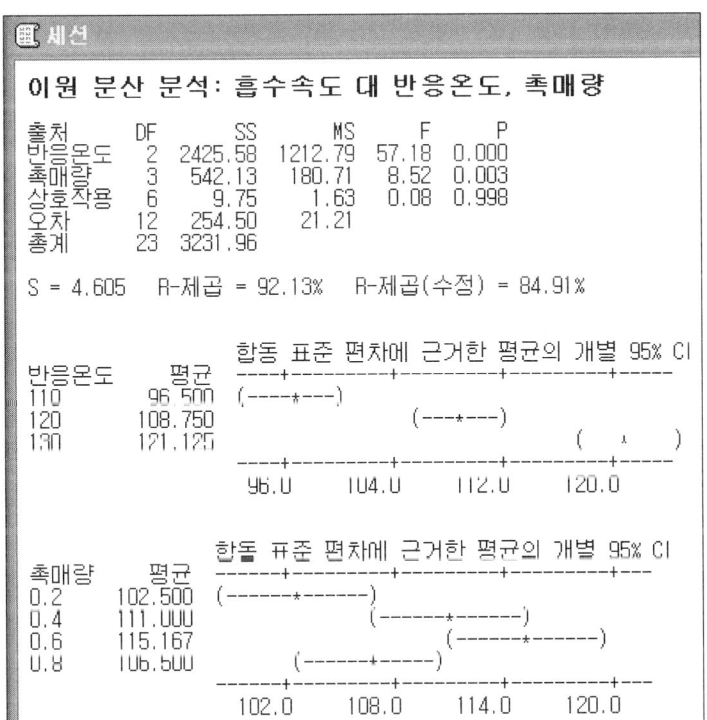

```
세션

이원 분산 분석: 흡수속도 대 반응온도, 촉매량

출처      DF       SS       MS      F      P
반응온도   2  2425.58  1212.79  57.18  0.000
촉매량     3   542.13   180.71   8.52  0.003
상호작용   6     9.75     1.63   0.08  0.998
오차      12   254.50    21.21
총계      23  3231.96

S = 4.605   R-제곱 = 92.13%   R-제곱(수정) = 84.91%

                  합동 표준 편차에 근거한 평균의 개별 95% CI
반응온도     평균  ----+---------+---------+---------+-----
110        96.500  (----*---)
120       108.750                (---*---)
130       121.125                                (   *    )
                   ----+---------+---------+---------+-----
                      96.0     104.0     112.0     120.0

                 합동 표준 편차에 근거한 평균의 개별 95% CI
촉매량     평균  ------+---------+---------+---------+---
0.2     102.500  (------*------)
0.4     111.000                (------*------)
0.6     115.167                       (------*------)
0.8     106.500         (------*-----)
                 ------+---------+---------+---------+---
                     102.0     108.0     114.0     120.0
```

〈결과해석〉

분석결과 반응온도와 촉매량의 p-값이 0.000과 0.003으로 $\alpha = 0.05$보다 작기 때문에 두 개의 인자는 매우 유의하나, 교호작용의 p-값은 0.998로 $\alpha = 0.05$보다 크므로 유의하지 않다고 할 수 있다. 따라서 오차항에 풀링시켜 다시 분석하여야 한다.

⑧ 오차항에 풀링시키기 위해서 가법모형적합에 체크한다.

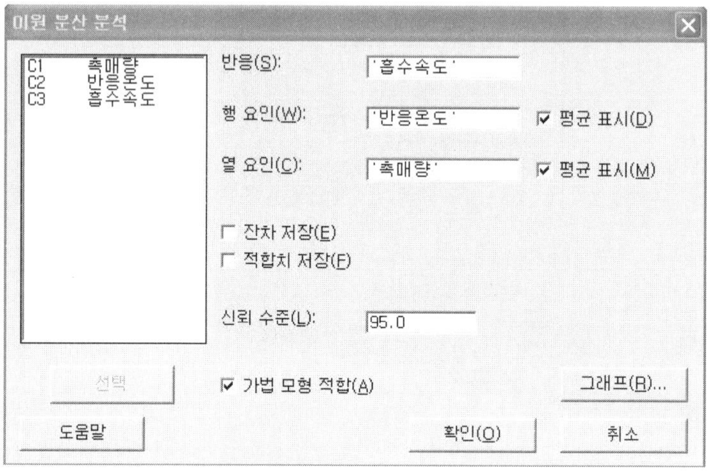

⑨ 풀링 후 출력결과(세션창)

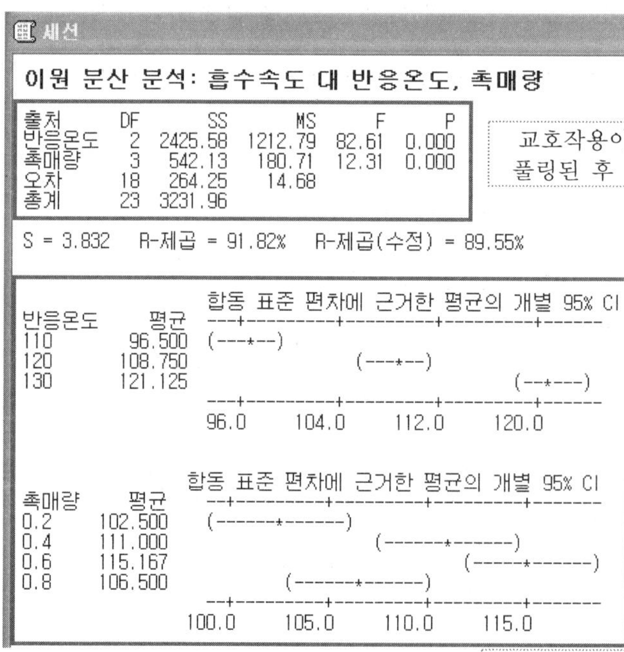

```
세션

이원 분산 분석: 흡수속도 대 반응온도, 촉매량

출처      DF       SS        MS      F      P
반응온도   2  2425.58   1212.79  82.61  0.000
촉매량     3   542.13    180.71  12.31  0.000
오차      18   264.25     14.68
총계      23  3231.96

S = 3.832   R-제곱 = 91.82%   R-제곱(수정) = 89.55%

                    합동 표준 편차에 근거한 평균의 개별 95% CI
반응온도      평균  ---+---------+---------+---------+------
110         96.500  (---*--)
120        108.750                (---*--)
130        121.125                                (--*---)
                    ---+---------+---------+---------+------
                     96.0     104.0     112.0     120.0

                 합동 표준 편차에 근거한 평균의 개별 95% CI
촉매량     평균  --+---------+---------+---------+-------
0.2     102.500  (------*------)
0.4     111.000                  (------*------)
0.6     115.167                           (-----*------)
0.8     106.500         (------*------)
                 --+---------+---------+---------+-------
                 100.0     105.0     110.0     115.0
```

교호작용이 오차항에 풀링된 후 분산분석표

반응온도와 촉매량에 따른 평균과 95% 신뢰구간

〈결과해석〉

- 풀링 후 오차항(Error)의 자유도(18=12+6)와 제곱합(264.25=9.75+254.50)은 풀링전 교호작용의 자유도와 제곱합 만큼 증가하였다.
- 풀링 결과 반응온도와 촉매량은 반응속도에 강한 영향을 미치고 있다고 볼 수 있다.
- 최적수준의 조합
  흡수속도를 최대로 하는 반응온도(A)는 3수준일 때 121.1이며, 촉매량(B)는 3수준일 때 115.2이므로 두 인자의 수준을 합친 A3B3가 최적수준의 조합이라고 할 수 있다.

⑩ 주효과도의 그래프 작성 : 통계분석 > 분산분석 > 주효과도

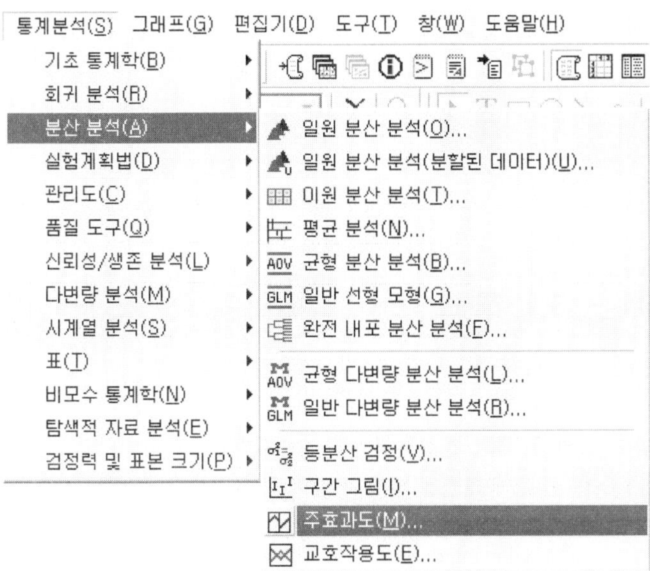

⑪ 대화창에 아래와 같이 선택한다.

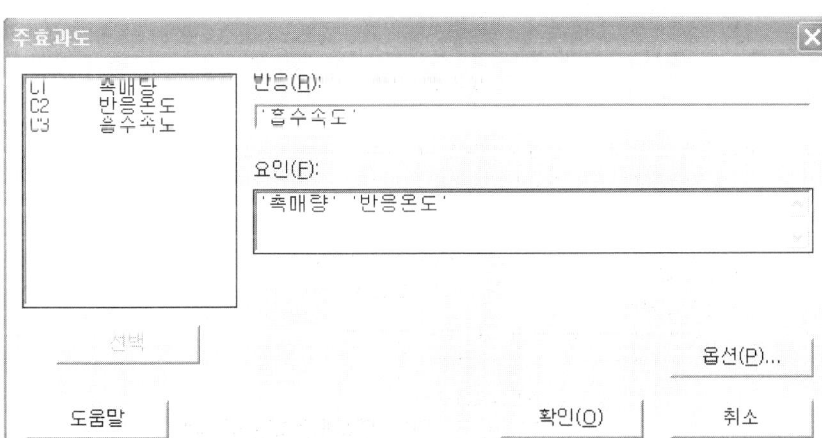

⑫ 출력결과(그래프)

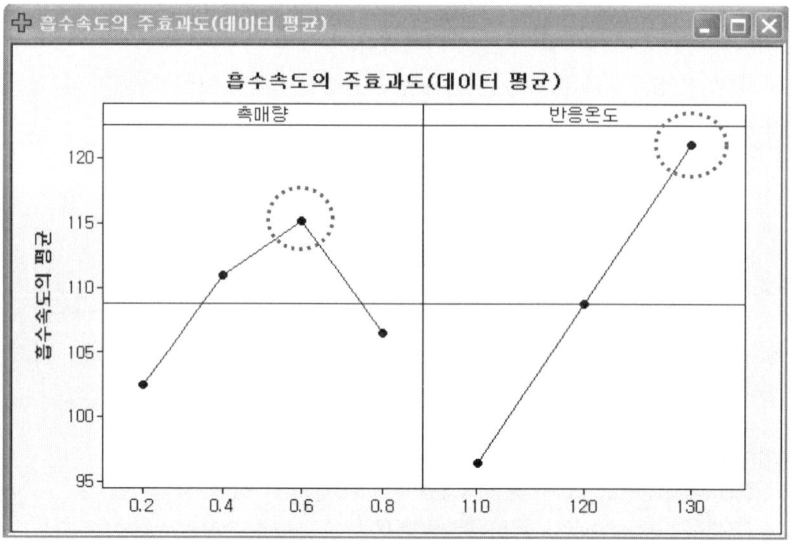

〈결과해석〉

주효과도를 통해서 각 인자수준의 효과를 시각적으로 파악한다. 촉매량 0.6 %와 반응온도 130℃에서 흡수속도가 가장 높음을 볼 수 있다.

⑬ 교호작용의 효과도 : 통계분석 > 분산분석 > 교호작용도

교호효과도를 사용하면 요인 효과의 상대적 영향력을 비교할 수 있다. 교호효과도는 요인의 각 수준과 고정 상수(둘째 요인의 수준)의 평균을 표시한다.

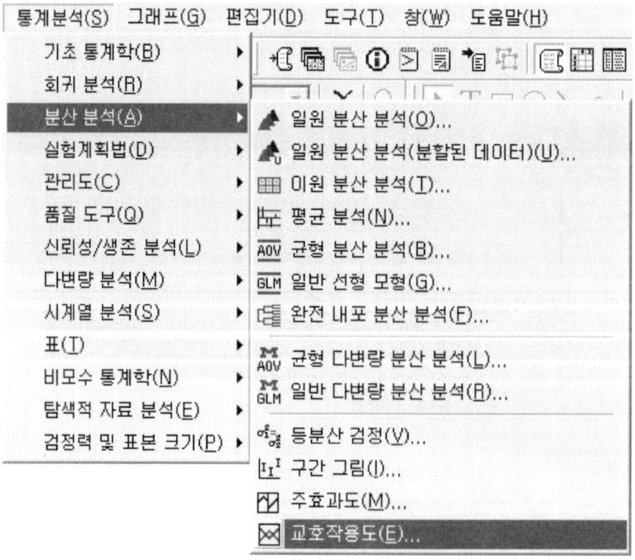

⑭ 대화창에 아래와 같이 선택하고 전체 교호효과도 행렬표시에 체크한다.

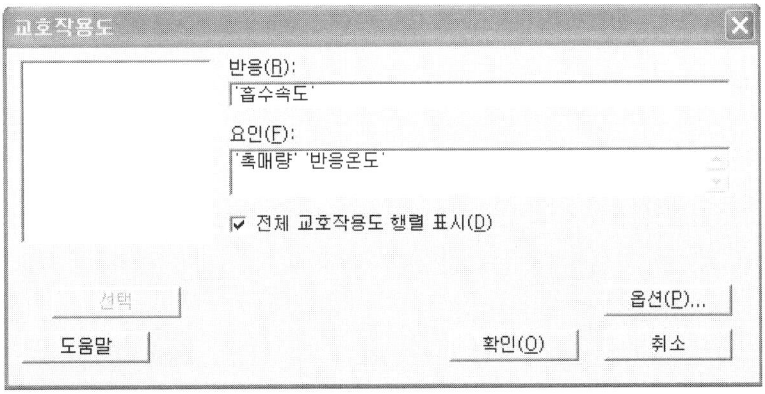

⑮ 출력결과(그래프)

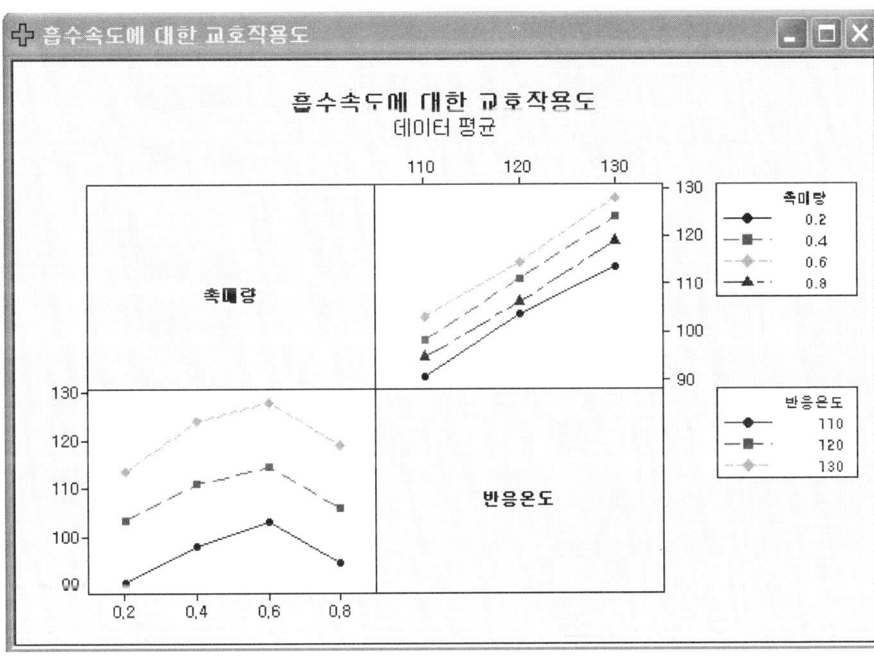

〈결과해석〉

그래프 상에서 연결된 선이 거의 평행에 가까우므로 촉매량과 반응 온도간의 교호작용이 유의하지 않을 것으로 예상이 된다.

9.6 요인실험(Factorial Design)

9.6.1 계획의 개념

k^n 요인배치법은 인자의 수가 n이고 각 인자의 수준수가 k인 실험계획법으로, 모든 인자 간의 수준의 조합에서 실험이 이루어지는 실험이다. 이 실험을 통해 모든 요인효과(인자의 효과와 교호작용)를 추정할 수 있다.

k^n 요인실험에서는 2 수준계와 3 수준계가 널리 쓰이고 있다. 즉 2^n과 3^n 요인실험이 많이 사용되는데 각 인자의 수준을 일정하게 한 다원배치 실험이지만, 실제로는 교락법과 일부실시법의 형으로 사용될 때가 많다.

종류 : 2^2 요인실험 - 2인자(A, B), 2수준
2^3 요인실험 - 3인자(A, B, C), 2수준
3^2 요인실험 - 2인자(A, B), 3수준 등.

9.6.2 2^2 요인실험

(1) 반복이 없는 2^2 요인실험

인자를 각각 A, B라고 하고, 수준수를 2, 각각의 수준을 A_0, A_1, B_0, B_1로 나타낸다. 간단히 하기 위하여 실험오차는 없는 것으로 한다.

실험조건의 조합은 $2^2=4$가지가 있고 $(A_0\,B_0)$, $(A_0\,B_1)$, $(A_1\,B_0)$, $(A_1\,B_1)$이다. 여기서 $(A_0\,B_0)$일 때의 측정치를 y_{00}, $(A_0\,B_1)$일 때를 y_{01}라 한다. 인자의 조합을 간단히 (1), b, a, ab로 나타내기도 한다. 이 모양을 <표 9.7>에 나타내었다.

표 9.7 ▶▶ 반복없는 2^2 요인실험의 데이터의 배열

	A_0		A_1		
B_0	y_{00}	(1)	y_{10}	a	$T_{\cdot 0}$
B_1	y_{01}	b	y_{11}	ab	$T_{\cdot 1}$
	$T_{0\cdot}$		$T_{1\cdot}$		T

① 데이터의 구조식

$$y_{ij} = \mu + a_i + b_j + (ab)_{ij} + e_{ij} \tag{9.22}$$

단, $e_{ij} \sim N(0,\ \sigma_E^2)$이고 서로 독립

② 각 요인의 효과의 계산

주효과 $A = \frac{1}{2}(y_{11} + y_{10} - y_{01} - y_{00})$

$$= \frac{1}{2}[ab + a - b - (1)] = \frac{1}{2}(T_{1}. - T_{0}.) \tag{9.23}$$

주효과 $B = \frac{1}{2}[ab + b - a - (1)] = \frac{1}{2}(T._{1} - T._{0})$ (9.24)

교호작용 $AB = \frac{1}{2}[ab + (1) - a - b]$ (9.25)

표 9.8 ▶▶ 분산분석표

요 인	S	ν	V
A	$S_A = \frac{1}{4}[T_1. - T_0.]^2 =$ (주효과 $A)^2$	1	V_A
B	$S_B = \frac{1}{4}[T._1 - T._0]^2 =$ (주효과 $B)^2$	1	V_B
$A \times B$ (또는 E)	$S_{A\times B} = S_T - S_A - S_B$ $= \frac{1}{4}(y_{11} + y_{00} - y_{01} - y_{10})^2 =$ (교호작용 $AB)^2$	1	$V_{A\times B}$
T	$S_T = \Sigma\Sigma y_{ij}^2 - CT$	3	

위에서 교호작용 $A \times B$가 무시되지 않는 경우에는 실험을 반복해 주어야 한다.

(2) 반복있는 2^2 요인실험

반복이 있는 r회 있는 경우의 데이터의 배열과 데이터의 구조식은 다음과 같다.

표 9.9 ▶▶ 반복있는 2^2 요인실험의 데이터의 배열

	A_0		A_1		
B_0	$y_{001}, y_{002}, \vdots, y_{00r}$ } $T_{00}.$	(1)	$y_{101}, y_{102}, \vdots, y_{10r}$ } $T_{10}.$	a	$T_{\cdot 0 \cdot}$
B_1	$y_{011}, y_{012}, \vdots, y_{01r}$ } $T_{01}.$	b	$y_{111}, y_{112}, \vdots, y_{11r}$ } $T_{11}.$	ab	$T_{\cdot 1 \cdot}$
	$T_{0}..$		$T_{1}..$		T

단, (1), a, b, ab는 $T_{00}.$, $T_{01}.$, $T_{10}.$, $T_{11}.$을 r로 나눈 평균이다.

① 데이터의 구조식(반복 r회, A, B 인자 모두 모수인자)

$$y_{ijk} = \mu + a_i + b_j + (ab)_{ij} + e_{ijk} \tag{9.26}$$

(단, $e_{ijk} \sim N(0,\ \sigma_E^2)$이고 서로 독립)

② 각 요인 효과의 계산

$$\text{주효과 } A = \frac{1}{2}[ab + a - b - (1)]$$
$$= \frac{1}{2r}[T_{11}. + T_{10}. - T_{01}. - T_{00}.]$$
$$= \frac{1}{2r}[T_{1}.. - T_{0}..] \tag{9.27}$$

$$\text{주효과 } B = \frac{1}{2}[ab + b - a - (1)]$$
$$= \frac{1}{2r}[T_{11}. + T_{01}. - T_{10}. - T_{00}.]$$
$$= \frac{1}{2r}[T_{\cdot 1 \cdot} - T_{\cdot 0 \cdot}] \tag{9.28}$$

$$\text{교호작용 } AB = \frac{1}{2}[ab + (1) - a - b]$$
$$= \frac{1}{2r}[T_{11}. + T_{00}. - T_{10}. - T_{01}.] \tag{9.29}$$

표 9.10 ▶▶ 분산분석표

요인	S	ν	V	F_0
A	$S_A = \frac{1}{4r}[T_{1}.. - T_{0}..]^2 = r(\text{주효과 } A)^2$	1	V_A	V_A / V_E
B	$S_B = \frac{1}{4r}[T_{.1.} - T_{.0.}]^2 = r(\text{주효과 } B)^2$	1	V_B	V_B / V_E
$A \times B$	$S_{A\times B} = \frac{1}{4r}(y_{11}. + y_{00}. - y_{10}. - y_{01}.)^2$ $= r(\text{교호작용 } AB)^2$	1	$V_{A\times B}$	$V_{A\times B} / V_E$
E	$S_E = S_T - (S_A + S_B + S_{A\times B})$	$4(r-1)$	V_E	
T	$S_T = \Sigma\Sigma y_{ij}^2 - CT$	$4r-1$		

9.6.3 2^3 요인실험

(1) 반복이 없는 2^3 요인실험

인자를 A, B, C라 하고 각 인자의 수준수를 2라고 하면, 2^3 요인실험이 된다.

① 데이터의 구조식은

$$y_{ijk} = \mu + a_i + b_j + c_k + (ab)_{ij} + (ac)_{ik} + (bc)_{ik} + e_{ijk} \tag{9.30}$$

단, $e_{ijk} \sim N(0,\ \sigma_E^2)$이고 서로 독립

으로 표현된다. 교호작용 $A \times B \times C$의 처리 조합에서의 효과 $(abc)_{ijk}$는 오차 e_{ijk}와 서로 교락되어 있다. 만약 $(abc)_{ijk}$를 분리시켜 검출하려면 반복이 있는 실험을 하여야 한다.

수효과 A, B, C와 교호작용 AB, AC, BC를 구하기 위한 계수표는 <표 9.11>과 같다.

표 9.11 ▶▶ 2^3 실험에서 주효과와 교호작용을 구하기 위한 계수표

요인 효과	(1)	c	b	bc	a	ac	ab	abc	계수
M	+	+	+	+	+	+	+	+	8
A	−	−	−	−	+	+	+	+	4
B	−	−	+	+	−	−	+	+	4
C	−	+	−	+	−	+	−	+	4
AB	+	+	−	−	−	−	+	+	4
AC	+	−	+	−	−	+	−	+	4
BC	+	−	−	+	+	−	−	+	4

② 각 요인의 효과의 계산

주효과 $$A = \frac{1}{2}[a + ac + ab + abc - (1) - c - b - bc]$$

$$= \frac{1}{4}(T_{1..} - T_{0..}) \quad (9.31)$$

주효과 $$B = \frac{1}{4}(T_{.1.} - T_{.0.}) \quad (9.32)$$

주효과 $$C = \frac{1}{4}(T_{..1} - T_{..0}) \quad (9.33)$$

교호작용 $$AB = \frac{1}{4}(T_{11.} + T_{00.} - T_{01.} - T_{10.}) \quad (9.34)$$

교호작용 $$AC = \frac{1}{4}(T_{1.1} + T_{0.0} - T_{0.1} - T_{1.0}) \quad (9.35)$$

교호작용 $$BC = \frac{1}{4}(T_{.11} + T_{.00} - T_{.01} - T_{.10}) \quad (9.36)$$

표 9.12 ▶▶ 분산분석표

요인	S	ν	V
A	$S_A = \frac{1}{8}[T_{1..} - T_{0..}]^2 = 2(\text{주효과 } A)^2$	1	V_A
B	$S_B = \frac{1}{8}[T_{.1.} - T_{.0.}]^2 = 2(\text{주효과 } B)^2$	1	V_B
C	$S_C = \frac{1}{8}[T_{..1} - T_{..0}]^2 = 2(\text{주효과 } C)^2$	1	V_C
$A\times B$	$S_{A\times B} = \frac{1}{8}(y_{11.} + y_{00.} - y_{01.} - y_{10.})^2$ $= 2(\text{교호작용 } AB)^2$	1	$V_{A\times B}$
$A\times C$	$S_{A\times C} = \frac{1}{8}(y_{1.1} + y_{0.0} - y_{0.1} - y_{1.0})^2$ $= 2(\text{교호작용 } AC)^2$	1	$V_{A\times C}$
$B\times C$	$S_{B\times C} = \frac{1}{8}(y_{.11} + y_{.00} - y_{.01} - y_{.10})^2$ $= 2(\text{교호작용 } BC)^2$	1	$V_{B\times C}$
E	$S_E = S_T - (S_A + S_B + S_C + S_{A\times B} + S_{A\times C} + S_{B\times C})$	1	V_E
T	$S_T = \Sigma\Sigma\Sigma\, y_{ijk}^2 - CT$	7	

(2) 반복있는 2^3 요인실험

반복있는 2^3 요인실험에서는 반복수가 r이라고 할 때 데이터의 구조식을

$$y_{ijkm} = \mu + a_i + b_j + c_k + (ab)_{ij} + (ac)_{ik} + (bc)_{jk} + (abc)_{ijk} + e_{ijkm} \quad (9.37)$$

$$\text{단, } i,\, j,\, k = 0,\, 1 \quad m = 1,\, 2,\, \cdots,\, r$$

으로 표현할 수 있는데, 이 구조식에서는 $(abc)_{ijk}$ 효과를 오차 e_{ijkm}과 분리시켜 검출이 가능하다. 반복이 있는 경우에는 (1), c, b, bc, a, ac, ab, abc를 각각 처리조합에서의 r개 데이터의 평균을 나타내는 것으로 하면 요인효과는 <표 9.13>과 같이 구해진다.

① 각 요인 효과의 계산

주효과 $$A = \frac{1}{4r}[T_{1...} - T_{0...}] \quad (9.38)$$

주효과 $$B = \frac{1}{4r}[T_{.1..} - T_{.0..}] \quad (9.39)$$

주효과 $C = \frac{1}{4r}(T_{..1.} - T_{..0.})$ (9.40)

교호작용 $AB = \frac{1}{4r}[T_{11..} + T_{00..} - T_{01..} - T_{10..}]$ (9.41)

교호작용 $AC = \frac{1}{4r}[T_{1.1.} + T_{0.0.} - T_{0.1.} - T_{1.0.}]$ (9.42)

교호작용 $BC = \frac{1}{4r}[T_{.11.} + T_{.00.} - T_{.01.} - T_{.10.}]$ (9.43)

교호작용

$$ABC = \frac{1}{4r}[T_{111.} + T_{100.} + T_{010.} + T_{001.} - T_{011.} - T_{101.} - T_{110.} - T_{000.}] \quad (9.44)$$

표 9.13 ▶▶ 분산분석표

요 인	S	ν	V
A	$S_A = \frac{1}{8r}[T_{1...} - T_{0...}]^2$	1	V_A
B	$S_B = \frac{1}{8r}[T_{.1..} - T_{.0..}]^2$	1	V_B
C	$S_C = \frac{1}{8r}[T_{..1.} - T_{..0.}]^2$	1	V_C
$A\times B$	$S_{A\times B} = \frac{1}{8r}[y_{11..} + y_{00..} - y_{01..} - y_{10..}]^2$	1	$V_{A\times B}$
$A\times C$	$S_{A\times C} = \frac{1}{8r}[y_{1.1.} + y_{0.0.} - y_{0.1.} - y_{1.0.}]^2$	1	$V_{A\times C}$
$B\times C$	$S_{B\times C} = \frac{1}{8r}[y_{.11.} + y_{.00.} - y_{.01.} - y_{.10.}]^2$	1	$V_{B\times C}$
$A\times B\times C$	$S_{A\times B\times C} = \frac{1}{8r}[y_{111.} + y_{100.} + y_{010.} + y_{001.} - y_{011.} - y_{101.} - y_{110.} - y_{000.}]^2$	1	$V_{A\times B\times C}$
E	$S_E = S_T - (S_A + S_B + S_C + S_{A\times B} + S_{A\times C} + S_{B\times C} + S_{A\times B\times C})$	$8(r-1)$	V_E
T	$S_T = \Sigma\Sigma\Sigma\Sigma\, y_{ijkm}^2 - CT$	$8(r-1)$	

② r개의 블록을 r회 반복실험을 하는 경우

반복 r의 블록에서 8개의 처리조합 ((1), c, b, bc, a, ac, ab, abc)을 랜덤한 순서로 실험을 하면, 블록(반복) 간의 차이의 크기인 반복변동 S_R은 다음과 같고, 자유도는 $\nu_R = r-1$이 된다.

$$S_R = \sum_{m=1}^{r} \frac{T_{...m}^{2}}{8} - CT \tag{9.45}$$

이 경우의 오차항의 자유도는 $\nu_E = 7(r-1)$이 된다.

9.6.4 3^2 요인실험

두 개의 각 인자의 수준이 3일 때 이들의 모든 처리조합의 수는 3^2으로, 이것을 모두 실험하게 되면 3^2 요인실험을 얻게 된다. 각 처리조합에서 r회의 반복실험이 있으면 $9r$개의 총 실험횟수가 된다. 두 인자 A, B에 대한 9개의 처리조합은

$$A_0B_0,\ A_0B_1,\ A_0B_2,\ A_1B_0,\ A_1B_1,\ A_1A_2,\ A_2B_0,\ A_2B_1,\ A_2B_2$$

이며, 이것을 단순히

$$00,\ 01,\ 02,\ 10,\ 11,\ 12,\ 20,\ 21,\ 22$$

로 표시하기도 한다.

(1) 대비에 의한 변동의 분해

반복이 없는 3^2 실험에서 데이터의 구조식은

$$y_{ij} = \mu + a_i + b_j + e_{ij} \tag{9.46}$$

단, $e_{ij} \sim N(0, \sigma_E^2)$이고 서로 독립

만약 인자 A가 계량인자 또는 연속변수이고 수준간의 간격이 일정할 때에는 인자 A의 1차 효과(linear effect)와 2차 효과(quadratic effect)의 존재여부를 찾아볼 수 있다.

① 1차 효과는 다음과 같고 하나의 대비이다.

$$C_L = T_2. - T_0. \tag{9.47}$$

② 2차 효과도 역시 하나의 대비이다.

$$C_Q = T_2. - 2T_1. + T_0. \tag{9.48}$$

③ l 수준의 계량인자 A에서 $(l-1)$개의 직교하는 대비를 만들 경우, 각 대비의 변동의 합은 S_A이다.

$$S_A = S_{AL} + S_{AQ} \tag{9.49}$$

$$\text{여기서, } S_{AL} = \frac{1}{6}(T_2. - T_0.)^2 \tag{9.50}$$

$$S_{AQ} = \frac{1}{18}(T_2. - 2T_1. + T_0.)^2 \tag{9.51}$$

$$\text{단, 대비의 변동 } S_L = \frac{L^2}{(\Sigma c_i^2)\cdot m} \tag{9.52}$$

④ 반복이 r회 있는 3^2 요인실험의 경우

1차 효과 $C_L = T_2. - T_0.$ (9.53)

2차 효과 $C_Q = T_2. - 2T_1. + T_0.$ (9.54)

$$S_A = S_{AL} + S_{AQ}\text{에서 } S_{AL} = \frac{1}{6r}(T_2.. - T_0..)^2 \tag{9.55}$$

$$S_{AQ} = \frac{1}{18r}(T_2.. - 2T_1.. + T_0..)^2 \tag{9.56}$$

표 9.14 ▶▶ 반복이 없는 3^2 실험

		인자 A			계
		A_0	A_1	A_2	
인자 B	B_0	(00) y_{00}	(10) y_{10}	(20) y_{20}	$T._0$
	B_1	(01) y_{01}	(11) y_{11}	(21) y_{21}	$T._1$
	B_2	(02) y_{02}	(12) y_{12}	(22) y_{22}	$T._2$
계		$T_0.$	$T_1.$	$T_2.$	T

(2) 교호작용의 변동 $S_{A\times B}$의 분해

반복이 있는 3^2 요인실험에서 인자 A는 계량인자이고, 인자 B는 계수인자인 경우

① B_j 수준에서 A의 1차 효과와 그 변동

$$(-1)\,T_{0j}. + (0)\,T_{1j}. + (1)\,T_{2j}. \tag{9.57}$$

예) $B_0 : L_0 = (-1)\,T_{00}. + (0)T_{10}. + (1)T_{20}. = T_{20}. - T_{00}.$

$$S_{AL\times B} = \frac{(L_0)^2 + (L_1)^2 + (L_2)^2}{2r} - \frac{(L_0 + L_1 + L_2)^2}{6r} \text{ 또는}$$
$$= \frac{L(B_0)^2 + L(B_1)^2 + L(B_2)^2}{\lambda^2 S_{(1)}} - \frac{[L(B_0) + L(B_1) + L(B_2)]^2}{\lambda^2 S_{(1)}m}$$

② B_j 수준에서 A의 2차 효과와 그 변동

$$(1)\,T_{0j}. + (-2)\,T_{1j}. + (1)\,T_{2j}. \tag{9.58}$$

예) $B_1 : L_1 = (1)\,T_{01}. + (-2)T_{11}. + (1)\,T_{21}.$
$= T_{21}. - 2T_{11}. + T_{01}.$

$$S_{AQ\times B} = \frac{(Q_0)^2 + (Q_1)^2 + (Q_2)^2}{6r} - \frac{(Q_0 + Q_1 + Q_2)^2}{18r}$$

표 9.15 ▶▶ 계량인자와 계수인자의 분산분석표

요 인	S	ν	V	F_0
A	S_A	2	V_A	V_A / V_E
$\begin{cases} A_L \\ A_Q \end{cases}$	$\begin{cases} S_{A_L} \\ S_{A_Q} \end{cases}$	$\begin{cases} 1 \\ 1 \end{cases}$	V_{A_L} V_{A_Q}	V_{A_L} / V_E V_{A_Q} / V_E
B	S_B	2	V_B	V_B / V_E
$A\times B$	$S_{A\times B}$	4	$V_{A\times C}$	$V_{A\times B} / V_E$
$\begin{cases} A_L\times B \\ A_Q\times B \end{cases}$	$S_{A_L\times B}$ $S_{A_Q\times B}$	$\begin{cases} 2 \\ 2 \end{cases}$	$V_{A_L\times B}$ $V_{A_Q\times B}$	$V_{A_L\times B} / V_E$ $V_{A_Q\times B} / V_E$
E	S_E	$9(r-1)$	V_E	
T	S_r	$9r-1$		

9.6.5 미니탭을 이용한 요인실험

(1) 요인 설계 생성 : 통계분석 > 실험계획법 > 요인 > 요인 설계 생성을 선택한다.

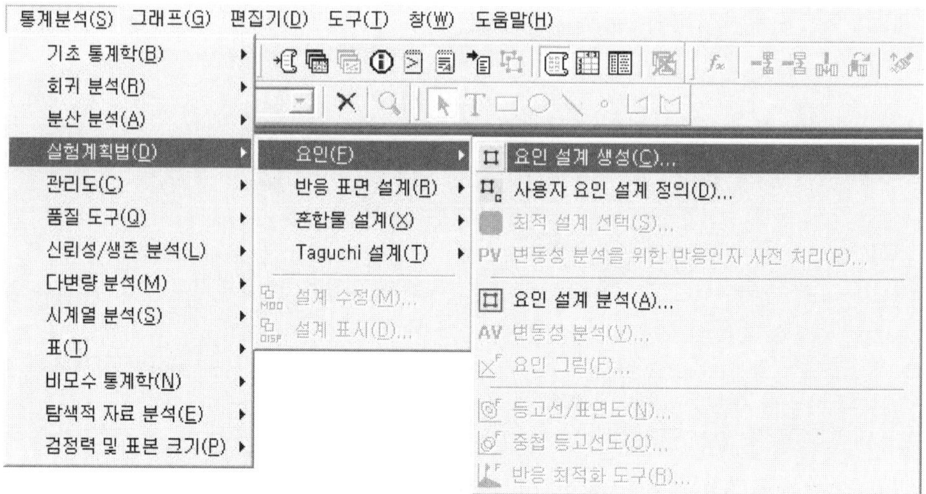

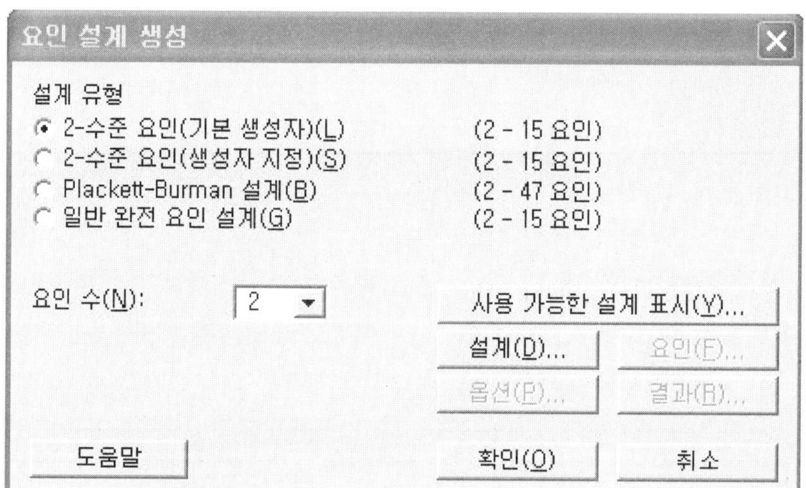

– 2-수준 요인 : Minitab의 2-수준 요인 설계 옵션을 사용하여 다음과 같은 2-수준 설계의 설정을 생성할 수 있다.

- 요인 수가 최대 7개인 완전 요인 설계
- 요인 수가 최대 15개인 부분 요인 설계

Minitab 카탈로그의 기본 설계(사용 가능한 설계 표시 하위 대화상자에 표시되어 있음)를 사용하거나, 설계 생성자를 지정하여 설계를 사용자 정의할 수 있다.

- Plackett-Burman 설계 : Plackett-Burman 설계는 해상도 III, 2-수준 부분 요인 설계이며 주 효과를 연구하는 데 주로 사용된다. 해상도 III 설계에서 주 효과는 2차 상호작용과 교락되어 있다.

  Minitab은 최대 47개 요인에 대해 이 설계를 생성한다. 각 설계는 12~48개 사이의 런 수를 기반으로 하고 항상 4의 배수이다. 또한 요인 수는 런 수보다 적어야 한다.
- 일반 완전 요인 설계 : 일반 완전 요인 설계에서는 실험 요인에 포함할 수 있는 수준 수에 제한이 없다.

(2) 사용 가능한 설계 표시

아래 표에는 2-수준 기본 설계가 요약되어 있는데, 이 설계를 기준 설계로 하고 생성자를 지정하여 요인들을 추가할 수 있다. 비어 있지 않은 셀은 사용할 수 있는 런/요인 조합을 나타낸다. 셀의 첫 번째 값은 블럭화되지 않은 설계의 해이고 두 번째 값은 사용할 수 있는 최대 블럭수를 나타낸다.

표 9.16 ▶▶ 2-수준 기본 설세

	요인 개수													
런 횟수	2	3	4	5	6	7	8	9	10	11	12	13	14	15
4	완전 2	III 1												
8		완전 4	IV 4	III 2	III 2	III 1								
16			완전 8	V 8	IV 8	IV 8	IV 8	III 4	III 4	III 4	III 4	III 2	III 2	III 1
32				완전 16	VI 16	IV 8	IV 8	IV 8	IV 8	IV 8	IV 8	IV 8	IV 8	IV 8
64					안전 32	VII 16	V 16	IV 16	IV 16	IV 16	IV 16	IV 16	IV 16	IV 16
128						완선 64	VIII 32	VI 16	V 16	V 16	IV 16	IV 16	IV 16	IV 16

예제 9.4

반응시간(Time), 반응온도(Temp) 및 촉매유형(Catalyst)이라는 세 가지 처리 조건(요인)이 화학 반응의 산출량에 영향을 준다고 가정할 때 미니탭 표본 데이터에 저장되어 있는 '요인설계최적.MTW' 워크시트를 열어 2번의 반복실험과 2개의 블럭이 있는 완전 요인 설계를 생성해 보자.

Yield.MTW ***

↓	C1 StdOrder	C2 RunOrder	C3 CenterPt	C4 Blocks	C5 반응시간	C6 반응온도	C7-T 촉매유형	C8 산출량
1	4	1	1	1	50	200	A	48.4665
2	3	2	1	1	20	200	A	45.1931
3	8	3	1	1	50	200	B	49.2040
4	6	4	1	1	50	150	B	45.5991
5	1	5	1	1	20	150	A	42.7636
6	2	6	1	1	50	150	A	44.7592
7	7	7	1	1	20	200	B	44.7077
8	5	8	1	1	20	150	B	43.3937
9	12	9	1	2	50	200	A	49.0645
10	14	10	1	2	50	150	B	45.1531
11	16	11	1	2	50	200	B	48.6720
12	15	12	1	2	20	200	B	45.3297
13	10	13	1	2	50	150	A	45.3932
14	13	14	1	2	20	150	B	43.0617
15	9	15	1	2	20	150	A	43.2976
16	11	16	1	2	20	200	A	44.8891

풀이

미니탭을 이용한 분석

① 통계분석 > 실험계획법 > 요인 > 요인 설계 분석

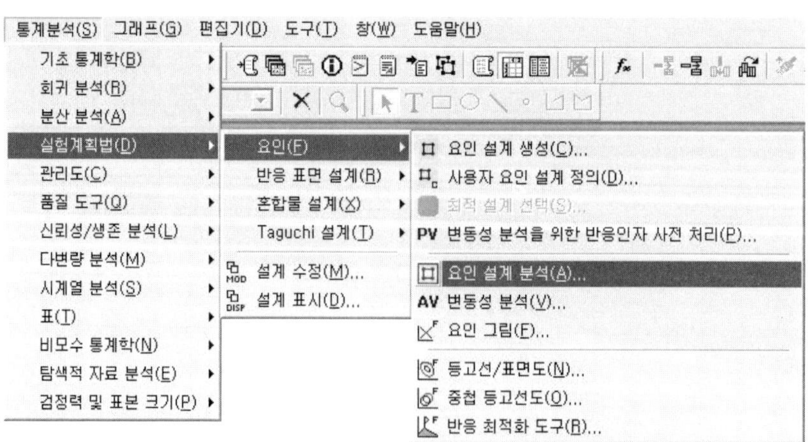

② 대화창의 반응에 산출량을 입력한다.

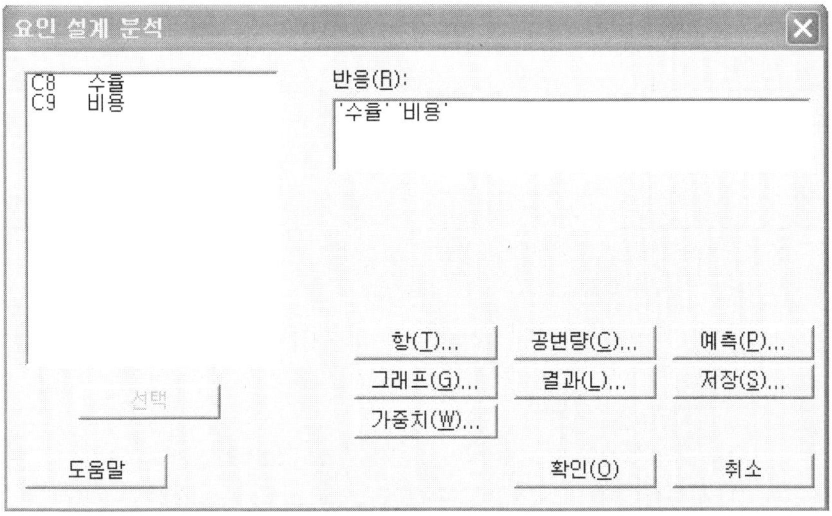

③ [그래프...]를 클릭하여 아래와 같이 입력한다.

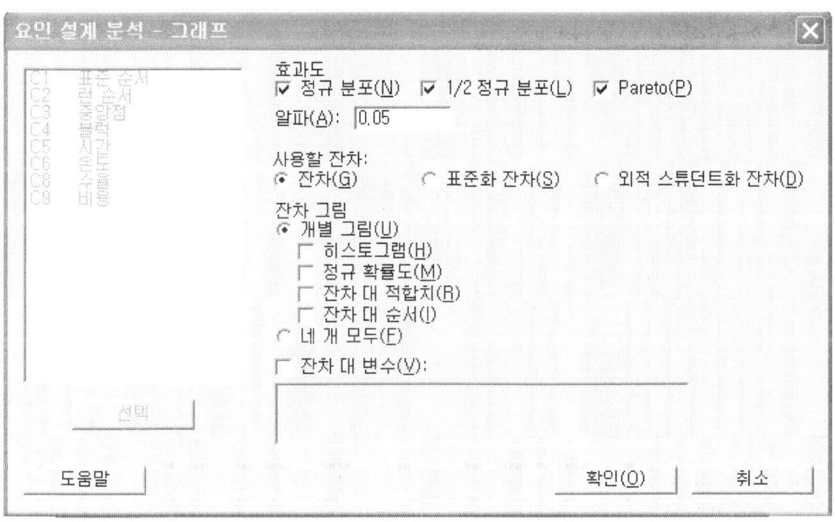

가. 효과그림(일반 완전 요인 설계에는 효과 그림 옵션을 사용할 수 없다)

- 정규 확률도 : 효과의 정규 확률도를 표시하려면 이 항목을 선택한다.
- Pareto : 효과의 Pareto 차트를 표시하려면 이 항목을 선택한다.
- 유의 수준 : 효과의 유의성을 결정하는 데 사용할 유의 수준에 대해 0과 1 사이의 값을 입력한다. 기본 유의수준은 0.05이다. 도구 > 옵션 > 개별 그래프 > 효과 그림을 선택하여 기본 유의수준을 설정할 수 있다.

나. 사용할 잔차 : 잔차 그림에 표시할 잔차 유형을 지정할 수 있다.

- 잔차 : 일반 또는 원시 잔차 그림을 그리려면 이 항목을 선택한다.
- 표준화 잔차 : 표준화 잔차 그림을 그리려면 이 항목을 선택한다.
- 외적 스튜던트화 잔차 : 외적 스튜던트화 잔차 그림을 그리려면 이 항목을 선택한다.

다. 잔차 그림

- 개별 그림 : 하나 이상의 그래프를 표시한다.
- 히스토그램 : 잔차 히스토그램을 표시한다.
- 정규 확률도 : 잔차의 정규 확률도를 표시하려면 이 항목을 선택한다.
- 잔차 대 적합치 : 잔차 대 적합치를 표시하려면 이 항목을 선택한다.
- 잔차 대 순서 : 잔차 대 데이터 순서(런 순서 열) 그림을 표시하려면 이 항목을 선택한다. 각 데이터 점의 행 번호는 x 축에 표시된다(예: 1 2 3 4 ... n).
- 네 개 모두 : 잔차 히스토그램, 잔차 정규 확률도, 잔차 대 적합치 그림, 잔차 대 순서 그림을 하나의 그래프 창에 표시하려면 이 항목을 선택한다.

라. 잔차 대 변수 : 잔차 대 선택 변수의 그림을 표시하려면 이 항목을 선택한 다음 하나 이상의 열을 입력한다. 이 항목을 선택하면 텍스트 상자에 입력한 각 열에 대해 개별 그래프가 표시된다.

④ 출력결과(세션창)

요인 적합 : 산출량 대 블럭, 반응시간, 반응온도, 촉매유형

산출량에 대한 추정된 효과 및 계수(코드화된 단위)

항	효과	계수	SE 계수	T	P
상수		45.5592	0.09546	477.25	0.000
블럭		-0.0484	0.09546	-0.51	0.628
반응시간	2.9594	1.4797	0.09546	15.50	0.000
반응온도	2.7632	1.3816	0.09546	14.47	0.000
촉매유형	0.1618	0.0809	0.09546	0.85	0.425
반응시간*반응온도	0.8624	0.4312	0.09546	4.52	0.003
반응시간*촉매유형	0.0744	0.0372	0.09546	0.39	0.708
반응온도*촉매유형	-0.0867	-0.0434	0.09546	-0.45	0.663
반응시간*반응온도*촉매유형	0.0230	0.0115	0.09546	0.12	0.907

S = 0.381847 R-제곱 = 98.54% R-제곱(수정) = 96.87%

산출량에 대한 분산 분석(코드화된 단위)

출처	DF	Seq SS	Adj SS	Adj MS	F	P
블럭	1	0.0374	0.0374	0.0374	0.26	0.628
주효과	3	65.6780	65.6780	21.8927	150.15	0.000
2원 상호작용	3	3.0273	3.0273	1.0091	6.92	0.017
3원 상호작용	1	0.0021	0.0021	0.0021	0.01	0.907
잔차 오차	7	1.0206	1.0206	0.1458		
전체	15	69.7656				

코드화되지 않은 단위의 데이터를 사용하여 추정된 산출량의 계수

항	계수
상수	39.4786
블럭	−0.0483750
반응시간	−0.102585
반응온도	0.0150170
촉매유형	0.48563
반응시간*반응온도	0.00114990
반응시간*촉매유형	−0.0028917
반응온도*촉매유형	−0.00280900
반응시간*반응온도*촉매유형	0.000030700

별칭 구조

I

블록 =

반응시간

반응온도

촉매유형

반응시간*반응온도

반응시간*촉매유형

반응온도*촉매유형

반응시간*반응온도*촉매유형

〈결과해석〉

분산 분석표에는 주효과와 상호작용에 대한 요약 내용이 제공되는데 순차 제곱합(Seq SS)과 수정 제곱합(Adj SS)이 둘 다 표시된다. 모형이 직교하고 공변량을 포함하지 않으면 이 두 값이 같은데, 유의한 효과가 있는지 여부를 확인하기 위해 p-값을 검토한다. 산출량에 대한

분산 분석 결과는 $\alpha = 0.05$와 비교하여

- 블록의 P-값은 0.628로 유의하지 않음
- 주 효과의 P-값은 0.000로 유의함
- 2차 교호작용의 P-값은 0.017로 유의함
- 3차 교호작용의 P-값은 0.907로 유의하지 않음

유의 수준 = 0.05일 때의 블럭 효과가 유의하지 않다는 것은 데이터 수집 날짜가 달라도 결과에 영향을 주지 않는다는 의미이다. 분산 분석표에서 유의한 효과(주 효과와 2차 교호작용)를 식별한 후, 산출량에 대한 추정된 효과 및 계수표를 확인하면 이 표에서는 각 개별 모형 항과 관련된 p-값을 보여 준다. p-값을 보면 하나의 2차 교호작용 즉, 반응시간*반응온도의 p-값이 0.003으로 두 개의 주 효과, 반응시간(p = 0.000) 및 반응온도(p = 0.000)가 유의하다는 것을 알 수 있다. 이것을 그래프로 다시 나타내면 아래와 같다. 효과의 정규 확률도와 Pareto 그림을 사용하면 중요한 효과를 시간적으로 식별하고 다양한 효과의 상대적 크기를 비교할 수 있다.

⑤ 출력결과(표준화된 효과의 정규확률도)

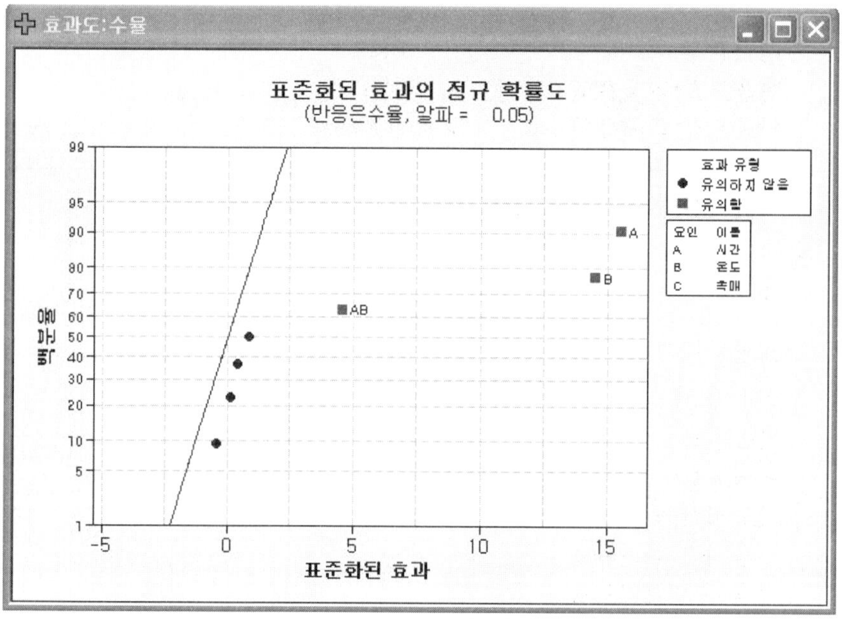

〈결과해석〉

효과의 정규확률도 결과를 통해 유의한 인자를 찾는 방법은 직선에서 많이 벗어나 있는 점을 찾은 후, 그 점에 해당하는 인자의 주 효과 혹은 교호작용을 읽으면 된다(미니탭에서는 유의한 요인을 빨간 점으로 표시하여 준다). 이 예제에서는 A, B, AB가 유의수준 5 %에서 유의한 것으로 나타났다.

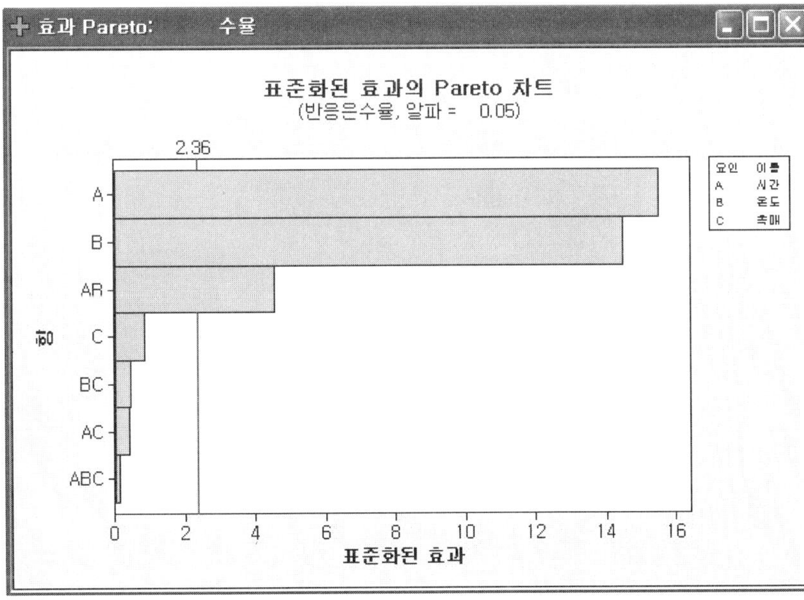

〈결과해석〉

효과의 Pareto 차트를 사용하여 효과 크기 및 중요도를 결정한다. 이 차트에는 효과의 절대값이 표시되고 차트 위에 기준선을 그린다. 이 기준선을 지나 뻗어 있는 효과는 잠재적으로 중요한 의미를 가지고 있는데, 이 그래프에서는 A, B 및 AB항이 중요하다는 것을 보여 주고 있다.

위 예제(반복실험 및 블럭이 있는 완전 요인 설계 분석)에서는 반응시간(Time), 반응온도(Temp), 촉매(Catalyst) 유형이라는 세 가지 처리 조건(요인)이 화학 반응의 산출량에 미치는 영향을 조사했는데, 이 실험을 통해 반응 시간과 반응 온도 간에 유의한 상호 작용이 있음을 확인했고, 이 관계의 특성을 쉽게 이해할 수 있도록 요인 그림을 그려 보자.

⑥ 통계분석 > 실험계획법 > 요인 > 요인 그림

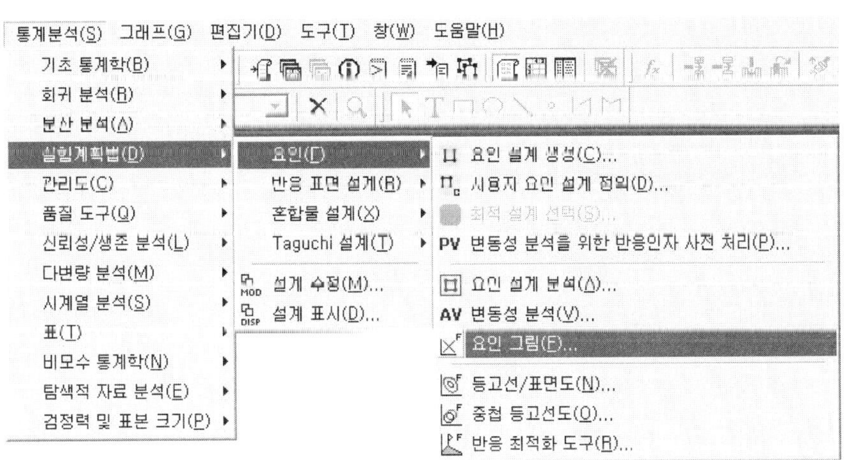

⑦ 대화창에 주효과도와 교호작용도를 체크하고 설정을 클릭하면, 아래의 창이 나타나는데, 반응변수와 요인을 선택한다.

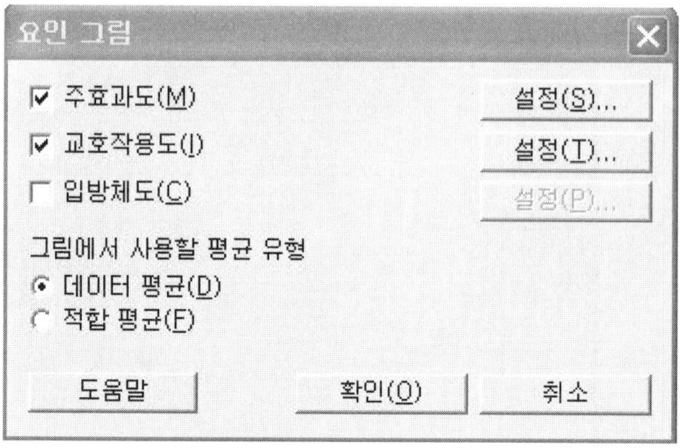

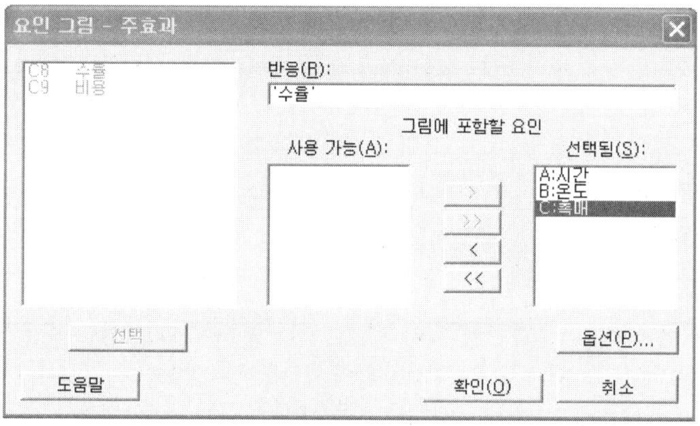

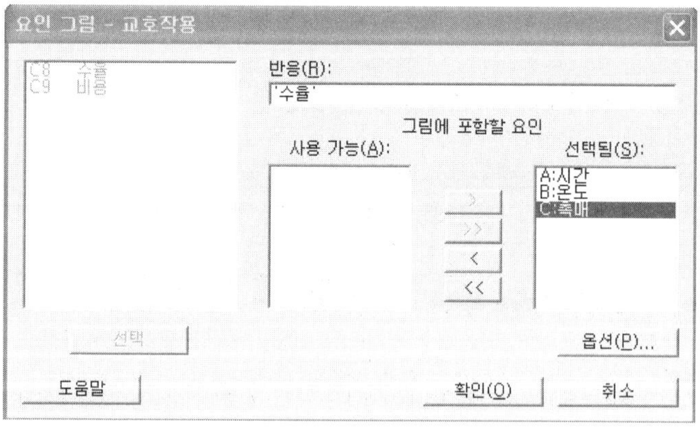

⑧ 주효과도와 교호작용도가 출력된다.

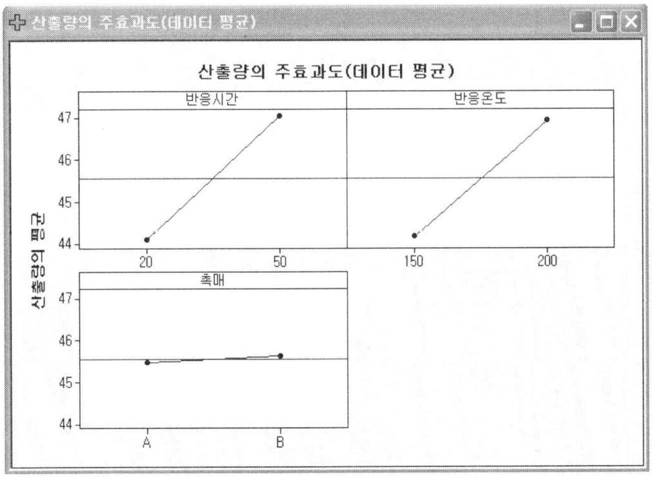

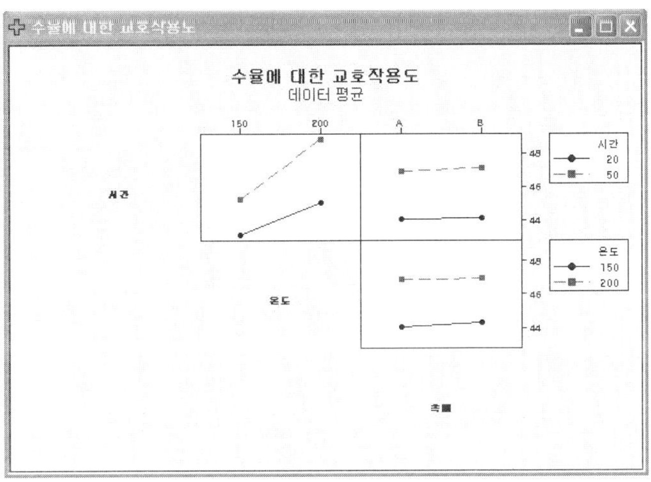

〈결과해석〉

주효과도를 보면 반응시간과 반응온도 모두 산출량에 비슷한 영향을 미친다는 것을 알 수 있으며, 두 요인 모두 낮은 수준에서 높은 수준으로 이동할수록 산출량이 증가한다.

그러나 교호작용도에서는 반응 시간 요인이 낮을 때(20)보다 이 요인이 높을 때(50) 산출량이 더 증가한다는 사실을 알 수 있고, 따라서 AB(반응시간과 반응온도)만 유의함을 알 수 있다. 이는 효과의 정규확률도 결과와 동일한 결과이다.

따라서 최적수준의 조건은

- A(반응시간) 최적수준 : 50
- B(반응온도) 최적수준 : 200
- AB(반응시간 * 반응온도) 교호작용도에서 최적수준 : 50, 200

예제 9.5

합성수지 생산공정에 있어서 제품의 강도에 영향을 미친다고 생각되는 모수인자 A, B, C, D를 취하여, 각각 2수준씩 2^4형 요인실험으로 다음과 같은 데이터를 얻었다. 요인효과에 대해서 검토하라.

번호	A	B	C	D	강도
1	−1	−1	−1	−1	48
2	1	−1	−1	−1	50
3	−1	1	−1	−1	57
4	1	1	−1	−1	46
5	−1	−1	1	−1	51
6	1	−1	1	−1	46
7	−1	1	1	−1	55
8	1	1	1	−1	47
9	−1	−1	−1	1	52
10	1	−1	−1	1	48
11	−1	1	−1	1	52
12	1	1	−1	1	50
13	−1	−1	1	1	47
14	1	−1	1	1	50
15	−1	1	1	1	57
16	1	1	1	1	53

풀이

미니탭을 이용한 분석

① 통계분석 > 실험계획법 > 요인 > 요인 설계 생성을 선택하고, 설계유형과 요인개수를 아래와 같이 선택한다. 이 예제에서는 2수준 요인계획이므로 '2-수준 요인'을 선택하고 요인수를 4로 한다.

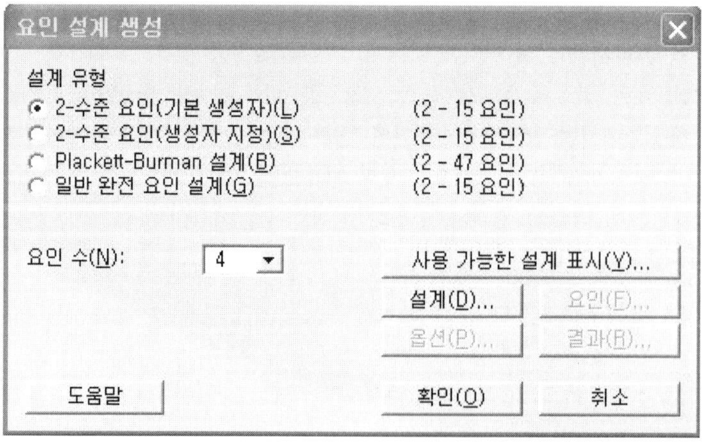

② [설계...]를 클릭하여 '완전 요인 설계'를 선택한다.

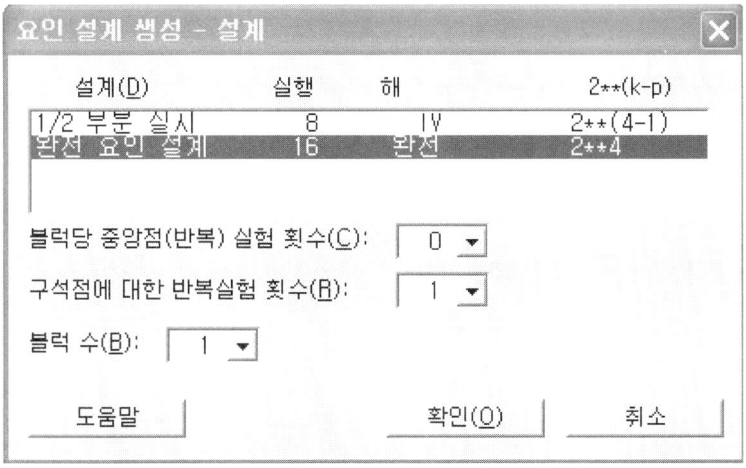

③ [요인...]을 클릭하여 인자의 실제 명칭과 수준내용을 입력한다.

④ 워크시트에 아래와 같은 실험계획표가 출력된다. 그러면 런 순서대로 실험을 수행한다.

워크시트 1 ***

↓	C1 표준 순서	C2 런 순서	C3 중앙점	C4 블럭	C5 A	C6 B	C7 C	C8 D
1	8	1	1	1	1	1	1	−1
2	16	2	1	1	1	1	1	1
3	5	3	1	1	−1	−1	1	−1
4	11	4	1	1	−1	1	−1	1
5	7	5	1	1	−1	1	1	−1
6	2	6	1	1	1	−1	−1	−1
7	13	7	1	1	−1	−1	1	1
8	1	8	1	1	−1	−1	−1	−1
9	4	9	1	1	1	1	−1	−1
10	10	10	1	1	1	−1	−1	1
11	14	11	1	1	1	−1	1	1
12	15	12	1	1	−1	1	1	1
13	3	13	1	1	−1	1	−1	−1
14	6	14	1	1	1	−1	1	−1
15	12	15	1	1	1	1	−1	1
16	9	16	1	1	−1	−1	−1	1

⑤ 실험조건을 설계의 표준 순서대로 나열하고자 할 때에는, 통계분석 > 실험계획법 > 설계표시

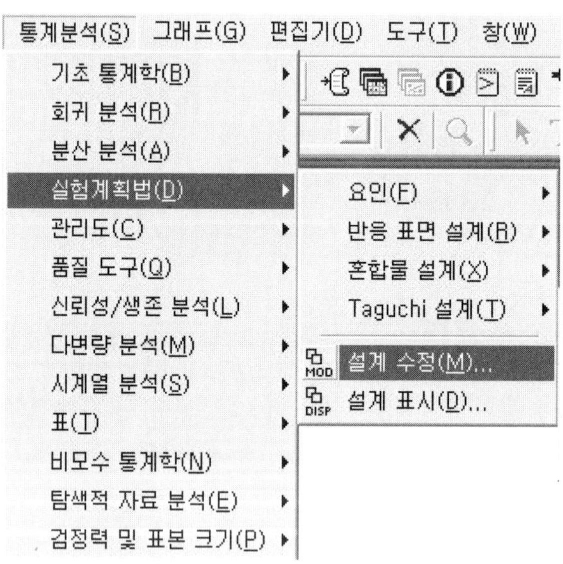

⑥ 대화창의 '설계의 표준 순서'에 체크한 후 확인을 누르면 다음과 같이 워크시트창이 출력된다.

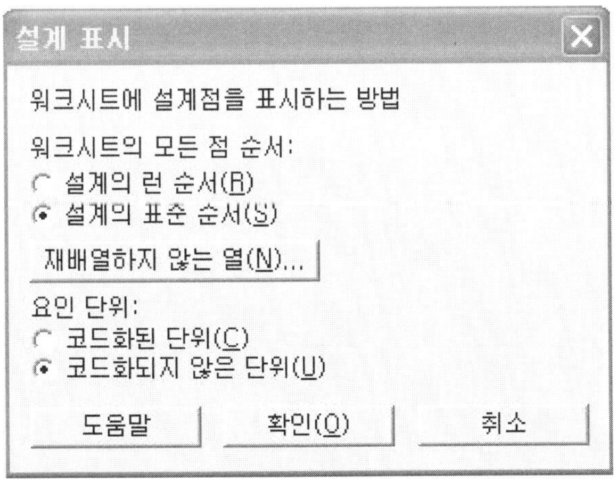

요인설계표시2.MTW ***

↓	C1 표준 순서	C2 런 순서	C3 중앙점	C4 블럭	C5 A	C6 B	C7 C	C8 D
2	2	6	1	1	1	-1	-1	-1
3	3	13	1	1	-1	1	-1	-1
4	4	9	1	1	1	1	-1	-1
5	5	3	1	1	-1	-1	1	-1
6	6	14	1	1	1	-1	1	-1
7	7	5	1	1	-1	1	1	-1
8	8	1	1	1	1	1	1	-1
9	9	16	1	1	-1	-1	-1	1
10	10	10	1	1	1	-1	-1	1
11	11	4	1	1	-1	1	-1	1
12	12	15	1	1	1	1	-1	1
13	13	7	1	1	-1	-1	1	1
14	14	11	1	1	1	-1	1	1
15	15	12	1	1	-1	1	1	1
16	16	2	1	1	1	1	1	1

⑦ 데이터가 얻어졌으면 워크시트에 입력한다.

요인설계표시2.MTW ***

↓	C1	C2	C3	C4	C5	C6	C7	C8	C9
	표준 순서	런 순서	중앙점	블럭	A	B	C	D	강도
2	2	6	1	1	1	-1	-1	-1	50
3	3	13	1	1	-1	1	-1	-1	57
4	4	9	1	1	1	1	-1	-1	46
5	5	3	1	1	-1	-1	1	-1	51
6	6	14	1	1	1	-1	1	-1	46
7	7	5	1	1	-1	1	1	-1	55
8	8	1	1	1	1	1	1	-1	47
9	9	16	1	1	-1	-1	-1	1	52
10	10	10	1	1	1	-1	-1	1	48
11	11	4	1	1	-1	1	-1	1	52
12	12	15	1	1	1	1	-1	1	50
13	13	7	1	1	-1	-1	1	1	47
14	14	11	1	1	1	-1	1	1	50
15	15	12	1	1	-1	1	1	1	57
16	16	2	1	1	1	1	1	1	53

[실험의 분석]

① 통계분석 > 실험계획법 > 요인 > 요인설계분석

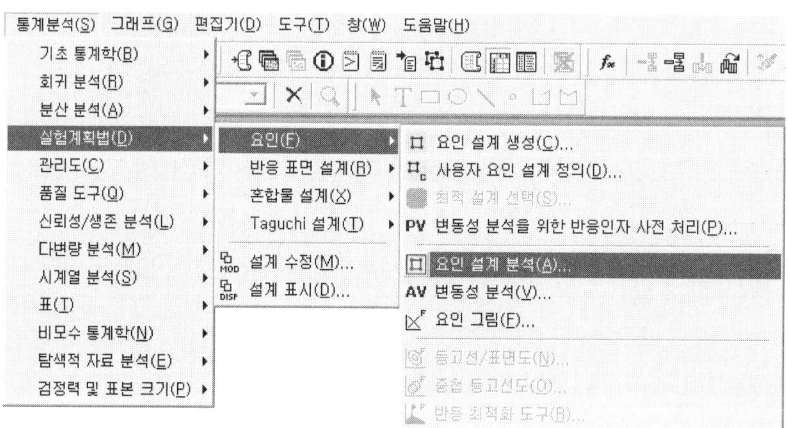

② 대화창에 반응데이터가 입력된 열을 지정한다.

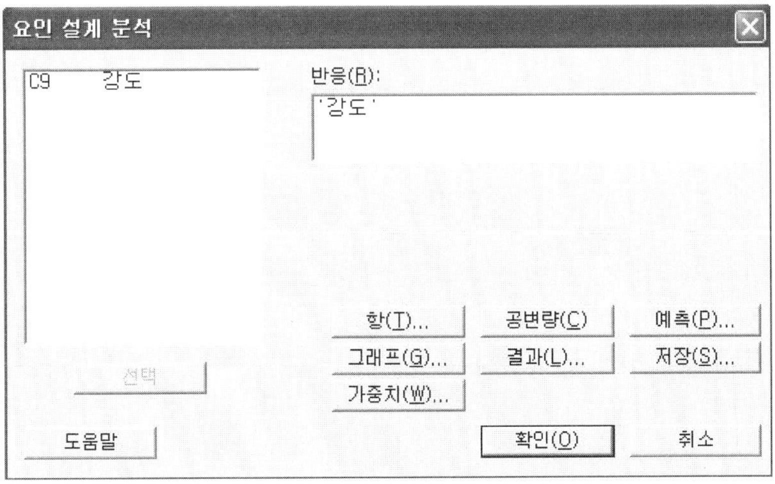

③ [그래프...]를 클릭하여 대화창에 아래와 같이 체크한다.

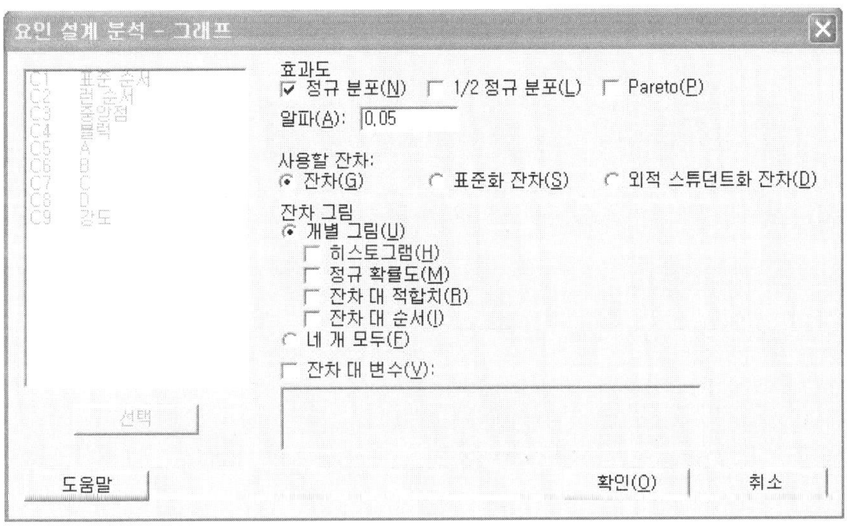

④ 출력결과(그래프)

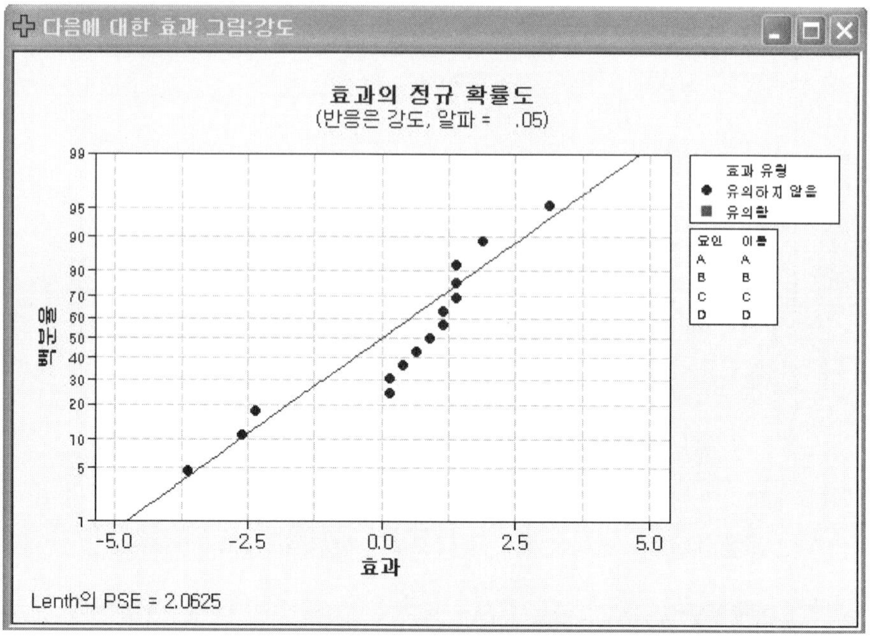

효과의 정규확률도 결과를 통해 유의한 인자를 찾는 방법은 직선에서 많이 벗어나 있는 점을 찾은 후, 그 점에 해당하는 인자의 주 효과 혹은 교호작용을 읽으면 된다(미니탭에서는 유의한 요인을 빨간 점으로 표시하여 준다). 이 예제에서는 유의한 인자가 없는 것으로 나타났다.

9.7 다구찌 실험계획법

9.7.1 다구찌의 실험계획법의 개념

(1) 다구찌 품질공학

라인외 품질관리(off-line QC)와 라인내 품질관리(on-line QC)를 통하여 제품성능의 변동이나 부작용을 최소화시켜서 제품품질이 사회에 끼치는 손실을 최소화 시키는 것. 즉, 제품의 품질은 주로 제품설계와 공정설계단계에서 결정되므로 라인 외 품질관리가 특히 중요하며, 이와 같은 설계활동은 시스템설계, 파라미터 설계, 허용차 설계를 통하여 체계적으로

이루어져야 한다. 이를 위해서 다구찌는

① 직교배열표(tables of orthogonal arrays)에 의한 실험계획의 실시
② 신제품 개발을 위한 품질설계, 파라미터 설계, 허용차설계 등에서 유용하게 사용
③ 손실함수에 근거하여 만들어진 SN 비(signal-to-noise ratio)에 의한 데이터 분석
④ 제품의 성능에 영향을 미치는 변수를 두 가지로 분류하면 하나는 설계 파라미터(design parameter)이고, 다른 하나는 잡음(noise)이다. 설계파라미터란 제품이나 공정의 파라미터 중에서 원인을 찾아 제어가 가능한 변수를 의미한다. 잡음이란 성능특성치를 목표값으로부터 벗어나게 하는 변수로서 외부잡음, 내부잡음, 제품 간의 잡음이 있다.

(2) 다구찌 실험계획(Taguchi's Design of Experiments)

대표적인 것은 파라미터 설계로 잡음의 영향 하에서 제품의 특성치에 영향을 주는 인자들의 최적수준을 정하여 주는 실험계획이다. 이 설계에서는 잡음의 영향 하에서 제품 특성치의 변동이 작고, 평균이 목표치에 근접할 수 있도록 하는 제어인자(Controllable factor)들의 최적조건을 구하는 것을 목표로 하며, 실험은 제어인자와 잡음을 주는 인자들이 각각 내측 배열과 외측배열에 직교배열표가 교차되는 형태로 주어진다.

(3) 용어의 정의

① 설계변수(design variable), 파라미터(parameter)
제품성능의 특성치에 영향을 주는 제어 가능한 인자
② 신호인자
동적특성의 실험에서 나타나는 인자로서 주어진 목표를 달성하기 위하여 신호의 형태로서 취급되는 모수인자
③ 잡음(noise)
제품성능의 특성치에 영향을 주는 제어 가능하지 않은 인자
④ SN비(signal-to-noise ratio)
신호 대 잡음의 비율, 즉 신호입력의 힘과 잡음이 주는 영향의 힘의 비율
⑤ 파라미터 설계(paremeter design)
파라미터(설계변수)들의 최적 수준을 정하여 주는 것, 즉 제품의 품질변동이 잡음에 둔감하면서 목표품질을 가질 수 있도록 설계변수들의 최적 조건을 구하여 준다. 최적조건을 찾을 때 실험계획법이 이용되며, 설계 변수와 잡음을 주는 요인들을 포함시켜 실험하는 직교배열표 등이 사용된다.

9.7.2 손실함수

(1) 망목특성(Nominal-is-best Characteristic)

특정한 목표치가 주어져 있는 경우로 길이, 무게, 두께 등과 같이 지정된 목표가 있는 경우이다. 측정치가 y이고 목표치가 m인 경우의 손실함수 $L(y)$를

$$L(y) = k(y-m)^2 \tag{9.59}$$

으로 정의하여 사용한다. 여기서 $k = A/\Delta^2$이다. [그림 9.5]에서와 같이 특성치의 소비자 허용한계점 $m \pm \Delta$에서 소비자의 손실이 A원이라면

$$\begin{aligned} A &= k(m \pm \Delta - m)^2 \\ &= k\Delta^2 \end{aligned} \tag{9.60}$$

으로부터 $k = \dfrac{A}{\Delta^2}$을 얻게 된다. 즉 망목특성인 경우에 손실함수는

$$L(y) = \frac{A}{\Delta^2}(y-m)^2 \tag{9.61}$$

이 된다.

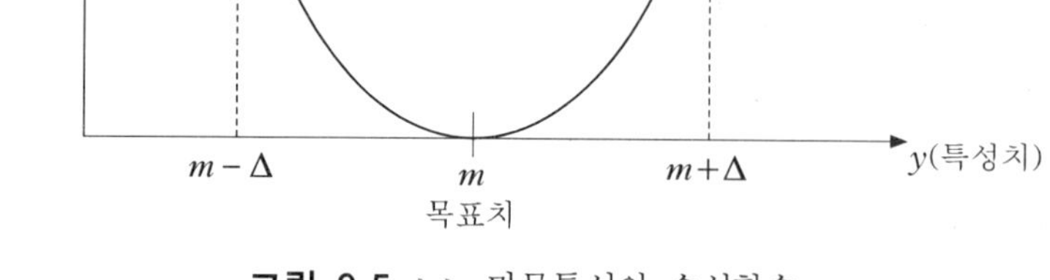

그림 9.5 ▶▶ 망목특성의 손실함수

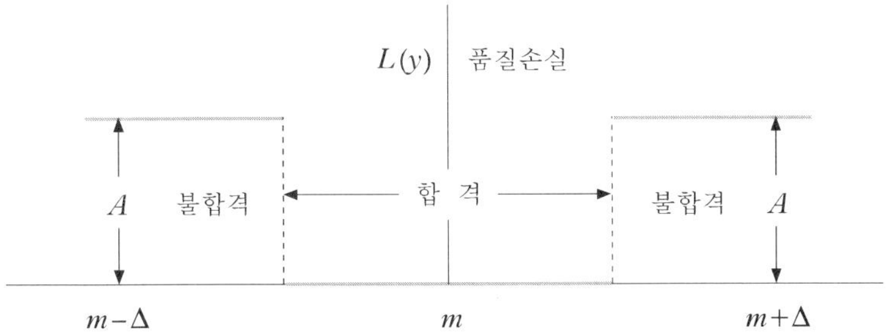

그림 9.6 ▶▶ 양품, 부적합품 구분에 의한 손실함수

손실함수 식 (9.59)은 y의 연속함수로서 2차 곡선 방정식이다. 종래에 양품과 부적합품으로만 판정하는 방법에서는 손실함수를

$$L(y) = \begin{cases} 0 & m \pm \Delta \quad \text{안에 있는 경우} \\ A & m \pm \Delta \quad \text{안에 있는 경우} \end{cases} \tag{9.62}$$

으로 볼 수 있다.

식 (9.62)를 그림으로 나타내면 [그림 9.6]이 되며, 이것은 [그림 9.7]과 큰 차이점이 있다.

식 (9.59)의 기대손실은 $E(y) = \mu$이고 $V(y) = \sigma^2$인 경우에

$$\begin{aligned} L &= E[L(y)] = E[k(y-m)^2] \\ &= kE(y-m)^2 \\ &= kE[(y-E(y)] + [(E(y)-m)]^2 = k[a^2 + (\mu - m)^2] \end{aligned} \tag{9.63}$$

이 된다.

즉, 기대손실은 산포의 크기에 정비례하고, 또한 평균치가 목표치로부터 얼마나 벗어났는가의 크기에 정비례한다.

(2) 망소특성(Smaller-is-better Characteristic)

특성치가 작으면 작을수록 좋은 경우로 마모, 진동, 부적합품률 등의 특성치이다. 이 경우에는 $m = 0$이므로 식 (9.59)은

$$\begin{aligned} L(y) - ky^2 \\ = \frac{A}{\Delta^2} y^2 \end{aligned} \tag{9.64}$$

으로 표현되고 [그림 9.7]의 손실함수 모양이 얻어진다.

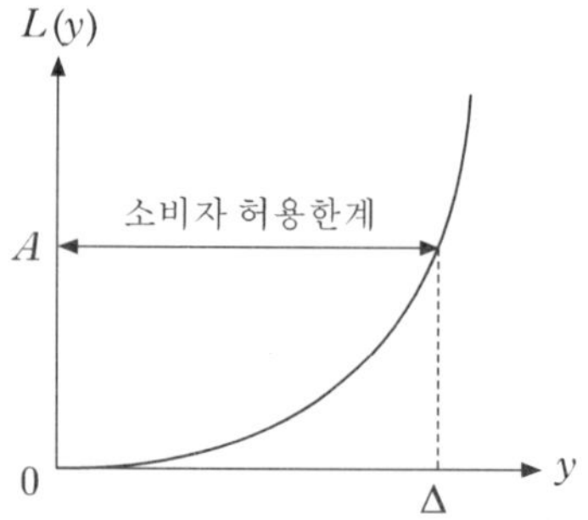

그림 9.7 ▶▶ 망소특성의 손실함수

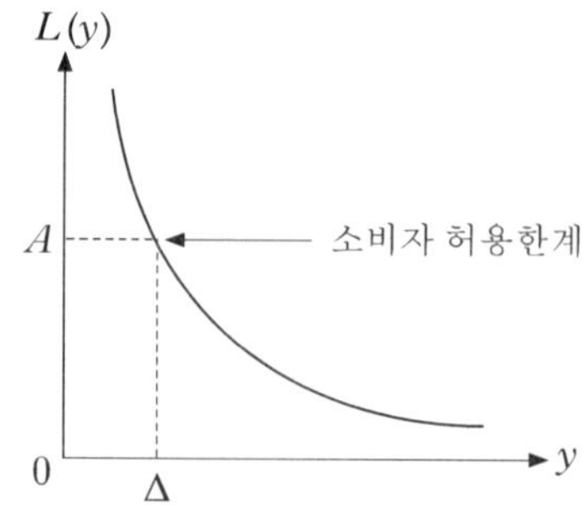

그림 9.8 ▶▶ 망대특성의 손실함수

(3) 망대특성(Larger-is-better Characteristic)

값이 크면 클수록 좋은 경우로 강도, 수명, 연료효율 등의 특성치이다.

망대특성 y를 변환하여 $y = 1/y$로 하면 망소특성이 되며, 이렇게 변환시키면 망대특성을 항상 망소특성으로 취급할 수 있다. 망대특성인 경우의 손실함수는

$$L(y) = k\left(\frac{1}{y^2}\right),\ \ K = A\Delta^2 \tag{9.65}$$

이 되며, 이를 그래프로 나타내면 [그림 9.8]이 된다.

식 (9.65)의 손실함수 $L(y)$의 기대값은

$$L = k\left(\frac{1}{\mu^2}\right)\left(1 + \frac{3\sigma^2}{\mu^2}\right) \tag{9.66}$$

으로 알려져 있다.

위에서 설명된 3가지의 손실함수를 비교하기 위하여 하나의 표로 작성하여 보면 <표 9.17>가 된다.

만약 n개의 특성치에 대하여 $y_1, y_2, \cdots, y_n$이 측정되어 평균과 분산으로서

$$\bar{y} = \frac{\sum_{i=1}^{n} y_i / n}{n},\ \ V = \frac{\sum_{i=1}^{n} (y_i - \bar{y})^2}{n-1} \tag{9.67}$$

이 계산된다면, 기대손실의 추정값은 이들과의 함수로 얻을 수 있다.

표 9.17 ▶▶ 손실함수의 비교

특성치 종류	손실함수	기대손실	기대손실 추정값
망목특성	$k_1(y-m)^2$	$k_1[a^2+(\mu-m)^2]$	$k_1[V+(\bar{y}-m)^2]$
망소특성	$k_1 y^2$	$k_1(\sigma^2+\mu^2)$	$k_1[V+(\bar{y})^2]$
망대특성	$k_2\left(\frac{1}{y^2}\right)$	$k_2\left(\frac{1}{\mu^2}\right)\left(1+\frac{3\sigma^2}{\mu^2}\right)$	$k_2\left(\frac{1}{\bar{y}^2}\right)\left(1+\frac{3V}{\bar{y}^2}\right)$

단, $k_1=\frac{A}{\Delta^2}$, $k_2=A\Delta^2$ (자료 : 국가품질망)

9.7.3 SN비(Signal to-Noise ratio)

SN비는 신호 대 잡음의 비율을 의미하는 것으로, 다음과 같이 신호입력의 힘과 잡음이 주는 영향이 힘의 비율로서 나타낸다.

$$SN\text{비} = \frac{\text{신호의 힘 (power of signal)}}{\text{잡음의 힘 (power of noise)}} \tag{9.68}$$

SN비의 값을 가장 크게 할 때 좋은 결과를 얻을 수 있고(망대특성), SN비의 종류별로 다르게 정의되는데 이들에 대해서 살펴보자.

(1) 망목특성인 경우

식 (9.68)의 비율을 실험 데이터로부터 추정할 때에 다구찌는

$$\frac{\text{신호의 힘}}{\text{잡음의 힘}} = \frac{\text{모평균 } \mu\text{의 제곱 } \mu^2\text{의 추정값}}{\text{분산 } \sigma^2\text{의 추정값}} \tag{9.69}$$

으로 하였다. 만약 n개의 데이터 $y_1, y_2, \cdots, y_n$이 얻어졌다면 σ^2의 추정값은

$$\hat{\sigma}^2 = V = \frac{\sum_{i=1}^{n}(y_i-\bar{y})^2}{n-1} \tag{9.70}$$

이 되고, μ^2의 추정치는 $S_m = (y_1, y_2, \cdots, y_n) / (n-1)$인 경우에 $E(S_m) = \sigma^2 + n\mu^2$이 성립되므로, $S_m = \hat{\sigma}^2 = n\hat{\mu}^2$이며

$$\hat{\mu}^2 = (S_m - V)/n \tag{9.71}$$

이 된다. 따라서 식 (9.70)과 (9.71)를 식 (9.69)에 대입시켜서

$$SN\text{비} = \frac{(S_m - V)/n}{V} \tag{9.72}$$

을 얻는다.

그러나 실제 사용되는 SN비의 값은 통신공학에서와 같이 식 (9.72)의 SN비에 상용대수를 취하고 10을 곱하여 데시벨(decibel : db)의 단위로 나타낸다. 즉

$$SN = 10 \log \left[\frac{(S_m - V)/n}{V} \right] \tag{9.73}$$

이다. 이 값은 크면 클수록 신호의 힘이 크고 잡음의 힘이 작아지는 것으로, SN값을 가장 크게 하는 조건이 최적조건이 된다.

그런데 $S_m = n(\overline{y})^2$이므로 식 (9.73)는

$$SN = 10 \log \left[\frac{(\overline{y})^2 - V/n}{V} \right] \tag{9.74}$$

으로 쓸 수 있으며, n이 충분히 크면 V/n가 무시될 수 있을 정도로 작아지므로, $V = S^2$으로 나타내는 경우에

$$SN = 10 \log \left[\frac{(\overline{y})^2}{V} \right] \tag{9.75}$$

$$= 10 \log \left[\frac{(\overline{y})^2}{s^2} \right]$$

$$= 20 \log \left[\frac{\overline{y}}{s} \right] \tag{9.76}$$

을 사용할 수도 있다. 여기서 $\bar{y}/s$는 산포의 크기를 나타내는 하나의 척도인 변동계수(Coefficient of variation)의 역수임에 유의하도록 한다.

(2) 망소특성인 경우

망소특성인 경우는 식 (9.69)에서 목표치 m이 0이므로 m^2을 추정할 경우에 식 (9.71)에서 $\hat{m}^2 < 0$이 될 수 있으며, 상용대수를 취하여 실시되는 데시벨을 사용할 수 없다. 이런 이유로 인하여 망소특성인 경우에는 식 (9.68)에서 정의되는 SN비의 개념을 직접 도입하여 사용하지 않고, 손실함수의 기대값

$$L = kE(y^2)$$

을 최소화시키는 SN비를 생각하여 준다.

반복 측정 데이터 $y_1, y_2, \cdots, y_n$이 얻어진 경우에 $E(y^2)$의 추정값은

$$MSD = \frac{1}{n}\sum_{i=1}^{n}(y_i - 0)^2 = \frac{1}{n}\sum_{i=1}^{n} y_i^2 \quad (9.77)$$

으로 볼 수 있다.

여기서 MSD는 0으로부터의 평균제곱편차(mean square deviation)을 의미한다. 따라서 데시벨을 나타내는 SN비로 $10\log(MSD)$로 사용할 수 있으나, 망목특성인 경우와 같이 SN값을 크게 하는 것이 좋은 것으로 하기 위하여

$$SN = -10\log\left[\frac{1}{n}\sum_{i=1}^{n} y_i^2\right] \quad (9.78)$$

을 망소특성인 경우의 SN비로 한다. 이 SN의 값도 단위는 데시벨이다.

(3) 망대특성인 경우

망소특성인 경우와 같이 기대손실 $L = kE(1/y^2)$을 작게 해주기 위해서 $E(1/y^2)$의 추정값을

$$MSD = \frac{1}{n}\sum_{i=1}^{n}\left(\frac{1}{n} - 0\right)^2 = \frac{1}{n}\sum_{i=1}^{n}\frac{1}{y_i^2} \quad (9.79)$$

으로 사용하여 SN비를

$$SN = -10\log\left[\frac{1}{n}\sum_{i=1}^{n}\left(\frac{1}{y_i^2}\right)\right] \tag{9.80}$$

여기서 MSD는 망대특성에서는 $1/y = 1/\infty = 0$이 목표치가 되므로 $1/y_i$들이 0으로부터 얼마나 벗어나 있는가를 나타내는 평균제곱편차에 해당한다. 이 SN의 값도 단위는 데시벨이다.

SN 비의 계산공식을 정의할 때에 망소특성과 망대특성인 경우에는 손실함수로부터 유도하여 식 (9.78)와 (9.80)을 얻었다. 그러나 망목특성인 경우는 손실함수에서 유도하지 않고 통신공학에서 사용하는 (신호의 힘) / (잡음의 힘)의 비를 추정하는 방법으로 유도하였다.

망목특성일 경우에도 손실함수로부터 유도하여 SN비를

$$SN = -10\log\left[\frac{1}{n}\sum_{i=1}^{n}(y_i - m)^2\right] \tag{9.81}$$

으로 정의하여 사용할 수도 있다. 이 계산공식은 y_i의 값들이 음수와 양수가 섞여 있거나 y의 평균이 0에 가까워서 $S_m \le V$이 발생하여

$$SN = 10\log\left[\frac{(S_m - V)/n}{V}\right] \tag{9.82}$$

의 공식을 사용할 수 없는 경우에만 이 공식이 바람직하다.

위에서 얻은 결론을 비교하기 위하여 표로 나타내보면 <표 9.18>과 같다.

표 9.18 ▶▶ n개 시료데이터가 있는 경우의 손실함수와 SN비

특성치 종류	n개 시료데이터가 얻어진 경우에 개당 평균 손실함수	SN비
망목특성	$k_1\left[\frac{1}{n}\sum_{i=1}^{n}(y_i - m)^2\right]$	$10\log\left[\frac{(S_m - V)/n}{V}\right] = 20\log\left[\frac{\bar{y}}{s}\right]$
망소특성	$k_1\left[\frac{1}{n}\sum_{i=1}^{n}y_i^2\right]$	$-10\log\left[\frac{1}{n}\sum_{i=1}^{n}y_i^2\right]$
망대특성	$k_2\left[\frac{1}{n}\sum_{i=1}^{n}\frac{1}{y_i^2}\right]$	$-10\log\left[\frac{1}{n}\sum_{i=1}^{n}\frac{1}{y_i^2}\right]$

단, $k_1 = \frac{A}{\Delta^2}$, $k_2 = A\Delta^2$

9.7.4 파라미터 설계

(1) 파라미터 설계의 목적

제품설계 또는 공정설계를 위한 파라미터 설계의 목적은 잡음의 영향 하에서도 성능특성치의 분산이 작고, 평균이 목표치에 근접하도록 하는 제어인자(설계변수)의 조건을 찾는 것이다.

제어인자의 최적조건에서도 특성치의 변동이 아직 만족할 만한 상태가 아닐 때에는 허용차 설계를 통하여 성능변동에 큰 영향을 주는 부품 등을 교환시키거나 기타 적절한 조치를 위하여 허용차를 줄여 주게 된다.

(2) 파라미터 설계의 주요 착안점

파라미터 설계 시 고려하여야 할 주요 착안사항으로서는 다음과 같다.

① 품질특성치의 산포를 줄여야 한다. → reduce variability
② 평균치이동이 목표치에 접근하도록 한다. → approach to target value
③ 비용을 최소화시켜야 한다. → least cost
④ 재현성이 있는 결과가 표출되었는지 확인한다. → confirm reproducibility

위의 4가지 착안점은 주로 망목특성의 경우에 해당하며, 망소특성치인 경우에는 ①과 ②를 합쳐서 SN비를 가지고 설계변수의 조건을 선택하여 준다. 왜냐하면 망소특성인 경우에 평균치가 작아지면 작아질수록 산포를 작게 해주기 때문이다. 망대특성인 경우에도 그 역수를 취하면 망소특성과 동일하므로 ①과 ② 단계를 합쳐 SN비만을 가지고 다루게 된다.

(3) 설계의 방법

① 망목특성에 대한 파라미터 설계방법

가. 제어인자들로 이루어진 실험 직교배열표 사용, 반복 측정치가 있도록
나. SN비 계산
다. 분산분석을 통해 SN비에 영향을 미치는 제어인자를 찾는다.
라. 특성치의 평균에 영향을 주는 제어인자를 찾는다.
- 산포제어인자 : SN비에 유의한 영향을 주는 인자
- SN비와 특성치의 평균에 영향을 주는 인자
- 평균제어인자 : 특성치의 평균에 유의한 영향을 주는 인자
- 기타제어인자 : SN비나 특성치의 평균에 영향을 주지 못하는 인자

마. 산포제어인자는 SN비를 최대로 하는 수준에 놓고, 특성치의 평균이 목표치에 접근하도록 평균제어인자의 수준을 조정

바. 최적수준조합에서의 특성치의 모평균 추정

② 망소특성과 망대특성에 대한 파라미터 설계방법

가. 제어인자들로 이루어진 실험 직교배열표 상용, 반복 측정치가 있도록

나. SN비 계산

다. 분산분석을 통해 SN비에 영향을 미치는 제어인자를 찾는다.

라. SN비의 최적조건

마. 최적 수준조합에서의 특성치의 모평균추정, 확인실험

(4) 파라미터 설계의 특징 및 구조

파라미터 설계는 일반적으로 다음의 몇 가지 중요한 특징을 가진다.

① 주로 직교배열표를 이용하여 설계되며, 제어인자들(control factors)의 한 실험조건(직교배열표의 한 행)에서 2개 이상의 특성치를 얻는다. 이처럼 반복 데이터를 얻는 것은 성능특성치에 대한 잡음(외부, 내부 또는 제품 간의 잡음)이나 제어하기 어려운 변량인자(블럭인자, 보조인자 등)의 영향을 파악하기 위해서이며, 특성치를 반복해서 얻는 방법으로 다음의 2가지가 있다.

가. 비제어인자들(uncontrol factors)을 있는 그대로 놔둔 상태에서 특성치를 반복하여 측정하는 것이다.

나. 비제어인자들의 수준을 정하여 이들 수준조합에서 성능특성치를 측정하는 것이다. 위와 같이 실험계획이 이루어지는 경우에 실험은 2개의 직교배열표가 교차(crossed)되는 형태로 주어지며, <표 9.19>가 그 하나의 예이다.

제어인자들로 이루어진 직교배열을 내측배열(inner array) 또는 설계변수행렬(matrix of design variables)이라고 부르고, 비 제어인자들로 이루어진 직교배열을 외측배열(outer array) 또는 비제어인자 행렬(matrix of uncontrol factors)이라고 부른다.

② 분산분석시에 성능특성치 yij (i번째 행의 j번째 데이터)에 대하여 분석하지 않고 yij 들로부터 SN비를 계산하여 SN비를 새로운 특성치로 삼아 분석을 실시한다.

가. 망소특성인 경우

$$SN_i = -10 \log \left[\frac{1}{n} \sum_{i=1}^{n} y_{ij}^2 \right] \tag{9.83}$$

나. 망대특성인 경우

$$SN_i = -10 \log \left[\frac{1}{n} \sum_{i=1}^{n} \frac{1}{y_{ij}^2} \right] \tag{9.84}$$

다. 망목특성인 경우

$$SN_i = 10 \log \left[\frac{(S_{m(i)} - V_i)/n}{V_i} \right] \tag{9.85}$$

또는

$$SN_i = 10 \log \left[\frac{S_{m(i)}/n}{V_i} \right] = 10 \log \left[\frac{n(\bar{y}_i)^2/n}{V_i} \right] = 10 \log \left[\frac{(\bar{y}_i)^2}{V_i} \right]$$

단, $V_i = \sum_{j=1}^{n} (y_{ij} - y_i)^2 / (n-1) = i$번째 행의 n개 데이터의 시료분산

$S_{m(i)} = (\sum_{j=1}^{n} y_{ij})^2 / n = i$번째 행의 n개 데이터의 수정항

$\bar{y}_i = \sum_{j=1}^{n} y_{ij} / n = i$번째 행의 n개 데이터의 평균

망목특성인 경우에 식 (9.85)의 SN비 값은 수로 분산에 의하여 좌우되므로 SN비를 크게 하는 조건은 V를 작게 하는 조건이 된다. 따라서 평균 y에 유의한 영향을 주는 인자를 찾기 위하여 민감도(sensitivity)를 다음과 같이 정의하여 사용하기도 한다.

$$S_{n(i)} = 10 \log (CT_i) \tag{9.86}$$

위에서 CT는 수정항으로

$$T_i = \sum_i y_{ij}$$

라 하면, $CT_i = T_i^2 / n = n(\overline{y_i})^2$이므로

$$S_{n(i)} = 10 \log [n(\overline{y}_i)] = 20 \log (\sqrt{n} \cdot \overline{y}_i) \tag{9.87}$$

으로 표현된다. 즉 I번째 행의 민감도 $S_{m(i)}$는 y_i에 의하여 좌우되는 값이다.

표 9.19 ▶▶ 파라미터 설계의 기본구조

구분	내측배열 $[L_8(2^7)]$							외측배열 $[L_4(2^3)$, 반복 2회]							
요인배치	A	B	C	D	F	e_1	e_2	1	2	3	4	실험번호 \ 열번호	수준 0	수준 1	비제어인자배치
인자이름								0	0	1	1	1			U
수준 0								0	1	0	1	2			V
수준 1								0	1	1	0	3			W
실험번호 \ 열번호	1	2	3	4	5	6	7	(품질특성 기재)				(SN비 공식기재)			
1	0	0	0	0	0	0	0	y_{11}	y_{12}	y_{13}	y_{14}	SN_1			
2	0	0	0	1	1	1	1	y_{21}	y_{22}	y_{23}	y_{24}	SN_2			
3	0	1	1	0	0	1	1		⋮			⋮			
4	0	1	1	1	1	0	0								
5	1	0	1	0	1	0	1								
6	1	0	1	1	0	1	0								
7	1	1	0	0	1	1	0	y_{82}							
8	1	1	0	1	0	0	1	y_{81}		y_{83}	y_{84}	SN_8			

(자료 : 국가품질망)

③ 제품설계나 공정설계의 대상이 되는 시스템에 대하여 [그림 9.9]와 같은 인자·특성관계 그림을 만들어, 특성치에 영향을 주리라고 예상되는 가능한 모든 제어인자를 포함시키고, 비제어인자로서 잡음인자, 블록 인자, 보조인자 또는 표시인자 등을 배치하되 가능한 한 너무 많지 않게 배치한다.

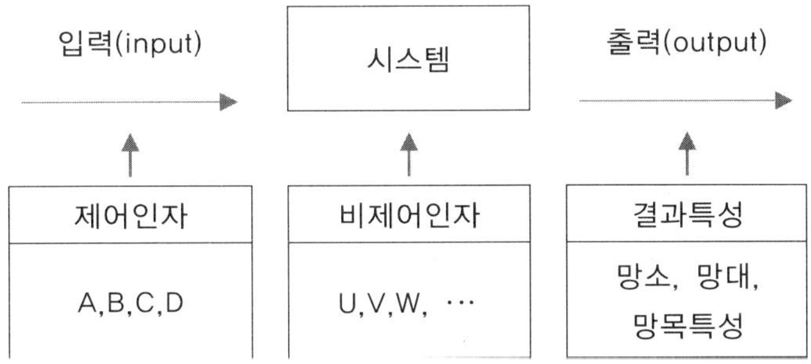

그림 9.9 ▸▸ 인자·특성관계 그림

제어인자가 1개 또는 2개일 때에는 1원이나 2원 배치를 외측배열에 배치시키는 것이 좋으나, 3개 이상인 경우에는 <표 9.19>에서와 같이 직교배열을 배치하는 것이 좋다.

9.7.5 미니탭을 이용한 다구찌 실험계획

(1) 미니탭에서 다꾸찌 설계 실험

① 실험계획법 > Taguchi 설계 > Taguchi 설계 생성

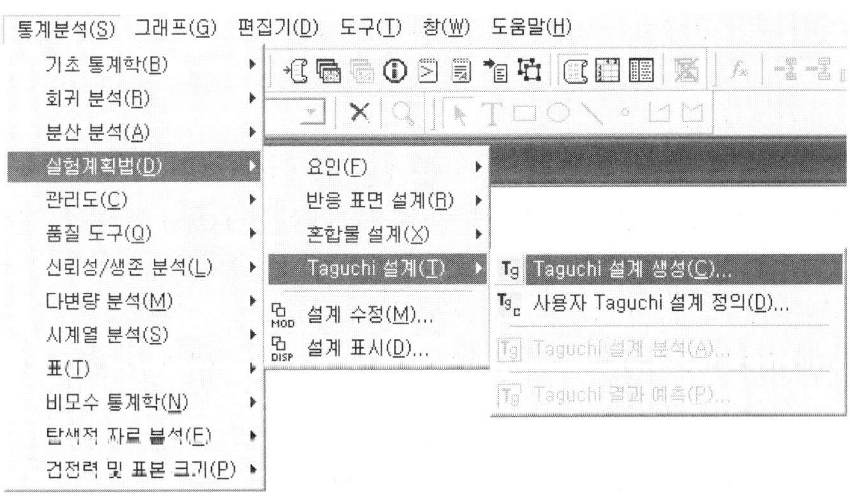

② Taguchi 설계 생성을 사용하여 Taguchi 설계(직교 배열)를 생성한다. 2-수준, 3-수준, 4-수준, 5-수준 및 혼합 수준 Taguchi 설계를 생성한다.

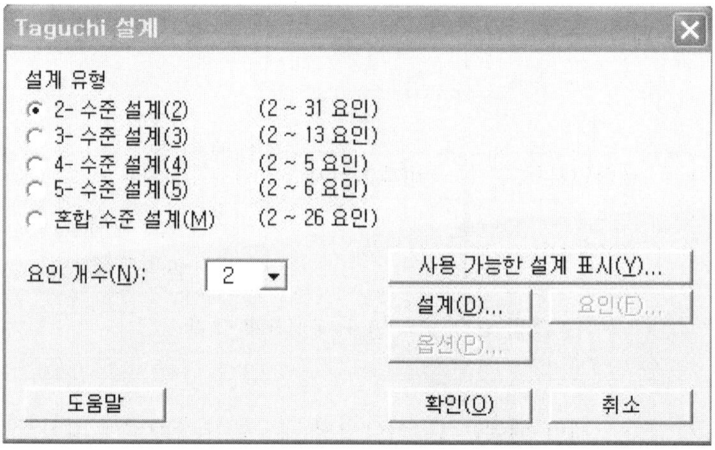

[설계 유형]

- 2-수준 설계 : 2-수준 설계를 생성하려면 이 항목을 선택한다.
- 3-수준 설계 : 3-수준 설계를 생성하려면 이 항목을 선택한다.
- 4-수준 설계 : 4-수준 설계를 생성하려면 이 항목을 선택한다.
- 5-수준 설계 : 5-수준 설계를 생성하려면 이 항목을 선택한다.
- 혼합 수준 설계 : 혼합 수준 설계를 생성하려면 이 항목을 선택한다.
- 요인 개수 : 생성하려는 설계의 요인 개수를 지정한다.

가. 단일수준 설계

아래 표에는 사용할 수 있는 단일-수준 Taguchi 설계가 요약되어 있다. "L" 뒤의 숫자는 설계에서 런의 개수를 나타낸다. 예를 들어, L4(2**3) 설계에는 런이 4개 있고, 표 안의 숫자는 각 설계에 사용할 수 있는 요인의 최소 개수와 최대 개수를 나타낸다. 예를 들어, L8(2**7) 설계는 2-수준의 요인을 2개에서 7개까지 사용할 수 있으며 L16(4**5) 설계는 4-수준의 요인을 2개에서 5개까지 사용할 수 있다.

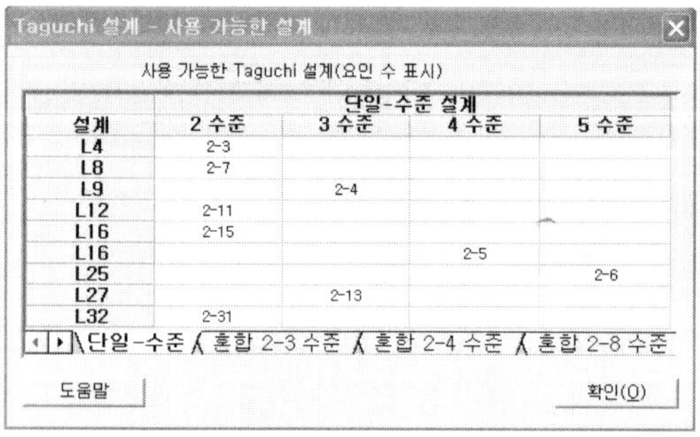

설계	수준 개수 2	3	4	5
L4(2**3)	2-3			
L8(2**7)	2-7			
L9(3**4)		2-4		
L12(2**11)	2-11			
L16(2**15)	2-15			
L16(4**5)			2-5	
L25(5**6)				2-6
L27(3**13)		2-13		
L32(2**31)	2-31			

나. 혼합 2-3 수준 설계

2-수준 또는 3-수준의 요인으로 구성된 혼합 설계에 사용할 수 있는 Taguchi 설계가 요약되어 있다. 표의 셀에 들어 있는 숫자는 각 수준에 사용할 수 있는 요인의 최소 개수와 최대 개수를 나타낸다. 예를 들어, L18(2**1 3**7) 설계에는 2-수준의 요인 1개와 3-수준의 요인 1개에서 7개까지를 사용할 수 있다.

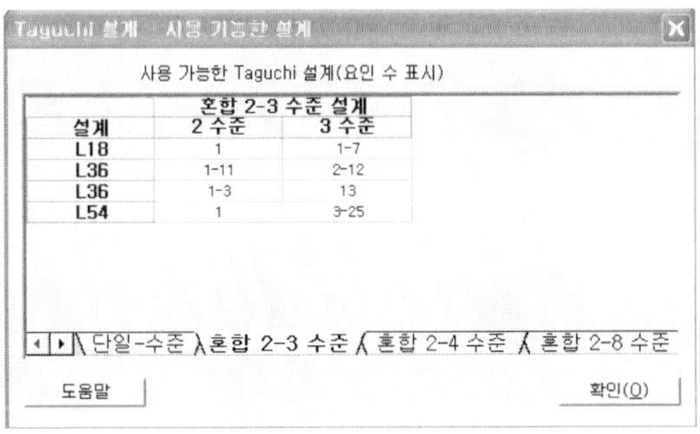

설계	수준 개수	
	2	3
L18(2**1 3**7)	1	1-7
L36(2**11 3**12)	1-11	2-12
L36(2**3 3**13)	1-3	13
L54(2**1 3**25)	1	3-25

다. 혼합 2-4 수준 설계

2-수준 또는 4-수준의 요인으로 구성된 혼합 설계에 사용할 수 있는 Taguchi 설계가 요약되어 있다. 표의 셀에 들어 있는 숫자는 각 수준에 사용할 수 있는 요인의 최소 개수와 최대 개수를 나타낸다. 예를 들어, L8(2**4 4**1) 설계에는 2-수준의 요인 1개에서 4개까지와 4-수준의 요인 1개를 사용할 수 있다.

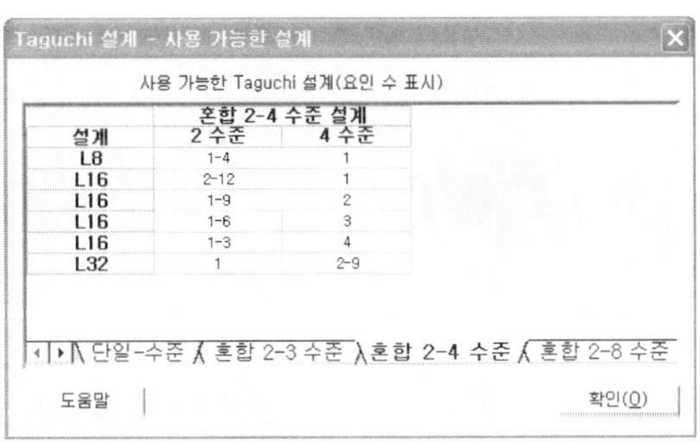

설계	수준 개수	
	2	4
L8(2**4 4**1)	1-4	1
L16(2**12 4**1)	2-12	1
L16(2**9 4**2)	1-9	2
L16(2**6 4**3)	1-6	3
L16(2**3 4**4)	1-3	4
L32(2**1 4**9)	1	2-9

라. 혼합 2-8 수준 설계

2-수준 또는 8-수준의 요인으로 구성된 혼합 설계에 사용할 수 있는 Taguchi 설계를 보여 준다. 표의 셀에 들어 있는 숫자는 각 수준에 사용할 수 있는 요인의 최소 개수와 최대 개수를 나타낸다. L16(2**8 8**1) 설계에는 2-수준의 요인 1개에서 8개까지와 8-수준의 요인 1개를 사용할 수 있다.

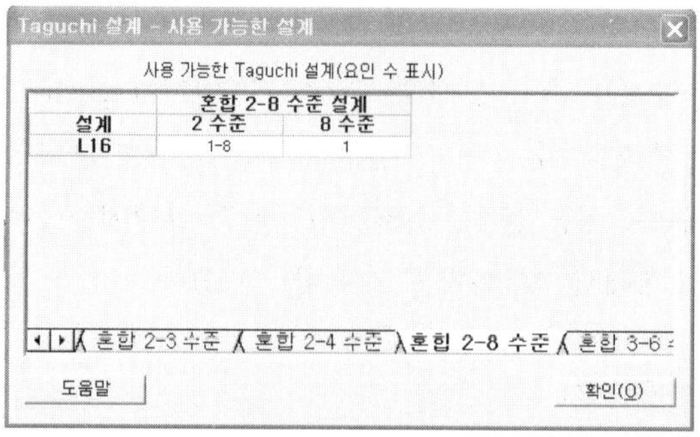

설계	수준 개수	
	2	8
L16(2**8 8**1)	1-8	1

마. 혼합 3-6 수준 설계

3-수준 또는 6-수준의 요인으로 구성된 혼합 설계에 사용할 수 있는 Taguchi 설계를 보여 준다. 표의 셀에 들어 있는 숫자는 각 수준에 사용할 수 있는 요인의 최소 개수와 최대 개수를 나타낸다. L18(3**6 6**1) 설계에는 3-수준의 요인 1개에서 6개까지와 6-수준의 요인 1개를 사용할 수 있다.

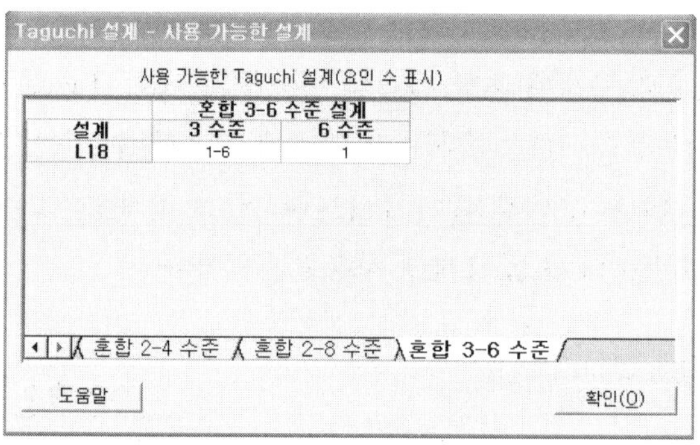

설계	수준 개수	
	3 수준	6 수준
L18(3**6 6**1)	1-6	1

참고) 미니탭에서 제공하는 직교표의 내용을 보려면, [도움말]에서 'Taguchi 설계 카탈로그'를 선택하면 된다.

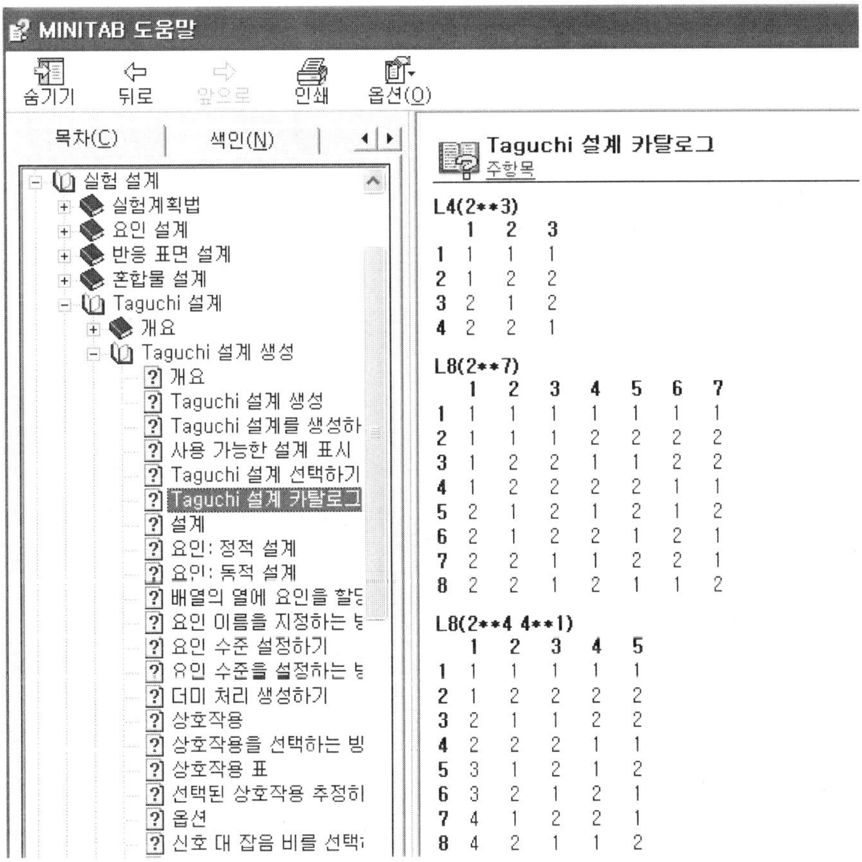

(2) 배치가능한 직교표의 선정

① 2수준 인자 4개

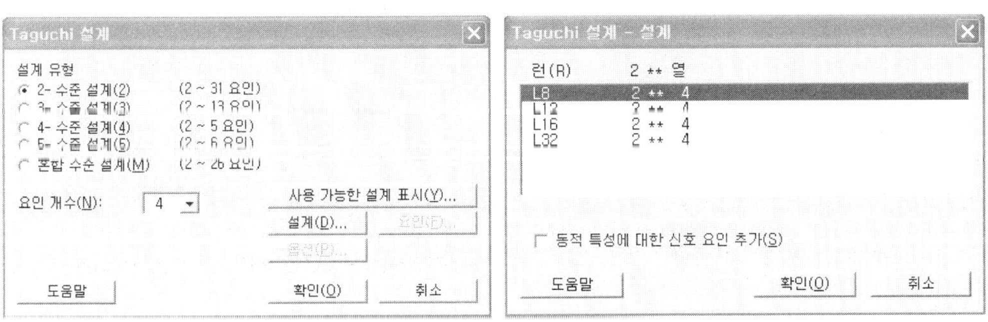

Taguchi 설계에 신호 요인을 추가하여 동적 반응 실험을 생성하려면 이 항목을 선택한다. 동적 반응 실험은 입력 신호와 출력 반응 간의 함수 관계를 향상시키는 데 사용된다.

② 2수준 인자 8개

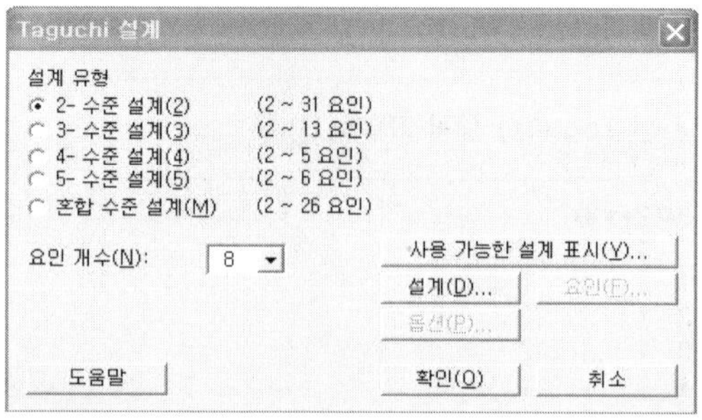

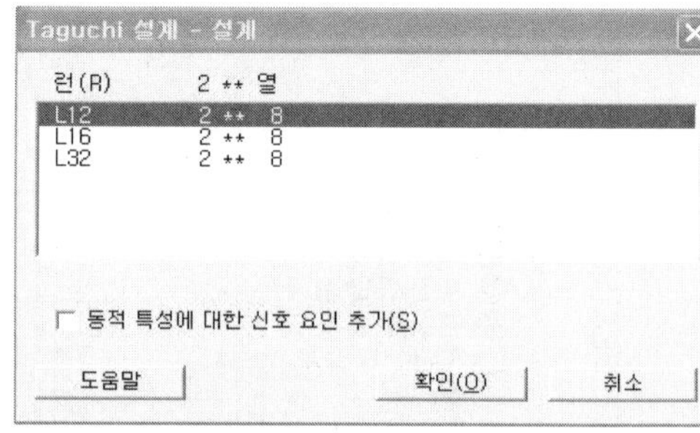

③ 3수준 인자 4개

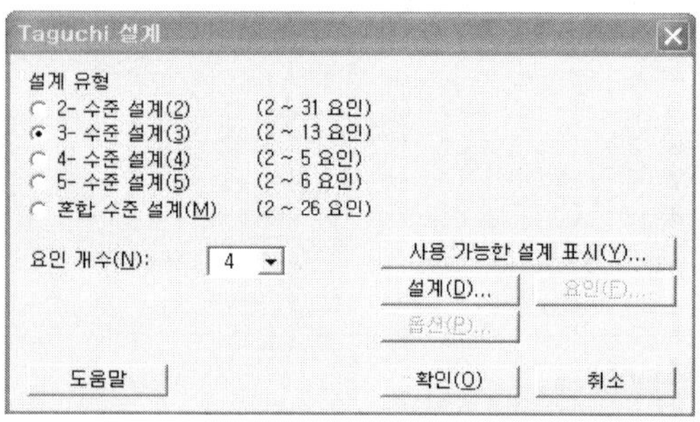

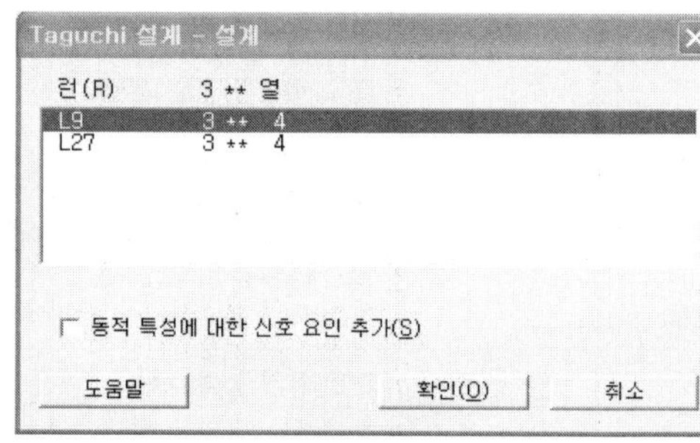

④ 4수준 인자 4개

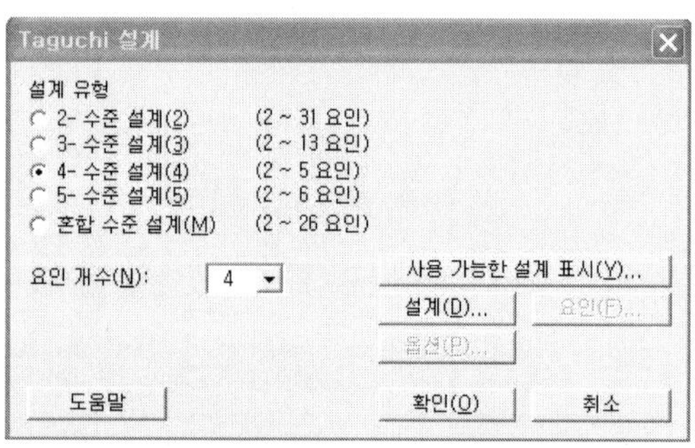

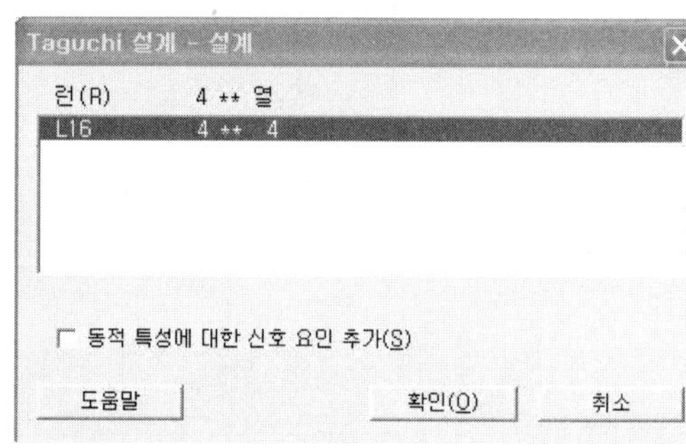

⑤ 5수준 인자 6개

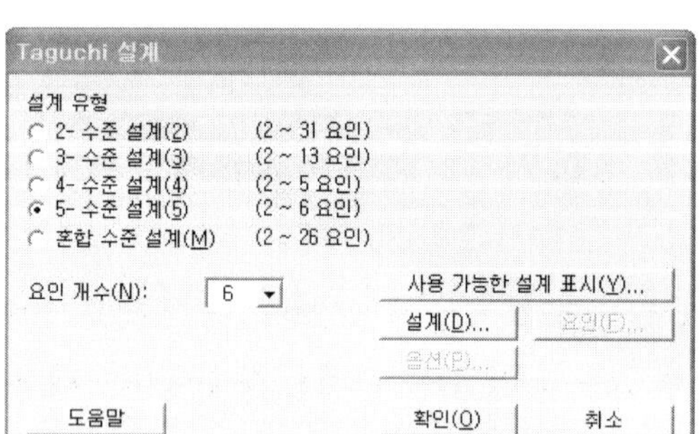

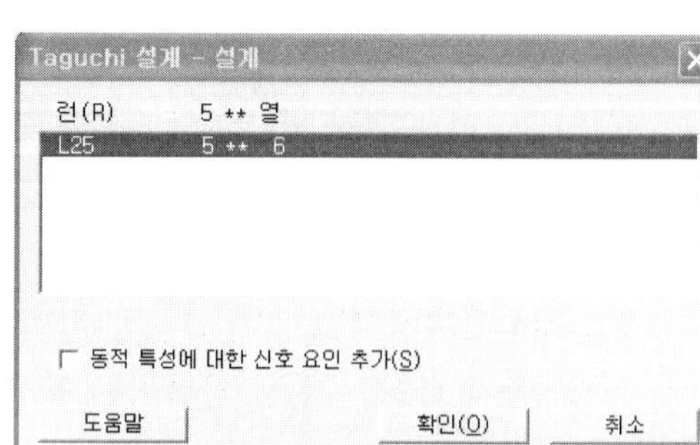

⑥ 혼합 수준 설계 인자 6개

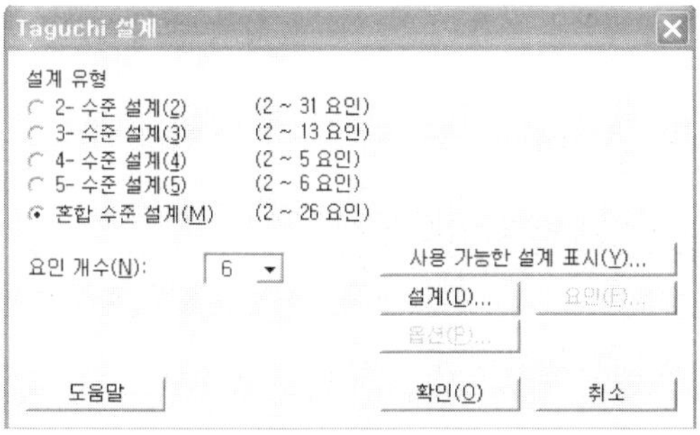

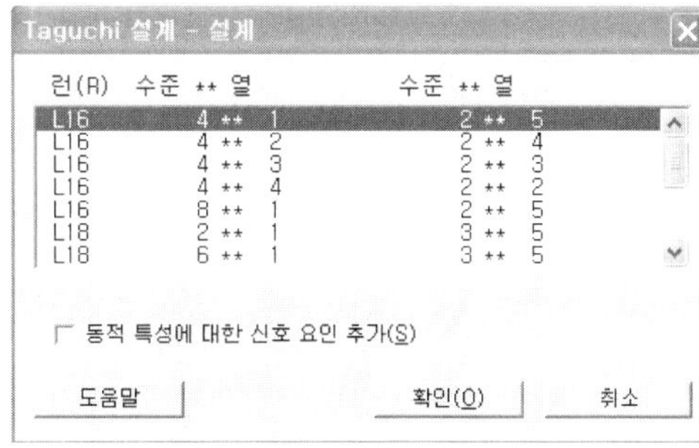

예제 9.6

제품의 강도가 최대가 되는 제조공정을 찾기 위하여 관련이 있는 인자 A~E를 다음과 같이 직교배열표 L_8에 배치하고, 잡음인자로는 이 제품의 사용조건을 2수준(N1, N2)을 택하여 각각 일정시간 처리 후에 강도를 측정하여 다음과 같은 결과를 얻었다(SQC.박성현 2003. p.603).

인자 No열	A 1	B 2	C 3	D 4	E 5	e 6	e 7	잡음인자 N1	 N2
1	0	0	0	0	0	0	0	12	11
2	0	0	0	1	1	1	1	14	16
3	0	1	1	0	0	1	1	20	17
4	0	1	1	1	1	0	0	25	28
5	1	0	1	0	0	0	1	17	23
6	1	0	1	1	1	1	0	29	28
7	1	1	0	0	0	1	0	31	18
8	1	1	0	1	1	0	1	25	20

(1) 제품의 강도를 망대특성으로 SN비를 구하라.

(2) SN비를 데이터로 하여 분산분석표를 작성하라.

(3) 강도가 최대가 되는 최적조건을 구하고 SN비에 대한 예측치를 구하라.

풀이

① 통계분석 > 실험계획법 > Taguchi 설계 > Taguchi 설계 생성

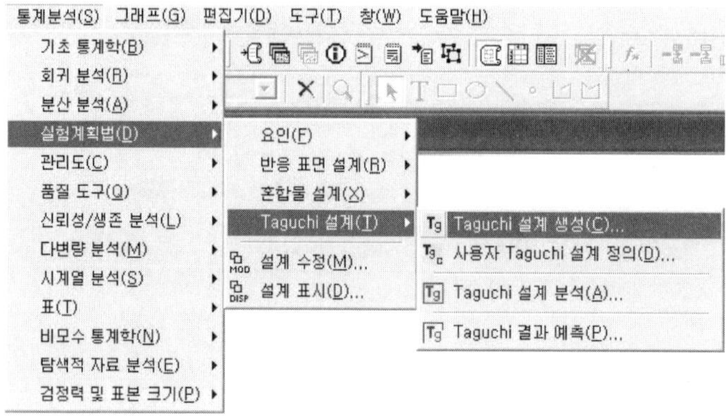

② 2-수준 설계에 체크하고 요인 수는 5를 입력한다.

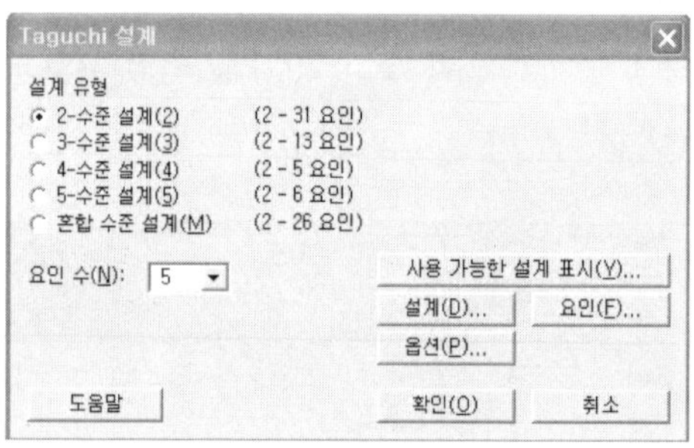

③ [설계...]를 클릭하여 직교표의 종류를 L8을 선택한다.

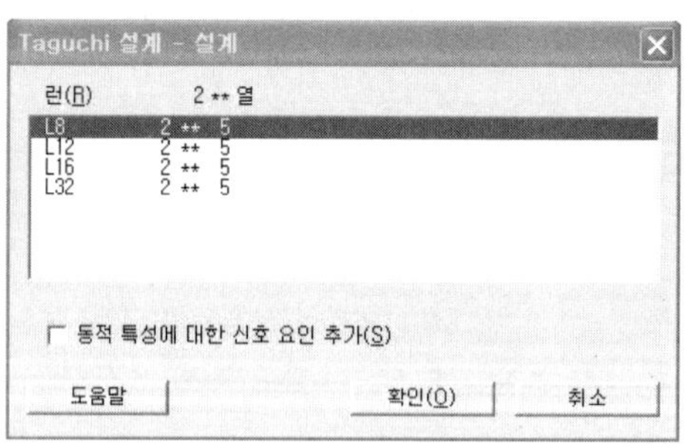

④ [요인...]을 클릭하여 인자의 실제 명칭과 수준의 내용을 입력한다.

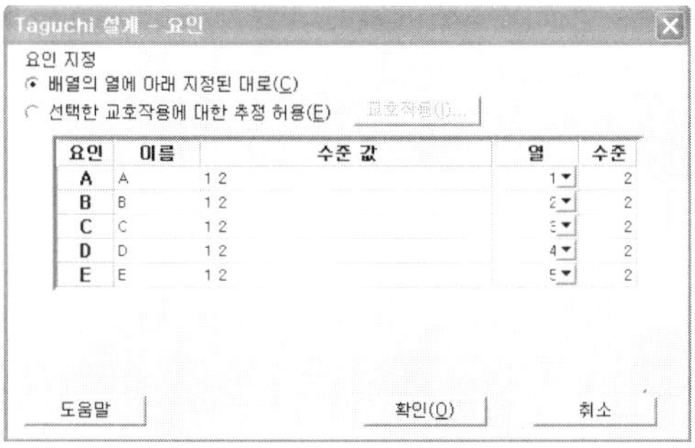

⑤ 워크시트에 설계가 생성되면 데이터를 입력한다.

워크시트 3 ***

↓	C1	C2	C3	C4	C5	C6	C7
	A	B	C	D	E	N1	N2
1	1	1	1	1	1	12	11
2	1	1	1	2	2	14	16
3	1	2	2	1	1	20	17
4	1	2	2	2	2	25	28
5	2	1	2	1	2	17	23
6	2	1	2	2	1	29	28
7	2	2	1	1	2	31	18
8	2	2	1	2	1	25	30

[Taguchi 실험의 분석]

① 통계분석 > 실험계획법 > Taguchi 설계 > Taguchi 설계 분석

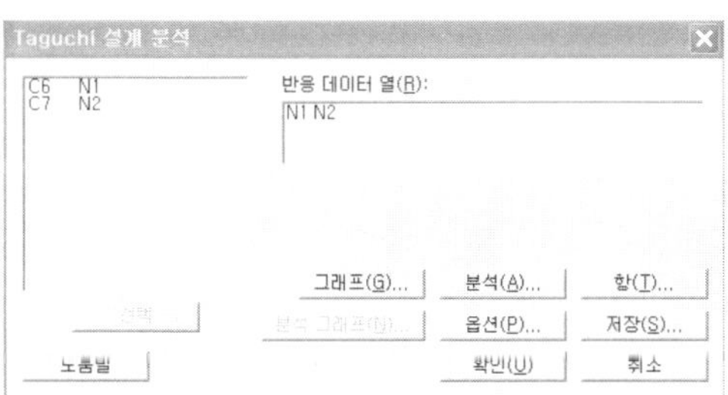

② [옵션...]을 클릭하여 SN비의 망대특성을 체크한다.

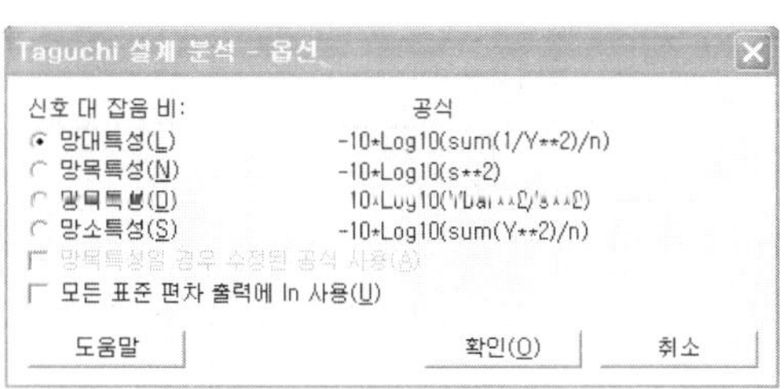

③ [그래프...]를 클릭하여 신호 대 잡음 비를 체크한다.

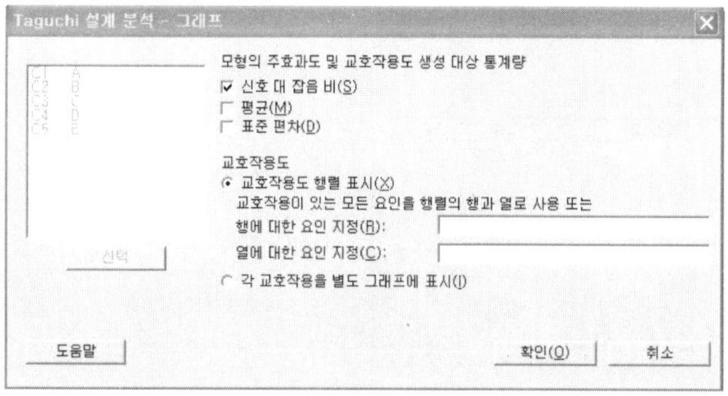

④ [분석...]을 클릭하여 반응 표 표시대상 통계량에서 신호 대 잡음비를 체크한다.

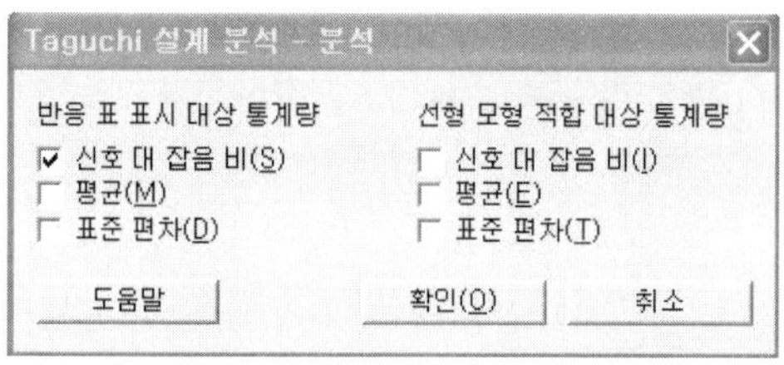

⑤ [저장...]을 클릭하여 워크시트에 출력할 내용인 신호 대 잡음비를 체크한다.

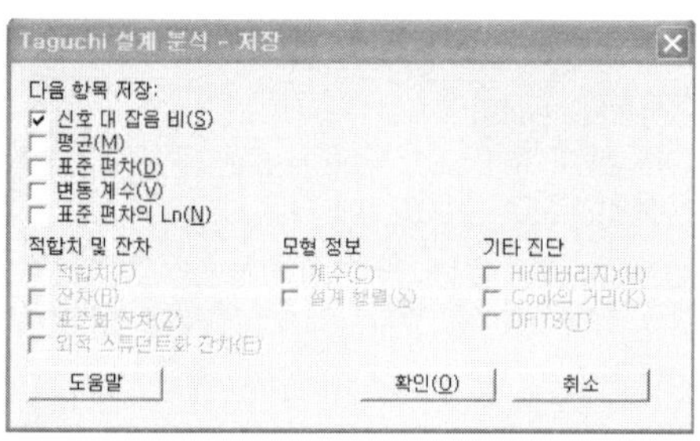

⑥ [확인]을 클릭하면 신호 대 잡음 비에 대한 주효과도와 반응표가 출력된다.

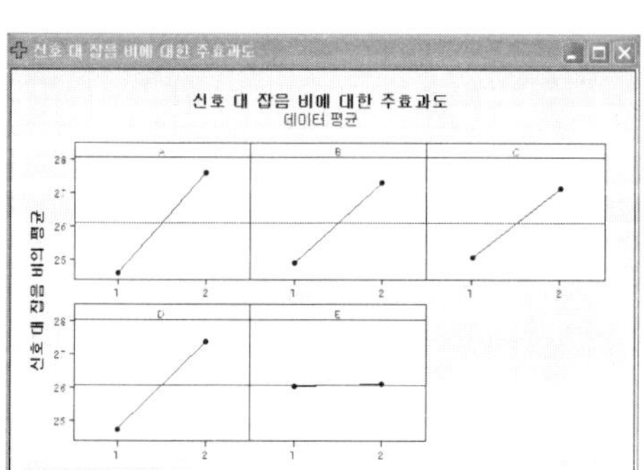

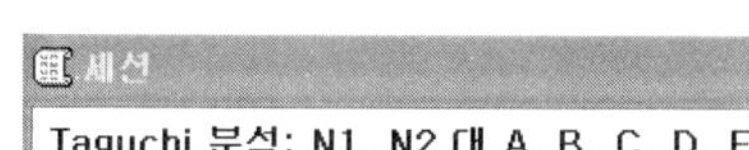

신호 대 잡음 비에 대한 반응 표
망대특성

수준	A	B	C	D	E
1	24.58	24.87	25.05	24.76	26.05
2	27.59	27.30	27.13	27.41	26.12
델타	3.00	2.44	2.08	2.66	0.06
순위	1	3	4	2	5

델타는 수준간의 차이를 나타내며, 차이가 큰 순위대로 데타순위에 나타난다. D 예제의 경우 A,D...순이다.

⑦ 워크시트에 신호 대 잡음 비가 출력된다.

워크시트 3 ***

↓	C1	C2	C3	C4	C5	C6	C7	C8
	A	B	C	D	E	N1	N2	신호 대 잡음 비1
1	1	1	1	1	1	12	11	21.1893
2	1	1	1	2	2	14	16	23.4639
3	1	2	2	1	1	20	17	25.2577
4	1	2	2	2	2	25	28	28.4232
5	2	1	2	1	2	17	23	25.7263
6	2	1	2	2	1	29	28	29.0929
7	2	2	1	1	2	31	18	26.8540
8	2	2	1	2	1	25	30	28.6788

[분산분석 및 효과 추정]

① 통계분석 > 분산 분석 > 일반 선형 모형을 선택 후 반응에 '신호 대 잡음 비'를 모형에는 인자 A,B,C,D,E를 지정한다.

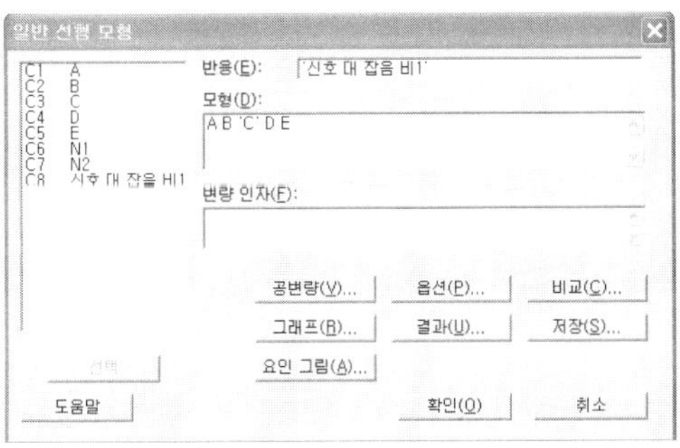

② [결과...]를 클릭하여 추가로 모든 항에 대한 계수를 클릭한다.

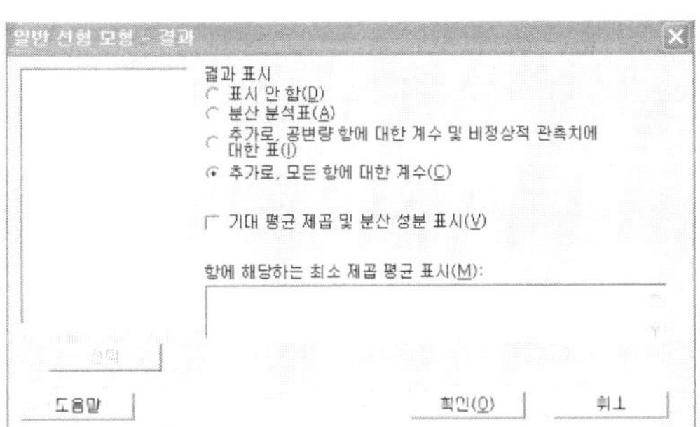

③ 분산분석표가 세션창에 출력된다.

세션

신호 대 잡음 비1에 대한 분산 분석(검정을 위해 수정된 제곱합 사용)

출처	DF	Seq SS	Adj SS	Adj MS	F	P
A	1	18.054	18.054	18.054	45.55	0.021
B	1	11.861	11.861	11.861	29.93	0.032
C	1	8.640	8.640	8.640	21.80	0.043
D	1	14.129	14.129	14.129	35.65	0.027
E	1	0.008	0.008	0.008	0.02	0.902
오류	2	0.793	0.793	0.396		
총계	7	53.485				

A,B,C,D는 P-값이 0.05보다 작기 때문에 유의하며, E는 유의하지 않은 요인으로 나타났다.

④ SN비에 대한 각 요인의 기여량

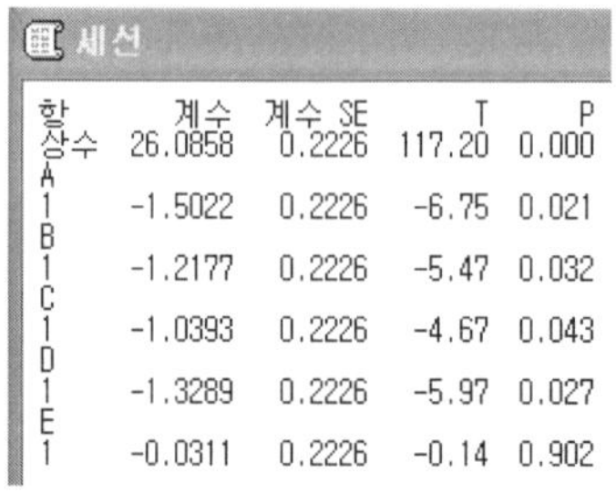
세션

항	계수	계수 SE	T	P
상수	26.0858	0.2226	117.20	0.000
A				
1	-1.5022	0.2226	-6.75	0.021
B				
1	-1.2177	0.2226	-5.47	0.032
C				
1	-1.0393	0.2226	-4.67	0.043
D				
1	-1.3289	0.2226	-5.97	0.027
E				
1	-0.0311	0.2226	-0.14	0.902

[최적조건에서의 예측]

① 통계분석 > 실험계획법 > Taguchi 설계 > Taguchi 결과 예측
② 예측할 대상 4가지 중 '신호 대 잡음 비'에 체크한다.

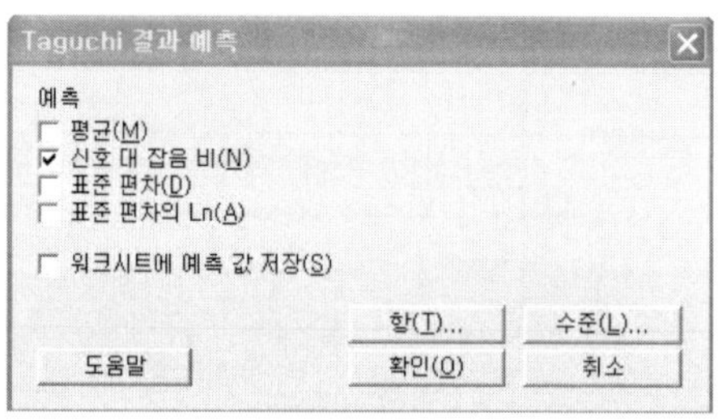

③ 항을 클릭하여 유의한 요인 A,B,C,D를 사용 가능한 항에서 선택 항으로 옮긴다.

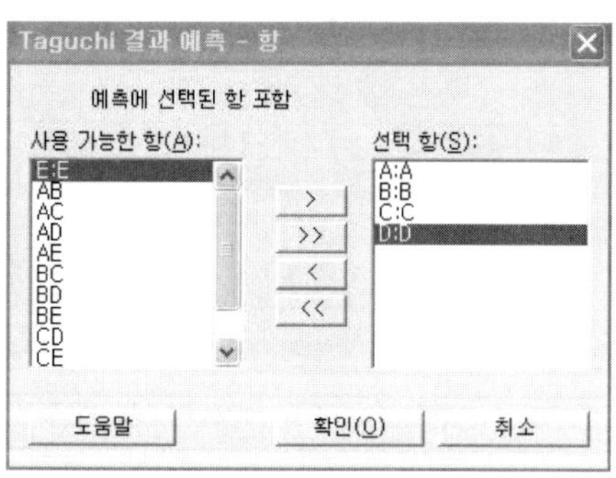

④ 최적수준의 내용을 입력한다. 이 예제에서는 A_2, B_2, C_2, D_2를 입력한다.

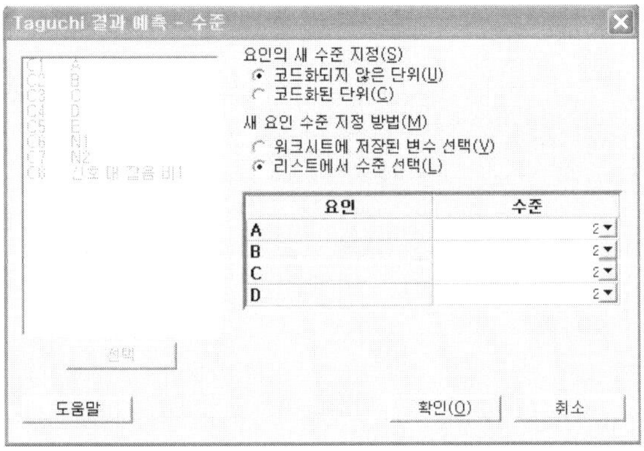

⑤ 신호 대 잡음 비에 대한 예측값

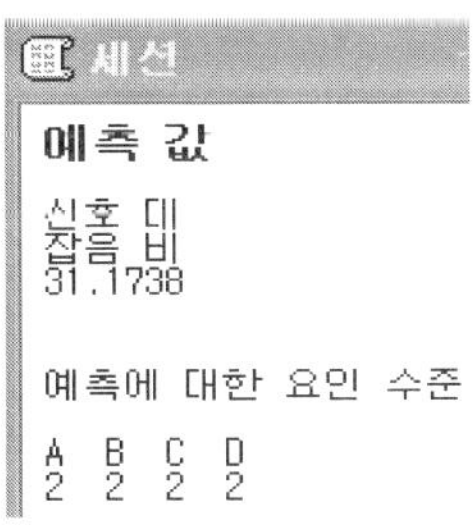

예제 9.7

골프공 제조회사에서 공의 비행 거리를 최대화하는 새로운 디자인을 만들기 위해 아래와 같은 네 가지 제어 요인을 각각 2-수준으로 구성하여 실험을 실시하였다. 중심부 재료(Material)와 지름(Diameter) 사이의 교호작용도 검정한다.

반응은 공의 비행 거리(피트 단위)이고, 잡음 요인은 두 종류의 골프채 드라이버(Driver)와 5번 아이언(Iron)이다. 각 골프채에 대해 비행 거리를 측정하고 결과를 워크시트의 두 가지 잡음 요인 열에 기록한다. 비행 거리를 최대화하는 것이 목표이므로 망대특성을 신호 대 잡음비로 선택한다.

인자명	인자내용	수 준	
		1	2
A	중심부 재료	Liquid	Tungsten
B	중심부 지름	118	156
C	딤플 개수	392	422
D	외피 두께	0.03	0.06

풀이

① 미니탭의 Data에 저장되어 있는 '골프볼.MTW' 워크시트를 불러온다. 이 워크시트에는 설계 및 반응 데이터가 저장되어 있다.

골프공.MTW ***

↓	C1-T 원자재	C2 지름	C3 딤플	C4 두께	C5 드라이버	C6 아이언
1	액체	118	392	0.03	247.5	234.3
2	액체	118	422	0.06	224.4	214.5
3	액체	156	392	0.03	59.4	49.5
4	액체	156	422	0.06	75.9	72.6
5	텅스텐	118	392	0.06	155.1	148.5
6	텅스텐	118	422	0.03	39.6	29.7
7	텅스텐	156	392	0.06	92.4	82.5
8	텅스텐	156	422	0.03	21.9	18.6

② 통계분석 > 실험계획법 > Taguchi 설계 > Taguchi 설계 분석

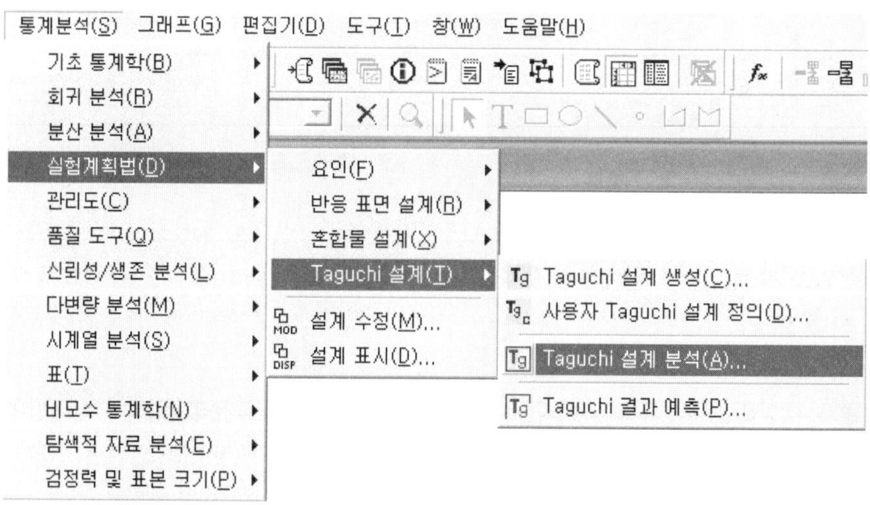

③ 대화창에 반응 데이터 열에 드라이버와 아이언을 입력한다.

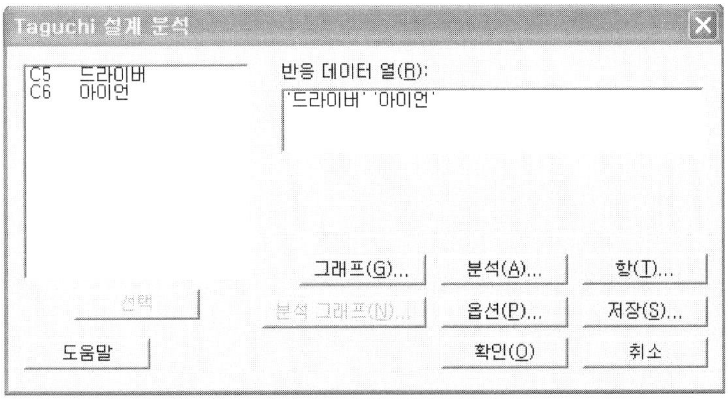

④ [분석...]을 클릭하여, 선형 모형 적합 대상 통계량에서 '신호 대잡음 비'와 '평균'을 선택한 다음 확인을 클릭한다.

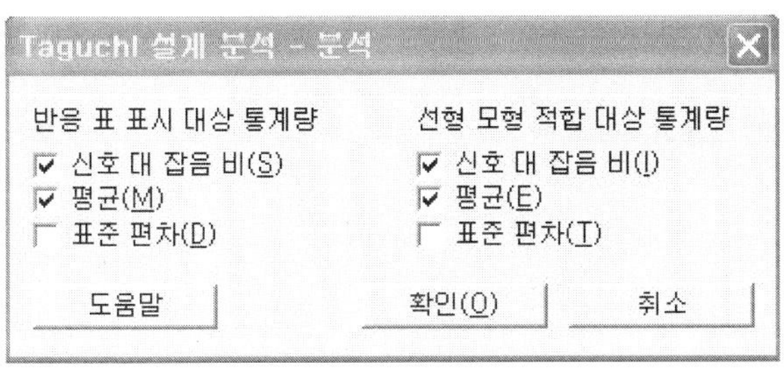

⑤ [항...]을 클릭하여 AB항을 두 번 클릭하거나 화살표 키를 사용하여 선택 항으로 이동한 다음 확인을 클릭한다.

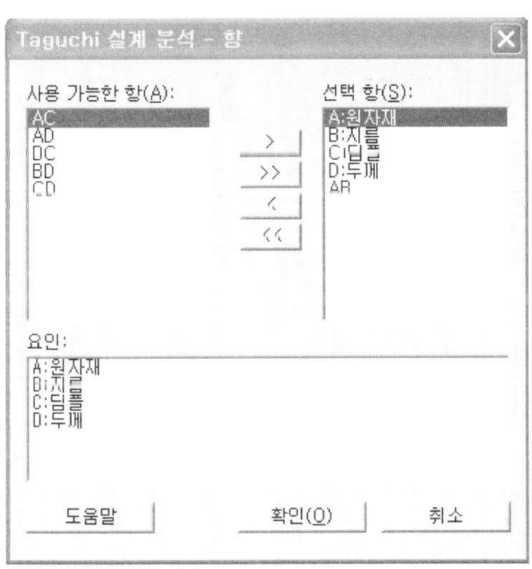

⑥ [옵션...]을 클릭하여 신호 대 잡음 비에서 '망대특성'을 선택한다.

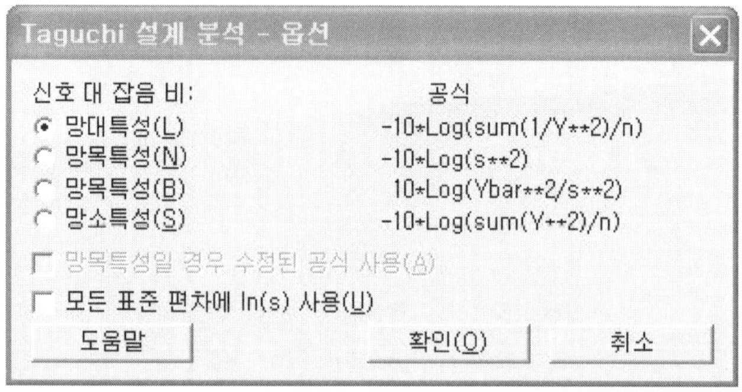

⑦ 출력결과(세션 창)

Taguchi 분석: 드라이버, 아이언 대 원자재, 지름, 딤플, 두께

선형 모형 분석: 신호 대 잡음 비 대 원자재, 지름, 딤플, 두께

신호 대 잡음 비에 대한 추정된 모형 계수

항	계수	SE 계수	T	P
상수	38.181	0.4523	84.418	0.000
원자재 액체	3.436	0.4523	7.596	0.017
지름 118	3.967	0.4523	8.772	0.013
딤플 392	2.982	0.4523	6.593	0.022
두께 0.03	-3.479	0.4523	-7.692	0.016
원자재*지름 액체 118	1.640	0.4523	3.625	0.068

S = 1.279　　R-제곱 = 99.2%　　R-제곱(수정) = 97.2%

신호 대 잡음 비에 대한 분산 분석

출처	DF	Seq SS	Adj SS	Adj MS	F	P
원자재	1	94.427	94.427	94.427	57.70	0.017
지름	1	125.917	125.917	125.917	76.94	0.013
딤플	1	71.133	71.133	71.133	43.47	0.022
두께	1	96.828	96.828	96.828	59.17	0.016
원자재*지름	1	21.504	21.504	21.504	13.14	0.068
잔차 오차	2	3.273	3.273	1.637		
전체	7	413.083				

선형 모형 분석: 평균 대 원자재, 지름, 딤플, 두께

평균에 대한 추정된 모형 계수

항	계수	SE 계수	T	P
상수	110.40	8.098	13.634	0.005
원자재 액체	36.86	8.098	4.552	0.045
지름 118	51.30	8.098	6.335	0.024
딤플 392	23.25	8.098	2.871	0.103
두께 0.03	-22.84	8.098	-2.820	0.106
원자재*두께 액체 118	31.61	8.098	3.904	0.060

S = 22.90　　R-제곱 = 97.9%　　R-제곱(수정) = 92.6%

평균에 대한 분산 분석

출처	DF	Seq SS	Adj SS	Adj MS	F	P
원자재	1	10871	10871	10870.8	20.72	0.045
지름	1	21054	21054	21053.5	40.13	0.024
딤플	1	4325	4325	4324.5	8.24	0.103
두께	1	4172	4172	4172.4	7.95	0.106
원자재*지름	1	7995	7995	7994.8	15.24	0.060
잔차 오차	2	1049	1049	524.6		
전체	7	49465				

신호 대 잡음 비에 대한 반응 표
망대특성

수준	원자재	지름	딤플	두께
1	41.62	42.15	41.16	34.70
2	34.75	34.21	35.20	41.66
델타	6.87	7.93	5.96	6.96
순위	3	1	4	2

평균에 대한 반응 표

수준	원자재	지름	딤플	두께
1	147.26	161.70	133.65	87.56
2	73.54	59.10	87.15	133.24
델타	73.72	102.60	46.50	45.68
순위	2	1	3	4

〈결과 해석〉

요인과 반응 데이터의 상관 관계가 높은지 여부와 모형에서 각 요인의 상대적 중요도를 확인할 수 있다.

절대값을 기준으로 하는 계수 순서는 반응에 대한 각 요인의 상대적 중요도를 나타내고 계수가 가장 큰 요인의 영향력이 가장 크다. 분산 분석 표의 순차 제곱합과 수정 제곱합도 각 요인의 상대적 중요도를 나타내고 제곱합이 가장 큰 요인의 영향력이 가장 크다. 이러한 결과는 반응 표의 요인 순위를 반영한다.

이 예제에서 신호 대 잡음 비의 경우 모든 요인과 교호작용 항은 유의 수준 0.10에서 중요하고 평균의 경우 p-값이 0.10보다 작으므로 중앙부 재료 (p=0.045), 핵심부 지름(p=0.024) 및 재료와 지름의 교호작용(p=0.06)이 중요하다. 그러나 두 요인은 서로 상호작용하므로 먼저 상호작용을 이해한 후 각 요인의 효과를 개별적으로 고려해야 한다.

반응 표에는 각 요인 수준에 대해 각 반응 특성(신호 대 잡음 비, 평균)의 평균이 표시된다. 이러한 표에는 효과의 상대적 크기를 비교할 수 있는 델타 통계량에 따른 순위가 포함되어 있다. 델타 통계량은 각 요인의 평균값 중 가장 큰 값에서 가장 작은 값을 뺀 값인데, Minitab은 델타 값에 따라 순위를 할당하는데 가장 큰 델타 값을 순위 1로 지정하고, 두 번째로 큰 값을 순위 2등으로 지정하는 방식이다. 반응 표에서 수준 평균을 사용하면 가장 좋은 결과를 내는 각 요인의 수준을 확인할 수 있다.

이 예제에서 순위는 핵심부 지름이 신호 대 잡음 비와 평균에 가장 큰 영향을 준다는 것을 보여 준다. 신호 대 잡음 비의 경우 외피 두께가 두 번째로 큰 영향을 주며 중심부 재료와 딤플(Dimples) 개수가 그 뒤를 따른다. 평균의 경우 핵심부 재료가 두 번째로 큰 영향을 주며 딤플 개수와 외피 두께가 그 뒤를 따른다.

이 예제에서는 공의 비행 거리를 늘리는 것이 목표이므로 가장 큰 평균을 산출하는 요인 수준을 선택한다. Taguchi 실험에서는 신호대 잡음 비를 항상 최대화 하는데, 반응표의 수준 평균은 핵심부가 액체(Liquid)이고, 핵심부 지름이 118이며, 딤플이 392개이고, 외피 두께(Thickness)가 0.06일 때 신호 대 잡음 비와 평균이 가장 크다는 것을 보여 준다. 주효과도와 상호효과도를 검사하면 이러한 결과를 확인할 수 있다. 상호효과도는 핵심부가 액체이고 핵심부 지름이 118일 때 비행 거리가 가장 길다는 것을 보여 준다.

이러한 결과에 따라 요인을 다음과 같이 설정 한다.

- 원자재 : 액체
- 지름 : 118
- 딤플 : 392
- 두께 : 0.06

그런 다음 결과 예측 메뉴를 사용하여 이러한 요인 설정에서 예측된 신호 대 잡음 비와 평균을 확인할 수 있다.

⑧ 출력결과(그래프)

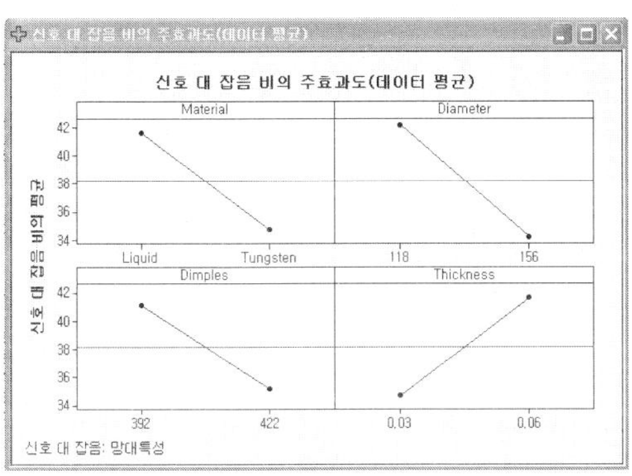

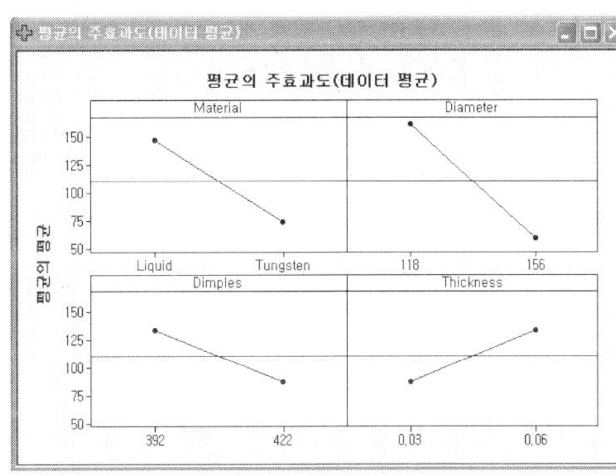

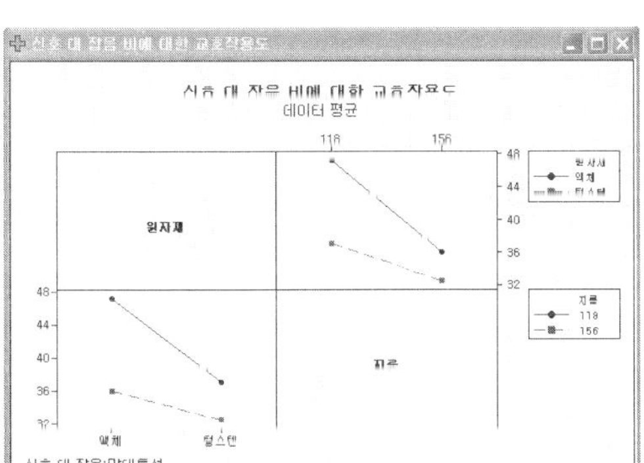

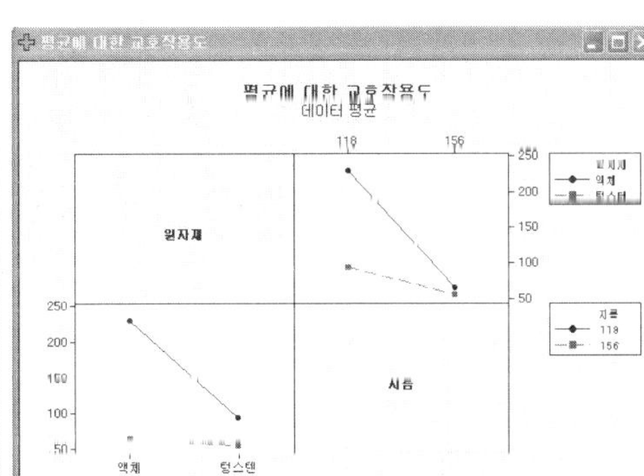

[예측값 분석]

① 통계분석 > 실험계획법 > Taguchi 설계 > Taguchi 결과 예측

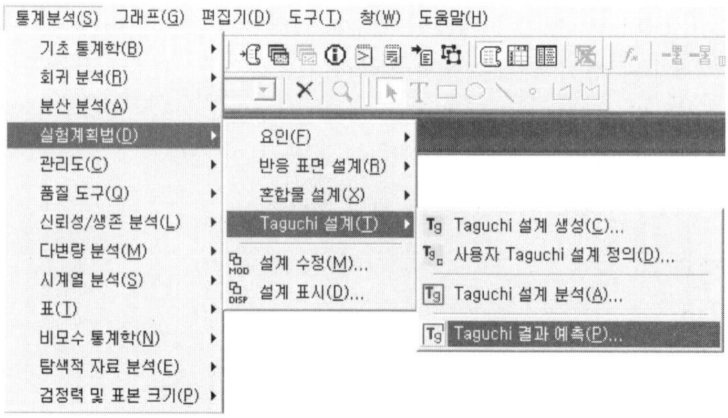

② 대화창의 표준 편차와 표준 편차의 자연 로그 선택을 취소한다.

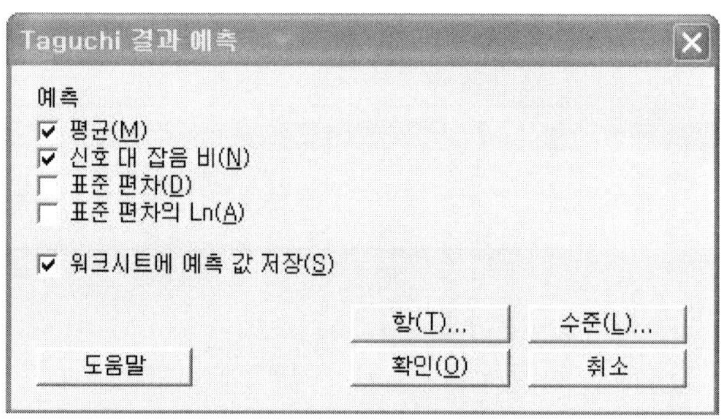

③ [항...]을 클릭하여 아래와 같이 입력한다.

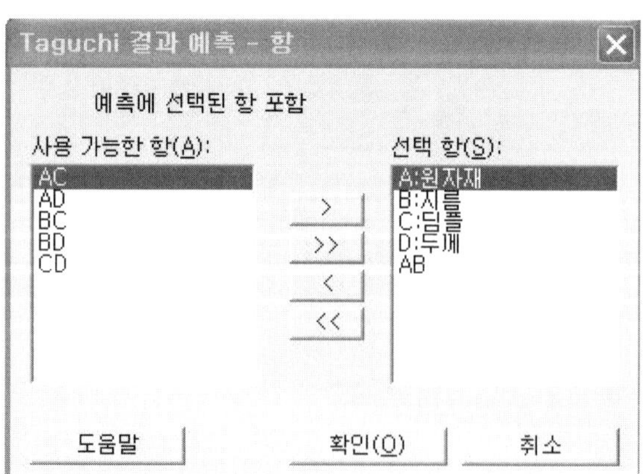

④ [수준...]을 클릭하여 새 요인 수준 지정 방법에서 리스트에서 수준 선택을 선택한다. 수준에서 첫 번째 행을 클릭하고 아래 표에 따라 요인 수준을 선택한다. 그런 다음 키를 사용하여 아래쪽 행으로 이동하고 나머지 요인 수준을 입력한다.

요인	수준
원자재	액체
지름	118
딤플	392
두께	.06

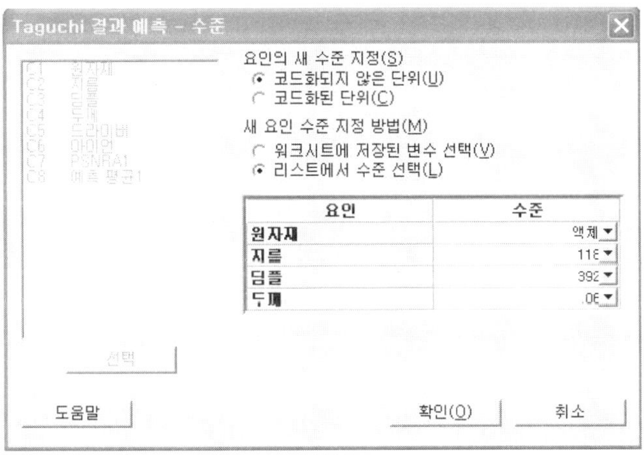

⑤ 출력결과(세션창)

세션

Taguchi 분석: 드라이버, 아이언 대 원자재, 지름, 딤플, 두께

예측 값

```
신호 대
잡음 비    평균
53.6844  276.262


예측에 대한 요인 수준

원자재  지름  딤플  두께
액체     118   392  0.06
```

〈결과해서〉

선택한 요인 설정의 경우 신호 대 잡음 비는 53.6844로, 평균(평균 골프공 비행거리)은 276 야드(1야드=0.9144 m)로 예측된다. 이제, 모형의 정확성을 검정하기 위해 이러한 요인 설정을 사용하여 확인 실험을 할 수 있다.

※ 요 약

- 실험계획법이란 해결하고자 하는 문제에 대하여 실험을 어떻게 행하고 데이터를 어떻게 취하며 어떠한 통계적 방법으로 데이터를 분석하면 최소의 실험횟수에서 최대의 정보를 얻을 수 있는가를 계획하는 것이라고 정의할 수 있다.

- 객관적인 실험과 결과 해석은 실험계획의 3대 기본원리인 랜덤화, 반복, 블록화로 구현된다.

- 분산분석(Analysis of Variance)은 특성치의 산포를 제곱합으로 나타내고 이를 각 요인의 제곱합으로 분해하여 이들 산포의 크기를 비교하여 분석하는 방법이다.

- 분산분석을 위해서는 실험은 랜덤하게 실시하여야 하며 데이터에 대한 정규성 검정과 분산이 같은지를 검정해야 한다.

- 일원배치법이란 관심 있는 반응값에 대해 한 개 인자의 영향을 분석하기 위하여 쓰이는 실험계획으로 인자수준에 따른 반응값의 차이를 알고자 할 때 사용한다.

- 반응값에 영향을 미치는 인자 2개를 취하여 이들의 효과가 어떠한지를 검정하고자 할 때 이원 배치법을 이용한다. 실험에 반복을 행할 경우 두 개 인자의 수준 조합에서 일어나는 교호작용을 검출하여 효과를 분석할 수 있다.

- 유의하지 않은 교호작용을 오차항에 넣어서 새로운 오차항으로 만드는 과정을 오차항에 풀링한다 라고 하며 풀링하여 다시 분석하면 오차항의 자유도가 높아져서 검출력이 좋아질 수 있다.

- k^n 요인배치법은 인자의 수가 n이고 각 인자의 수준수가 k인 실험계획법으로, 모든 인자 간의 수준의 조합에서 실험이 이루어지는 실험이다. 이 실험을 통해 모든 요인효과 (인자의 효과와 교호작용)를 추정할 수 있다.

- 요인실험의 종류로는 2^2 요인실험, 2^3 요인실험, 3^2 요인실험 등이 있다.

- 효과의 정규확률도 결과를 통해 유의한 인자를 찾는 방법은 직선에서 많이 벗어나 있는 점을 찾은 후, 그 점에 해당하는 인자의 주 효과 혹은 교호작용을 읽으면 된다.
- 다구찌 실험계획의 대표적인 것은 파라미터 설계로 잡음의 영향 하에서 제품의 특성치에 영향을 주는 인자들의 최적수준을 정하여 주는 실험계획이다.

연/습/문/제

9.1 다음은 화학공장에서 제품의 수율에 영향을 미칠 것으로 생각되는 반응온도를 인자로 취하여 반복 4회의 일원배치를 한 실험데이터이다. 다음 물음에 답하라.
(단, $A_1 = 50℃$, $A_2 = 60℃$, $A_3 = 70℃$, $A_4 = 80℃$)

반복수 \ 수준수	A_1	A_2	A_3	A_4
1	7.6	8.2	8.0	7.5
2	7.3	6.9	7.9	7.8
3	6.7	9.0	7.7	8.3
4	8.6	8.0	6.5	8.5

(1) 분산분석표를 만들고 검정하라.

(2) A 수준의 모평균을 신뢰율 95 %로 구간 추정하라.

9.2 K 회사는 자동차 공조부문의 부품을 가공하는 업체로서 평소에 모기업인 H 자동차(주)로부터 품질이 우수하다는 평을 받고 있었다. 그런데 최근 생산한 여러 로트에서 다량의 균열불량이 발견되었다. 따라서 개선 프로젝트팀을 구성하여 원인을 규명해 본 결과 캡의 인장강도에 문제가 있음을 알게 되었으며 또한 인장강도에는 열처리 공정의 온도와 강판의 재질이 크게 영향을 주고 있다고 판단하여 열처리 온도와 강판(재료)를 실험인자로 취하여 반복없이 이원배치법의 실험을 랜덤하게 실시한 결과 아래의 데이터를 얻었다. 분산분석을 행하고 그 결과를 해석해 보자.

A(열처리온도) : A_1 : 1,100 °C, A_2 : 1,200 °C, A_3 : 1,300 °C, A_4 : 1,400 °C
B(재료) : B_1 : K사 강판, B_2 : P사 강판, B_3 : U사 강판

(단위 : kg/mm^2)

인자 B \ 인자 A	A_1	A_2	A_3	A_4
B_1	28.2	28.6	27.6	26.8
B_2	28.5	28.7	27.0	27.4
B_3	29.2	29.0	28.8	28.0

(자료 : 싱글 PPM 추진본부)

9.3 어떤 합금의 열처리에서 가장 영향을 준다고 생각되는 인자로서 온도(A), 시간(B)를 택하여 각 2회씩 랜덤하게 실험하여 다음 데이터를 얻었다. (단위 : 경도)

(1) 분산 분석하라. (필요하면 풀링하라.)

(2) 경도를 최대로 하는 수준조합의 95 % 신뢰구간을 구하라.

온도 \ 시간	B_1	B_2	B_3
A_1	51 52	54 54	54 55
A_2	52 54	55 56	56 55
A_3	53 56	56 55	57 57
A_4	52 54	55 54	54 55

9.4 A사의 화학제품의 합성반응공정에서 합성수율(%)을 향상시키기 위하여 인자로 반응압력(A), 반응시간(B), 반응온도(C) 3가지 인자를 가지고 2^3 형 요인실험을 실시하여 다음과 같은 데이터를 얻었다. 데이터를 분석하여라.

번호	압력(A)	시간(B)	온도(C)	수율
1	1	−1	−1	93
2	1	−1	1	56
3	−1	1	1	50
4	−1	1	−1	61
5	1	1	1	83
6	1	1	−1	57
7	−1	−1	−1	68
8	−1	−1	1	62

9.5 어떤 음료회사에서 음료를 5 갤런 용기에 주입하는 과정에서 거품이 발생하여 손실이 발생하고 있다. 주입공정의 최적조건을 찾기 위해 노즐 종류(A) 3수준, 주입속도(B) 3수준, 주입압력(C) 3수준을 고려하여 반복 2회의 요인배치법으로 실험하여 다음과 같은 음료 손실량 데이터를 얻었다.

주입 압력(C)	노즐 종류(A)								
	1			2			3		
	주입속도(B)								
	100	120	140	100	120	140	100	120	140
10	35	25	30	87	5	90	31	15	85
	45	10	85	94	12	74	35	3	40
15	180	60	150	125	15	180	160	42	180
	145	100	124	190	26	114	183	44	205
20	74	30	101	47	6	50	40	9	124
	75	40	106	65	8	39	15	18	74

(1) 분산분석을 실시하여 분석하여 보자.

(2) 손실량에 대한 주효과도와 교호작용 효과도를 작성하여 보자.

9.6 어떤 화학업체에서 수지에 포함된 불순물의 함량을 줄이기 위해 A,B,C,D 4가지 인자를 선택하여 실험한 결과 아래와 같은 불순물의 함량(%)을 얻었다. 이 실험은 망소특성 실험이다. 분석하여 보자(현대실험계획법. 박성현 1998, p.642).

인자배치	A	B	C	D	불순물 함량(%)			
열번호 / 실험번호	1	2	3	4	U_0		U_1	
					V_0	V_1	V_0	V_1
1	0	0	0	0	6.80	5.52	2.27	3.75
2	0	1	1	1	3.43	2.58	2.49	2.11
3	0	2	2	2	2.17	2.50	1.57	1.98
4	1	0	1	2	1.79	2.81	1.33	1.76
5	1	1	2	0	1.98	2.38	2.57	2.00
6	1	2	0	1	2.93	2.78	2.61	2.17
7	2	0	2	1	2.43	2.18	1.70	1.56
8	2	1	0	2	4.25	3.90	1.91	1.63
9	2	2	1	0	4.05	3.28	1.50	2.12

연습문제 풀이

1장

연습문제 풀이

1.1.

(1) 기술 통계량

변수	평균	SE 평균	표준 편차	분산	CoefVar	제곱합	최소값	중위수
histo	49.43	1.66	12.89	166.22	26.08	156426.00	15.00	48.50

변수	최대값	왜도	첨도
histo	78.00	-0.05	0.10

(2) 히스토그램 : 그래프>히스토그램

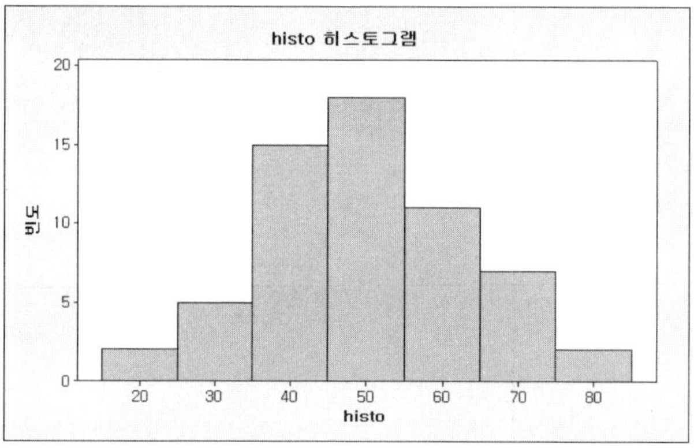

1.2.

(1) 파레토그림 : 통계분석>품질도구>파레토 그림

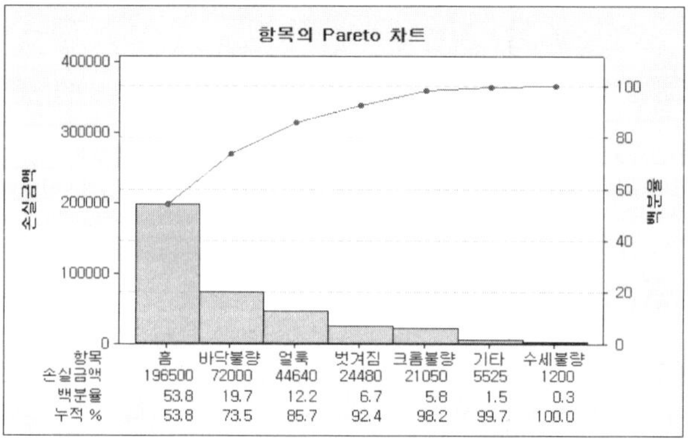

(2) 원그래프 : 그래프>파이 차트

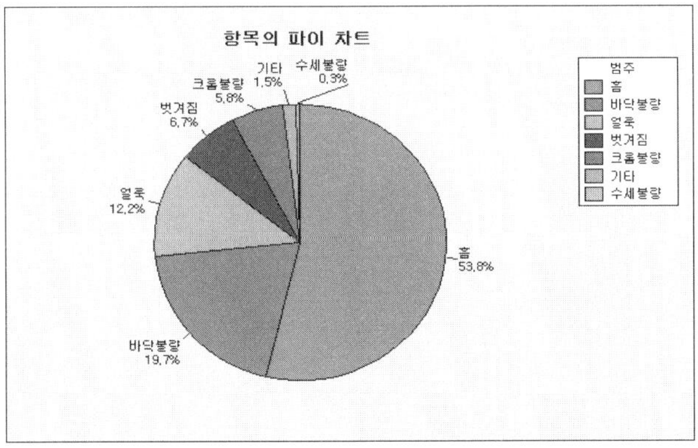

(3) 막대그래프 : 그래프>막대 차트

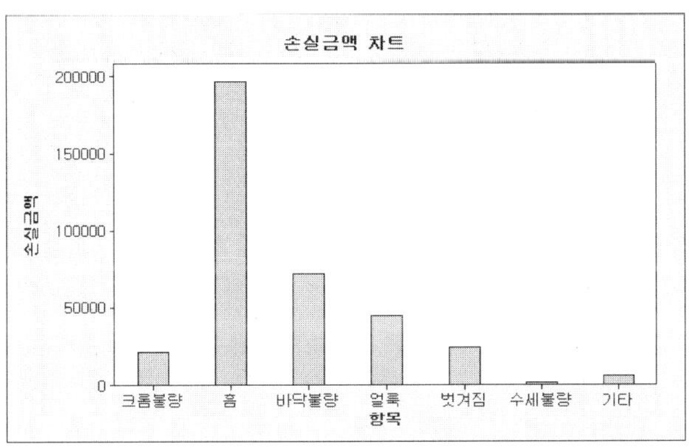

1.3.

워크시트 1 ***

↓	C1 년도	C2 분기	C3 매출액
1	2006	1	97
2	2006	2	100
3	2006	3	104
4	2006	4	106
5	2007	1	101
6	2007	2	95
7	2007	3	98
8	2007	4	99

C1 년도	C2 분기	C3 매출액
2006	2	100
2006	3	104
2006	4	106
2007	1	101

1.4.

① 부서별 평균

워크시트 1 ***

↓	C1-T 부서/차수	C2 1차	C3 2차	C4 3차	C5 평균
1	가	65	67	79	70.3333
2	나	85	84	74	81.0000
3	다	76	72	68	72.0000
4	라	74	65	82	73.6667
5	마	75	89	74	79.3333
6	바	69	72	85	75.3333
7	사	66	69	75	70.0000
8	아	82	81	80	81.0000
9	자	90	85	74	83.0000
10	차	85	74	72	77.0000
11	카	65	75	68	69.3333

② 내림차순

워크시트 3 ***

↓	C1-T 부서/차수	C2 1차	C3 2차	C4 3차	C5 평균
1	자	90	85	74	83.0000
2	나	85	84	74	81.0000
3	아	82	81	80	81.0000
4	마	75	89	74	79.3333
5	차	85	74	72	77.0000
6	바	69	72	85	75.3333
7	라	74	65	82	73.6667
8	다	76	72	68	72.0000
9	가	65	67	79	70.3333
10	사	66	69	75	70.0000
11	카	65	75	68	69.3333

2장 연습문제 풀이

2.1. 초기하 분포(N = 10, M = 4, n = 4)

x	P(X = x)
1	0.0714286

P(X >=1) = 1-P(X <=0)

= 1-0.071

= 0.929

2.2. 초기하 분포(N = 10, M = 2, n = 3)

x	P(X = x)
0	0.466667

2.3. 이항 분포(n = 20, p = 0.05)

x	P(X = x)
1	0.377354

2.4. 이항 분포(n = 100, p = 0.02)

x	P(X = x)
1	0.270652

2.5. 포아송 분포(평균 = 2)

(1)

x	P(X = x)
1	0.270671

(2)

x	P(X <= x)
1	0.406006

$$P(X \geq 2) = 1 - P(X \leq 1)$$
$$= 1 - 0.406006$$
$$= 0.593994$$

2.6. 정규 분포(평균 = 10.07, 표준 편차 = 0.08)

x	P(X <= x)
9.91	0.022750
10.23	0.977250

· 양품률

$P(9.91 \leq X \leq 10.23)$

$= P(X \le 10.23) - P(X \le 9.91)$

$= 0.97725 - 0.02275 = 0.9545$

· 부적합품률

$1 - 0.9545 = 0.0455$

2.7. 정규 분포(평균 = 900, 표준 편차 = 50)

x	P(X <= x)
850	0.158655
950	0.841345

· 양품률

$P(850 \le X \le 950)$

$= P(X \le 950) - P(X \le 850)$

$= 0.841345 - 0.158655 = 0.682690$

· 부적합품률

$1 - 0.682690 = 0.31731$

2.8. 정규 분포(평균 = 28, 표준 편차 = 1)

x	P(X <= x)
27	0.158655

2.9. $1 - P(X \le 27) = 1 - 0.158655 = 0.841345$

2.10. 카이-제곱 분포(12 DF)

P(X <= x)	x
0.98	24.0540

3장 연습문제 풀이

3.1. 1-표본 Z 검정 : C1

가정된 표준 편차 = 0.12

변수	N	평균	표준 편차	SE 평균	95% CI
C1	5	93.9000	0.3162	0.0537	(93.7948, 94.0052)

3.2. 1-표본 T 검정 : C1

변수	N	평균	표준 편차	SE 평균	95% CI
C1	8	11.863	0.758	0.268	(11.229, 12.496)

3.3. 2-표본 T 검정 및 CI : A사, B사

A사 대 B사의 2-표본 T 검정

	N	평균	표준 편차	SE 평균
A사	8	45.500	0.404	0.14
B사	8	44.84	1.18	0.42

차이 = mu (A사) - mu (B사)

차이 추정치 : 0.662

차이의 95% CI : (-0.286, 1.611)

차이의 T-검정 = 0 (대 not =) : T-값 = 1.50 P-값 = 0.156 DF = 14

둘 다 합동 표준 편차 0.8847을(를) 사용하십시오.

3.4. 2-표본 T 검정 및 CI : A사, B사

차이 = mu (A사) - mu (B사)

차이 추정치 : 0.662

차이의 95% CI : (-0.358, 1.683)

차이의 T-검정 = 0 (대 not =): T-값 = 1.50 P-값 = 0.173 DF = 8

3.5. 99% 신뢰 구간

변수	방법	표준 편차에대한 CI	분산에 대한 CI
C1	표준	(0.084, 0.533)	(0.0070, 0.2840)
	수정	(0.069, 1.580)	(0.0048, 2.4971)

3.6. 등분산 검정 : A, B

표준 편차의 95% Bonferroni 신뢰 구간

	N	하한	표준 편차	상한
A	8	2.73594	4.37321	10.0168
B	9	2.41450	3.76755	8.0318

3.7. 일표본 비율에 대한 검정 및 CI

표본	X	N	표본 p	95% CI
1	14	200	0.070000	(0.038796, 0.114660)

3.8. 1-표본 Z 검정

mu = 73.7 대 not = 73.7의 검정

가정된 표준 편차 = 13

N	평균	SE 평균	95% CI	Z	P
18	79.50	3.06	(73.49, 85.51)	1.89	0.058

〈판정〉

P-값이 0.058로 $\alpha = 0.05$보다 크므로 귀무가설이 채택됨.

3.9. 1-표본 T 검정: C1

mu = 4.5 대 not = 4.5의 검정

변수	N	평균	표준 편차	SE 평균	95% CI	T	P
C1	5	4.820	0.907	0.405	(3.694, 5.946)	0.79	0.474

〈판정〉

P-값이 0.474로 $\alpha = 0.05$보다 크므로 귀무가설이 채택됨.

3.10. 1-표본 카이-제곱 검정

변수	방법	카이-제곱	DF	P-값
C1	표준	4.89	9.00	0.312
	수정	8.99	16.54	0.141

〈판정〉

P-값이 0.312로 $\alpha = 0.01$보다 크므로 귀무가설이 채택됨.

3.11. 1-표본 T 검정 : C1

mu = 76.7 대 > 76.7의 검정

변수	N	평균	표준 편차	SE 평균	95% 하한	T	P
C1	10	78.800	2.820	0.892	77.165	2.36	0.021

〈판정〉

P-값이 0.021로 $\alpha = 0.05$보다 작으므로 귀무가설이 기각됨.

3.12. 단일 분산에 대한 검정 및 CI

귀무 가설 시그마 제곱 = 0.12
대립 가설 시그마 제곱 〉 0.12

표준방법은 정규분포를 가정한 방법입니다.
요약 데이터로 수정 방법을 계산할 수 없습니다.

통계량

N	표준 편차	분산
10	0.447	0.200

검정

방법	카이-제곱	DF	P-값
표준	15.00	9	0.091

〈판정〉

P-값이 0.091로 $\alpha = 0.05$보다 크므로 귀무가설이 채택됨.

3.13. 1-표본 T 검정: C1

mu = 54.91 대 not = 54.91의 검정

변수	N	평균	표준 편차	SE 평균	95% CI	T	P
C1	10	55.200	1.217	0.385	(54.329, 56.071)	0.75	0.471

〈판정〉

P-값이 0.471로 $\alpha = 0.05$보다 크므로 귀무가설이 채택됨.

3.14. 등분산 검정 : 원료A, 원료B

표준 편차의 95% Bonferroni 신뢰 구간

	N	하한	표준 편차	상한
원료A	10	0.469472	0.717712	1.44522
원료B	9	0.490169	0.764853	1.63055

F-검정(정규 분포)
검정 통계량 = 0.88, P-값 = 0.846
Levene 검정(연속형 분포)
검정 통계량 = 0.03, P-값 = 0.870

〈판정〉
P-값이 0.870으로 $\alpha = 0.05$보다 크므로 귀무가설이 채택됨.

3.15. 2-표본 T 검정 및 CI : A, B

A 대 B의 2-표본 T 검정

	N	평균	표준 편차	SE 평균
A	6	66.817	0.801	0.33
B	6	68.450	0.809	0.33

차이 = mu (A) - mu (B)
차이 추정치 : -1.633
차이의 99% CI : (-3.144, -0.123)
차이의 T-검정 = 0 (대 not =): T-값 = -3.51 P-값 = 0.007 DF = 9

〈판정〉
P-값이 0.007로 $\alpha = 0.05$보다 작으므로 귀무가설이 기각됨.

3.16. 쌍체 T 검정 및 CI : A, B

A - B에 대한 쌍체 T 검정

	N	평균	표준 편차	SE 평균
A	8	21.11	5.30	1.87
B	8	20.64	10.70	3.78
차이	8	0.48	10.37	3.67

평균 차이의 95% CI : (-8.19, 9.14)
평균 차이의 T 검정 = 0 (대 not = 0) : T-값 = 0.13 P-값 = 0.901

〈판정〉
P-값이 0.901로 $\alpha = 0.05$보다 크므로 귀무가설이 채택됨.

4.1.

(1) 상관 분석 : X, Y

X와(과) Y의 Pearson 상관 계수 = 0.690

P-값 = 0.000

상관계수 r=0.69이고, P-값이 0으로 $\alpha = 0.05$보다 작으므로 귀무가설이 기각 됨. 따라서 유의수준 5 %에서 상관이 있다고 할 수 있다.

(2) 회귀 분석 : Y 대 X

① 회귀 방정식

Y = 31.7 + 0.549 X

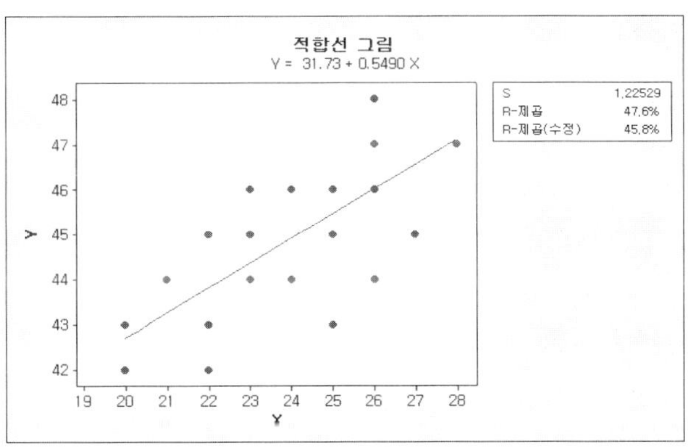

② 분산분석

예측변수	계수	계수 SE	T	P
상수	31.726	2.580	12.30	0.000
X	0.5490	0.1087	5.05	0.000

S = 1.22529 R-제곱 = 47.6% R-제곱(수정) = 45.8%

분산 분석

출처	DF	SS	MS	F	P
회귀	1	38.263	38.263	25.49	0.000
잔차 오차	28	42.037	1.501		
총계	29	80.300			

P-값이 0으로 $\alpha = 0.05$보다 작으므로 귀무가설이 기각됨. 따라서 유의수준 5 %에서 회귀식은 유의하다고 할 수 있다.

4.2.

(1) $r = \dfrac{S(xy)}{\sqrt{S(xx)S(yy)}} = \dfrac{322.3}{\sqrt{279.1 \times 401.6}} = 0.963$

$$t_0 = \frac{r}{\sqrt{\dfrac{1-r^2}{n-2}}} = \frac{0.963}{\sqrt{\dfrac{1-0.963^2}{42-2}}} = 22.60$$

〈판정〉

$t_0 = 22.60 > t_{0.975}(40) = 2.021$이므로 귀무가설 기각, 따라서 유의수준 5 %에서 상관관계는 유의하다고 할 수 있다.

(2) ① Z'을 구한다.

$$Z' = \frac{1}{2}ln(\frac{1+r}{1-r}) = \frac{1}{2}ln(\frac{1+0.963}{1-0.963}) = 1.986$$

② Z'_L과 Z'_U를 계산한다.

$$Z' \pm u_{1-\alpha/2}\sqrt{\frac{1}{n-3}} = 1.986 \pm 1.96\sqrt{\frac{1}{10-3}} = 1.986 \pm 0.741$$

$$\therefore Z'_L = 1.245,\ \ Z'_U = 2.727$$

③ r표에 의해 하한값과 상한값을 찾거나, 계산식에 의해 계산한다.

$$\left(\frac{e^{2\cdot Z_L'}-1}{e^{2\cdot Z_L'}+1},\ \frac{e^{2\cdot Z_U'}-1}{e^{2\cdot Z_U'}+1}\right)$$

신뢰하한(ρ_L) : $\dfrac{e^{2\cdot Z_L'}-1}{e^{2\cdot Z_L'}+1} = \dfrac{e^{2\times 1.245}-1}{e^{2\times 1.245}+1} = 0.847$

신뢰상한(ρ_U) : $\dfrac{e^{2\cdot Z_U'}-1}{e^{2\cdot Z_U'}+1} = \dfrac{e^{2\times 2.727}-1}{e^{2\times 2.727}+1} = 0.991$

(3) ① $\widehat{\beta_1}$, $\widehat{\beta_0}$를 계산한다.

$$\widehat{\beta_1} = \frac{S_{(xy)}}{S_{(xx)}} = \frac{322.3}{279.1} = 1.155 \ ,$$

$$\widehat{\beta_0} = \overline{y} - \widehat{\beta_1}\overline{x} = 16.35 - 1.155 \times 25.19 = -12.744$$

② 회귀식을 구한다.

$$\hat{y} = \widehat{\beta_0} + \widehat{\beta_1}x = -12.744 + 1.155x$$

4.3. ①

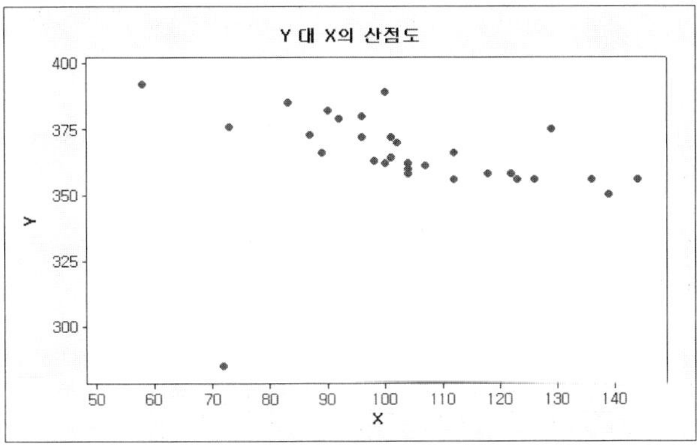

② 상관 분석 : X, Y

X와(과) Y의 Pearson 상관 계수 = -0.173

P-값 = 0.360

〈판정〉

P-값이 0.360으로 $\alpha = 0.05$보다 크므로 유의하다고 할 수 없다.

③ 회귀 방정식

Y = 381 - 0.161 X

④ S = 18.6699 R-제곱 = 3.0% R-제곱(수정) = 0.0%

4.4.

회귀 분석 : Y 대 X

회귀 방정식

Y = 46.3 + 13.8 X

예측변수	계수	계수 SE	T	P
상수	46.269	6.501	7.12	0.000
X	13.760	2.052	6.70	0.000

S = 5.77006 R-제곱 = 84.9% R-제곱(수정) = 83.0%

분산 분석

출처	DF	SS	MS	F	P
회귀	1	1496.6	1496.6	44.95	0.000
잔차 오차	8	266.3	33.3		
총계	9	1762.9			

〈판정〉

P-값이 0으로 $\alpha = 0.05$보다 작으므로 회귀직선식은 유의하다고 할 수 있다.

4.5.

(1) ① 가설을 설정

H_0 : $\rho = 0.664$, H_1 : $\rho \neq 0.664$

② 위험률 $\alpha = 0.05$

③ 통계량

$$Z = \sqrt{n-3}\left[\frac{1}{2}ln\left(\frac{1+r}{1-r}\right) - \frac{1}{2}ln\left(\frac{1+\rho_0}{1-\rho_0}\right)\right]$$

$$= \sqrt{250-3}\left[\frac{1}{2}ln\left(\frac{1+0.740}{1-0.740}\right) - \frac{1}{2}ln\left(\frac{1+0.664}{1-0.664}\right)\right]$$

$$= 2.367$$

④ 기각역

$u_0 > u_{1-a/2}$

⑤ 결론

$Z = 2.367 > u_{0.975} = 1.96$ 이므로 귀무가설이 기각된다. 따라서 유의수준 5 %에서 상관계수는 종래와 다르다고 할 수 있다.

(2) 예제 4.2의 (3)번 참고

4.6.

① 상관 분석 : X, Y

X와(과) Y의 Pearson 상관 계수 = 0.517

P-값 = 0.003

② 회귀 방정식

Y = 226 + 0.345 X

분산 분석

출처	DF	SS	MS	F	P
회귀	1	319.44	319.44	10.19	0.003
잔차 오차	28	877.92	31.35		
총계	29	1197.37			

③ 산점도

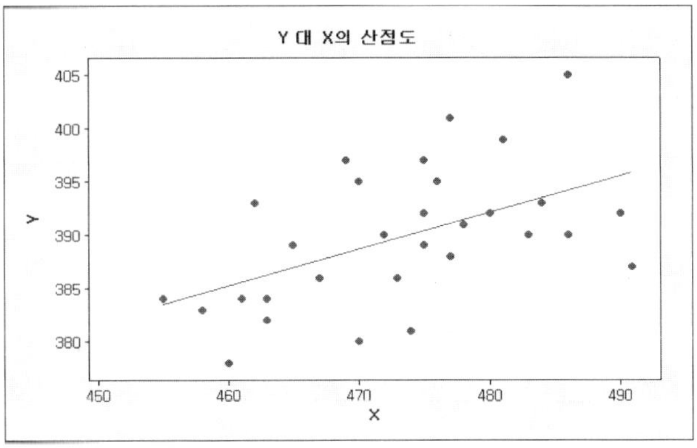

4.7.

(1) 회귀 분석: 경도Y 대 농도X1, 온도X2

회귀 방정식

경도Y = 55.6 + 1.96 농도X1 + 0.192 온도X2

(2)

예측 변수	계수	계수 SE	T	P
상수	55.606	7.423	7.49	0.000
농도X1	1.963	1.356	1.45	0.173
온도X2	0.19230	0.04387	4.38	0.001

S = 2.01660 R-제곱 = 65.5% R-제곱(수정) = 59.7%

분산 분석

출처	DF	SS	MS	F	P
회귀	2	92.533	46.267	11.38	0.002
잔차 오차	12	48.800	4.067		
적합성 결여	5	22.967	4.593	1.24	0.381
순수 오차	7	25.833	3.690		
총계	14	141.333			

- 분산 분석표의 p-값(0.002)은 회귀 절차로 추정된 모형이 유의수준 0.05에서 유의하다는 것을 보여 준다. 이것은 적어도 하나의 계수가 0이 아니라는 것을 나타낸다.
- X1(농도)의 추정된 계수에 대한 p-값은 0.173으로 이는 판매액과 유의한 상관관계가 없다는 것을 나타내고, X2(온도)의 p-값은 0.001로 이는 유의 수준 0.05에서 상관관계가 있다는 것을 나타낸다.

(3) 새로운 관측치에 대한 예측치

새로운관측치 PI	적합지	SE 적합치	95% CI	95%
1	91.831	0.643	(90.431, 93.231)	(87.220, 96.443)

(4) 95 % 신뢰구간 : 90.431~93.231

95% 예측구간 : 87.220~96.443

5장 연습문제 풀이

5.1.

예측 기간	예측	하한	상한
13	210.833	111.988	309.679

5.2.

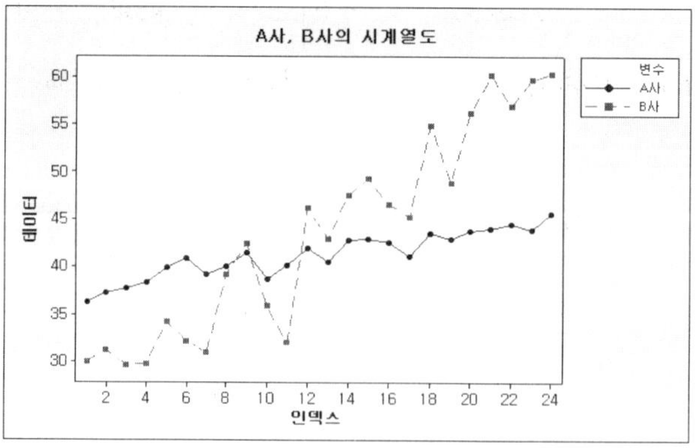

5.3.

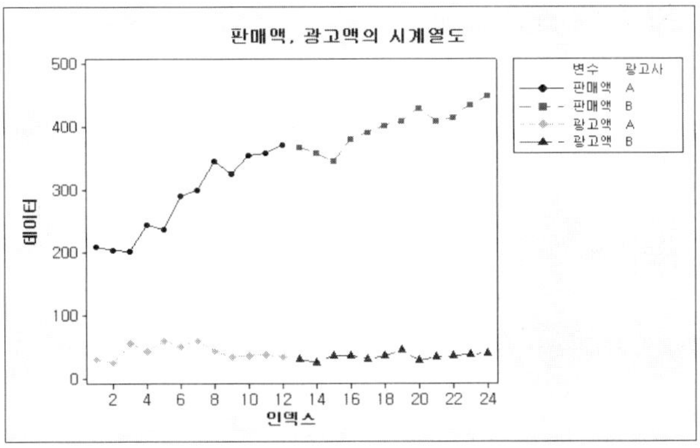

〈해석〉

B 광고대행사를 이용했을 때가 A광고대행사를 이용할 때 보다 매출액이 높음을 알 수 있다.

5.4.

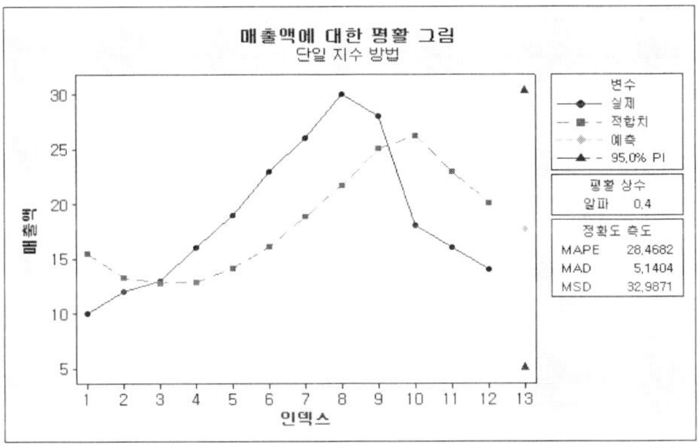

예측 기간	예측	하한	상한
13	17.6943	5.10041	30.2881

연습문제 풀이

6.1. $A_2\overline{R}=(UCL-LCL)/2=2.58$

$\therefore\ A_2=2.58/\overline{R}=0.73$, 따라서 <부표 6>에서 찾으면 $n=4$이다.

6.2. $\left.\begin{matrix}UCL\\LCL\end{matrix}\right\}=E(\overline{x})\pm 3D(\overline{x})=\mu\pm 3\dfrac{\sigma}{\sqrt{n}}$

$$=43.9\pm 3\times\frac{4.2}{\sqrt{4}}$$

$\therefore\ UCL=50.20,\ LCL=37.60$

6.3. (1) p관리도

$$\left.\begin{matrix}UCL\\LCL\end{matrix}\right\}=\overline{p}\pm 3\sqrt{\frac{\overline{p}(1-\overline{p})}{n}}=0.035\pm 3\sqrt{\frac{0.035(1-0.035)}{85}}$$

$\therefore\ UCL=0.095,\ LCL='-'$값으로고려치않는다.

(2) np관리도

$$\left.\begin{matrix}UCL\\LCL\end{matrix}\right\}=\overline{np}\pm 3\sqrt{\overline{np}(1-\overline{p})}=2.975\pm\sqrt{2.975(1-0.035)}$$

$\therefore\ UCL=4.670,\ LCL=1.281$

6.4. (1) $\overline{x}$ 관리도

$$UCL=\overline{\overline{X}}+A_2\overline{R}=20.28+0.577\times 4.48=22.86$$

$$LCL=\overline{\overline{X}}-A_2\overline{R}=20.28-0.577\times 4.48=17.70$$

(2) R 관리도

$$UCL=D_4\overline{R}=2.114\times 4.48=9.47$$

$LCL=D_3\overline{R}=$ 고려치않는다.

(3) $PCI=\dfrac{S_U-S_L}{6\times\dfrac{\overline{R}}{d_2}}=\dfrac{24.20-15.60}{6\times\dfrac{4.48}{2.326}}=0.744$

$\therefore$ 공정능력이 부족하다.

6.5. $\left.\begin{matrix} UCL \\ LCL \end{matrix}\right\} = \overline{np} \pm 3\sqrt{n\bar{p}(1-\bar{p})} = 2.320 \pm \sqrt{2.320(1-0.023)}$

$UCL = 3.826, \ LCL = 0.814$

$\overline{np} = \dfrac{\Sigma np}{k} = \dfrac{58}{25} = 2.320, \ \bar{p} = \dfrac{\Sigma np}{\Sigma n} = \dfrac{58}{2{,}500} = 0.023$

6.6. $\left.\begin{matrix} UCL \\ LCL \end{matrix}\right\} = \bar{p} \pm 3\sqrt{\dfrac{\bar{p}(1-\bar{p})}{n}} = 0.047 \pm 3\sqrt{\dfrac{0.047(1-0.047)}{100}}$

$\therefore \ UCL = 0.110, \ LCL = '-'$값으로고려치않는다.

$\bar{p} = \dfrac{\Sigma np}{\Sigma n} = \dfrac{28}{600} = 0.047$

6.7. (1)

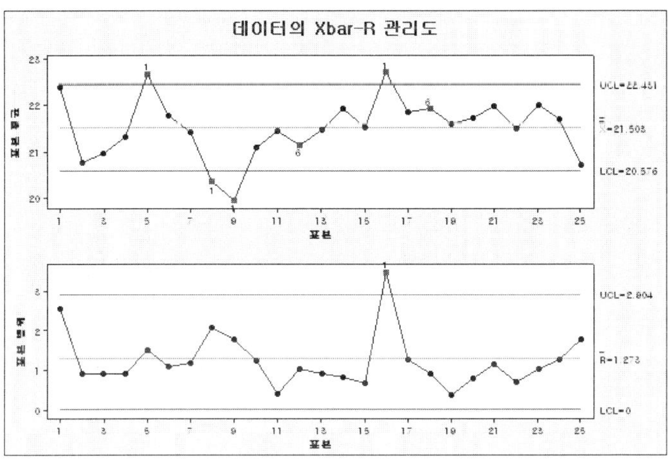

▸▸ 데이터의 Xbar 관리도에 대한 검정 결과

검정 1. 1개의 점이 중심선으로부터 3.00 표준 편차 범위 밖에 있음.

검정 실패 지점 : 5, 8, 9, 16

검정 5. 3개의 점 중에서 2개의 점이 중심선으로부터 2 표준 편차 범위 밖에 있음(CL의 한 쪽).

검정 실패 지점 : 9

검정 6. 5개의 점 중에서 4개의 점이 중심선으로부터 1 표준 편차 범위 밖에 있음(CL의 한 쪽).

검정 실패 지점 : 12, 18

▸▸ 데이터의 R 관리도에 대한 검정 결과

검정 1. 1개의 점이 중심선으로부터 3.00 표준 편차 범위 밖에 있음.

검정 실패 지점 : 16

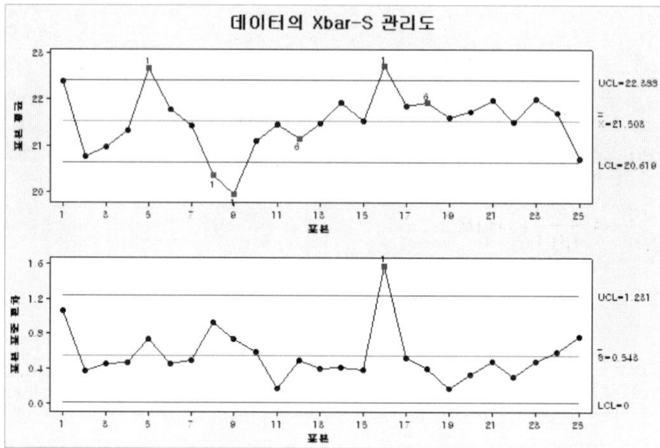

▸▸ 데이터의 Xbar 관리도에 대한 검정 결과

검정 1. 1개의 점이 중심선으로부터 3.00 표준 편차 범위 밖에 있음.

검정 실패 지점 : 5, 8, 9, 16

검정 5. 3개의 점 중에서 2개의 점이 중심선으로부터 2 표준 편차 범위 밖에 있음(CL의 한 쪽).

검정 실패 지점 : 9

검정 6. 5개의 점 중에서 4개의 점이 중심선으로부터 1 표준 편차 범위 밖에 있음(CL의 한 쪽).

검정 실패 지점 : 12, 18

▸▸ 데이터의 S 관리도에 대한 검정 결과

검정 1. 1개의 점이 중심선으로부터 3.00 표준 편차 범위 밖에 있음.

검정 실패 지점: 16

* 경고 * 그래프가 새 데이터로 업데이트되면 위의 결과가 더 이상 올바르지 않을 수도 있습니다.

* 참고 * 명령이 취소되었습니다.

6.8.

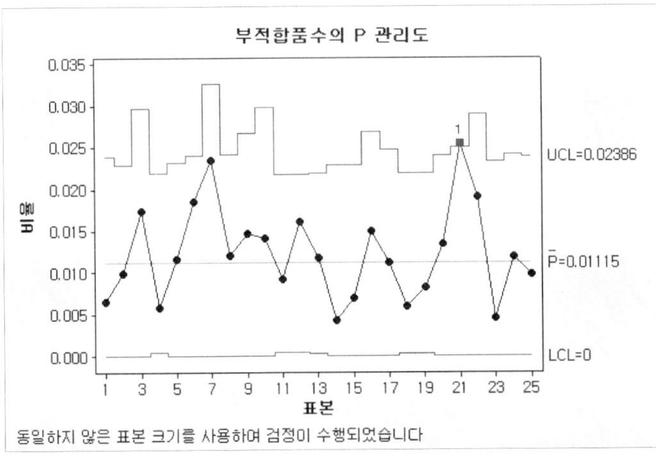

▶▶ 부적합품수의 P 관리도에 대한 검정 결과

검정 1. 1개의 점이 중심선으로부터 3.00 표준 편차 범위 밖에 있음.

검정 실패 지점: 21

6.9.

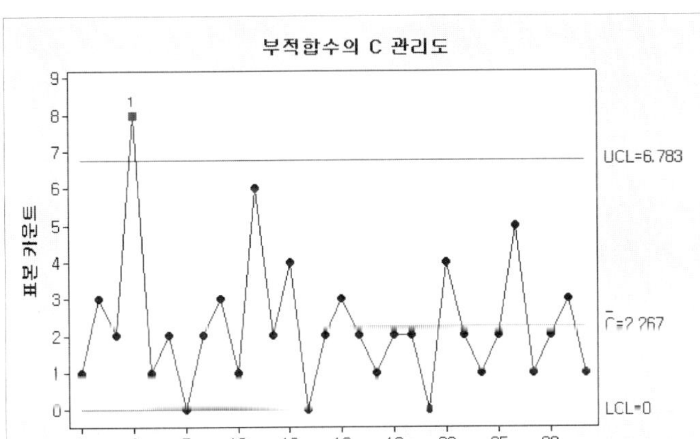

▶▶ 부적합수의 C 관리도에 대한 검정 결과

검정 1. 1개의 점이 중심선으로부터 3.00 표준 편차 범위 밖에 있음.

검정 실패 지점: 4

6.10.

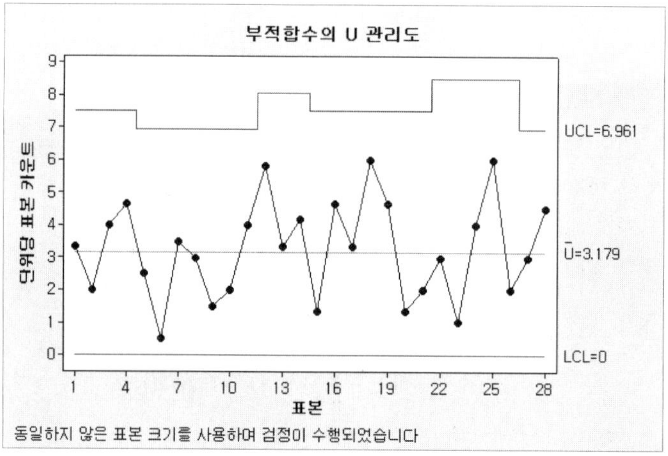

6.11.

(1) $\widehat{\sigma_w} = \overline{R}/d_2 = \dfrac{1.70}{2.059} = 0.826$

(2) $\sigma_{\overline{x}}^2 = \sigma_b^2 + \dfrac{\sigma_w^2}{n}$ 에 적용하면 $0.484^2 = \sigma_b^2 + \dfrac{0.826^2}{4}$, $\sigma_b = 0.252$

$\overline{x} - R$(이동범위) 관리도에서 $\sigma_{\overline{x}}^2 = (\dfrac{\overline{R}}{d_2})^2 = (\dfrac{0.546}{1.128})^2 = 0.484^2$

7.1.

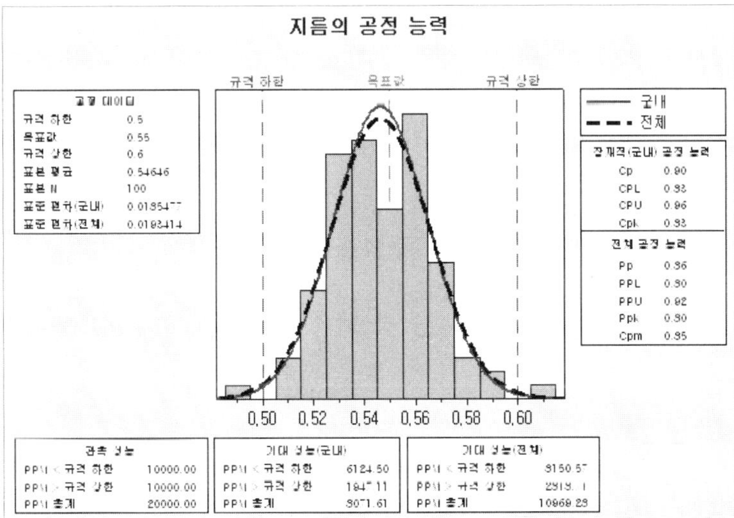

〈결과해석〉

전체 C_P값이 0.90으로 공정능력이 부족하므로 공정의 산포를 감소시키는 방안을 강구하여야 한다.

가. 공정 데이터

- 표준편차(군내) : 0.0185 ← 단기표준편차($\sigma_{short-term}$)
- 표준편차(전체) : 0.0193 ← 장기표준편차($\sigma_{long-term}$)

나. 잠재적(군내) 공정능력 : 공정의 군내변동만을 반영

다. 전체 공정능력 : 공정의 군내변동과 군간변동을 합친 것

라. 관측성능 : 실제 데이터가 규격을 벗어나는 정도를 PPM으로 표현(현재 수행능력)

마. 기대 군내 성능 : 공정의 군내변동만을 반영

바. 기대 전체 성능 : 공정의 군내변동과 군간동 전체의 데이터에 대한 변동

7.2.

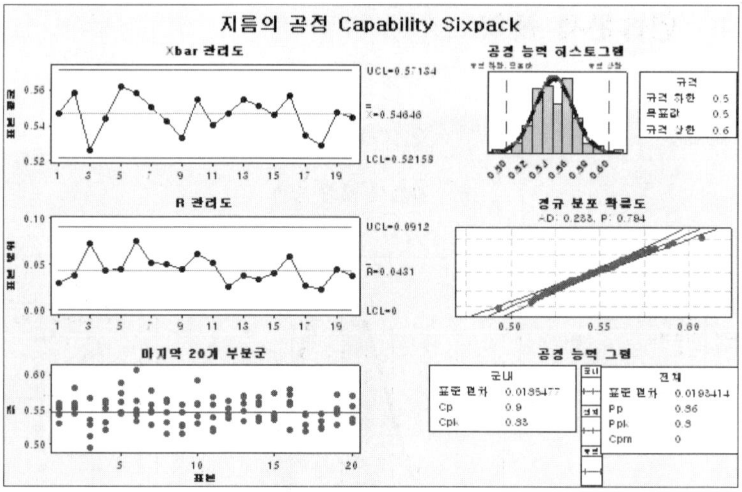

〈결과해석〉

관리도와 R 관리도 모두 점들이 관리 한계 사이에 랜덤하게 분포되어 있고 점들이 관리한계선을 이탈하는 것이 없으므로 공정이 안정적임을 나타낸다.

마지막 20개 부분군에 대한 차트의 점은 추세나 변동 없이, 랜덤한 수평 산포를 보이고 있으므로 공정이 안정적임을 나타낸다.

히스토그램에서는 데이터가 정규 곡선을 근접하게 따르며, 정규 확률도에서는 점들이 거의 대각선에 위치하고 P값이 0.794로 0.05보다 크므로 정규 분포를 따른다는 것을 의미한다.

그러나 공정 능력 그림을 보면, 전체 공정 변동(전체)에 대한 구간이 규격 한계(규격)에 대한 구간보다 더 넓다는 것을 알 수 있다. 즉, 때때로 지름이 공차 한계[0.50, 0.60]를 벗어나는 케이블이 있다는 것을 의미한다. 또한 Ppk 값(0.80)이 요구된 목표값 1.33 이하이므로, 공정을 개선해야 함을 나타내어 준다.

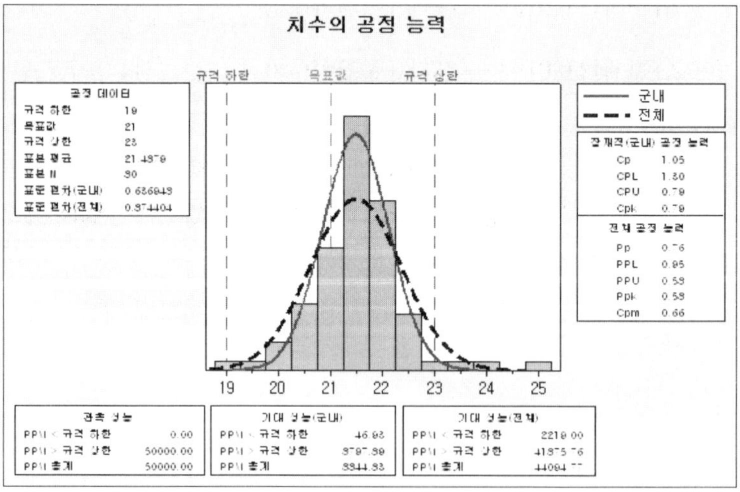

7.3. 통계분석>품질 도구>공정 능력 분석>정규 분포를 선택

전체 C_P 값이 1.05로 공정능력이 빠듯하므로 공정의 산포를 감소시키는 방안을 강구하여야 하며, 공정의 중심이 오른쪽으로 치우쳐져 있어 치우침을 고려한 공정능력지수를 구하여 조치를 취해 주어야 함.

7.4.

$$PCI = \frac{\text{규격폭}(T)}{6\times \text{표준편차}(\hat{\sigma})} = \frac{S_U - S_L}{6\times \dfrac{\overline{R}}{d_2}} = \frac{0.8800 - 0.8750}{6\times \dfrac{0.0039}{2.059}} = 0.44$$

7.5.

$$PCI = \frac{\text{규격폭}(T)}{6\times \text{표준편차}(\hat{\sigma})} = \frac{S_U - S_L}{6\times \dfrac{\overline{R}}{d_2}} = \frac{0.470 - 0.400}{6\times \dfrac{0.0273}{2.059}} = 0.88$$

8장 연습문제 풀이

8.1. (1) Gage 런 차트

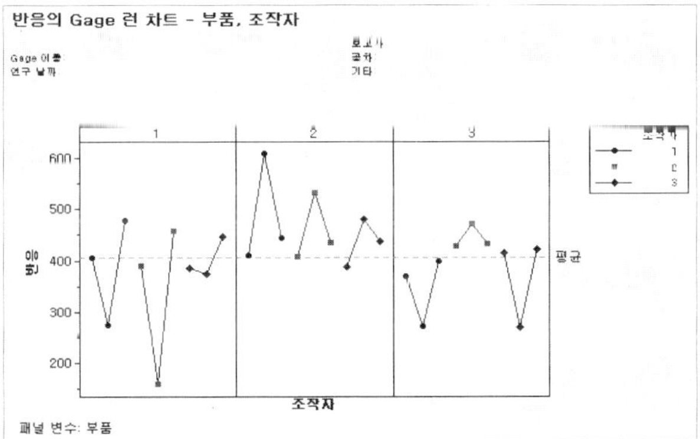

(2) Gage R&R (교차)분석

교호작용이 있는 이원 분산 분석표

출처	DF	SS	MS	F	P
부품	2	38990	19495.2	2.90650	0.166
조작자	2	529	264.3	0.03940	0.962
부품 * 조작자	4	26830	6707.4	0.90185	0.484
반복성	18	133873	7437.4		
총계	26	200222			

교호작용 항 제거에 대한 알파 = 0.25

교호작용이 없는 이원 분산 분석표

출처	DF	SS	MS	F	P
부품	2	38990	19495.2	2.66887	0.092
조작자	2	529	264.3	0.03618	0.965
반복성	22	160703	7304.7		
총계	26	200222			

Gage R&R

출처	분산 성분	%기여(분산성분)
총 Gage R&R	7304.67	84.36
반복성	7304.67	84.36
재현성	0.00	0.00
조작자	0.00	0.00
부품-대-부품	1354.50	15.64
총 변동	8659.17	100.00

출처	표준 편차(SD)	연구 변동(6 * SD)	%연구 변동(%SV)
총 Gage R&R	85.4673	512.804	91.85
반복성	85.4673	512.804	91.85
재현성	0.0000	0.000	0.00
조작자	0.0000	0.000	0.00
부품-대-부품	36.8036	220.821	39.55
총 변동	93.0547	558.328	100.00

고유한 범주의 수 = 1

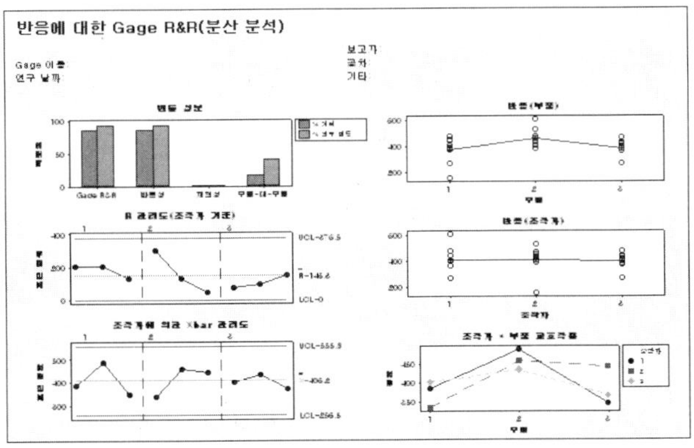

8.2. (1) Gage 런 차트

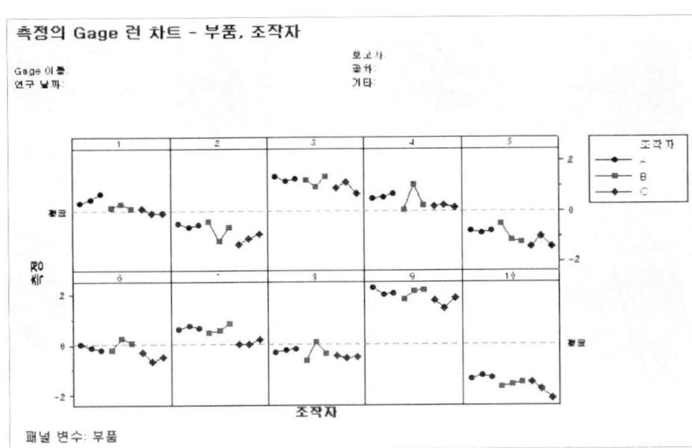

(2) Gage R&R (교차)분석

Gage R&R 분석 - 분산 분석 방법

교호작용이 있는 이원 분산 분석표

출처	DF	SS	MS	F	P
부품	9	88.3619	9.81799	492.291	0.000
조작자	2	3.1673	1.58363	79.406	0.000
부품 * 조직자	18	0.3590	0.01994	0.434	0.974
반복성	60	2.7589	0.04598		
총계	89	94.6471			

교호작용 항 제거에 대한 알파 = 0.25

교호작용이 없는 이원 분산 분석표

출처	DF	SS	MS	F	P
부품	9	88.3619	9.81799	245.614	0.000
조작자	2	3.1673	1.58363	39.617	0.000
반복성	78	3.1179	0.03997		
총계	89	94.6471			

Gage R&R

출처	분산 성분	%기여(분산 성분)
총 Gage R&R	0.09143	7.76
반복성	0.03997	3.39
재현성	0.05146	4.37
조작자	0.05146	4.37
부품-대-부품	1.08645	92.24
총 변동	1.17788	100.00

출처	표준 편차(SD)	연구 변동(6 * SD)	%연구 변동(%SV)
총 Gage R&R	0.30237	1.81423	27.86
반복성	0.19993	1.19960	18.42
재현성	0.22684	1.36103	20.90
조작자	0.22684	1.36103	20.90
부품-대-부품	1.04233	6.25396	96.04
총 변동	1.08530	6.51180	100.00

고유한 범주의 수 = 4

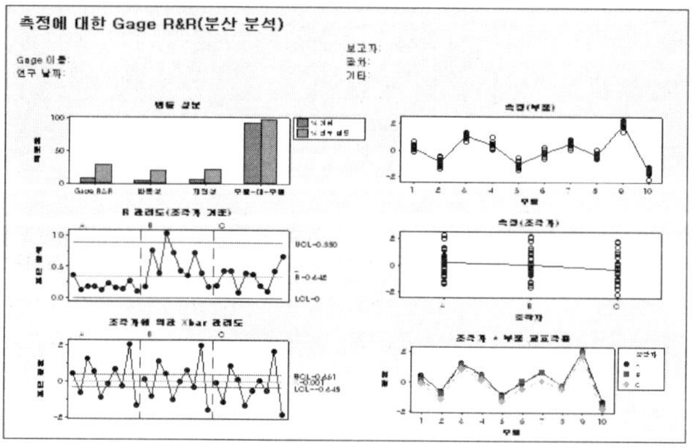

8.3.

등급에 대한 계수형 동일성 분석

각 평가자 대 표준

평가 합치도

평가자	# 검사됨	# 일치됨	백분율	95 % CI
A	15	14	93.33	(68.05, 99.83)
B	15	15	100.00	(81.90, 100.00)
C	15	15	100.00	(81.90, 100.00)
D	15	8	53.33	(26.59, 78.73)
E	15	13	86.67	(59.54, 98.34)

일치됨 : 시행 전반에 대한 평가자의 평가가 알려진 표준과 일치합니다.

Fleiss의 카파 통계량

평가자	반응	카파	SE 카파	Z	P(대 〉 0)
A	-2	1.00000	0.258199	3.87298	0.0001
	-1	1.00000	0.258199	3.87298	0.0001
	0	0.81366	0.258199	3.15131	0.0008
	1	0.81366	0.258199	3.15131	0.0008
	2	1.00000	0.258199	3.87298	0.0001
	전체	0.91597	0.130924	6.99619	
B	-2	1.00000	0.258199	3.87298	0.0001
	-1	1.00000	0.258199	3.87298	0.0001
	0	1.00000	0.258199	3.87298	0.0001
	1	1.00000	0.258199	3.87298	0.0001
	2	1.00000	0.258199	3.87298	0.0001
	전체	1.00000	0.131305	7.61584	0.0000
C	-2	1.00000	0.258199	3.87298	0.0001
	-1	1.00000	0.258199	3.87298	0.0001
	0	1.00000	0.258199	3.87298	0.0001
	1	1.00000	0.258199	3.87298	0.0001
	2	1.00000	0.258199	3.87298	0.0001
	전체	1.00000	0.131305	7.61584	0.0000

D	-2	0.58333	0.258199	2.25924	0.0119
	-1	0.16667	0.258199	0.64550	0.2593
	0	0.44099	0.258199	1.70796	0.0438
	1	0.44099	0.258199	1.70796	0.0438
	2	0.42308	0.258199	1.63857	0.0507
	전체	0.41176	0.130924	3.14508	0.0008
E	-2	0.62963	0.258199	2.43855	0.0074
	-1	0.81366	0.258199	3.15131	0.0008
	0	1.00000	0.258199	3.87298	0.0001
	1	0.76000	0.258199	2.94347	0.0016
	2	0.81366	0.258199	3.15131	0.0008
	전체	0.82955	0.134164	6.18307	0.0000

Kendall의 상관 계수

평가자	계수	계수 SE	Z	P
A	0.96629	0.192450	4.97151	0.0000
B	1.00000	0.192450	5.14667	0.0000
C	1.00000	0.192450	5.14667	0.0000
D	0.87506	0.192450	4.49744	0.0000
E	0.94871	0.192450	4.88016	0.0000

평가자 사이

평가 합치도

# 검사됨	# 일치됨	백분율	95 % CI
15	6	40.00	(16.34, 67.71)

일치됨: 모든 평가자의 평가가 서로 일치합니다.

Fleiss의 카파 통계량

반응	카파	SE 카파	Z	P(대 > 0)
-2	0.680398	0.0816497	8.3331	0.0000
-1	0.602754	0.0816497	7.3822	0.0000
0	0.707602	0.0816497	8.6663	0.0000
1	0.642479	0.0816497	7.8687	0.0000
2	0.736534	0.0816497	9.0207	0.0000
전체	0.672965	0.0412331	16.3210	0.0000

Kendall의 일치성 계수

계수	카이-제곱	DF	P
0.966317	67.6422	14	0.0000

모든 평가자 대 표준

평가 합치도

# 검사됨	# 일치됨	백분율	95 % CI
15	6	40.00	(16.34, 67.71)

일치됨 : 모든 평가자의 평가가 알려진 표준과 일치합니다.

Fleiss의 카파 통계량

반응	카파	SE 카파	Z	P(대 > 0)
-2	0.842593	0.115470	7.2971	0.0000
-1	0.796066	0.115470	6.8941	0.0000
0	0.850932	0.115470	7.3693	0.0000
1	0.802932	0.115470	6.9536	0.0000
2	0.847348	0.115470	7.3383	0.0000
전체	0.831455	0.058911	14.1136	0.0000

Kendall의 상관 계수

계수	계수 SE	Z	P
0.958012	0.0860663	11.1090	0.0000

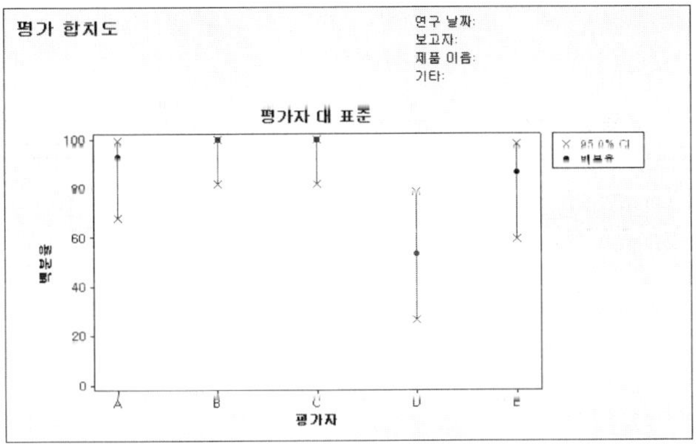

연습문제 풀이

〈결과해석〉

Minitab은 각 평가자 대 표준, 평가자 사이 및 모든 평가자 대 표준이라는 세 가지 평가 동일성 표를 표시한다. 카파와 Kendall의 통계량이 각 표에 포함되어 있다.
평가자 대 표준 그래프는 각 평가자 대 표준에 대한 동일성 표를 그래픽으로 표시한 것입니다. 평가자 대 표준 그래프를 보면 다섯 평가자의 평가 동일성을 쉽게 비교할 수 있습니다.

이 데이터를 보면 D와 E에게 추가적인 훈련이 필요하다는 결론을 내릴 수 있다.

9장 연습문제 풀이

9.1. 일원 분산 분석: 수율 대 온도

출처	DF	SS	MS	F	P
온도	3	0.952	0.317	0.61	0.620
오차	12	6.212	0.518		
총계	15	7.164			

S = 0.7195　R-제곱 = 13.29%　R-제곱(수정) = 0.00%

```
합동 표준 편차에 근거한 평균의 개별 95% CI
수준 N  평균    표준 편차 ---------+---------+---------+---------+-
50   4  7.5500  0.7937    (------------*------------)
60   4  8.0250  0.8655             (------------*------------)
70   4  7.5250  0.6946  (------------*------------)
80   4  8.0250  0.4573             (------------*------------)
                        ---------+---------+---------+---------+-
                              7.20      7.80      8.40      9.00
```

합동 표준 편차 = 0.7195

〈결과해석〉

- 분석결과 p-값이 0.620으로 $\alpha = 0.05$보다 크기 때문에 4개의 온도변화에 따른 수율은 다르다고 할 수 없다.
- 신뢰구간이 서로 일치하므로 각 수준의 평균들은 서로 다르다고 할 수 없다.

9.2. 이원 분산 분석: 인장강도 대 온도, 재료

출처	DF	SS	MS	F	P
온도	3	3.89667	1.29889	9.35	0.011
재료	2	2.18000	1.09000	7.85	0.021
오차	6	0.83333	0.13889		
총계	11	6.91000			

S = 0.3727　R-제곱 = 87.94%　R-제곱(수정) = 77.89%

〈결과해석〉

인자 A의 P-값이 $\alpha = 0.05$보다 작으므로 수준간의 차이가 난다고 할 수 있다. 따라서 가열 온도와 재료에 따라 제품의 인장강도에 따라 차이가 있음을 알 수 있다.

9.4. (1) 이원 분산 분석: 경도 대 시간, 온도

출처	DF	SS	MS	F	P
시간	2	25.0833	12.5417	12.54	0.001
온도	3	17.8333	5.9444	5.94	0.010
교호작용	6	2.9167	0.4861	0.49	0.807
오차	12	12.0000	1.0000		
총계	23	57.8333			

S = 1　R-제곱 = 79.25%　R-제곱(수정) = 60.23%

합동 표준 편차에 근거한 평균의 개별 95% CI

```
시간   평균    --------+---------+---------+---------+-
B1    53.000  (          *-------)
B2    54.875                    (         *         )
B3    55.375                        (-------*------)
              --------+---------+---------+---------+-
                   53.0      54.0      55.0      56.0
```

연습문제 풀이

합동 표준 편차에 근거한 평균의 개별 95% CI

```
온도     평균    ---+---------+---------+---------+------
A1     53.3333  (------*-------)
A2     54.6667           (-------*------)
A3     55.6667                 (-------*------)
A4     54.0000        (------*------)
                ---+---------+---------+---------+------
                        52.8      54.0      55.2      56.4
```

〈결과해석〉

분석결과 시간과 온도의 p-값이 0.001과 0.010으로 $\alpha = 0.05$ 보다 작기 때문에 두 개의 인자는 유의하나, 교호작용의 p-값은 0.807로 $\alpha = 0.05$ 보다 크므로 유의하지 않다고 할 수 있다. 따라서 오차항에 풀링시켜 다시 분석하여야 한다.

(2) 오차항에 풀링시킨 후 결과

이원 분산 분석 : 경도 대 시간, 온도

출처	DF	SS	MS	F	P
시간	2	25.0833	12.5417	15.13	0.000
온도	3	17.8333	5.9444	7.17	0.002
오차	18	14.9167	0.8287		
총계	23	57.8333			

S = 0.9103 R-제곱 = 74.21% R-제곱(수정) = 67.04%

합동 표준 편차에 근거한 평균의 개별 95% CI

```
시간    평균    -------+---------+---------+---------+--
B1    53.000  (------*------)
B2    54.875                 (------*-------)
B3    55.375                      (------*------)
              -------+---------+---------+---------+--
                   53.0      54.0      55.0      56.0
```

```
합동 표준 편차에 근거한 평균의 개별 95% CI
 시간     평균   ----+---------+---------+---------+-----
 A1    53.3333 (------*-------)
 A2    54.6667          (-------*------)
 A3    55.6667                (-------*------)
 A4    54.0000    (-------*-------)
               ---+---------+---------+---------+-----
                53.0      54.0      55.0      56.0
```

〈결과해석〉

- 풀링 결과 시간과 온도는 반응속도에 영향을 미치고 있다고 할 수 있다.
- 최적수준의 조합

  흡수속도를 최대로 하는 시간(B)는 3수준일 때 이며, 온도(A)는 3수 준일 때 이므로 두 인자의 수준을 합친 A3B3가 최적수준의 조합이라고 할 수 있다.

9.4.

(1) 정규확률도

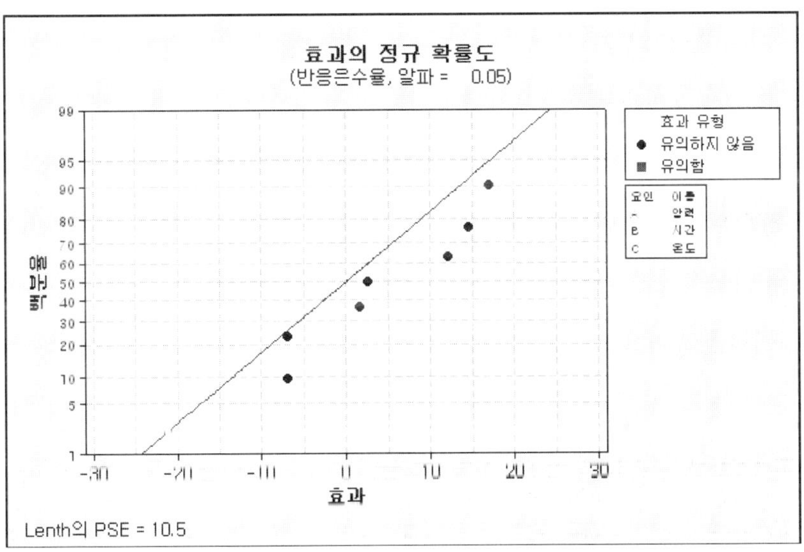

효과의 정규확률도 결과 유의한 인자가 없는 것으로 나타났다

(2) 파레토그림

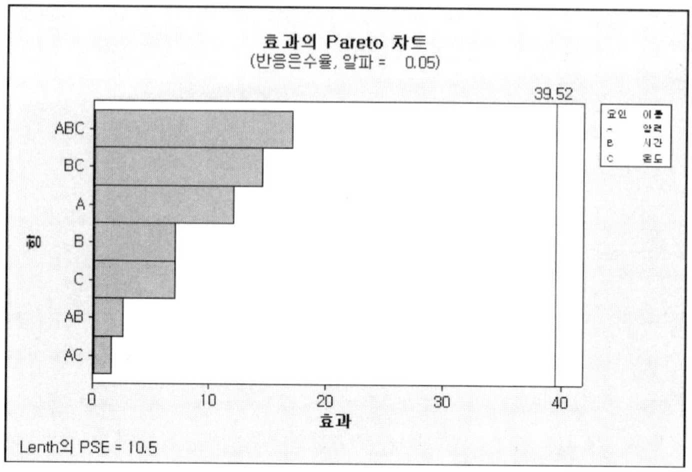

유의수준 5 %에서 기준선(39.52)을 넘어 가는 항이 없으므로 유의한 인자가 없는 것으로 나타났다.

9.5. 일반 선형 모형: 손실량 대 A, B, C

요인	유형	수준	값
A	고정됨	3	1, 2, 3
B	고정됨	3	100, 120, 140
C	고정됨	3	3 10, 15, 20

손실량에 대한 분산 분석(검정을 위해 수정된 제곱합 사용)

출처	DF	Seq SS	Adj SS	Adj MS	F	P
A	2	993.8	993.8	496.9	1.17	0.327
B	2	61190.3	61190.3	30595.2	71.74	0.000
C	2	69105.3	69105.3	34552.7	81.01	0.000
A*B	4	6300.9	6300.9	1575.2	3.69	0.016
A*C	4	7513.9	7513.9	1878.5	4.40	0.007
B*C	4	12854.3	12854.3	3213.6	7.53	0.000
A*B*C	8	4628.8	4628.8	578.6	1.36	0.259
오류	27	11515.5	11515.5	426.5		
총계	53	174102.8				

S = 20.6519 R-제곱 = 93.39% R-제곱(수정) = 87.02%

〈결과해석〉

분산분석 결과 주효과 B, C와 교호작용 AB, AC, BC는 P-값이 0.05보다 작으므로 유의하다.

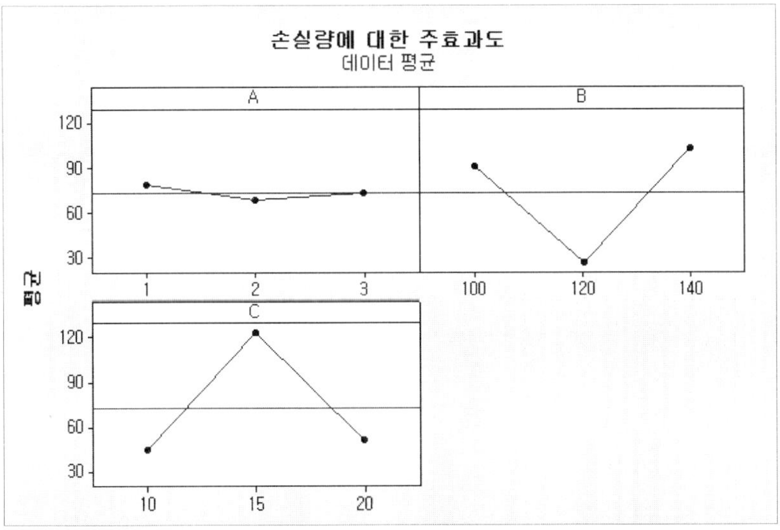

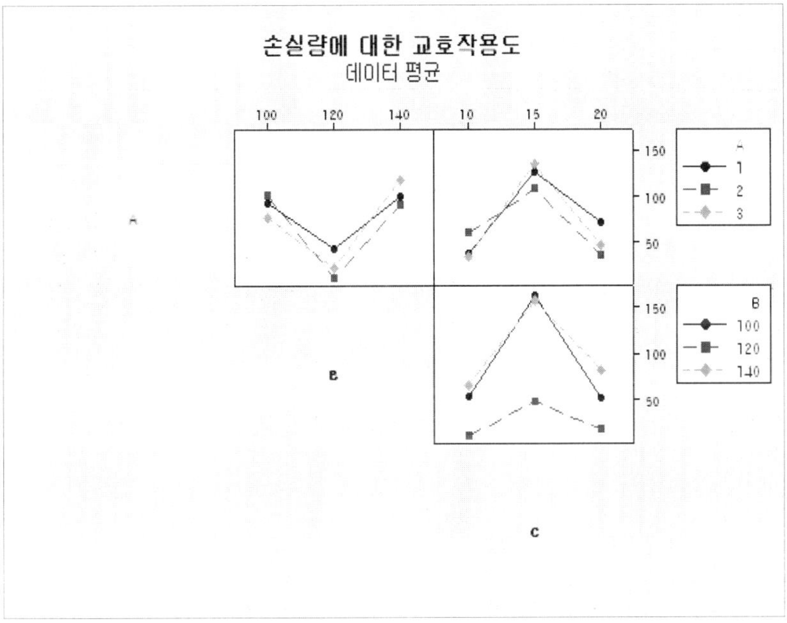

〈결과해석〉

주효과도에서 노즐의 종류(A)는 효과가 없으며, 주입속도(B)에서는 120이 최적이며, 주입압력(C)에서는 10이 최적임을 알 수 있다. 교호 작용 AB, AC, BC는 존재함을 알 수 있다.

9.6.

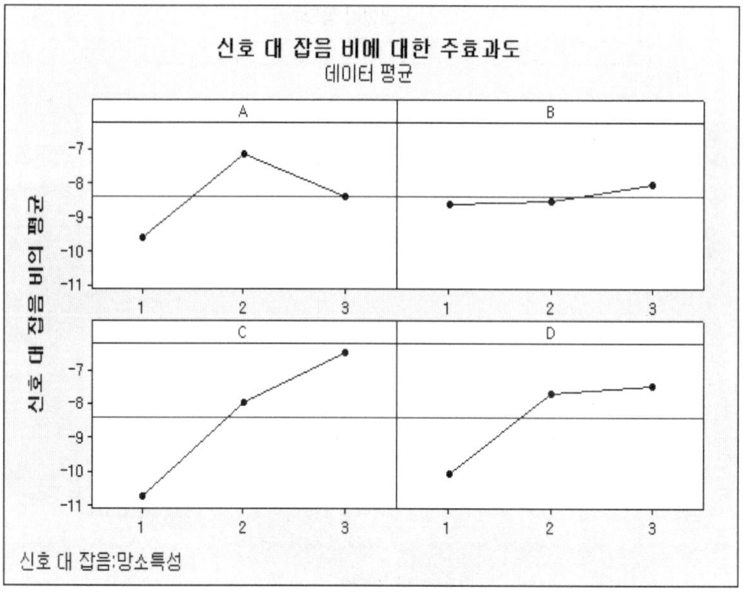

신호 대 잡음 비에 대한 반응 표

망소특성

수준	A	B	C	D
1	−9.595	−8.609	−10.726	−10.037
2	−7.156	−8.533	−7.969	−7.685
3	−8.417	−8.026	−6.472	−7.445
델타	2.439	0.582	4.254	2.592
순위	3	4	1	2

→ 수준간의 차이를 나타내는 델타순위는 C,D,A,B순이다.

신호 대 잡음 비1에 대한 분산 분석(검정을 위해 수정된 제곱합 사용)

출처	DF	Seq SS	Adj SS	Adj MS	F P
A	2	8.9257	8.9257	4.4628	**
B	2	0.6020	0.6020	0.3010	**
C	2	27.9330	27.9330	13.9665	**
D	2	12.3071	12.3071	6.1536	**
오류	0	*	*	*	
총계	8	49.7677			

→ 위 분산분석표에서 오류(오차)이므로 제곱합이 제일 작은 B를 오차항으로 보고 다시 분산분석표를 작성하면 다음과 같다.

신호 대 잡음 비1에 대한 분산 분석(검정을 위해 수정된 제곱합 사용)

출처	DF	Seq SS	Adj SS	Adj MS	F	P
A	2	8.9257	8.9257	4.4628	14.83	0.063
C	2	27.9330	27.9330	13.9665	46.40	0.021
D	2	12.3071	12.3071	6.1536	20.44	0.047
오류	2	0.6020	0.6020	0.3010		
총계	8	49.7677				

→ C,D인자는 유의수준 5 %에서 유의하고, A는 10 %에서 유의하다.

항상수	계수	계수 SE	T	P
	-8.3892	0.1829	-45.87	0.000
A				
1	-1.2055	0.2586	-4.66	0.043
2	1.2334	0.2586	4.77	0.041
C				
1	-2.3367	0.2586	-9.04	0.012
2	0.4199	0.2586	1.62	0.246
D				
1	-1.6480	0.2586	-6.37	0.024
2	0.7042	0.2586	2.72	0.113

예측 값

신호 대

잡음 비

-4.29521

예측에 대한 요인 수준

A	C	D
2	3	3

참/고/문/헌

고복수. **통계적품질경영**. 2008. 한밭대학교출판부

국가품질망(q-korea.net). **Q-지식**. 한국표준협회

박성현·박영현. **통계적품질관리**. 2003. 민영사

박성현. **실험계획법**. 1998. 민영사

박성현. **응용실험계획법**. 1997. 영지문화사

싱글PPM 품질혁신추진본부. 품질혁신교육자료

안상형·이명호. **현대통계학**. 1999. 학현사

김길선 외. **생산시스템과 SCM**. 2006. 법문사

이승훈. **Minitab을 이용한 공학통계 자료분석**. 2006. 이레테크

KS 슈하트 관리도(KS A 3201) : 2001. 한국표준협회

Dale H. Besterfield. **QUALITY CONTROL, 5th ed**. Prentice Hall, INC

Mendenhall·Beaver. **Introduction To Probability And Statistics, 9th ed**. Duxbury Press

Sheldon M. Ross. **Introduction To Probability Models, 6th ed**. Academic Press

부 록

부표

1. 표준화 정규분포표
2. t 분포표
3. χ^2 분포표
4. F 분포표
5. r 분포표
6. 관리도용 계수표

부표 1 표준화 정규분포표 (1)

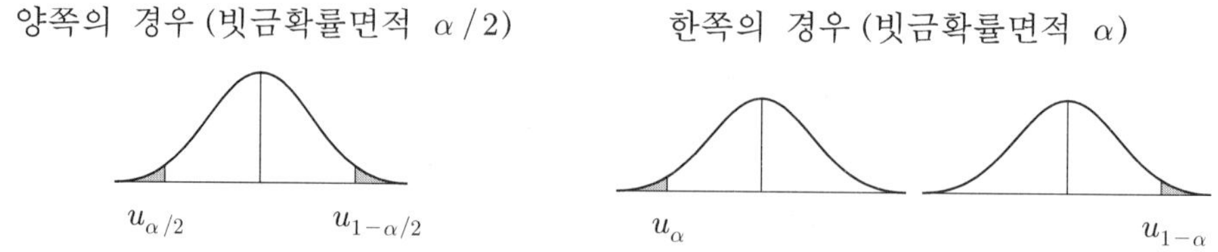

표준화 정규분포의 상측 분위점 $u_{1-\alpha/2}$ 및 $u_{1-\alpha}$의 표

양쪽의 경우		한쪽의 경우		
$\alpha=0.05$	$\alpha=0.01$	$\alpha=0.10$	$\alpha=0.05$	$\alpha=0.01$
$u_{1-\alpha/2}=u_{0.975}$	$u_{1-\alpha/2}=u_{0.995}$	$u_{1-\alpha}=u_{0.90}$	$u_{1-\alpha}=u_{0.95}$	$u_{1-\alpha}=u_{0.99}$
1.960	2.576	1.282	1.645	2.326

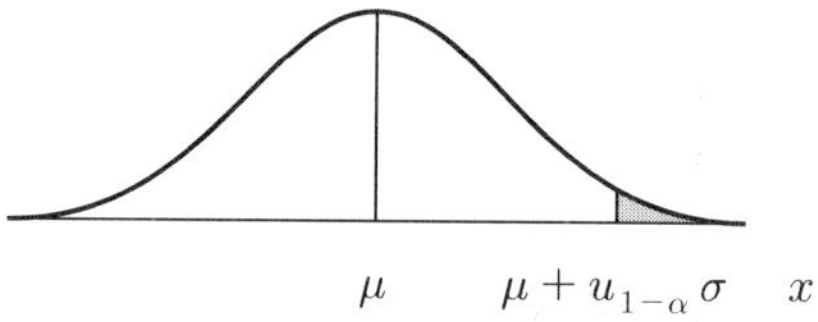

u	.00	.01	.02	.03	.04	.05	.06	.07	.08	.09
0.0	.5000	.4960	.4920	.4880	.4840	.4801	.4761	.4721	.4681	.4641
0.1	.4602	.4562	.4522	.4483	.4443	.4404	.4364	.4325	.4286	.4247
0.2	.4207	.4168	.4129	.4090	.4052	.4013	.3974	.3936	.3897	.3859
0.3	.3821	.3783	.3745	.3707	.3669	.3632	.3594	.3557	.3520	.3483
0.4	.3446	.3409	.3372	.3336	.3300	.3264	.3228	.3192	.3156	.3121
0.5	.3085	.3050	.3015	.2981	.2946	.2912	.2877	.2843	.2810	.2776
0.6	.2743	.2709	.2676	.2643	.2611	.2578	.2546	.2514	.2483	.2451
0.7	.2420	.2389	.2358	.2327	.2297	.2266	.2236	.2206	.2177	.2148
0.8	.2119	.2090	.2061	.2033	.2005	.1977	.1949	.1922	.1894	.1867
0.9	.1841	.1814	.1788	.1762	.1736	.1711	.1685	.1660	.1635	.1611
1.0	.1587	.1562	.1539	.1515	.1492	.1469	.1446	.1423	.1401	.1379
1.1	.1357	.1335	.1314	.1292	.1271	.1251	.1230	.1210	.1190	.1170
1.2	.1151	.1131	.1112	.1093	.1075	.1056	.1038	.1020	.1003	.0985
1.3	.0968	.0951	.0934	.0918	.0901	.0885	.0869	.0853	.0838	.0823
1.4	.0808	.0793	.0778	.0764	.0749	.0735	.0721	.0708	.0694	.0681
1.5	.0668	.0655	.0643	.0630	.0618	.0606	.0594	.0582	.0571	.0559
1.6	.0548	.0537	.0526	.0516	.0505	.0495	.0485	.0475	.0465	.0455
1.7	.0446	.0436	.0427	.0418	.0409	.0401	.0392	.0384	.0375	.0367
1.8	.0359	.0351	.0344	.0336	.0329	.0322	.0314	.0307	.0301	.0294
1.9	.0287	.0281	.0274	.0268	.0262	.0256	.0250	.0244	.0239	.0233
2.0	.0228	.0222	.0217	.0212	.0207	.0202	.0197	.0192	.0188	.0183

부표 1

표준화 정규분포표 (2)

u	.00	.01	.02	.03	.04	.05	.06	.07	.08	.09
2.1	.0179	.0174	.0170	.0166	.0162	.0158	.0154	.0150	.0146	.0143
2.2	.0139	.0136	.0132	.0129	.0125	.0122	.0119	.0116	.0113	.0110
2.3	.0107	.0104	.0102	.0099	.0096	.0094	.0091	.0089	.0087	.0084
2.4	.0082	.0080	.0078	.0075	.0073	.0071	.0069	.0068	.0066	.0064
2.5	.0062	.0060	.0059	.0057	.0055	.0054	.0052	.0051	.0049	.0048
2.6	$.0^{2}4661$	$.0^{2}4527$	$.0^{2}4396$	$.0^{2}4269$	$.0^{2}4145$	$.0^{2}4025$	$.0^{2}3907$	$.0^{2}3793$	$.0^{2}3681$	$.0^{2}3573$
2.7	$.0^{2}3467$	$.0^{2}3364$	$.0^{2}3264$	$.0^{2}3167$	$.0^{2}3072$	$.0^{2}2980$	$.0^{2}2890$	$.0^{2}2803$	$.0^{2}2718$	$.0^{2}2635$
2.8	$.0^{2}2555$	$.0^{2}2477$	$.0^{2}2401$	$.0^{2}2327$	$.0^{2}2250$	$.0^{2}2180$	$.0^{2}2118$	$.0^{2}2052$	$.0^{2}1988$	$.0^{2}1920$
2.9	$.0^{2}1866$	$.0^{2}1807$	$.0^{2}1750$	$.0^{2}1695$	$.0^{2}1041$	$.0^{2}1589$	$.0^{2}1538$	$.0^{2}1489$	$.0^{2}1441$	$.0^{2}1395$
3.0	$.0^{2}1350$	$.0^{2}1306$	$.0^{2}1264$	$.0^{2}1223$	$.0^{2}1183$	$.0^{2}1144$	$.0^{2}1107$	$.0^{2}1070$	$.0^{2}1035$	$.0^{2}1001$
3.1	$.0^{3}9676$	$.0^{3}9351$	$.0^{3}9043$	$.0^{3}8740$	$.0^{3}8447$	$.0^{3}8104$	$.0^{3}7888$	$.0^{3}7622$	$.0^{3}7364$	$.0^{3}7114$
3.2	$.0^{3}6871$	$.0^{3}6637$	$.0^{3}6410$	$.0^{3}6190$	$.0^{3}5976$	$.0^{3}5770$	$.0^{3}5571$	$.0^{3}5377$	$.0^{3}5190$	$.0^{3}5009$
3.3	$.0^{3}4834$	$.0^{3}4665$	$.0^{3}4501$	$.0^{3}4342$	$.0^{3}4189$	$.0^{3}4041$	$.0^{3}3897$	$.0^{3}3758$	$.0^{3}3624$	$.0^{3}3495$
3.4	$.0^{3}3369$	$.0^{3}3248$	$.0^{3}3131$	$.0^{3}3018$	$.0^{3}2909$	$.0^{3}2803$	$.0^{3}2701$	$.0^{3}2602$	$.0^{3}2507$	$.0^{3}2415$
3.5	$.0^{3}2326$	$.0^{3}2241$	$.0^{3}2158$	$.0^{3}2078$	$.0^{3}2001$	$.0^{3}1926$	$.0^{3}1854$	$.0^{3}1785$	$.0^{3}1718$	$.0^{3}1653$
3.6	$.0^{3}1591$	$.0^{3}1531$	$.0^{3}1473$	$.0^{3}1417$	$.0^{3}1363$	$.0^{3}1311$	$.0^{3}1261$	$.0^{3}1213$	$.0^{3}1166$	$.0^{3}1121$
3.7	$.0^{3}1078$	$.0^{3}1036$	$.0^{4}9961$	$.0^{4}9574$	$.0^{4}9201$	$.0^{4}8842$	$.0^{4}8496$	$.0^{4}8162$	$.0^{4}7841$	$.0^{4}7532$
3.8	$.0^{4}7235$	$.0^{4}6948$	$.0^{4}6673$	$.0^{4}6407$	$.0^{4}6152$	$.0^{4}5906$	$.0^{4}5669$	$.0^{4}5442$	$.0^{4}5223$	$.0^{4}5012$
3.9	$.0^{4}4810$	$.0^{4}4615$	$.0^{4}4427$	$.0^{4}4247$	$.0^{4}4074$	$.0^{4}3908$	$.0^{4}3747$	$.0^{4}3594$	$.0^{4}3446$	$.0^{4}3304$
4.0	$.0^{4}3167$	$.0^{4}3036$	$.0^{4}2910$	$.0^{4}2789$	$.0^{4}2673$	$.0^{4}2561$	$.0^{4}2454$	$.0^{4}2351$	$.0^{4}2252$	$.0^{4}2157$
4.1	$.0^{4}2066$	$.0^{4}1978$	$.0^{4}1894$	$.0^{4}1814$	$.0^{4}1737$	$.0^{4}1662$	$.0^{4}1591$	$.0^{4}1523$	$.0^{4}1458$	$.0^{4}1395$
4.2	$.0^{4}1335$	$.0^{4}1277$	$.0^{4}1222$	$.0^{4}1168$	$.0^{4}1118$	$.0^{4}1069$	$.0^{4}1022$	$.0^{5}9774$	$.0^{5}9345$	$.0^{5}8934$
4.3	$.0^{5}8540$	$.0^{5}8163$	$.0^{5}7801$	$.0^{5}7455$	$.0^{5}7124$	$.0^{5}6807$	$.0^{5}6503$	$.0^{5}6212$	$.0^{5}5934$	$.0^{5}5668$
4.4	$.0^{5}5419$	$.0^{5}5169$	$.0^{5}4935$	$.0^{5}4712$	$.0^{5}4498$	$.0^{5}4294$	$.0^{5}4098$	$.0^{5}3911$	$.0^{5}3732$	$.0^{5}3561$
4.5	$.0^{5}3398$	$.0^{5}3241$	$.0^{5}3092$	$.0^{5}2949$	$.0^{5}2813$	$.0^{5}2682$	$.0^{5}2558$	$.0^{5}2439$	$.0^{5}2325$	$.0^{5}2216$
4.6	$.0^{5}2112$	$.0^{5}2013$	$.0^{5}1919$	$.0^{5}1828$	$.0^{5}1742$	$.0^{5}1660$	$.0^{5}1581$	$.0^{5}1506$	$.0^{5}1434$	$.0^{5}1366$
4.7	$.0^{5}1301$	$.0^{5}1239$	$.0^{5}1179$	$.0^{5}1123$	$.0^{5}1069$	$.0^{5}1017$	$.0^{6}9680$	$.0^{6}9211$	$.0^{6}8765$	$.0^{6}8339$
4.8	$.0^{6}7933$	$.0^{6}7547$	$.0^{6}7178$	$.0^{6}6827$	$.0^{6}6492$	$.0^{6}6173$	$.0^{6}5869$	$.0^{6}5680$	$.0^{6}5304$	$.0^{6}5042$
4.9	$.0^{6}4792$	$.0^{6}4554$	$.0^{6}4327$	$.0^{6}4111$	$.0^{6}3906$	$.0^{6}3711$	$.0^{6}3525$	$.0^{6}3348$	$.0^{6}3179$	$.0^{6}3019$

부표 2 t 분포표

양쪽의 경우 (빗금확률면적 $\alpha/2$)

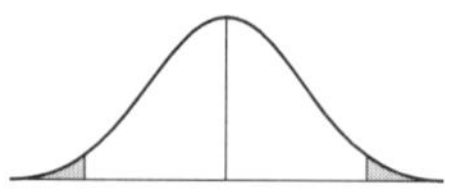

한쪽의 경우 (빗금확률면적 α)

t 분포의 상측분위점 $t_{1-\alpha}(\nu)$의 표

ν \ $1-\alpha$	0.75	0.80	0.85	0.90	0.95	0.975	0.99	0.995	0.9995
1	1.000	1.376	1.963	3.078	6.314	12.706	31.821	63.657	636.619
2	0.816	1.061	1.386	1.886	2.920	4.303	6.965	9.925	31.598
3	0.765	0.978	1.250	1.638	2.353	3.182	4.541	5.841	12.941
4	0.741	0.941	1.109	1.533	2.132	2.776	3.747	4.604	8.610
5	0.727	0.920	1.156	1.476	2.015	2.571	3.365	4.032	6.859
6	0.718	0.906	1.134	1.440	1.943	2.447	3.143	3.707	5.959
7	0.711	0.896	1.119	1.415	1.895	2.365	2.998	3.499	5.405
8	0.706	0.889	1.108	1.397	1.860	2.306	2.896	3.355	5.041
9	0.703	0.883	1.100	1.383	1.833	2.262	2.821	3.250	4.781
10	0.700	0.879	1.093	1.372	1.812	2.228	2.764	3.169	4.587
11	0.697	0.876	1.088	1.363	1.796	2.201	2.718	3.106	4.437
12	0.695	0.873	1.083	1.356	1.782	2.179	2.681	3.055	4.318
13	0.694	0.870	1.079	1.350	1.771	2.160	2.650	3.012	4.221
14	0.692	0.868	1.076	1.345	1.761	2.145	2.624	2.977	4.140
15	0.691	0.866	1.074	1.341	1.753	2.131	2.602	2.947	4.073
16	0.690	0.865	1.071	1.337	1.746	2.120	2.583	2.921	4.015
17	0.689	0.863	1.069	1.333	1.740	2.110	2.567	2.898	3.965
18	0.688	0.862	1.067	1.330	1.734	2.101	2.552	2.878	3.922
19	0.688	0.861	1.066	1.328	1.729	2.093	2.539	2.861	3.883
20	0.687	0.860	1.064	1.325	1.725	2.086	2.528	2.845	3.850
21	0.686	0.859	1.063	1.323	1.721	2.080	2.518	2.831	3.819
22	0.686	0.858	1.061	1.321	1.717	2.074	2.508	2.819	3.792
23	0.685	0.858	1.060	1.319	1.714	2.069	2.500	2.807	3.767
24	0.685	0.857	1.059	1.318	1.711	2.064	2.492	2.797	3.745
25	0.684	0.856	1.058	1.316	1.708	2.060	2.485	2.787	3.725
26	0.684	0.856	1.058	1.315	1.706	2.056	2.479	2.779	3.707
27	0.684	0.855	1.057	1.314	1.703	2.052	2.473	2.771	3.690
28	0.683	0.855	1.056	1.313	1.701	2.048	2.467	2.763	3.674
29	0.683	0.854	1.055	1.311	1.699	2.045	2.462	2.756	3.659
30	0.683	0.854	1.055	1.310	1.697	2.042	2.457	2.750	3.646
40	0.681	0.851	1.050	1.303	1.684	2.021	2.423	2.704	3.551
60	0.679	0.848	1.046	1.296	1.671	2.000	2.390	2.660	3.460
120	0.677	0.845	1.041	1.289	1.658	1.980	2.358	2.617	3.373
∞	0.674	0.842	1.036	1.282	1.645	1.960	2.326	2.576	3.291

부표 3 χ^2 분포표

양쪽의 경우 (빗금확률면적 $\alpha/2$)

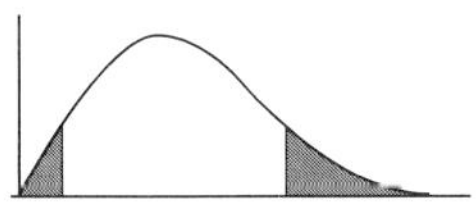

$\chi^2_{\alpha/2}(\nu)$ $\chi^2_{1-\alpha/2}(\nu)$

한쪽의 경우 (빗금확률면적 α)

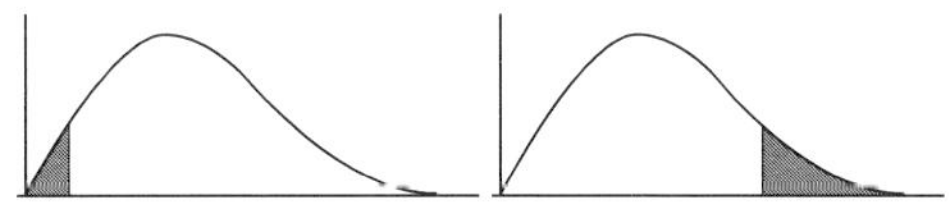

$\chi^2_{\alpha}(\nu)$ $\chi^2_{1-\alpha}(\nu)$

카이제곱 분포의 하측, 상측 분위점 $\chi^2_{\alpha}(\nu)$와 $\chi^2_{1-\alpha}(\nu)$의 표

ν	α인 경우						$1-\alpha$인 경우				
	0.005	0.01	0.025	0.05	0.10	.50	0.90	0.95	0.975	0.99	0.995
1	$0.0^4 39$	$0.0^3 16$	$0.0^3 98$	$0.0^2 39$	0.0158	0.455	2.71	3.84	5.02	6.63	7.88
2	0.0100	0.0201	0.0506	0.103	0.211	1.386	4.61	5.99	7.38	9.21	10.60
3	0.0717	0.115	0.216	0.352	0.584	2.37	6.25	7.81	9.35	11.34	12.84
4	0.207	0.297	0.484	0.711	1.064	3.36	7.78	9.49	11.14	13.28	14.86
5	0.412	0.554	0.831	1.145	1.610	4.35	9.24	11.07	12.82	15.09	16.75
6	0.676	0.872	1.237	1.635	2.20	5.35	10.64	12.59	14.45	16.81	18.55
7	0.989	1.239	1.690	2.17	2.83	6.35	12.02	14.07	16.01	18.48	20.28
8	1.344	1.646	2.18	2.73	3.49	7.34	13.36	15.51	17.53	20.09	21.96
9	1.735	2.09	2.70	3.33	4.17	8.34	14.68	16.92	19.02	21.67	23.59
10	2.16	2.56	3.25	3.94	4.87	9.34	15.99	18.31	20.48	23.21	25.19
11	2.60	3.05	3.82	4.57	5.58	10.34	17.28	19.68	21.92	24.73	26.76
12	3.07	3.57	4.40	5.23	6.30	11.34	18.55	21.03	23.34	26.22	28.30
13	3.57	4.11	5.01	5.89	7.04	12.34	19.81	22.36	24.74	27.69	29.82
14	4.07	4.66	5.63	6.57	7.79	13.34	21.06	23.68	26.12	29.14	31.32
15	4.60	5.23	6.26	7.26	8.55	14.34	22.31	25.00	27.49	30.58	32.80
16	5.14	5.81	6.91	7.96	9.31	15.34	23.54	26.30	28.85	32.00	34.27
17	5.70	6.41	7.56	8.67	10.09	16.34	24.77	27.59	30.19	33.41	35.72
18	6.26	7.01	8.23	9.39	10.86	17.34	25.99	28.87	31.53	34.81	37.16
19	6.84	7.63	8.91	10.12	11.65	18.34	27.20	30.14	32.85	36.19	38.58
20	7.43	8.26	9.59	10.85	12.44	19.34	28.41	31.41	34.17	37.57	40.00
21	8.03	8.90	10.28	11.59	13.24	20.30	29.62	32.67	35.48	38.93	41.40
22	8.64	9.54	10.98	12.34	14.04	21.30	30.81	33.92	36.78	40.29	42.80
23	9.26	10.20	11.69	13.09	14.85	22.30	32.01	35.17	38.08	41.64	44.18
24	9.89	10.86	12.40	13.85	15.66	23.30	33.20	36.42	39.36	42.98	45.56
25	10.52	11.52	13.12	14.61	16.47	24.30	34.38	37.65	40.65	44.31	46.93
26	11.16	12.20	13.84	15.38	17.29	25.30	35.56	38.89	41.92	45.64	48.29
27	11.81	12.88	14.57	16.15	18.11	26.30	36.74	40.11	43.19	46.96	49.64
28	12.46	13.56	15.31	16.93	18.94	27.30	37.92	41.34	44.46	48.28	50.99
29	13.12	14.26	16.05	17.71	19.77	28.30	39.09	42.56	45.72	49.59	52.34
30	13.79	14.95	16.79	18.49	20.60	29.30	40.26	43.77	46.98	50.89	53.67
40	20.71	22.16	24.43	26.51	29.05	39.30	51.81	55.76	59.34	63.69	66.77
50	27.99	29.17	32.36	34.76	37.69	49.30	63.17	67.50	71.42	76.15	79.49
60	35.53	37.48	40.48	43.19	46.46	59.30	74.40	79.08	83.30	88.38	91.95
70	43.28	45.44	48.76	51.74	55.33	69.30	85.53	90.53	95.02	100.4	104.2
80	51.17	53.54	57.15	60.39	64.28	79.30	96.58	101.9	106.6	112.3	113.6
90	59.20	61.75	65.65	69.13	73.29	89.30	107.60	113.1	118.1	124.1	128.3
100	67.33	70.06	74.22	77.93	82.36	99.30	118.50	124.3	129.6	153.8	140.2

부표 4 F 분포표 (1)

양쪽의 경우 (빗금확률면적 $\alpha/2$)　　　　한쪽의 경우 (빗금확률면적 α)

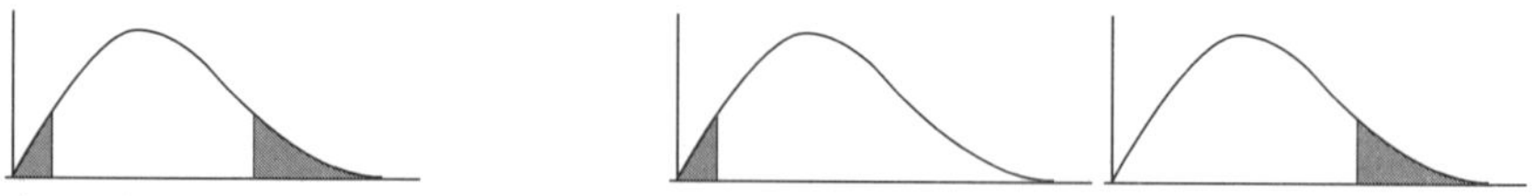

F 분포 상측 분위점 $F_{1-\alpha}(\nu_1, \nu_2)$의 표 (단, $F_{\alpha}(\nu_1, \nu_2) = 1/F_{1-\alpha}(\nu_1, \nu_2)$이다.)

ν_2	$1-\alpha$	ν_1																		
		1	2	3	4	5	6	7	8	9	10	11	12	15	20	24	30	60	120	∞
1	0.90	39.9	49.5	53.6	55.8	57.2	58.2	58.9	59.4	59.9	60.2	60.5	60.7	61.2	61.7	62.0	62.3	62.8	63.1	63.3
	0.95	161	200	216	225	230	234	237	239	241	242	243	244	246	248	249	250	252	253	254
	0.975	648	800	864	900	922	937	948	957	963	969	973	977	985	993	997	1001	1010	1014	1018
	0.99	4052	5000	5403	5625	5764	5859	5928	5981	6022	6056	6082	6106	6157	6209	6235	6261	6313	6339	6366
2	0.90	8.53	9.00	9.16	9.24	9.29	9.33	9.35	9.37	9.38	9.39	9.40	9.41	9.42	9.44	9.45	9.46	9.47	9.48	9.49
	0.95	18.5	19.0	19.2	19.2	19.3	19.3	19.4	19.4	19.4	19.4	19.4	19.4	19.4	19.4	19.5	19.5	19.5	19.5	19.5
	0.975	38.5	39.0	39.2	39.3	39.3	39.3	39.4	39.4	39.4	39.4	39.4	39.4	39.4	39.5	39.5	39.5	39.5	39.5	39.5
	0.99	88.5	99.0	99.2	99.2	99.3	99.3	99.4	99.4	99.4	99.4	99.4	99.4	99.4	99.4	99.5	99.5	99.5	99.5	99.5
3	0.90	5.54	5.46	6.39	5.34	5.31	5.28	5.27	5.25	5.24	5.23	5.22	5.22	5.20	5.18	5.18	5.17	5.15	5.14	5.13
	0.95	10.1	9.55	9.28	9.12	9.01	8.94	8.89	8.85	8.81	8.79	8.76	8.74	8.70	8.66	8.64	8.62	8.57	8.55	8.53
	0.975	17.4	16.0	15.4	15.1	14.9	14.7	14.6	14.5	14.5	14.4	14.4	14.3	14.3	14.2	14.1	14.1	14.0	14.0	13.9
	0.99	34.1	30.8	29.5	28.7	28.2	27.9	27.7	27.5	27.3	27.2	27.1	27.1	26.9	26.7	26.6	26.5	26.3	26.2	26.1
4	0.90	4.54	4.32	4.19	4.11	4.05	4.01	3.98	3.95	3.94	3.92	3.91	3.90	3.87	3.84	3.83	3.82	3.79	3.78	3.76
	0.95	7.71	6.94	6.59	6.39	6.26	6.16	6.09	6.04	6.00	5.96	5.94	5.91	5.85	5.80	5.77	5.75	5.69	5.66	5.63
	0.975	12.2	10.7	9.98	9.60	9.36	9.20	9.07	8.98	8.90	8.84	8.80	8.75	8.66	8.56	8.51	8.46	8.36	8.31	8.26
	0.99	21.2	18.0	16.7	16.0	15.5	15.2	15.0	14.8	14.7	14.5	14.4	14.4	14.2	14.0	13.9	13.8	13.7	13.6	13.5
5	0.90	4.06	3.78	3.62	3.52	3.45	3.40	3.37	3.34	3.32	3.30	3.28	3.27	3.24	3.21	3.19	3.17	3.14	3.12	3.11
	0.95	5.61	5.79	5.41	5.19	5.05	4.95	4.88	4.82	4.77	4.74	4.71	4.68	4.62	4.56	4.53	4.50	4.43	4.40	4.37
	0.975	10.0	8.43	7.76	7.39	7.15	6.98	6.85	6.76	6.68	6.62	6.57	6.52	6.43	6.33	6.28	6.23	6.12	6.07	6.02
	0.99	16.3	13.3	12.1	11.4	11.0	10.7	10.5	10.3	10.2	10.1	9.96	9.89	9.72	9.55	9.47	9.38	9.20	9.11	9.02
6	0.90	3.78	3.46	3.29	3.18	3.11	3.05	3.01	2.98	2.96	2.94	2.92	2.90	2.87	2.84	2.82	2.80	2.76	2.74	2.72
	0.95	6.99	5.14	4.76	4.53	4.39	4.28	4.21	4.15	4.10	4.06	4.03	4.00	3.04	3.87	3.84	3.81	3.74	3.70	3.67
	0.975	8.81	7.26	6.60	6.23	5.99	5.82	5.70	5.60	5.52	5.46	5.41	5.27	5.27	5.17	5.12	5.07	4.96	4.90	4.85
	0.99	13.7	10.9	9.78	9.15	8.75	8.47	8.26	8.10	7.98	7.87	7.79	7.72	7.56	7.40	7.31	7.23	7.06	6.97	6.88
7	0.90	3.59	3.26	3.07	2.96	2.88	2.83	2.78	2.75	2.72	2.70	2.68	2.67	2.63	2.59	2.58	2.56	2.51	2.49	2.47
	0.95	5.59	4.74	4.35	4.12	3.97	3.87	3.79	3.73	3.68	3.64	3.60	3.57	3.51	3.44	3.41	3.38	3.30	3.27	3.23
	0.975	8.07	6.54	5.89	5.52	5.29	5.12	4.99	4.90	4.82	4.76	4.71	4.67	4.57	4.47	4.42	4.36	4.25	4.20	4.14
	0.99	12.2	9.55	8.45	7.85	7.46	7.19	6.99	6.84	6.72	6.62	6.54	6.47	6.31	6.16	6.07	5.99	5.82	5.74	5.65
8	0.90	3.46	3.11	2.92	2.81	2.73	2.67	2.62	2.59	2.56	2.54	2.52	2.50	2.46	2.42	2.40	2.38	2.34	2.32	2.29
	0.95	5.32	4.46	4.07	3.84	3.69	3.58	3.50	3.44	3.39	3.35	3.31	3.28	3.22	3.15	3.12	3.08	3.01	2.97	2.93
	0.975	7.57	6.06	5.42	5.05	4.82	4.65	4.53	4.43	4.36	4.30	4.25	4.20	4.10	4.00	3.95	3.89	3.78	3.73	3.67
	0.99	11.3	8.65	7.59	7.01	6.63	6.37	6.18	6.03	5.91	5.81	5.73	5.67	5.52	5.36	5.28	5.20	5.03	4.95	4.86
9	0.90	3.36	3.01	2.81	2.69	2.61	2.55	2.51	2.47	2.44	2.42	2.40	2.38	2.34	2.30	2.28	2.25	2.21	2.18	2.16
	0.95	5.12	4.26	3.86	3.63	3.48	3.37	3.29	3.23	3.18	3.14	3.10	3.07	3.01	2.94	2.90	2.86	2.79	2.75	2.71
	0.975	7.21	5.71	5.08	4.72	4.48	4.32	4.20	4.10	4.03	3.96	3.91	3.87	3.77	3.67	3.61	3.56	3.45	3.39	3.33
	0.99	10.6	8.02	6.99	6.42	6.06	5.80	5.61	5.47	5.35	5.26	5.18	5.11	4.96	4.81	4.73	4.65	4.48	4.40	4.31
10	0.90	3.29	2.92	2.73	2.61	2.52	2.46	2.41	2.38	2.35	2.32	2.30	2.28	2.24	2.20	2.18	2.16	2.11	2.08	2.06
	0.95	4.96	4.10	3.71	3.48	3.33	3.22	3.14	3.07	3.02	2.98	2.94	2.91	2.84	2.77	2.74	2.70	2.62	2.58	2.54
	0.975	6.94	5.46	4.83	4.47	4.24	4.07	3.95	3.85	3.78	3.72	3.67	3.62	3.52	3.42	3.37	3.31	3.20	3.14	3.08
	0.99	10.0	7.66	6.55	5.99	5.64	5.39	5.20	5.06	4.94	4.85	4.77	4.71	4.56	4.41	4.33	4.25	4.08	4.00	3.91

부표 4 F 분포표 (2)

ν_2	$1-\alpha$	ν_1																		
		1	2	3	4	5	6	7	8	9	10	11	12	15	20	24	30	60	120	∞
11	0.90	3.23	2.86	2.66	2.54	2.45	2.39	2.34	2.30	2.27	2.25	2.23	2.21	2.17	2.12	2.10	2.08	2.03	1.99	1.97
	0.95	4.84	3.98	3.59	3.36	3.20	3.09	3.01	2.95	2.90	2.85	2.82	2.79	2.72	2.65	2.61	2.57	2.49	2.43	2.40
	0.975	6.72	5.26	4.63	4.28	4.04	3.88	3.76	3.66	3.59	3.53	3.48	3.43	3.33	3.23	3.17	3.12	3.00	2.94	2.88
	0.99	9.65	7.21	6.22	5.67	5.32	5.07	4.89	4.74	4.63	4.54	4.46	4.40	4.25	4.10	4.02	3.94	3.78	3.66	3.60
12	0.90	3.18	2.81	2.61	2.48	2.39	2.33	2.28	2.24	2.21	2.19	2.17	2.15	2.10	2.06	2.04	2.01	1.96	1.93	1.90
	0.95	4.75	3.89	3.49	3.26	3.11	3.00	2.91	2.85	2.80	2.75	2.72	2.69	2.62	2.54	2.51	2.47	2.38	2.34	2.30
	0.975	6.55	5.10	4.47	4.12	3.89	3.73	3.61	3.51	3.44	3.37	3.32	3.28	3.18	3.07	3.02	2.96	2.85	2.79	2.72
	0.99	9.33	6.93	5.95	5.41	5.06	4.82	4.64	4.50	4.39	4.30	4.22	4.16	4.01	3.86	3.78	3.70	3.54	3.45	3.36
13	0.90	3.14	2.76	2.56	2.43	2.35	2.28	2.23	2.20	2.16	2.14	2.12	2.05	2.10	2.01	1.98	1.96	1.90	1.86	1.85
	0.95	4.67	3.81	3.41	3.18	3.03	2.92	2.83	2.77	2.71	2.67	2.63	2.53	2.60	2.46	2.42	2.38	2.30	2.23	2.21
	0.975	6.41	4.97	4.35	4.00	3.77	3.60	3.48	3.39	3.31	3.25	3.20	3.05	3.15	2.95	2.89	2.84	2.72	2.66	2.60
	0.99	9.07	6.70	5.74	5.21	4.86	4.62	4.44	4.30	4.19	4.10	4.02	3.82	3.96	3.66	3.59	3.51	3.34	3.22	3.17
14	0.90	3.10	2.73	2.52	2.39	2.31	2.24	2.19	2.15	21.2	2.10	2.08	2.05	2.01	1.96	1.94	1.91	1.86	1.83	1.80
	0.95	4.60	3.74	3.34	3.11	2.96	2.85	2.76	2.70	2.65	2.60	2.57	2.53	2.46	2.39	2.35	2.31	2.22	2.18	2.13
	0.975	6.30	4.86	4.24	3.89	3.66	3.50	3.36	3.29	3.21	3.15	3.10	3.05	2.95	2.84	2.79	2.73	2.61	2.55	2.49
	0.99	8.86	6.51	5.56	5.04	4.69	4.46	4.28	4.14	4.03	3.94	3.86	3.38	3.66	3.51	3.43	3.35	3.18	3.09	3.00
15	0.90	3.07	2.70	2.49	2.36	2.27	2.21	2.16	2.12	2.09	2.06	2.04	2.02	1.97	1.92	1.90	1.87	1.82	1.79	1.76
	0.95	4.54	3.68	3.29	3.06	2.90	2.79	2.71	2.64	2.59	2.54	2.51	2.48	2.40	2.33	2.29	2.25	2.16	2.11	2.07
	0.975	6.20	4.77	4.15	3.80	3.58	3.41	3.29	3.20	3.12	3.06	3.01	2.96	2.86	2.76	2.70	2.64	2.52	2.46	2.40
	0.99	8.68	6.36	5.42	4.89	4.56	4.32	4.14	4.00	3.89	3.80	3.73	3.67	3.52	3.37	3.29	3.21	3.05	2.96	2.87
20	0.90	2.97	2.59	2.38	2.25	2.16	2.09	2.04	2.00	1.96	1.94	1.92	1.89	1.84	1.79	1.77	1.74	1.68	1.64	1.61
	0.95	4.35	3.49	3.10	2.87	2.71	2.60	2.51	2.45	2.39	2.35	2.31	2.28	2.20	2.12	2.08	2.04	1.95	1.90	1.84
	0.975	5.87	4.46	3.86	3.51	3.29	3.13	3.01	2.91	2.84	2.77	2.72	2.68	2.57	2.46	2.41	2.35	2.22	2.16	2.09
	0.99	8.10	5.85	4.94	4.43	4.10	3.87	3.70	3.56	3.46	3.37	3.29	3.23	3.09	2.94	2.86	2.78	2.61	2.52	2.42
24	0.90	2.93	2.54	2.33	2.19	2.10	2.04	1.98	1.94	1.91	1.88	1.85	1.83	1.78	1.73	1.70	1.67	1.61	1.57	1.53
	0.95	4.26	3.40	3.01	2.78	2.62	2.51	2.42	2.36	2.30	2.25	2.21	2.18	2.11	2.03	1.98	1.94	1.84	1.79	1.73
	0.975	5.72	4.32	3.72	3.38	3.15	2.99	2.87	2.78	2.70	2.64	2.59	2.54	2.44	2.33	2.27	2.21	2.08	2.01	1.94
	0.99	7.82	5.61	4.72	4.22	3.90	3.67	3.50	3.36	3.26	3.17	3.09	3.03	2.89	2.74	2.66	2.58	2.40	2.31	2.21
30	0.90	2.88	2.49	2.28	2.14	2.05	1.98	1.93	1.88	1.85	1.82	1.79	1.77	1.72	1.67	1.64	1.61	1.54	1.50	1.46
	0.95	4.17	3.32	2.92	2.69	2.53	2.42	2.33	2.27	2.21	2.16	2.13	2.09	2.01	1.93	1.89	1.84	1.74	1.68	1.62
	0.975	5.57	4.18	3.59	3.25	3.03	2.87	2.75	2.65	2.57	2.51	2.46	2.41	2.31	2.20	2.14	2.07	1.94	1.87	1.79
	0.99	7.56	5.39	4.51	4.02	3.70	3.47	3.30	3.17	3.07	2.98	2.91	2.84	2.70	2.55	2.47	2.39	2.21	2.11	2.01
60	0.90	2.79	2.39	2.18	2.04	1.95	1.87	1.82	1.77	1.74	1.71	1.68	1.66	1.60	1.54	1.51	1.48	1.40	1.35	1.29
	0.95	4.00	3.15	2.76	2.53	2.37	2.25	2.17	2.10	2.04	1.99	1.95	1.92	1.84	1.75	1.70	1.65	1.53	1.47	1.39
	0.975	5.29	3.93	3.34	3.01	2.79	2.63	2.51	2.41	2.33	2.27	2.22	2.17	2.06	1.94	1.88	1.82	1.67	1.58	1.48
	0.99	7.08	4.98	4.13	3.65	3.34	3.12	2.95	2.82	2.72	2.63	2.56	2.50	2.35	2.20	2.12	2.03	1.84	1.73	1.60
120	0.90	2.75	2.36	2.13	1.99	1.90	1.82	1.77	1.72	1.68	1.65	1.62	1.60	1.55	1.48	1.45	1.41	1.32	1.26	1.19
	0.95	3.92	3.07	2.68	2.45	2.29	2.18	2.09	2.02	1.96	1.91	1.87	1.83	1.75	1.66	1.61	1.55	1.43	1.35	1.25
	0.975	5.15	3.80	3.23	2.89	2.67	2.52	2.39	2.30	2.22	2.16	2.11	2.05	1.94	1.82	1.76	1.69	1.53	1.43	1.31
	0.99	7.08	4.98	4.13	3.65	3.34	3.12	2.95	2.82	2.72	2.47	2.40	2.34	2.19	2.03	1.95	1.86	1.66	1.53	1.38
∞	0.90	2.71	2.30	2.08	1.94	1.85	1.77	1.72	1.67	1.63	1.60	1.57	1.55	1.49	1.42	1.38	1.34	1.24	1.17	1.00
	0.95	3.84	3.00	2.60	2.37	2.21	2.10	2.01	1.94	1.88	1.83	1.79	1.79	1.67	1.57	1.52	1.46	1.32	1.22	1.00
	0.975	5.02	3.69	3.12	2.79	2.57	2.41	2.29	2.19	2.11	2.05	2.00	1.94	1.83	1.71	1.64	1.57	1.39	1.27	1.00
	0.99	6.63	4.61	3.78	3.32	3.02	2.80	2.64	2.51	2.41	2.32	2.25	2.18	2.04	1.88	1.79	1.70	1.47	1.32	1.00

부표 5 r 분포표

r 분포의 상측 분위점 $r_{1-\alpha}(\nu)$의 표

ν \ $1-\alpha$	0.95	0.975	0.99	0.995
10	.4973	.5760	.6581	.7079
11	.4762	.5529	.6339	.6835
12	.4575	.5324	.6120	.6614
13	.4409	.5139	.5923	.6411
14	.4259	.4973	.5742	.6226
15	.4124	.4821	.5577	.6055
16	.4000	.4683	.5425	.5897
17	.3887	.4555	.5285	.5751
18	.3783	.4438	.5155	.5614
19	.3687	.4329	.5034	.5487
20	.3598	.4227	.4921	.5368
25	.3233	.3809	.4451	.4869
30	.2960	.3494	.4093	.4487
35	.2746	.3246	.3810	.4182
40	.2573	.3044	.3578	.3932
50	.2306	.2732	.3218	.3541
60	.2108	.2500	.2948	.3248
70	.1954	.2319	.2737	.3017
80	.1829	.2172	.2565	.2830
90	.1726	.2050	.2422	.2673
100	.1638	.1946	.2301	.2540
근사치	$\frac{1.645}{\sqrt{\nu+1}}$	$\frac{1.960}{\sqrt{\nu+1}}$	$\frac{2.326}{\sqrt{\nu+2}}$	$\frac{2.576}{\sqrt{\nu+3}}$

양쪽의 경우 (빗금확률면적 $\alpha/2$)

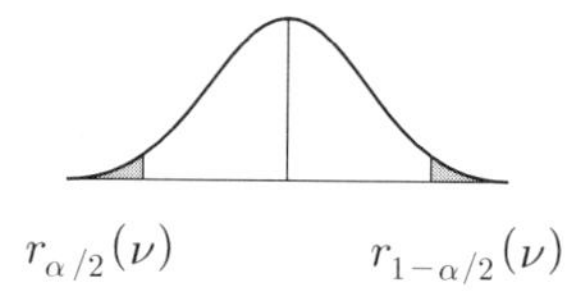

한쪽의 경우 (빗금확률면적 α)

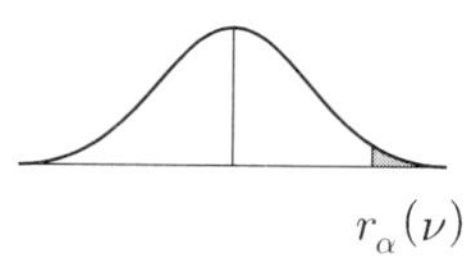

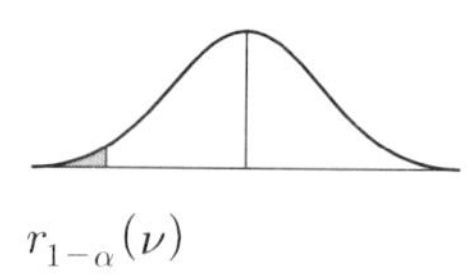

부표 6 관리도용 계수표

군의 크기	관리 한계를 위한 계수													중심선을 위한 계수			
	A	A_2	A_3	A_4	A_9	B_3	B_4	B_5	B_6	D_1	D_2	D_3	D_4	c_4	d_2	d_3	m_3
2	2.121	1.880	2.659	1.880	2.695	–	3.267	–	2.606	–	3.686	–	3.267	0.798	1.128	0.853	1.000
3	1.732	1.023	1.954	1.187	1.826	–	2.568	–	2.276	–	4.358	–	2.575	0.886	1.693	0.888	1.160
4	1.500	0.729	1.628	0.796	1.522	–	2.266	–	2.088	–	4.698	–	2.282	0.921	2.059	0.880	1.092
5	1.342	0.577	1.427	0.691	1.363	–	2.089	–	1.964	–	4.918	–	2.114	0.940	2.326	0.864	1.198
6	1.225	0.483	1.287	0.549	1.263	0.030	1.970	0.029	1.874	–	5.078	–	2.004	0.952	2.534	0.848	1.135
7	1.134	0.419	1.182	0.509	1.194	0.118	1.882	0.113	1.806	0.204	5.204	0.076	1.924	0.959	2.707	0.833	1.214
8	1.061	0.373	1.099	0.432	1.143	0.185	1.815	0.179	1.751	0.388	5.306	0.136	1.864	0.965	2.847	0.820	1.160
9	1.000	0.337	1.032	0.412	1.104	0.239	1.761	0.232	1.707	0.547	5.393	0.184	1.816	0.969	2.970	0.808	1.223
10	0.949	0.308	0.975	0.363	1.072	0.284	1.716	0.276	1.669	0.687	5.469	0.223	1.777	0.973	3.078	0.797	1.176
11	0.905	0.285	0.927	0.350	·	0.321	1.679	0.313	1.637	0.811	5.535	0.256	1.744	0.975	3.173	0.787	1.228
12	0.866	0.266	0.886	0.315	·	0.354	1.646	0.346	1.610	0.922	5.594	0.284	1.717	0.978	3.258	0.778	1.188
13	0.832	0.249	0.850	0.307	·	0.382	1.618	0.374	1.585	1.025	5.647	0.308	1.693	0.979	3.336	0.770	1.232
14	0.802	0.235	0.817	0.280	·	0.406	1.594	0.399	1.563	1.118	5.696	0.329	1.672	0.981	3.407	0.763	1.196
15	0.775	0.223	0.789	0.275	·	0.428	1.572	0.421	1.544	1.203	5.741	0.348	1.653	0.982	3.472	0.756	1.235
16	0.750	0.212	0.763	0.254	·	0.448	1.552	0.440	1.526	1.282	5.782	0.364	1.637	0.983	3.532	0.750	1.203
17	0.782	0.203	0.739	0.251	·	0.466	1.534	0.458	1.511	1.356	5.820	0.379	1.622	0.985	3.588	0.744	1.237
18	0.707	0.194	0.718	0.234	·	0.482	1.518	0.475	1.496	1.424	5.856	0.392	1.609	0.985	3.640	0.739	1.208
19	0.688	0.187	0.698	0.232	·	0.497	1.503	0.490	1.483	1.487	5.891	0.404	1.596	0.986	3.689	0.733	1.239
20	0.671	0.180	0.680	0.218	·	0.510	1.490	0.504	1.470	1.549	5.921	0.414	1.585	0.987	3.735	0.729	1.212
21	0.655	0.173	0.663	0215	·	0.523	1.477	0.516	1.459	1.605	5.951	0.425	1.575	0.988	3.778	0.724	1.240
22	0.640	0.167	0.647	0.203	·	0.534	1.466	0.528	1.448	1.659	5.979	0.435	1.565	0.988	3.819	0.720	1.215
23	0.626	0.162	0.633	0.201	·	0.545	1.455	0.539	1.438	1.710	6.006	0.443	1.557	0.989	3.858	0.716	1.241
24	0.612	0.157	0.619	0.191	·	0.555	1.445	0.549	1.429	1.759	6.031	0.452	1.548	0.989	3.895	0.712	1.218
25	0.600	0.153	0.606	0.190	·	0.565	1.435	0.559	1.420	1.806	6.056	0.459	1.541	0.990	3.931	0.708	1.242

찾/아/보/기

ㅂ

ㅅ

ㅇ

ㅈ

ㅊ

ㅋ

ㅌ

| 저자 약력 |

고복수

건국대학교 공업경영학과 공학사
건국대학교 대학원 공학박사
한국품질경영학회 부회장
한국품질경영학회 충청지회장
한국보전공학회 이사
한국지식시스템학회 이사
품질관리 기사
자동차 정비산업기사
자동차 정비기능사
현 : 한밭대학교 산업경영공학과 교수

김근성

한밭대학교 대학원 산업경영공학과 공학석사
한국표준협회(KSA) 강사
중소기업협동조합중앙회 PL자문위원
서비스 품질인증 심사원
싱글PPM 품질인증 심사원
ISO 9001/14001 인증 심사원
품질관리 기사
한밭대학교 산업경영공학과 강사
현 : 엠에스에이인증원 원장

미니탭을 활용한 SQC
최신 컴퓨터 통계분석 (개정판)

2008년 4월 10일 초 판 발행
2009년 4월 10일 개정판 발행

저 자 / 고복수 · 김근성
발행자 / 우판구
발행처 / 교우사
주 소 / 서울 동대문구 제기2동 148-19
전 화 / 925-2861(代), 편집부 / 925-2825
팩 스 / 925-2860
E-mail / kyowoo @ kyowoo.co.kr
http: // www. kyowoo. co. kr
등록 / 1994. 3. 24 제6-0256호

ISBN 978-89-8172-735-2 (93310)

값 **28,000**원